科学出版社“十四五”普通高等教育本科规划教材

凝聚态物理基础

樊晓峰　编著

科学出版社
北　京

内 容 简 介

本书聚焦凝聚态物理相关内容，既注重固体物理基础，又结合近几十年凝聚态物理的发展，并强调凝聚态物理在材料科学上的应用. 全书共10章. 第1～6章给出传统固体物理概念与理论的基本框架，同时加入了一些传统研究方向的新发展. 关于物质结构，内容从经典的晶体结构扩展到非晶结构、纳米团簇和准晶结构；关于电子结构，内容从传统的单电子近似到能带理论及应用，然后扩展到多电子引起的多体效应、强关联效应以及材料电子结构计算方法. 对于传统的固体光学理论和铁磁理论，本书介绍得更加详细. 考虑到近年来凝聚态物理的进展及与材料科学领域的交叉，第7～10章结合纳米尺度、量子效应、关联效应、强相互作用、对称破缺与凝聚等新概念，介绍了一些凝聚态物理主要的新理论基础和研究领域.

本书主要适用于材料物理与凝聚态物理专业的高年级本科生及研究生，以及相关专业的自学者和爱好者，同时也可作为物理光学、电子、材料化学、半导体材料等专业研究生的参考书.

图书在版编目（CIP）数据

凝聚态物理基础 / 樊晓峰编著. -- 北京 ：科学出版社，2025. 3.
（科学出版社“十四五”普通高等教育本科规划教材）. -- ISBN 978-7-03-080682-6

Ⅰ. O469

中国国家版本馆 CIP 数据核字第 2024SP0757 号

责任编辑：罗　吉　龙嫚嫚　杨　探 / 责任校对：杨聪敏

责任印制：赵　博 / 封面设计：无极书装

科学出版社 出版

北京东黄城根北街16号

邮政编码：100717

http://www.sciencep.com

固安县铭成印刷有限公司印刷

科学出版社发行　各地新华书店经销

*

2025年3月第　一　版　开本：720×1 000　1/16

2025年10月第二次印刷　印张：22 1/2

字数：454 000

定价：89.00 元

（如有印装质量问题，我社负责调换）

前　言

凝聚态物理学是当代物理学中最重要和最大的分支学科之一. 凝聚态物理课题众多，成果也丰富多彩，与技术发展密切相关，与其他学科相互渗透. 凝聚态物理的迅速发展，主要是由于其研究对象范围的拓展，研究对象由原来传统的三维周期性结构，拓展到低维周期结构甚至非周期结构，从而与材料物理及测试、材料生长技术相互促进，因此，凝聚态物理理论得以迅速扩展，研究对象也涉及各个研究领域.

20 世纪 30 年代的晶格衍射理论与晶体结构分析、固体的比热理论、金属自由电子论和铁磁性理论，奠定了固体物理发展的基础. 结合量子理论和各种测试技术(包括电子衍射和 X 射线衍射)，20 世纪 30 年代后期的能带理论和动力学理论的发展，促使了固体物理的形成. 特别是 20 世纪 60 年代后期，随着计算技术的提高，能带理论得到进一步扩展；同时结合电子关联效应理论和计算方法的发展，使人们能够从理论上获得真实材料的结构和电子特性，并直接与实验结果比较.

20 世纪 60 年代以后，对称破缺理论的确立和量子相变理论的发展，为能态、元激发、缺陷及临界区等重要概念，以及序参量、广义刚度、标度不变性、自相似结构等与尺寸相关的新的概念建立了基础，促使大量非线性课题相继出现，也推动了对局域效应、结构相变与临界现象等课题的进一步研究.

20 世纪 90 年代兴起的纳米物理学，使得凝聚态物理又有一个新的发展方向. 由于尺寸效应和表面效应，纳米粒子在力学、热学、电磁学和光学等方面都有着与体材料不同的特性，使之成为未来新材料研究的基础. 在纳米尺度，电子和晶格的量子效应有着更明显的体现. 结合纳米技术，纳米物理分支为凝聚态物理提供了巨大的研究空间，如对量子尺寸效应、量子隧道效应、量子相干性、量子波动性、电子反常输运及库仑阻塞等现象的研究.

电子的强相互作用和关联修正等多体效应，毫无疑问是凝聚态物理理论发展的主线. 因此结合基本的能带理论和对称破缺理论，进一步分析电子间的多体效应，包括高温超导、量子霍尔效应、玻色-爱因斯坦凝聚、拓扑绝缘体等重要课题的研究，将进一步促进我们对电子微观世界的理解.

进入 21 世纪以来，凝聚态物理迅速发展，这可能得益于该学科的主要研究对象与日常生活密切相关，且所需研究设备比较小巧，同时该学科与其他学科及新技术发展紧密关联. 这一学科的迅速发展，特别是其与材料学科的交叉，引入了许多新的概念及规律，学生面临虽已掌握固体物理基础知识，但却无法理解当前凝聚态物理和材料科学研究前沿内容的问题. 这促使我们思考出版一本强调材料相关内容的凝聚态物理的教材，希望能帮助相关专业的高年级本科生及研究生迅速建立起从事专业研究的学术基础. 本书是作者结合多年教学经验和研究经历，梳理目前该学科中的基本概念、规律及问题而完成的. 如前所述，凝聚态物理是一门十分庞杂的学科，涉及领域范围之广泛，问题层次之复杂，对于任何想要全面掌握其内涵的学者都极具挑战性，因此，写作过程中难免存在挂一漏万的现象. 限于篇幅，本书未涵盖凝聚态物理一大领域——软物质凝聚态物理及其在化学大分子学科和分子生物学科方面的应用，特此说明并深表遗憾.

本书在写作过程中，得到了吉林大学材料科学与工程学院的大力支持，也得到许多同事、朋友及学生的帮助. 特别感谢吉林大学材料科学系郑伟涛教授、新加坡南洋理工大学数理学院申泽骧教授、中国科学院长春光学精密机械与物理研究所申德振教授和刘雷教授、美国密苏里大学物理系 David J. Singh 教授、深圳大学吕有明教授、台北“中研院”原子与分子科学研究所郭哲来教授等的帮助与支持. 作者在这里要感谢家人的支持，很早之前就有出版一本强调材料的凝聚态物理基本概念的书的想法，整理和写作过程之繁杂与枯燥使作者几欲放弃，没有家人的支持和理解，也就没有这本书的问世. 作者还要感谢科学出版社罗吉、龙嫚嫚、杨探编辑的细心工作和通力合作.

由于作者水平有限，书中难免有疏漏、不妥和不足之处，请各位读者批评与指正，在此不胜感激.

樊晓峰

2024 年 4 月 7 日于长春

目　　录

第 1 章　晶体结构与对称

1.1　晶体的结构

1. 晶体的形态

晶体的外形具有明显的规则. 我们会发现，其具有明显的宏观对称性，遵守晶面守恒定律，存在特殊的解理面. 20 世纪初，实验发现 X 射线可通过晶体产生衍射现象，从而证实晶体外形的对称性是其组成原子在空间有规律的周期性排列的结果.

材料按照原子在空间的排列方式分类，可分为晶体、非晶体和准晶体. 组成固体的原子(或离子)在微观上的排列具有长程周期性，我们称之为晶体. 组成固体的原子(或离子)只有短程序，而无长程周期性，我们称之为非晶体. 所谓短程序，这里指的是在近邻或次近邻原子间的键合(如配位数、键长和键角等)具有一定的规律性. 后来，人们发现一种介于晶体和非晶体之间的新的原子排列方式，我们称其为准晶体. 准晶体指的是有长程的取向序，沿取向序的对称轴方向有准周期性，但无长程周期性.

2. 晶体点阵

把晶体中按周期重复排列的那一部分原子(或离子)抽象成一个几何点来表示，忽略重复周期中所包含的具体结构单元内容而集中反映其周期重复特性，这种从晶体结构中抽象出来的几何点的集合称为晶体点阵.

晶体点阵学说最早在 1848 年由布拉维(Bravais)提出，所以晶体点阵又称布拉维格子(Bravais lattice)，有时也称之为空间格子(space lattice)和晶格(crystal lattice).

3. 原胞

原胞(primitive cell)为晶体原子在空间排列可重复的最小单元. 通常，原胞通过其所在三维空间的基本轴矢量($\boldsymbol{a}_1, \boldsymbol{a}_2, \boldsymbol{a}_3$)定义为平行六面体.

原胞的选取不是唯一的，它的选取只要求它的体积等于其所代表结构单元的体积. 一种典型的原胞选取方式为，以任一格点为中心，作其与最近邻、次近邻等格点连线的垂直平分面，由这些平面构成的最小结构单元构成一个原胞，我们称这种原胞为维格纳-塞茨(Wigner-Seitz)原胞.

4. 晶胞

晶格除在空间排列的周期性外，还有点对称性. 为了同时反映晶格的空间排列周期性和其自身点对称性，所选取的体积较大的结构单元，我们称之为晶胞. 这样的结构单元在空间上一般具有高对称性.

1.2 晶体的对称

1.2.1 群论基础

一组元素($g_1, g_2, \cdots$)满足如下四个条件，我们称该组元素构成一个群(G).

(1)封闭性条件：任何两个元素的乘积，在该组元素中必有一个与之对应，即

$$g_i g_j = g_l$$

(2)结合律：元素之间的乘法满足结合律，即

$$(g_i g_j) g_l = g_i (g_j g_l)$$

(3)存在单位元素：存在右单位元素 e，使之与该组中任何元素的乘积等于该元素，即

$$g_i e = g_i$$

(4)存在右逆元素：该组中的任何一个元素，都存在相应的右逆元素，满足下面的式子：

$$g_i g_i^{-1} = e$$

群中不同元素的数目称为该群的阶.

如果群的阶是有限的，我们称之为有限群；如果群的阶是无限的，我们称之为连续群.

下面列举两个特殊的群.

阿贝尔群(Abelian group)：群中的元素满足交换律

$$g_i g_j = g_j g_i$$

循环群：群 G 中存在这样的元素 g_i，它的幂指数 n 通过取可能的整数，可获得该群中所有的其他元素.

1.2.2 几何变换下之结构不变性

物体在某些几何变换之下，其结构保持不变. 例如，我们通常熟知的几何变换

有旋转和反射等，在这些几何变换下，物体的结构保持不变. 在几何变换中，保持结构中两点距离不变的变换，称为正交变换. 从解析几何知道，绕固定轴的转动、镜面反射和晶格平移，都可以保持结构中任意两点的距离不变，因此这些几何变换都符合正交变换的条件.

在符合正交变换条件的几何变换中，一些操作可以保持空间中至少有一个空间点不动，这类操作称为点对称操作. 我们所熟知的点对称操作有旋转、镜面反映、中心反演以及非正常转动(improper rotation)等，对应的点对称操作要素有旋转轴、对称面、对称中心和旋转-反映轴等.

对于一个结构，存在多个点对称操作，这些点对称操作构成一个对称操作群，我们称之为点群. 对于每一个化学分子，都存在对应的点群，点群中的对称操作保持其分子结构不变. 对于晶体，这些点对称操作同时必须和晶体的平移对称性兼容，这类点群称为晶体学点群.

正交变换可以通过正交矩阵表示出来. 因此，点对称操作可以通过正交矩阵表示建立一一对应关系，每个点群都可以通过相应的正交矩阵群表示. 同理，晶体学点群也可以由相应的正交矩阵群表示.

对晶体的实际操作中，点对称要素总共 12 个，分别为

$$1, 2, 3, 4, 6, m, I, \overline{1}, \overline{2}, \overline{3}, \overline{4}, \overline{6}$$

其中只有 8 个要素是独立的，分别是 $1, 2, 3, 4, 6, m, I, \overline{4}$.

对于晶格，旋转轴的轴次 n 只能取 1, 2, 3, 4, 6. 下面给出证明. 设 A 晶格点绕 B 晶格点的旋转轴转动 θ 角转动到 A'晶格点，B 晶格点绕 A 晶格点的旋转轴转动$-\theta$ 角转动到 B'晶格点，在晶格中，晶格点转动后必须自身重合，因此 $\overrightarrow{A'B'}$ 必为一点阵矢量.

$$\overrightarrow{A'B'} = ma$$

$$a + 2a\sin(\theta - \pi/2) = ma$$

$$m = 1 - 2\cos\theta$$

由于$|\cos\theta| = |(1-m)/2| \leq 1$，$m$ 只能取 3,2,1,0,−1，因此，$\theta = \pm(2\pi, 2\pi/2, 2\pi/3, 2\pi/4, 2\pi/6)$，$n$=1, 2, 3, 4, 6.

由此我们可以推论出，在正常晶体中不存在 5 重轴、7 重轴等. 我们后面会看到，在实际中存在一种特殊的晶体，称为准晶，其存在 5 重轴等对称元素.

晶体点群中存在很多对称元素. 这些对称元素可以通过简单的符号表示出来：单位元操作 E、n 次旋转轴 C_n(围绕旋转轴旋转 $2\pi/n$ 角后与原结构重合)、镜面反映 σ、n 次旋转-反映轴 S_n(转动 $2\pi/n$ 角后，接着进行水平面反演操作，与原结构重合)、反映面含原点并垂直于主轴σ_h、反映面含主轴σ_v、反映面含主轴并平分与主轴垂直的两个 2 重轴间的夹角σ_d. 其中，脚标 h 表示垂直于 n 次轴(主轴)的水平面为对称

面；v 表示含 n 次轴(主轴)的竖直对称面；d 表示垂直于主轴的两个二次轴的平分面为对称面(胡德宝，1991).

晶体点群共有 32 个. 每个晶体点群可以通过申夫利斯(Schönflies)符号(或者国际符号)很方便地表示出来. 在申夫利斯符号表示中，例如：C_6 群，其中有对称元素 E、$2C_6$(表示 2 个 C_6，后同)、$2C_3$ 和 C_2，共 6 个对称元素；四面体群 T，其中有对称元素 E、$8C_3$ 和 $3C_2$，共 12 个对称元素；八面体群 O，其中有对称元素 E、$8C_3$、$3C_2$、$6C_2$ 和 $6C_4$，共 24 个对称元素；S_6 群，其中有对称元素 E、$2C_3$、i 和 $2S_6$，共 6 个对称元素.

例如，具有反演中心的立方体具有晶体点群 O_h. 在 $O_h=O\times C_i$(其中，C_i 是由恒等操作和反演中心构成的群，是 O_h 群的正规子群)中，${}^4C_3$ 指绕 4 条体对角线旋转，共 8 个对称操作；${}^3C_4$ 指绕 3 个立方边旋转，共 9 个对称操作；${}^6C_2$ 指绕 6 条棱对角线转动，共 6 个对称操作；这些操作加上恒等操作共 24 个. 立方体体心为中心反演，以上每一个操作加上中心反演后，仍为对称操作，共有 48 个对称操作.

1.2.3 晶系与空间群简介

1. 7 个晶系和 14 种布拉维格子

按照 32 种晶体点群划分，考虑布拉维格子的基矢($\boldsymbol{a}_1$, $\boldsymbol{a}_2$, $\boldsymbol{a}_3$)的大小及夹角关系，可归并为 7 个晶系(简单格子). 在 7 种点阵(晶体点阵)的原胞上，考虑在原胞体心、面心和单面心上增加阵点的可能性，出现 7 个新的点阵，共 14 个点阵，称为 14 种布拉维格子.

2. 二维晶格

在二维周期结构中，共有 10 种晶体点群. 10 种晶体点群归并为 4 个晶系(简单格子). 考虑到在原面心上增加阵点的可能性，共 5 种布拉维格子.

3. 三维空间群

考虑 32 晶体点群、平移群、螺旋轴(screw axis)和滑移面(glide plane)操作，共有 230 个空间群. 其中，布拉维格子平移操作与 32 个晶体点群一起考虑可有 73 个点式空间群；考虑非点式操作(螺旋和滑移)，可得 157 个非点式空间群.

4. 二维空间群

二维空间群共有 17 个. 5 个布拉维格子与相容的点群组合可得 13 个点式平面群；考虑非点式操作(滑移反映线)产生 4 个非点式平面群.

1.3　晶面与晶向

1.3.1　晶体结构几何要素

1. 晶面

我们可以把晶体看作是原子平面的堆积，来代替原子的堆积，从而来理解晶面.对于晶面，通常用米勒指数(Miller indices)表示，其为(h, k, l). 米勒指数可通过三个步骤获得：①取截距$(h_1\boldsymbol{a}_1, h_2\boldsymbol{a}_2, h_3\boldsymbol{a}_3)$可得$(h_1, h_2, h_3)$；②取倒数$(1/h_1,1/h_2,1/h_3)$；③通分成互质整数可得$(h, k, l)$.

2. 晶向

晶体点阵的格点可以分列为一系列平行的直线系，这些直线系称作晶列. 同一点阵可以形成不同的晶列，每一个晶列定义一个方向，称作晶向. 从一个阵点到最近一个阵点的位移矢量为$(l_1\boldsymbol{a}_1, l_2\boldsymbol{a}_2, l_3\boldsymbol{a}_3)$，则晶向为$[l_1, l_2, l_3]$.

3. 晶面间距

晶面间距是指两个相邻的平行晶面间的垂直距离. 在晶体结构的测定中以米勒指数表示的晶面间距是一个很常用的参数.

4. 关于晶面的例子

立方晶体(cubic crystal)：立方晶体包括简单立方(simple cubic，sc)结构、体心立方(body-centered cubic，bcc)结构、面心立方(face-centered cubic，fcc)结构等.图 1.1 展示了立方晶体的典型晶面，包括(100)、(110)、(111)、(200)等.

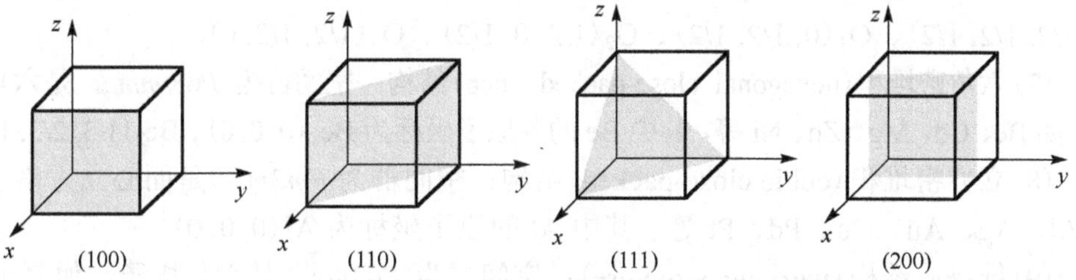

图 1.1　立方晶体各低指数面表示的示意图

六角晶体(hexagonal crystal)：六角晶系晶面指数的表示与其他晶系不同，晶体学中往往采用四轴定向的方法，这样的晶面指数可以明显地显示出 6 次对称的特点.图 1.2 中展示了六角晶系中六角晶体的典型晶面，包括(0001)、$(1\bar{1}00)$等.

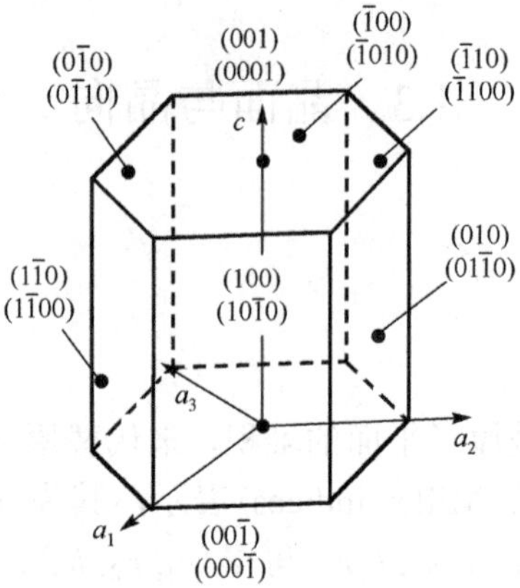

图 1.2　六角晶体各低指数面表示的示意图

1.3.2　常见的晶体结构

(1) 金刚石(diamond)结构：空间群为 $Fd\bar{3}m$，是面心立方格子，如 C、Si、Ge、Sn 等，其中 C 的各原子坐标为 C_1(0, 0, 0)、C_2(1/4, 1/4, 1/4).

(2) 闪锌矿(zinc blende)结构：空间群为 $F\bar{4}3m$，是面心立方格子，如 GaAs、ZnS 等，其中 ZnS 的各原子坐标为 Zn(0, 0, 0)、S(1/4, 1/4, 1/4).

(3) NaCl 结构：空间群为 $Fm3m$，是面心立方格子，其中各原子坐标为 Na(0, 0, 0)、Cl(1/2, 1/2, 1/2).

(4) CaF_2 结构：空间群为 $Fm3m$，是面心立方格子，其中各原子坐标为 Ca(0, 0, 0)、F_1(1/4, 1/4, 1/4)、F_2(3/4, 3/4, 3/4).

(5) CsCl 结构：空间群为 $Pm3m$，是简单立方格子，其中各原子坐标为 Cs(0, 0, 0)、Cl(1/2, 1/2, 1/2).

(6) 钙钛矿(perovskite，ABO_3)结构：空间群为 $Pm3m$，是简单立方格子，如 $CaTiO_3$、$CsPbCl_3$、$CsPbBr_3$、$CsPbI_3$ 等，其中 $CaTiO_3$ 的各原子坐标为 Ca(0, 0, 0)、Ti(1/2, 1/2, 1/2)、O_1(0, 1/2, 1/2)、O_2(1/2, 0, 1/2)、O_3(1/2, 1/2, 0).

(7) 六角密堆积(hexagonal close-packed，hcp)结构：空间群为 $P63/mmc$，是六角格子，如 Be、Cd、Mg、Zn、Ni 等，其中 Be 的各原子坐标为 Be_1(0, 0, 0)、Be_2(1/3, 2/3, 1/2).

(8) 立方密堆积(cubic close-packed)结构：空间群为 $Fm\bar{3}m$，是面心立方格子，如 Al、Ag、Au、Cu、Pd、Pt 等，其中 Al 的原子坐标为 Al(0, 0, 0).

(9) 纤锌矿结构(wurtzite structure)：空间群为 $P63mc$，是六角格子，如 ZnO、CdO、BeO 等，其中 ZnO 的各原子坐标为 Zn_1(0, 0, 0)、Zn_2(1/3, 2/3, 1/2)、O_1(0, 0, 0.38)、O_2(1/3, 2/3, 1/2+0.38).

(10) 典型高温超导材料 $YBa_2Cu_3O_{7-x}$，具有复杂的晶格结构，空间群为 $Pmmm$(47)，晶格参数为 a=3.81 Å，b=3.88 Å，c=11.68 Å. 原子位置分为两组，其

中 $Y(CuO_2)_2$ 的各原子坐标为 Y(0.5, 0.5, 0.5)、Cu(0, 0, 0.35)、O_1(0.5, 0, 0.378)、O_2(0, 0.5, 0.378)；$(BaO)_2(CuO_{1-x})$ 的各原子坐标为 Ba(0.5, 0.5, 0.184)、O_1(0, 0, 0.16)、Cu(0, 0, 0)、O_2(0, 0.5, 0; x=0.09).

1.4　倒格子与布里渊区

晶格具有周期性，从而导致晶体的某些物理性质应满足周期性的要求

$$P(\boldsymbol{r}+\boldsymbol{R})=P(\boldsymbol{r})$$

其中，$\boldsymbol{R}$ 为晶格的平移矢量. 这种周期性的物理性质导致 $P(\boldsymbol{r})$ 可通过傅里叶(Fourier)变换展开

$$P(\boldsymbol{r})=\sum_{\boldsymbol{G}}P(\boldsymbol{G})\mathrm{e}^{\mathrm{i}\boldsymbol{G}\cdot\boldsymbol{r}}$$

1. 倒格子

利用晶体的物理性质 $P(\boldsymbol{r})$ 的周期性

$$P(\boldsymbol{r}+\boldsymbol{R})=\sum_{\boldsymbol{G}}P(\boldsymbol{G})\mathrm{e}^{\mathrm{i}\boldsymbol{G}\cdot(\boldsymbol{r}+\boldsymbol{R})}=P(\boldsymbol{r})$$

因此

$$\boldsymbol{G}\cdot\boldsymbol{R}=\boldsymbol{G}\cdot(n_1\boldsymbol{a}_1+n_2\boldsymbol{a}_2+n_3\boldsymbol{a}_3)=2\pi m$$

$$\boldsymbol{G}\cdot\boldsymbol{a}_i=2\pi h_i,\quad i=1,\ 2,\ 3$$

上面的式子中，$\boldsymbol{a}_i$ 是晶格的基矢量，因此 $\boldsymbol{G}$ 被定义为倒格矢量. 我们引入倒格子基矢量 $\boldsymbol{b}_i$，则 $\boldsymbol{G}$ 可表示为

$$\boldsymbol{G}=h_1\boldsymbol{b}_1+h_2\boldsymbol{b}_2+h_3\boldsymbol{b}_3$$

因此，基矢量与倒格子基矢量的关系可以表示为

$$\boldsymbol{a}_i\cdot\boldsymbol{b}_j=2\pi\delta_{ij}=\begin{cases}2\pi, & i=j\\ 0, & i\neq j\end{cases}$$

矢量 $\boldsymbol{R}$ 的端点构成晶格的格子，矢量 $\boldsymbol{G}$ 的端点则构成倒格子空间格点. 倒格子基矢量可以通过正格子的基矢量表示

$$\begin{cases}\boldsymbol{b}_1=\dfrac{2\pi}{\Omega}(\boldsymbol{a}_2\times\boldsymbol{a}_3)\\[2ex] \boldsymbol{b}_2=\dfrac{2\pi}{\Omega}(\boldsymbol{a}_3\times\boldsymbol{a}_1)\\[2ex] \boldsymbol{b}_3=\dfrac{2\pi}{\Omega}(\boldsymbol{a}_1\times\boldsymbol{a}_2)\end{cases}$$

其中，Ω 为正格子原胞的体积，可以表示为

$$\Omega = \boldsymbol{a}_1 \cdot (\boldsymbol{a}_2 \times \boldsymbol{a}_3)$$

2. 布里渊区

在倒易点阵中，以某一格点为坐标原点，作所有倒格矢量的垂直平分面，倒易空间被这些平面分成许多包围原点的多面体区域，这样的区域称作布里渊区(Brillouin zone). 其中最靠近原点的平面所围成的多面体区域称作第一布里渊区，第一布里渊区界面与次远垂直平分面所围成的区域称作第二布里渊区.

3. 界面方程

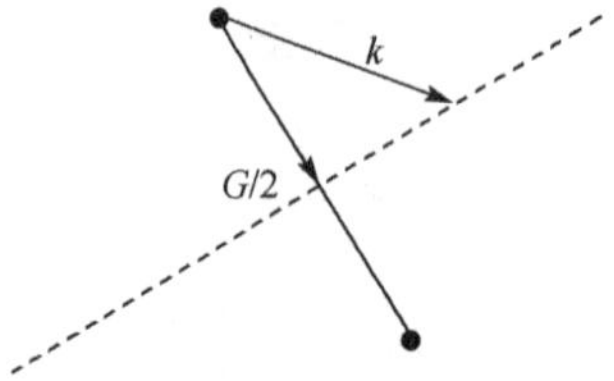

图 1.3　界面方程示意图

如果矢量 $\boldsymbol{k}$ 的终点满足下面方程：

$$2\boldsymbol{k} \cdot \boldsymbol{G} = G^2$$

这些 $\boldsymbol{k}$ 点构成的平面形成布里渊区的界面. 如图 1.3 所示，倒空间中任意矢量 $\boldsymbol{k}$ 与倒格矢量 $\boldsymbol{G}$ 的关系，其中虚线表示界面.

关于第一布里渊区的例子，如图 1.4 所示. 简单立方的第一布里渊区：简单的 6 面体. 面心立方的第一布里渊区：共 8 个最近邻倒格点，垂直平分构成一个 8 面体，6 个顶角被 6 个次近邻截去，构成 14 面体. 体心立方的第一布里渊区：共 12 个最近邻倒格点，垂直平分构成一个 12 面体.

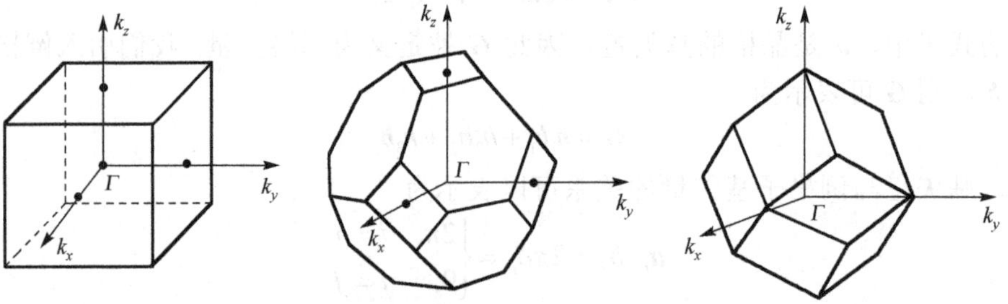

图 1.4　简单立方、面心立方及体心立方在倒格子空间中第一布里渊区示意图

1.5　晶体的 X 射线衍射

1.5.1　布拉格衍射条件

布拉格(Bragg)把晶体对 X 射线的衍射当作由原子平面形成的反射. 在反射方向上，一个平面内所有原子的散射波相位相同、相互叠加；当不同原子平面间的散

射波符合布拉格关系时，散射波在反射方向得到加强，形成衍射峰.

布拉格假定每个晶面都像镀了一层薄银的镜子一样，只对入射波很小的一部分反射，只有在某些 θ 值(如图 1.5 所示)，来自所有平行晶面的反射才会同相位地增加，产生一个强的反射束. 实际上，每个晶面只能反射入射波强度的 $10^{-3}\sim10^{-5}$ 部分，因而对于一个理想晶体，会有来自 $10^3\sim10^5$ 个晶面的原子对形成布拉格反射束有贡献. 布拉格衍射条件清楚地反映了衍射方向与晶体结构之间的关系.

衍射的实质是晶体中各原子散射波之间相互干涉的结果，只是由于衍射线的方向恰好相当于原子面对入射波的反射，才得以使用布拉格条件，不能因此混淆平面反射和晶体衍射之间的本质区别.

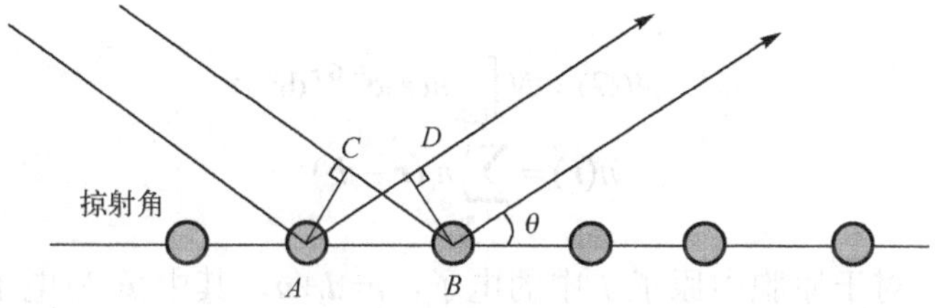

图 1.5　在原子表面上布拉格衍射的示意图

1.5.2　劳厄衍射条件

在晶体中任选一点 O 为原点，考虑 O 点处的原子与距离它 $\boldsymbol{R}_n$ 处原子散射波之间的光程差. 如图 1.6 所示，发生衍射的条件为

$$\boldsymbol{R}_n\cdot\boldsymbol{S}_0-\boldsymbol{R}_n\cdot\boldsymbol{S}_1=n\lambda$$

入射波和散射波的波矢 $\boldsymbol{k}_0$、$\boldsymbol{k}_1$ 与入射波和散射波的单位矢量 $\boldsymbol{S}_0$、$\boldsymbol{S}_1$ 的关系分别为

$$\boldsymbol{k}_0=\frac{2\pi}{\lambda}\boldsymbol{S}_0,\quad \boldsymbol{k}_1=\frac{2\pi}{\lambda}\boldsymbol{S}_1$$

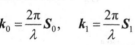

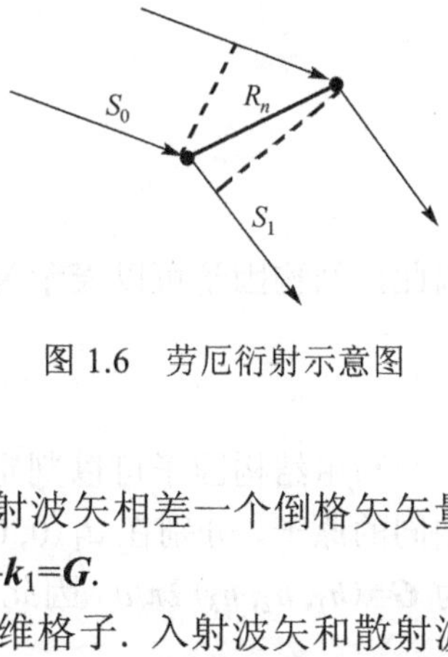

图 1.6　劳厄衍射示意图

因此

$$\boldsymbol{R}_n\cdot(\boldsymbol{k}_0-\boldsymbol{k}_1)=2\pi n$$

根据倒格子矢量的定义，由上式可知，当入射波矢和散射波矢相差一个倒格矢矢量时将发生衍射. 此为 X 射线衍射的劳厄(Laue)条件，$\boldsymbol{k}_0-\boldsymbol{k}_1=\boldsymbol{G}$.

晶格与倒格子对应，因此倒格子也可以看作是布拉维格子. 入射波矢和散射波矢的大小相等. 劳厄条件可以写为 $\boldsymbol{k}_0-\boldsymbol{G}=\boldsymbol{k}_1$，因此

$$k_1=|\boldsymbol{k}_0-\boldsymbol{G}|$$

$$k_1^{\ 2}=(\boldsymbol{k}_0-\boldsymbol{G})\cdot(\boldsymbol{k}_0-\boldsymbol{G})=k_0^{\ 2}-2\boldsymbol{k}_0\cdot\boldsymbol{G}+\boldsymbol{G}\cdot\boldsymbol{G}$$

$$2\boldsymbol{k}_0\cdot\boldsymbol{G}=\boldsymbol{G}\cdot\boldsymbol{G}$$

$$\boldsymbol{k}_0 \cdot \boldsymbol{G} = \frac{1}{2}G^2$$

因此，劳厄条件相当于入射波矢 $\boldsymbol{k}_0$ 在倒格矢方向上投影为倒格矢 $\boldsymbol{G}$ 长度的一半.

1.5.3 X 射线晶体衍射理论

上面的讨论中，我们考察了几何周期性结构引起的 X 射线衍射. 通常，在实际晶体中，每个基元上原子数可能会大于 1，这时，我们要引入晶体结构因子(简称结构因子). 不同种类的原子对 X 射线的散射强度不同，由于基元上原子种类不同，我们需要引入另外一个因子，称为原子形状因子. 依据劳厄条件，散射波振幅可表示为

$$A(\boldsymbol{G}) = N\int_{\text{cell}} n(\boldsymbol{r})\mathrm{e}^{-\mathrm{i}\boldsymbol{G}\cdot\boldsymbol{r}}\mathrm{d}\boldsymbol{r}$$

$$n(\boldsymbol{r}) = \sum_{i=1,m} n_i(\boldsymbol{r}-\boldsymbol{d}_i)$$

引入相对坐标，对于原胞中原子 i 中的电子，$\boldsymbol{r}=\boldsymbol{d}_i+\boldsymbol{u}$，其中 $\boldsymbol{u}$ 为电子在原子中的相对坐标. 因此，散射振幅 $A(\boldsymbol{G})$ 可表示为

$$A(\boldsymbol{G}) = N\sum_j \mathrm{e}^{-\mathrm{i}\boldsymbol{G}\cdot\boldsymbol{d}_j}\int n_j(\boldsymbol{u})\mathrm{e}^{-\mathrm{i}\boldsymbol{G}\cdot\boldsymbol{u}}\mathrm{d}\boldsymbol{u}$$

定义原子形状因子

$$\begin{aligned} f_j(\boldsymbol{G}) &= \int n_j(\boldsymbol{u})\mathrm{e}^{-\mathrm{i}\boldsymbol{G}\cdot\boldsymbol{u}}\mathrm{d}\boldsymbol{u} \\ &= \iiint \mathrm{d}\boldsymbol{u}\,|\phi|^2\,\mathrm{e}^{-\mathrm{i}\boldsymbol{G}\cdot\boldsymbol{u}} \\ &= 4\pi\int_0^\infty \mathrm{d}r\, r^2\rho(r)\frac{\sin Gu}{Gu} \end{aligned}$$

因此，结构因子可以表示为

$$S(\boldsymbol{G}) = \sum_j f_j(\boldsymbol{G})\mathrm{e}^{-\mathrm{i}\boldsymbol{G}\cdot\boldsymbol{d}_j}$$

利用结构因子可以判定衍射谱中哪些衍射峰不存在. 例如一个体心晶格，含有相同的原子，分别在 $\boldsymbol{d}_1(0, 0, 0)$ 和 $\boldsymbol{d}_2(1/2, 1/2, 1/2)a$ 两个位置，倒格子矢量可以表示为 $\boldsymbol{G}=(h_1, h_2, h_3)2\pi/a$. 因此，$f_1=f_2=f$，结构因子可以表示为

$$S(\boldsymbol{G}) = f[1+\mathrm{e}^{\mathrm{i}\pi(h_1+h_2+h_3)}]$$

所以，$h_1+h_2+h_3$ 为奇数时，$S(\boldsymbol{G})=0$. 因此，衍射谱中不包含(1, 0, 0)、(3, 0, 0)、(1, 1, 1)等衍射峰.

除晶格结构因子和原子形状因子决定衍射强度外，还有很多其他因素影响晶体

的 X 射线衍射强度. 主要包括以下因素：①晶体的不完整性，对周期性的偏离，引起衍射峰展宽；② 温度影响，使衍射峰值降低；③ 吸收影响，晶体原子对入射波的吸收导致衍射峰值降低；④ 消光效应，X 射线在晶体内部多次反射引起的相消干涉；⑤ 偏极化影响.

1.5.4　衍射研究历史回顾

光的衍射是人们认识光的波动性的典型光传播现象，很早就被人们所认识和应用. 典型的光衍射有菲涅耳衍射和夫琅禾费衍射，典型的光衍射元件和技术有菲涅耳波带片、全息术等，被广泛地应用于光学传感、光通信、生物医学等领域. 这里我们不介绍这些可见光衍射的历史. 我们重点考察人们对晶体结构认识和研究的历史，因此主要列出利用 X 射线衍射和电子衍射效应认识晶体结构的重要历史事件，如表 1.1 所示.

表 1.1　衍射效应测量晶体结构的重要历史事件

时期	人物	事件
18 世纪	阿维	晶体外部的几何规则性的认识
19 世纪 40 年代	布拉维	晶体 14 种点阵
19 世纪末	费奥多罗夫	晶体对称性的群理论
	申夫利斯	
	巴洛	
20 世纪 10 年代	劳厄等	发现 X 射线通过晶体出现衍射现象
	亨利·布拉格 劳伦斯·布拉格	证实晶体的原子周期性排列 建立晶体结构分析的基础
20 世纪 20 年代	—	低能电子衍射技术
20 世纪 50 年代	舒布尼科夫	建立磁有序晶体的对称群理论
第二次世界大战后	—	分析磁性晶体结构的重要手段：中子衍射技术
20 世纪 60 年代	—	电子衍射高分辨率探测表面的原子结构
20 世纪 70 年代	—	高分辨电子显微镜技术
20 世纪末	—	扫描隧道显微镜，探索超高真空下晶体解理后的表面结构

第 2 章　晶体的形成与化学键

2.1　基本的晶体结构与化学键

晶体结合的方式与固体的结构以及物理化学性质都有密切关系，确定晶体的结合方式是研究材料性质的基础. 晶体结合力的研究主要是考虑价电子之间的相互作用行为. 原子之间的斥力除同性电荷之间的排斥力以外，还有来源于泡利(Pauli)不相容原理. 原子间的内聚力可简单地归因于电子的负电荷与原子核正电荷之间的静电吸引作用. 在实际情况中，可以按照相互作用力进行以下的简单分类. 主要有五大类结合方式，形成五大类型的晶体. ① 离子晶体：通过离子键结合. 在离子晶体中，以正负离子间库仑力为结合力. ②共价晶体：通过共价键结合. 共价键主要是以电子对为结合力. 在有些晶体材料中，特别是半导体化合物中，形成不对称的共价键，即共价键中含有离子键成分. ③金属晶体：通过金属键结合. 在金属晶体中，以弥散在离子间共有电子为结合力. ④分子晶体：小分子间通过分子键结合. 在分子晶体中，主要以范德瓦耳斯(van der Waals)力作为分子间结合力. ⑤氢键晶体：通过小分子间氢键结合. 主要以类范德瓦耳斯力作为分子间结合力.

1. 离子晶体

离子晶体一般由电负性相差较大的两种元素的原子结合而成. 电负性小的原子将其外层价电子转移给电负性大的原子，形成正负离子，正负离子依靠库仑相互作用结合起来.

典型的离子晶体中，正负离子的电子壳层饱和，电子云的分布基本上是球对称的，没有方向性. 在形成晶体时，离子一般满足刚性球密堆积的原则，并可作为点电荷来处理.

典型的结构有两种，分别为 NaCl 型(6 配位)和 CsCl 型(8 配位). 由于正负离子间的相互作用较强，离子晶体的结合能一般比较大(150～370 kcal/mol)，因此熔点较高. 离子晶体强度大、硬度高，但质地较脆. 由于电子具有很强的局域性，因此离子晶体多为绝缘体. 当然，离子在常温下也不容易离开格位.

2. 共价晶体

共价晶体是靠共价键结合而成的晶体. 原子之间的共价键结合是依靠相邻原子

电子云的重叠而形成共享电子对. 各原子间的共价键有一定的方向性和饱和性，从而规定了原子间结合的方位和配位数.

典型的共价键晶体有 Si、Ge、金刚石、SiC、ZnS 等. 共价晶体的结构稳定，共价键能的变化从中等强度到较高强度，其结合能一般在 125～300 kcal/mol. 因此，共价键晶体的熔点、硬度和强度变化从中等强度到较高强度. 成键的电子均束缚在原子之间，不能自由运动，因此共价键晶体不导电. 构成共价晶体的不同元素的电负性总有差别，导致通常的共价键具有一定的离子特性，如 GaN、ZnO 等. 由于化学键由电子对构成，因此电子并不具有很强的局域性，可以巡游. 可通过掺杂等手段使其导电.

3. 金属晶体

金属晶体由金属原子结合而成. 由于金属原子的电负性小，因此容易失去其价电子而变成正离子，而这些价电子则归整块金属所共有，称为公有化电子. 金属晶体正是通过公有化电子与带正电的离子实之间的库仑相互作用将那些带正电的离子实结合起来. 结合能一般为 25～200 kcal/mol.

典型晶体有 Na、Cu、Fe、Al 等. 金属原子失去其价电子后，每一个离子实的电子云分布基本上是球对称的，符合球密堆原则，原子的配位数较大，可达 8～12. 由于金属中存在着大量的自由电子，因此金属具有高的导电性和传热性. 金属键没有方向性，因而金属可以接受锻压等加工.

4. 分子晶体

构成晶体的结构单元是分子，分子内的原子通过共价键结合，但分子与分子之间依靠范德瓦耳斯力而结合成晶体. 结合能一般约为 1 kcal/mol.

典型的分子晶体有固态的 N_2、H_2、CO_2(干冰)等. 范德瓦耳斯力是分子偶极矩之间的作用力，也包括非极性分子的瞬时偶极、诱导偶极之间的作用力. 范德瓦耳斯力结合相当弱，结合能较低，因此这类分子晶体的熔点很低(Kr: 117 K; Ar: 84 K). 它们的质地软，可以压缩，但不导电.

5. 氢键晶体

氢键是由氢原子与其他电负性较大的原子(如 F、O 等)或原子团结合而形成的. 一个氢原子在与一个原子 A 键合的同时，由于电子对偏向 A 原子，氢原子变成一个带正电的质子. 因此，氢原子还能与另外一个负电性很强的 B 原子相互作用，形成一个附加键 A—H···B，称作氢键. 含有这种氢键的化合物就是氢键晶体.

典型的氢键晶体有冰、铁电晶体磷酸二氢钾(KH_2PO_4)等. 氢键晶体的结合能虽比离子晶体和共价晶体低得多，结合能一般为 5～15 kcal/mol，但其作用不可忽略. 含有氢键的物质的熔点和沸点要比没有氢键的同类化合物高.

2.2　晶体的结合能

2.2.1　与系统总能相关的物理量

晶体的结合能可以通过晶体零温下的总能量和构成晶体的每个粒子的能量进行定义，可以把晶体的结合能定义为

$$E_b = E_N - U$$

其中，U 是晶体在零温下的总能量，E_N 是 N 个自由粒子能量之和. 零温下系统的动能为零，总能量为势能和. 考虑原子之间的对势，系统的总能量可表示为

$$U = \frac{1}{2}\sum_{i,j,i\neq j}\varphi(r_{ij}) = \frac{1}{2}N{\sum_{j}}'\varphi(r_{ij}) = \frac{1}{2}N\Phi_i$$

其中，Φ_i 为任一原子与其他所有原子的相互作用势能之和. 如果假定自由粒子的能量为零，晶体的结合能可以被认为是系统在平衡态的总能量，$E_b = -U(r_0)$.

系统的压缩系数 η 与体弹性模量 K 可通过总能对体积的变化获得. 体弹性模量 K 是压缩系数 η 的倒数，可表示为

$$K = \frac{1}{\eta} = -\left(\frac{\partial P}{\partial V / V}\right)_T$$

因此，压强与体积的变化可通过体弹性模量 K 联系起来，并表示为

$$P = -K\frac{\Delta V}{V}$$

压强可看作内能对体积的偏导数，并在平衡点做泰勒展开

$$P = -\frac{\partial U}{\partial V} = -\left(\frac{\partial U}{\partial V}\right)_{V_0} - \left(\frac{\partial^2 U}{\partial V^2}\right)_{V_0}\delta V$$

注意，在平衡态，能量对体积的一阶微分为零. 因此，通过上面两个式子可得体弹性模量 K 的表达式为

$$K = V_0\left(\frac{\partial^2 U}{\partial V^2}\right)_{V_0}$$

晶体中粒子的相互作用可以分为两大类：斥力和引力. 粒子较大距离时引力为主；粒子相互很接近时，斥力为主；无限远处，相互作用为零. 晶态是粒子间斥力和引力处于平衡时的状态.

图 2.1 为典型的零温下原子间结合能随原子间距的变化示意图，其可分为斥力

部分和引力部分. 因此，相互作用能可通过下列形式表示：

$$u(r) = -\frac{A}{r^m} + \frac{B}{r^n}$$

其中，参数 A 和 B 为正数. 负数部分(第一项)为引力势，正数部分(第二项)为斥力势.

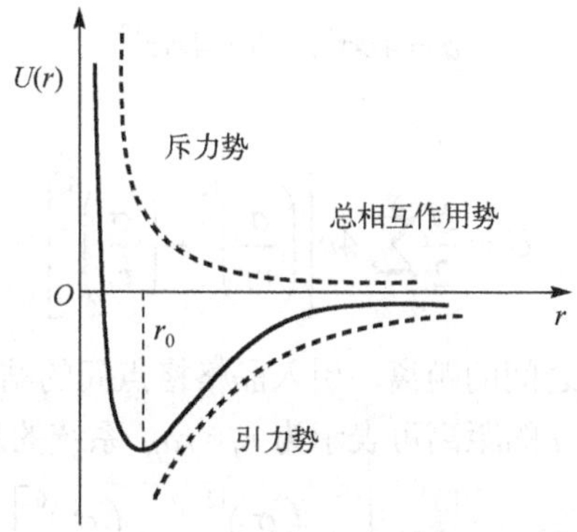

图 2.1　原子间结合能随原子间距的变化示意图

体系处于稳定态的条件是相互作用能达到极小值. 因此

$$\left.\frac{\partial u(r)}{\partial r}\right|_{r_0} = 0$$

$$\left.\frac{\partial^2 u(r)}{\partial r^2}\right|_{r_0} > 0$$

把相互作用能的表达式代入上面的条件，可得方程

$$\frac{\partial u(r)}{\partial r} = m\frac{a}{r^{m+1}} - n\frac{b}{r^{n+1}} = 0$$

因此，可以给出平衡位置和平衡态能量分别为

$$r_0 = \left(\frac{nb}{ma}\right)^{\frac{1}{n-m}}, \quad u(r_0) = -\frac{1}{r_0^m}\left(1 - \frac{m}{n}\right)$$

2.2.2　分子晶体的结合能

通过分析分子晶体的作用力特点，可以给出其原子对之间的相互作用势(范德瓦耳斯势)的表示式为

$$u(r) = -\frac{a}{r^6} + \frac{b}{r^{12}}$$

上式可改写为

$$u(r)=4\varepsilon\left[\left(\frac{\sigma}{r}\right)^{12}-\left(\frac{\sigma}{r}\right)^{6}\right]$$

被称为伦纳德-琼斯(Lennard-Jones)势.

两种表达式中系数间的关系是

$$a=4\varepsilon\sigma^{6},\quad b=4\varepsilon\sigma^{12}$$

系统的总能可表示为

$$U=\frac{N}{2}\sum_{j}^{N}{}'4\varepsilon\left[\left(\frac{\sigma}{r_{ij}}\right)^{12}-\left(\frac{\sigma}{r_{ij}}\right)^{6}\right]$$

其中，r_{ij}为分子i与分子j之间的距离，引入晶格格点间的结构因子a_j和变量r，以i分子为参考点，分子j与分子i的距离可表示为$r_{ij}=ra_j$. 系统的总能可以表示为r的函数

$$U(r)=2N\varepsilon\left[A_{12}\left(\frac{\sigma}{r}\right)^{12}-A_{6}\left(\frac{\sigma}{r}\right)^{6}\right]$$

其中，结构参数A_{12}和A_6分别表示为

$$A_{12}=\sum_{j}^{N}{}'\frac{1}{a_j^{12}},\quad A_{6}=\sum_{j}^{N}{}'\frac{1}{a_j^{6}}$$

例如，惰性元素晶体，多为面心立方结构. 我们可计算得出两个结构参数，A_{12}=12.13188 和 A_6=14.45392.

利用平衡态条件

$$\left.\frac{\partial U(r)}{\partial r}\right|_{r_0}=0$$

可以给出平衡位置和平衡态能量分别为

$$r_0=\sigma\left(\frac{2A_{12}}{A^{6}}\right)^{1/6}$$

$$U(r_0)=-N\varepsilon\frac{A_6^2}{2A_{12}}$$

对于面心立方结构，平衡态原子的结合能和原子间距分别为

$$E_{\mathrm{b}}=-U(r_0)/N=8.8\varepsilon,\quad r_0=1.09\sigma$$

2.2.3 范德瓦耳斯相互作用

通常，分子间通过偶极极化作用引起相互吸引. 我们把这种吸引力统称为范德

瓦耳斯力. 因此，范德瓦耳斯力可表示为

$$\boldsymbol{K}_{\text{d-d}} = \frac{\boldsymbol{p}_1 \cdot \boldsymbol{p}_2 - 3(\boldsymbol{p}_1 \cdot \boldsymbol{r}_{12})(\boldsymbol{p}_2 \cdot \boldsymbol{r}_{12})}{|\boldsymbol{r}_1 - \boldsymbol{r}_2|^3}$$

$$\boldsymbol{p} = \iiint \mathrm{d}^3 r' \rho(r') \boldsymbol{r}'$$

如图 2.2 所示，一个偶极矩诱导一个分子极化，形成诱导偶极矩，两者之间形成范德瓦耳斯力.

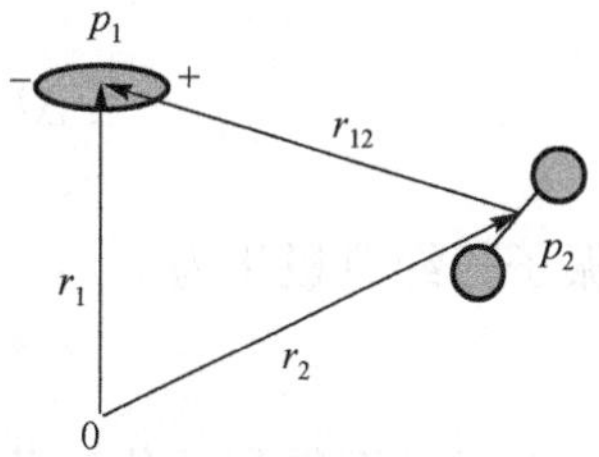

图 2.2　典型的范德瓦耳斯力示意图

范德瓦耳斯力可分为以下几种可能情况：①偶极-偶极作用(dipole-dipole interaction)，又可称为 Keesom 力，这导致 $\boldsymbol{p}_1 \cdot \boldsymbol{p}_2 \neq 0$；②偶极-诱导偶极作用(dipole-induced dipole interaction)，又可称为德拜(Debye)力，可使得 $\boldsymbol{p}_1 \cdot \boldsymbol{p}_2 = 0$；③色散作用(dispersion interaction)，又可称为伦敦(London)力，对于此作用，色散力来自量子效应，是由于真空涨落所引起的一种弱吸引力.

我们通过经验分析可得，上面三种类型的吸引力形成的势能都符合−6 幂次定律. 我们考虑一个半经验方法，来了解这个−6 幂次定律. 将参加相互作用的粒子模拟为量子谐振子，相互作用看作是谐振子之间的耦合，我们会发现耦合的系统能量低于孤立的系统.

两个偶极子相互作用的哈密顿量(Hamiltonian)可表示为

$$H = \frac{p_1^2}{2m} + \frac{p_2^2}{2m} + \frac{m\omega_0^2}{2}({x_1}^2 + {x_2}^2) + mKx_1x_2$$

在上式中，K 为偶极矩相互作用的参数

$$K = qe^2 / (mr^3)$$

其中，q 为偶极矩作用因子.

考虑振荡子系统的势以矩阵的形式表示

$$\hat{U} = \hat{x}^{\mathrm{T}} A \hat{x}, \quad \hat{x}^{\mathrm{T}} = (x_1, x_2)^{\mathrm{T}}$$

因此我们得到关于势能的 A 矩阵

$$A = \frac{m}{2}\begin{pmatrix} {\omega_0}^2 & K \\ K & {\omega_0}^2 \end{pmatrix}$$

对角化矩阵元得到新的振荡频率

$$\omega_{1,2} = (\omega_0^2 \pm K)^{1/2}$$

和新的哈密顿量

$$H = \sum_i \left(\frac{p_i'^2}{2m} + \frac{m\omega_i^2}{2} x_i'^2 \right)$$

此哈密顿量表示两个非耦合的谐振子. 其基态的能量可表示为

$$E = (\omega_1 + \omega_2)/2 \approx \omega_0 - K^2/(8\omega_0^3)$$

因此，偶极子相互作用导致能量降低为

$$\Delta V = -K^2/(8\omega_0^3) = -\frac{q^2 e^4}{8m^2\omega_0^3}\frac{1}{r^6}$$

一个振子的经典极化为

$$\alpha = e^2/(m\omega_0^2)$$

因此，振子模型得到的代表范德瓦耳斯力的表达式为

$$\Delta V = -q^2\alpha^2\omega_0/(8r^6)$$

2.2.4 离子晶体的结合能

在离子晶体(例如 NaCl 晶体)中，任意两离子间的相互作用依照库仑定律，可以表示为

$$u_{ij}(r) = \pm\frac{e^2}{4\pi\varepsilon_0 r} + \frac{b}{r^n}$$

其中，e 为电子电荷，同性电荷离子之间相斥，取+号；异性电荷离子之间相吸，取一号. 若晶体中由 N 个原胞(即 N 个正离子和 N 个负离子)组成，则晶体的相互作用总能可表示为

$$U(r) = \frac{1}{2}(2N)\sum_j \left(\pm\frac{e^2}{4\pi\varepsilon_0 r_{ij}} + \frac{b}{r_{ij}^n} \right)$$

定义原子间距

$$r_{ij} = a_{ij} r$$

总能可表示为

$$U(r) = -N\left(\frac{e^2}{4\pi\varepsilon_0 r}\sum_j \mp\frac{1}{a_{ij}} - \frac{1}{r^n}\sum_j \frac{b}{a_{ij}^n} \right)$$

定义参数α和β，有

$$\alpha = \sum_j \mp\frac{1}{a_{ij}},\quad \beta = \sum_j \frac{b}{a_{ij}^n}$$

其中，α 称作马德隆(Madelung)常数. 有 N 个原胞的 NaCl 晶体的相互作用能可以表示为

$$U=-N\left(\frac{\alpha e^2}{4\pi\varepsilon_0 r}-\frac{\beta}{r^n}\right)$$

通过 U 对 r_0 求极小值可得 β 值和平衡态能量分别为

$$\beta=\frac{\alpha e^2}{4\pi\varepsilon_0 n}r_0^{n-1}$$

$$U_0=-N\frac{\alpha e^2}{4\pi\varepsilon_0 r_0}\left(1-\frac{1}{n}\right)$$

同理，可求解体弹性模量 K 为

$$K=V_0\left(\frac{\partial^2 U}{\partial V^2}\right)_{V_0}$$

$$K=V_0\frac{\partial^2 U}{\partial V^2}=V_0\frac{\partial^2 U}{\partial r^2}\left(\frac{\partial r}{\partial V}\right)^2,\quad V_0=2Nr_0^3$$

$$K=\frac{1}{18Nr_0}\left(\frac{\partial^2 U}{\partial r^2}\right)_{r_0}$$

$$\frac{\mathrm{d}^2 U}{\mathrm{d}r^2}=\frac{N\alpha e^2}{4\pi\varepsilon_0 r_0^3}(n-1)$$

因此，我们得到离子晶体的体弹性模量为

$$K=\frac{N\alpha e^2}{72\pi\varepsilon_0 r_0^4}(n-1)$$

表 2.1 列出了几种典型离子晶体的离子间排斥势参数 n 及由上式计算的体弹性模量 K.

表 2.1　典型离子晶体的离子间排斥势参数 n 和体弹性模量 K

晶体	NaCl	NaBr	NaI	KCl	ZnS
n	7.90	8.41	8.33	9.62	5.4
$K/(\times 10^{10}\ \mathrm{N/m^2})$	2.41	1.96	1.45	2.0	7.76

图 2.3 为典型离子晶体 NaCl 的原子结构示意图，一个钠离子周围最近邻位置有六个氯离子，一个氯离子周围最近邻位置有六个钠离子. 如右边的电荷分布图所示，钠原子的最外层电子被离化，完全转移到了周围的氯原子上，形成典型的电荷球形分布，占据在整个晶格点上.

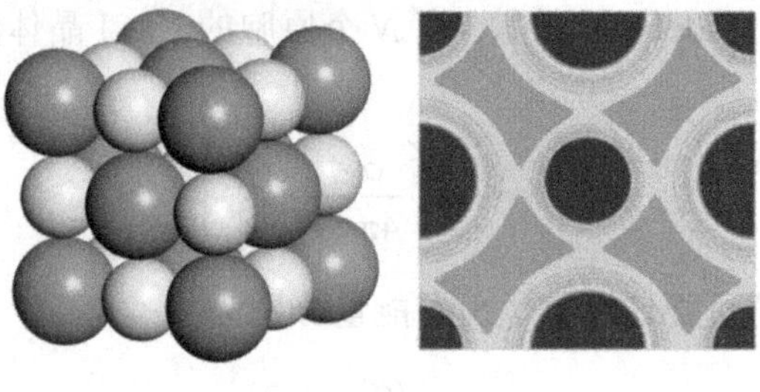

图 2.3　NaCl 的原子结构示意图和外层电子分布图

2.2.5　共价晶体结合能

共价晶体通过共价键结合，可借用化学键的键能来获得对共价晶体结合能的评估. 我们可以通过晶格结构分析各个原子的配位数，从而利用化学键能求得结合能. 我们考察形成一个 GaAs 结构的原胞的结合能，假设有 A 和 B 两种原子，A 和 B 的配位数都是 4，A—B 键键能为 E_B，注意到 A 的最近邻位被 B 原子占据，B 原子的最近邻位被 A 原子占据，因此，每个原胞的结合能为 $4E_B$.

关于共价键的形成机制，我们以 H_2 分子为例简单介绍如下. 两个氢原子各提供一个 1s 轨道，随着两个氢原子距离减小，两个 1s 轨道开始耦合. 根据量子原理，两个氢原子提供的两个电子形成的电子体系为费米子体系，体系波函数为交换反对称函数. 当两个电子自旋反平行时，空间波函数应该为对称波函数，当两个电子自旋平行时，空间波函数为反对称波函数. 空间对称导致电子聚集在两个原子之间的空间，空间反对称导致电子间相互排斥，因此引入交换势的概念. 自旋相反的双电子交换作用势能随间距减小而减小，自旋平行的双电子交换作用势能随间距减小而增大，如图 2.4 所示. 此外，我们还需要考虑静电库仑作用，包括两个原子核对两个电子的吸引作用，以及两个原子核的排斥作用和两个电子的排斥作用. 这些作用

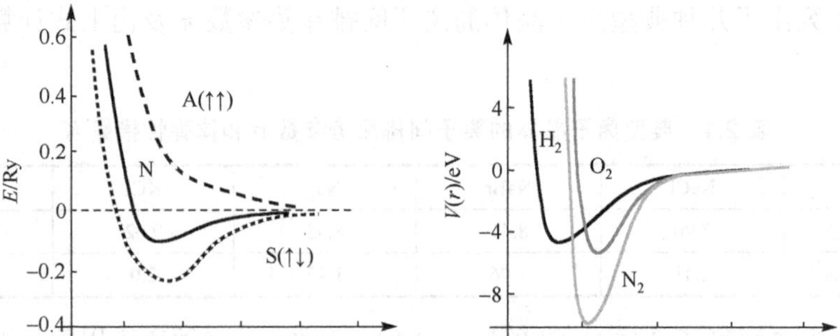

图 2.4　单态和三重态的势能示意图以及 H_2、O_2 和 N_2 的势能示意图

其中能量单位 1 Ry=13.6 eV，长度单位 a_0=0.53 Å，A 代表三重态，S 代表单态

导致两个原子间的相互作用势能先随距离减小而减小，达到极小值后迅速增大. 这样引入经典作用势来展示原子间的相互作用，如图 2.4 所示. 两个氢原子在较近的距离(小于 1 Å)作用势能出现极小值，该值为 H_2 分子的键能. O_2 分子的极小值出现在大于 1 Å 的位置，表明 O_2 分子键长大于 H_2 分子，同时，键能比 H_2 分子键能稍大. N_2 分子的键长和 O_2 分子的键长差不多，但键能远大于 O_2 分子的键能.

在共价晶体中，原子轨道形成杂化轨道，以满足晶格结构需求. 这些杂化轨道之间进一步相互作用，形成化学键. 因此，分析共价晶体的键合机制，需考虑以下三个因素：①杂化轨道的形成；②库仑作用，即由原子核和内层电子构成的离子之间的库仑排斥；③交换势，即相邻原子间自旋相反的双电子之间形成的交换作用势.

2.2.6　金属晶体结合能

分析金属晶体的结合能，需要考虑下面三个贡献. ①动能的贡献. 价电子的动能比在自由原子中的动能要小，这可以通过不确定性原理来理解. 由不确定性原理知

$$\Delta x \Delta p > \hbar$$

我们可以估算晶格中价电子的动能的能级大约为

$$K \sim \hbar^2 / (2m\Delta x^2)$$

②交换势的贡献. 自由电子气之间存在交换作用势能. ③库仑相互作用的贡献. 该贡献指的是离子与价电子之间的库仑吸引作用，离子-离子之间的排斥作用和电子-电子之间的排斥作用.

巴丁(J. Bardeen)曾经提过用巴丁势来描述碱金属中原子的结合能. 引入电子有效体积变量υ，因此，$\upsilon = (\Delta x)^3$，动能可以近似为

$$K \sim b\upsilon^{-2/3} + b'\upsilon^{-1}$$

离子-离子之间的排斥作用和电子-电子之间的排斥作用近似为

$$U_{\mathrm{r}} \sim 1/\Delta x^3 \sim \upsilon^{-1}$$

离子与价电子的库仑引力作用近似为

$$U_{\mathrm{a}} \sim -1/\Delta x \sim -\upsilon^{-1/3}$$

自由电子气之间的交换作用势能近似为

$$U_{\mathrm{ex}} \sim -c_{\mathrm{ex}}\upsilon^{-1/3} - b_{\mathrm{ex}}\upsilon^{-2/3}$$

因此，系统的总能可表示为

$$E_{\mathrm{tot}}(\upsilon) = A\left(\frac{\upsilon_0}{\upsilon}\right) + B\left(\frac{\upsilon_0}{\upsilon}\right)^{2/3} - C\left(\frac{\upsilon_0}{\upsilon}\right)^{1/3}$$

2.3　非晶与准晶

2.3.1　非晶态

非晶体是一类不具有平移对称性或失去长程有序的固体物质. 自然界中存在各种非晶态物质，包括玻璃、非晶态高聚合物、非晶态金属、非晶态磁性材料、非晶态半导体等. 非晶态物质一般具有短程序，在近程区域内原子的分布(如配位数、键长、键角等)具有类似晶体的特征. 图 2.5 给出了一个典型的非晶体——非晶态 SiO_2 的平面原子结构示意图. 1 个硅原子周围有 4 个氧原子，1 个氧原子周围有 2 个硅原子，以 Si∶O 为 1∶2 的比例进行配位，氧原子在 2 个硅原子间的位置具有不确定性，导致非晶态的形成.

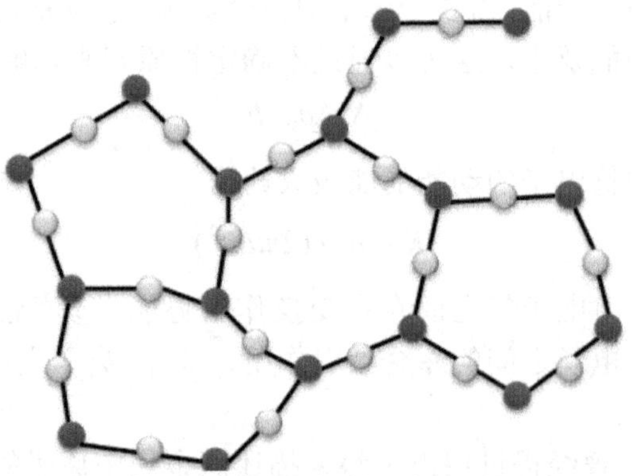

图 2.5　非晶态 SiO_2 的平面原子结构示意图

结构的无序大致分为两类. ①组分无序：A 类原子的晶格中的格位被 B 类原子无序地替代. 例如，CuZn 合金，在大约 740 K 以上是无序的体心立方结构. 虽然无序，晶格仍然存在，因此通常说的非晶金属不包含该类合金. A 类原子的晶格中的格位被多种类其他原子替代(例如 B、C、D 类原子)，这些类型的原子尺寸不相同，这样在形成的合金中，原子无序排列可能导致晶格出现极大的局域扭曲，从某种角度看，可以认为形成非晶体. 这类由多元素形成的金属合金目前称为高熵合金. ② 拓扑无序：原子排列没有规则，晶格不复存在，但局域原子的排列仍然有序. 这类无序结构通常称为非晶态结构.

非晶体中原子排布无序，局域又有可能有序，因此描述非晶体中原子位置的有效办法是统计描述. 考虑粒子在空间分布的概率密度，如果粒子间无关联，其统计描述可以表示为

$$p=\frac{N}{V}\mathrm{d}\tau=\rho_0\mathrm{d}\tau$$

其中，ρ_0 为粒子的密度，$\mathrm{d}\tau$为单位体积. 如果粒子间存在关联，在统计描述中引入关联函数 $g(r)$，分布概率随空间坐标的变化可表示为

$$p(r)=\rho_0 g(r)\mathrm{d}\tau$$

因此，关联函数 $g(r)$ 随 r 的变化反映了周围原子的统计分布，可以有效地帮助我们理解粒子的空间排布情况.

图 2.6 给出了几种典型物态的关联函数示意图. ①对于气体，粒子尺寸为 a，因此，当 $r\leqslant a$ 时，$g(r)=0$；当 $r>a$ 时，由于粒子分布完全无序，两个粒子之间的距离完全不相关，因此 $g(r)=1$，结构完全无序. ②对于晶体，原子在空间有序排布，形成周期结构，原子之间的距离高度相关. 例如，我们以任意一个原子为坐标原点，只有在特定的距离上发现其他粒子，其在这些特定距离上发现的原子数目不等，这些信息就可以用关联函数表示出来. ③对于非晶结构，在近距离存在有效性，因此关联函数类似晶体的关联函数，存在离散的峰，同时由于原子间距存在某种程度的不确定性，从而导致峰宽较晶体的大；随着距离增大，峰宽进一步增大，直到不确定性导致不相关性. ④对于液体，由于热效应，原子间距离存在热扰动，其排布和非晶结构相似，同时对于同一种物质，其峰宽比非晶结构的峰宽要大一些.

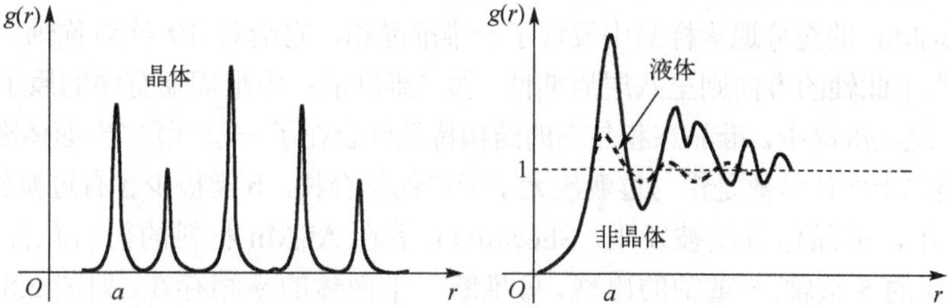

图 2.6　晶体、液体以及非晶体的关联函数示意图

我们知道，随温度降低，液体在熔点(T_m)处体积发生突变，并形成晶体. 而非晶体的形成可以描述为，在相变熔点处体积没有突变，随温度连续降低，直到在玻璃化温度(T_g)处，体积变化出现拐点，如图 2.7 所示. 依据晶核形成与生长的理论以及相变动力学理论，估计非晶态金属形成的临界冷却速率大约为 10^6 K/s. 只有在这种高速冷却速率下才可能形成金属非晶体. 实际实验中，我们可以采用下面的方法来实现快速冷却. ①液态急冷法：把高温液体喷射到热的良导体上，形成非晶结构. ②通过原子沉积法、溅射法、真空蒸发法、辉光放电分解法等非热平衡态生长法，快速沉积要生长的物质，实现非晶态结构. ③在低温沉积生长时，引入其他元素，破坏其可能的周期性生长，形成非晶态结构. 例如，在制备非晶硅薄膜时，可以在

生长过程中引入氢元素实现非晶态结构.

非晶态结构是一种亚稳态结构. 金属非晶体结构，一般可以通过加热再冷却的办法，实现相转变，转变为相应的晶态结构.

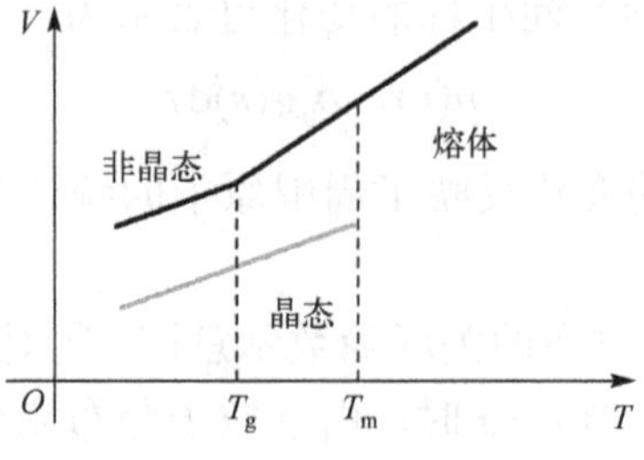

图 2.7　随温度变化，非晶态和晶态的体积变化示意图

2.3.2　准晶体结构

准晶体在自然界中并不存在，是人造的一种新型结构. 准晶体不符合晶体的对称条件，但呈一定的周期性有序排列，是一种类似于晶态的固体. 但在该类结构中，可能包含 5 次、8 次、10 次或 12 次等高次旋转轴. 我们称其为准晶体.

准晶的结构类型包括以下几种. ①一维准晶：这类准晶相常发生于二十面体相或十面体相与结晶相之间发生相互转变的中间状态，属于亚稳状态. 例如在 $Al_{65}Cu_{20}Fe_{10}Mn_5$ 的充分退火样品中发现了一维准晶相，它沿着 10 次对称轴呈六层周期性，而垂直于此轴的方向则呈八层周期性. ②二维准晶：由准周期有序的原子层周期地堆垛构成. 这类准晶中，准晶态和晶态的结构特征结合在了一起. ③二十面体准晶：分为两类，a 类二十面体多数是铝与过渡族元素形成的化合物，b 类极少含有过渡族元素.

1982 年，准晶体首次被发现. Shechtman 等在 Al_6Mn 材料的衍射花样中发现不存在于晶体的 5 重轴. 5 重轴的出现，可推断二十面体的新相存在，如图 2.8 所示. 他们因此认为这种结构是不同于晶体和非晶体的一种新型结构，称为准晶体.

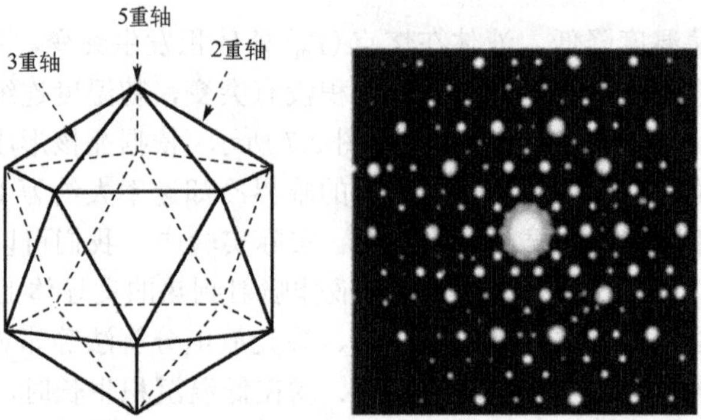

图 2.8　5 重轴准晶结构示意图和衍射花样图(Shechtman et al.，1984)

2.3.3　准晶的形成

除了少数准晶为稳态相之外，大多数准晶相均属亚稳态产物，主要通过快冷方法形成，此外经离子注入混合或气相沉积等途径也能形成准晶. 准晶的形成过程包括形核和生长两个过程，故采用快冷法时其冷速要适当控制，冷速过慢则不能抑制结晶过程从而会形成结晶相；冷速过快则准晶的形核生长也被抑制从而形成非晶态. 其形成条件还与合金成分、晶体结构类型等多种因素有关，并非所有的合金都能形成准晶.

2.3.4　准晶的相变

亚稳态的准晶在一定条件下会转变为结晶相. 退火可促使准晶的相变，准晶转变是热激活过程，其晶化激活能与原子扩散激活能相近. 准晶也可从非晶态转化形成，例如 Al-Mn 合金经快速凝固形成非晶后，在一定的加热条件下会转变成准晶. 准晶相对于非晶态是热力学较稳定的亚稳态.

2.4　团簇与纳米颗粒

团簇是由几个到几百个原子组成的聚集体，空间尺度在 1~3 nm. 其性质介于原子与固体之间，可认为是一种新的物质形态. 其在自然界中广泛存在，如宇宙尘埃和大气层中.

团簇可通过热蒸发、激光蒸发、离子溅射等方法制备. 首先产生原子气，然后再冷凝原子气形成团簇. 团簇可通过飞行时间质谱仪来识别，即通过测量其质量丰度分布，分析团簇的形成情况.

典型的团簇形成幻数序列：①惰性元素团簇 Xe_n，形成一系列幻数结构，n=13, 19, 25, 55, 147, 309, 561, …；②碱金属(Li、Na、K)和贵金属(Cu、Ag、Au)团簇，形成一系列幻数结构，n= 2, 8, 20, 40, 58, 92,….

幻数序列的原子结构可以通过壳层模型来解释. 惰性元素 Xe 原子之间的键合通过范德瓦耳斯力形成，相互作用较弱. 因此，可通过二十面体来堆积形成团簇，第一层有 12 个原子，第二层有 42 个原子，形成一系列壳层结构. 其幻数结构可以表示为

$$n = 1 + \sum_{l=1}^{p} (10l^2 + 2)$$

因此，n= 13, 55, 147, 309,…；而其他数值，如 n=19, 25，则为过渡阶段的结构.

金属团簇中的电子在团簇范围内做共有化运动，电子感受到的有效势可被认为

是球对称的，类似于电子在原子核外的分布情况，也可具有壳层结构. 这里只是用球对称势代替了库仑势，形成团簇的幻数结构序列. 用量子数(n, l)表示原子核外的电子态，如1s(2), 1p(6), 1d(10), 2s(2), 1f(14), 2p(6), 1g(18), …. 类似的办法可用来分析外层电子分布简单的金属团簇. 因此，金属团簇可形成幻数结构序列，n=2, 8, 18, 20, 40, 58, ….

纳米颗粒比原子团簇尺寸大一些，一般认为其尺寸在3~100 nm之间. 典型的纳米颗粒有半导体量子点和贵金属纳米微粒，以及以C_{60}为代表的笼状纳米颗粒结构. 纳米颗粒不同于体材料的性质，主要体现在两个特征效应上. ①尺寸效应：当尺寸接近或小于某特征尺寸时，光的波长、传导电子的波长、电子的相位相干长度等物理量会出现量子限域效应，导致半导体量子点的带隙变大、金属量子点的电子能级离散等量子效应. ②表面效应：当表面原子数与体原子数之比变大时，表面原子对材料的性质产生重要影响. 例如，表面的局域态对电子的限域、对声子的散射、对气体小分子的吸附等影响.

第 3 章　固体振动理论

3.1　晶格振动模型

3.1.1　一维单原子链

考虑由 N 个相同原子构成的一维晶格，如图 3.1 所示. 晶格常数为 a，原子间相互作用的力常数为β.

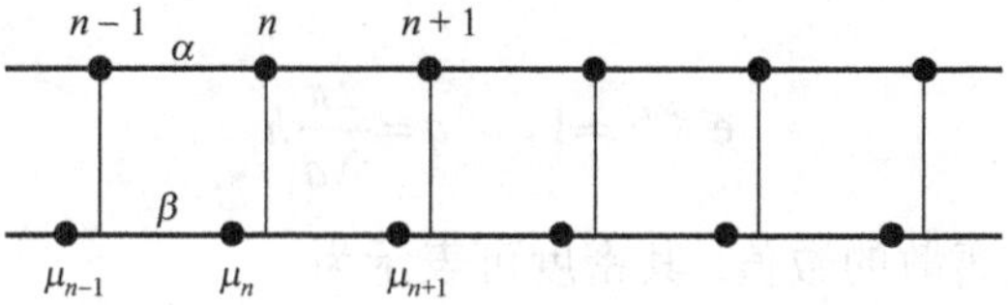

图 3.1　一维单原子链模型振动原子位移示意图

在原子偏离平衡位置(用 u_i 表示 i 原子偏离其平衡位置的位移)时，其受到的近邻原子的作用力可表示为

$$\begin{aligned} f_n &= -\beta(\mu_n - \mu_{n+1}) - \beta(\mu_n - \mu_{n-1}) \\ &= \beta(\mu_{n+1} + \mu_{n-1} - 2\mu_n) \end{aligned}$$

因此，对于第 n 个原子，其运动方程可表示为

$$m\ddot{\mu}_n = \beta\left(\mu_{n+1} + \mu_{n-1} - 2\mu_n\right)$$

引入试探解

$$\mu_n = A\mathrm{e}^{\mathrm{i}(\omega t - naq)}$$

代入运动方程可得

$$-m\omega^2\mathrm{e}^{\mathrm{i}(\omega t - naq)} = \beta[\mathrm{e}^{\mathrm{i}(\omega t - naq)}\mathrm{e}^{-\mathrm{i}aq} + \mathrm{e}^{\mathrm{i}(\omega t - naq)}\mathrm{e}^{\mathrm{i}aq} - 2\mathrm{e}^{\mathrm{i}(\omega t - naq)}]$$

简化后，可得色散方程

$$-m\omega^2 = 2\beta(\cos aq - 1)$$

因此，可得色散关系

$$\omega = 2\sqrt{\frac{\beta}{m}}\left|\sin\left(\frac{1}{2}aq\right)\right|$$

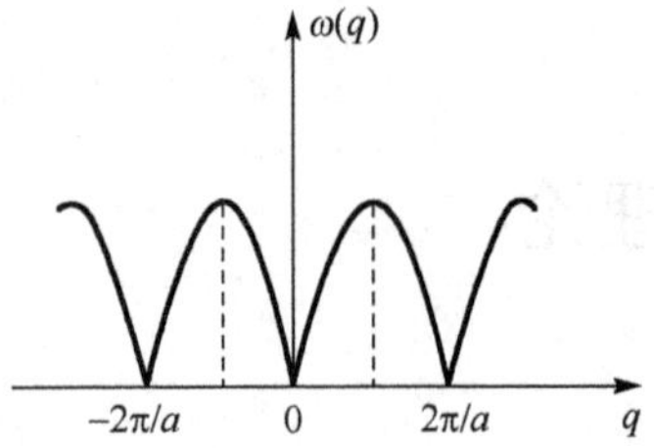

图 3.2　一维单原子链色散关系图

因此，振动的频率随波矢 q 呈周期性变化，如图 3.2 所示，在第一布里渊区，q 被限制在以下区间：

$$-\frac{\pi}{a}<q\leqslant\frac{\pi}{a}$$

3.1.2　周期性边界条件与量子化

考虑一维原子链左右两个端原子连接起来，形成周期结构，称为周期性边界条件，也称为玻恩-卡门(Born-Karman)边界条件. 原子总数为 N，有

$$\mu_{N+n}=\mu_n$$

$$\mathrm{e}^{\mathrm{i}[\omega t-(N+n)aq]}=\mathrm{e}^{\mathrm{i}(\omega t-naq)}$$

因此

$$\mathrm{e}^{-\mathrm{i}Naq}=1,\quad q=\frac{2\pi}{Na}h$$

h 为整数，波矢 q 取离散的数值. 其密度可表示为

$$\rho(q)=\frac{Na}{2\pi}$$

在第一布里渊区中，波矢 q 的取值总数为

$$\rho(q)\frac{2\pi}{a}=\frac{Na}{2\pi}\frac{2\pi}{a}=N$$

因此，晶格振动形成格波，格波的模式总数等于原子链的自由度数. 从上面的分析可知，原子的振动形成一系列波，这些波可表示为

$$A\mathrm{e}^{\mathrm{i}(\omega_i t-naq_i)}$$

对于某一特定的波矢 q_i，由色散关系可得特定的频率 ω_i. 对于确定的 n，第 n 个原子的位移随时间作简谐振动. 对于确定时刻 t，不同的原子有不同的振动相位. 晶体中所有原子共同参与的一种频率相同的振动，不同原子间有确定的相位差，这种振动以波的形式在整个晶体中传播，我们称之为格波. q 取不同的值，相邻两原子间的振动相位差不同，则晶格振动状态不同. 如果

$$q'-q=\frac{2\pi}{a}h$$

h 为整数，则 q 与 q' 描述同一晶格振动状态，因此，为了使 q 能唯一地描述一个晶格振动状态，q 的取值被限定在第一布里渊区. 在布里渊区边界，格波的频率为 $\omega=2(\beta/m)^{1/2}$.

3.1.3　一维双原子链

对于由两种不同原子构成的一维晶格，如图 3.3 所示. 两类原子的质量分别为 M 和 m. 一个原胞内有两个原子，晶格常数为 a，原子间相互作用的力常数为 β.

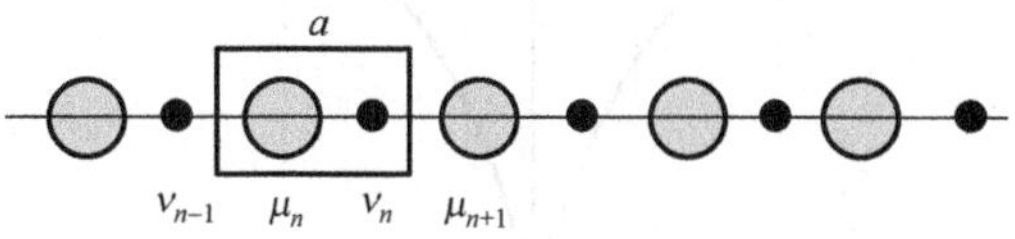

图 3.3　一维双原子链振动结构示意图

一维双原子链的振动方程可表示为

$$M\ddot{\mu}_n=\beta(\nu_n+\nu_{n-1}-2\mu_n)$$

$$m\ddot{\nu}_n=\beta(\mu_n+\mu_{n+1}-2\nu_n)$$

引入试探解

$$\mu_n=A\mathrm{e}^{\mathrm{i}(\omega t-naq)},\quad \nu_n=B\mathrm{e}^{\mathrm{i}[\omega t-(n+1/2)aq]}$$

代入振动方程，可得下面的方程组：

$$(2\beta-M\omega^2)A-2\beta\cos\left(\frac{1}{2}aq\right)B=0$$

$$-2\beta\cos\left(\frac{1}{2}aq\right)A+(2\beta-m\omega^2)B=0$$

由上面的方程组，可得久期矩阵方程

$$\begin{vmatrix} 2\beta-M\omega^2 & -2\beta\cos\left(\frac{1}{2}aq\right) \\ -2\beta\cos\left(\frac{1}{2}aq\right) & 2\beta-m\omega^2 \end{vmatrix}=0$$

因此，可得色散关系

$$\omega_\pm^2=\frac{\beta}{Mm}\left[(M+m)\pm\sqrt{M^2+m^2+2Mm\cos(aq)}\right]$$

在上面的关系中，我们发现一个波矢 q 对应两个频率，如图 3.4 所示，频率较高的模式称为光学模式，频率较低的模式称为声学模式. 把参数 A/B 比值代入两个原子的位移试探解，可得两个原子的位移矢量比为

$$\left(\frac{\mu_n}{\nu_n}\right)_\pm=\frac{A}{B}\mathrm{e}^{\mathrm{i}\frac{1}{2}aq}=\frac{2\beta\cos\left(\frac{1}{2}aq\right)\mathrm{e}^{\mathrm{i}\frac{1}{2}aq}}{2\beta-M\omega_\pm^2}$$

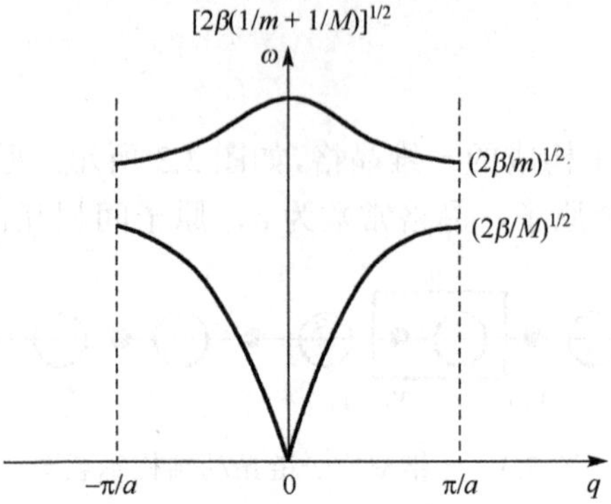

图 3.4　一维双原子链色散关系图

对于光学模式，相邻原子振动方向相反，有

$$\left(\frac{A}{B}\right)_+ < 0$$

在长波极限条件下

$$q = 0, \quad \left(\frac{A}{B}\right)_+ \approx -\frac{m}{M}$$

光学模式的频率为 $\omega = [2\beta(1/m+1/M)]^{1/2}$.

对于声学模式，相邻原子振动方向相同，有

$$\left(\frac{A}{B}\right)_- > 0$$

在长波极限条件下

$$q \approx 0, \quad \left(\frac{A}{B}\right)_- \approx 1$$

在布里渊区边界处，光学模式对应的频率为 $\omega = (2\beta/m)^{1/2}$，声学模式对应的频率为 $\omega = (2\beta/M)^{1/2}$. 在布里渊区中心附近，$qa \ll 1$，声学模格波的色散关系类似弹性波

$$\omega_- \approx \left[\frac{\beta a^2}{2(m+M)}\right]^{1/2} q$$

3.1.4　三维晶格振动

在三维空间中，假设晶体有 $N = N_1N_2N_3$ 个原胞，每个原胞中有 s 个原子. 在原胞 l 中第 j 个原子的平衡位置表示为

$$\boldsymbol{x}_0(l, j) = \boldsymbol{R}_l + \boldsymbol{r}_j, \quad \boldsymbol{R}_l = l_1\boldsymbol{a}_1 + l_2\boldsymbol{a}_2 + l_3\boldsymbol{a}_3$$

原子相对平衡位置的位移表示为

$$\boldsymbol{u}(l,j)=\boldsymbol{x}(l,j)-\boldsymbol{x}_0(l,j)$$

原子间的相互作用为对势函数，如图 3.5 所示. 系统的总势能可表示为

$$\begin{aligned}U&=\frac{1}{2}\sum_{lj}\sum_{mk}\varphi[\boldsymbol{x}(m,k)-\boldsymbol{x}(l,j)]\\&=\frac{1}{2}\sum_{lj}\sum_{mk}\left\{\varphi[\boldsymbol{x}_0(m,k)-\boldsymbol{x}_0(l,j)]+\sum_{\alpha}\frac{\partial\varphi}{\partial u_\alpha}u_\alpha+\sum_{\alpha,\beta}\frac{\partial^2\varphi}{\partial u_\alpha\partial u_\beta}u_\alpha u_\beta+\cdots\right\}\end{aligned}$$

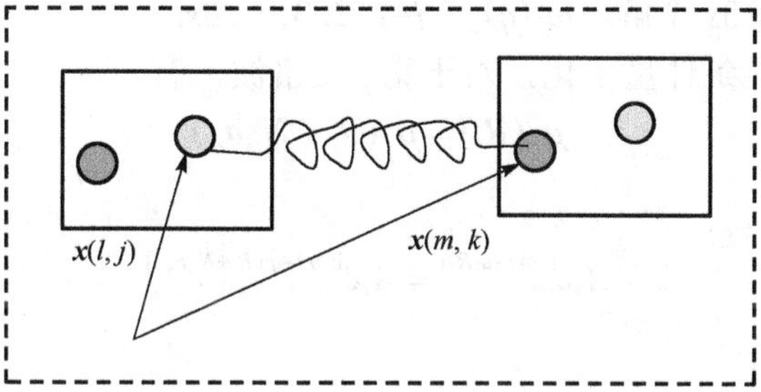

图 3.5　三维晶格振动示意图

在平衡态附近，采用简谐近似，总势能为

$$U=\frac{1}{2}\sum_{lj\alpha}\sum_{mk\beta}\varphi_{\alpha\beta}(lm,jk)u_\alpha(l,j)u_\beta(m,k)$$

其中，力常数矩阵 $\varphi_{\alpha\beta}(lm,jk)$ 为

$$\varphi_{\alpha\beta}(lm,jk)=\frac{\partial^2\phi}{\partial u_\alpha(l,j)\partial u_\beta(m,k)}$$

力常数矩阵应该满足以下对称性：

$$\varphi_{\alpha\beta}(lm,jk)=\varphi_{\beta\alpha}(ml,kj)$$

$$\varphi_{\alpha\beta}(lm,jk)=\varphi_{\alpha\beta}(l-m,jk)$$

我们获得的原子在晶格势的作用下的运动方程可表示为

$$M_i\frac{\mathrm{d}^2u_\alpha(n,i)}{\mathrm{d}t^2}=-\frac{\partial U}{\partial u_\alpha(n,i)}=-\sum_{mj\beta}\varphi_{\alpha\beta}(nm,ij)u_\beta(m,j)$$

假设采用的试探解为

$$u_\alpha(n,i)=M_i^{-1/2}A_\alpha(i)\mathrm{e}^{\mathrm{i}(\omega t-\boldsymbol{q}\cdot\boldsymbol{R}_n)}$$

可得关于振动频率 $\omega(q)$ 的动力学矩阵方程

$$\omega^2 A_\alpha(i) = \sum_{j\beta} D_{\alpha\beta}(q,ij) A_\beta(j)$$

动力学矩阵为

$$D_{\alpha\beta}(\boldsymbol{q},ij) = -(M_i M_j)^{-1/2} \sum_l \varphi_{\alpha\beta}(l,ij) \mathrm{e}^{\mathrm{i}\boldsymbol{q}\cdot\boldsymbol{R}_l}$$

因此，动力学矩阵的久期方程为

$$\det\left|D_{\alpha\beta}(\boldsymbol{q},ij) - \omega^2(\boldsymbol{q})\delta_{ij}\delta_{\alpha\beta}\right| = 0$$

如果获得力常数矩阵$\varphi_{\alpha\beta}(nm, ij)$，可求得动力学矩阵$D_{\alpha\beta}(\boldsymbol{q}, ij)$. 对于每一个确定的波矢 q，此方程共有 $3s$ 个解，$\omega_j(q)$，j=1, 2, 3,⋯, $3s$.

利用周期性边界条件量子化，对于第 j 支格波，有

$$\mu_j(\boldsymbol{R}_l) = \mu_j(\boldsymbol{R}_l + N_\alpha \boldsymbol{a}_\alpha)$$

代入试探解，得

$$A_j \mathrm{e}^{\mathrm{i}(\omega_j t - \boldsymbol{q}\cdot\boldsymbol{R}_l)} = A_j \mathrm{e}^{\mathrm{i}[\omega_j t - \boldsymbol{q}\cdot(\boldsymbol{R}_l + N_\alpha \boldsymbol{a}_\alpha)]}$$

可得周期条件

$$\boldsymbol{q}\cdot N_\alpha \boldsymbol{a}_\alpha = 2\pi h_\alpha$$

由 N 原子环形周期条件可得

$$\mathrm{e}^{-\mathrm{i}\boldsymbol{q}\cdot N_\alpha \boldsymbol{a}_\alpha} = 1$$

引入倒格子矢量

$$\boldsymbol{q} = \eta_1 \boldsymbol{b}_1 + \eta_2 \boldsymbol{b}_2 + \eta_3 \boldsymbol{b}_3$$

我们可得关系式

$$\begin{aligned}\boldsymbol{q}\cdot N_\alpha \boldsymbol{a}_\alpha &= (\eta_1 \boldsymbol{b}_1 + \eta_2 \boldsymbol{b}_2 + \eta_3 \boldsymbol{b}_3)\cdot N_\alpha \boldsymbol{a}_\alpha \\ &= 2\pi\eta_\alpha N_\alpha = 2\pi h_\alpha\end{aligned}$$

其中，$\eta_\alpha = h_\alpha / N_\alpha$. 波矢量可表示为

$$\boldsymbol{q} = \frac{h_1}{N_1}\boldsymbol{b}_1 + \frac{h_2}{N_2}\boldsymbol{b}_2 + \frac{h_3}{N_3}\boldsymbol{b}_3$$

因此，$\boldsymbol{q}$ 的值为离散值，其取值范围为第一布里渊区. 取值在 q 空间中，每一个 $\boldsymbol{q}$ 的取值(状态)所占的空间为

$$\frac{\boldsymbol{b}_1}{N_1}\cdot\frac{\boldsymbol{b}_2}{N_2}\times\frac{\boldsymbol{b}_3}{N_3} = \frac{\Omega_b}{N} = \frac{1}{N}\left(\frac{8\pi^3}{v_a}\right) = \frac{8\pi^3}{V}$$

在 q 空间中，波矢 $\boldsymbol{q}$ 的分布密度为

$$\rho(\boldsymbol{q}) = \frac{V}{8\pi^3} = \text{const}$$

在第一布里渊区中波矢 $\boldsymbol{q}$ 的取值总数为

$$\rho(\boldsymbol{q})\Omega_b = N$$

每个 $\boldsymbol{q}$ 值对应 $3s$ 个频率，在第一布里渊区中 $\boldsymbol{q}$ 共有 N 个值，因此晶格振动格波的总数为 $3Ns$，该数值恰好等于晶体的自由度数. 由此可见，晶体中的格波数由晶体的自由度决定. 每个原胞中有 s 个原子，每一个 $\boldsymbol{q}$ 的取值，对应于 3 个声学波和 $3(s-1)$ 个光学波. 总之，我们得到以下结论：晶格振动波矢的总数等于晶体的原胞数；晶格振动格波的总数等于晶体的自由度数.

3.2　声子谱结构

通过求解每个 q 点的动力学矩阵的久期方程，我们可以获得实际的晶体的声子谱结构. 以金刚石、硅、锗和砷化镓为例，这些晶格都是 2 原子基 fcc 晶格，因此每个原胞有 2 个原子. 以前面考察的一维双原子链为例，晶格原子作为一个整体，存在声学支振动模式. 在三维晶体中，整体上存在 3 个自由度，因此应存在 3 个声学振动模式，分别为 2 个横声学(TA)模式和 1 个纵声学(LA)模式. 对于原胞内两个原子之间的相对振动，形成 3 个光学振动模式，依据波传播方向和振动极化方向的不同，也分为 2 个横模式和 1 个纵模式，分别称为 2 个横光学(TO)模式和 1 个纵光学(LO)模式. 在金刚石、硅、锗和砷化镓等各向同性晶体中，TA 和 TO 支为双简并模式.

考虑晶体的各向异性，双简并模式 TA 和 TO 可能会劈裂. 考虑一个极端的例子——石墨烯. 石墨烯是单原子层结构，每个原胞有两个碳原子，因此有 3 个声学支和 3 个光学支. 明显地，晶面内振动不同于晶面外振动，TA 模式会分裂为 TA 模式和 Z 方向声学(ZA)模式，同时 TO 模式会分裂为 TO 模式和 Z 方向光学(ZO)模式，如图 3.6 所示. 通常声子谱表示中，声子的能量采用的单位为 meV，或波矢采用的单位为 cm^{-1}.

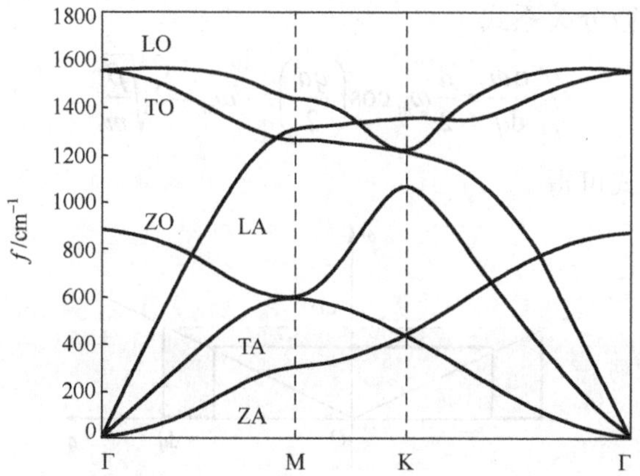

图 3.6　石墨烯的振动谱

3.2.1　态密度函数

既然边界条件要求 q 在波矢空间的取值是分立的，就存在一个模式密度的问题. 模式密度也称状态密度或态密度. 态密度(density of states)就是单位频率间隔内的状态数.

如图 3.7 所示，考虑一维的情况，倒格子空间格点密度为

$$\rho(q) = L/(2\pi)$$

在区间$[q,q+\mathrm{d}q]$内的状态数

$$\frac{L}{2\pi}\mathrm{d}q$$

与频率表示的态密度的关系为

$$g(\omega)\mathrm{d}\omega = \frac{L}{2\pi}\mathrm{d}q$$

因此，态密度可表示为

$$g(\omega) = \frac{L}{2\pi}\frac{\mathrm{d}q}{\mathrm{d}\omega}$$

因为 $\omega(q) = \omega(-q)$，所以

$$g(\omega) = \frac{L}{\pi}\frac{\mathrm{d}q}{\mathrm{d}\omega}$$

利用一维单原子链的色散关系

$$\omega = 2\sqrt{\frac{\beta}{m}}\left|\sin(1/(2aq))\right|$$

得到频率对波矢的微分关系式

$$\frac{\mathrm{d}\omega}{\mathrm{d}q} = \frac{a}{2}\omega_m \cos\left(\frac{qa}{2}\right),\quad \omega_m = 2\sqrt{\frac{\beta}{m}}$$

上式代入色散关系式可得

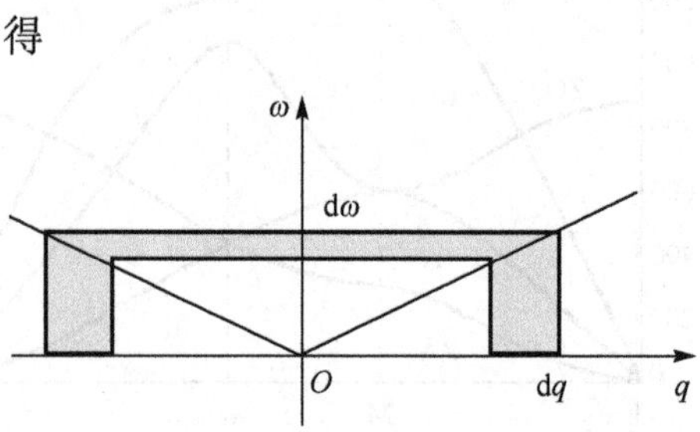

图 3.7　一维情况格波在小波矢时的色散图

$$\frac{\mathrm{d}\omega}{\mathrm{d}q}=\frac{a}{2}\omega_m\left[1-\left(\frac{\omega}{\omega_m}\right)^2\right]^{1/2}$$

因此，一维格波(声子)的态密度为

$$g(\omega)=\frac{2N}{\pi}(\omega_m^2-\omega^2)^{-1/2}$$

一维弹性波的色散关系为

$$\omega=\upsilon_s q$$

式中，υ_s 为弹性波的速度，因此，其态密度为

$$g(\omega)=\frac{1}{\upsilon_s}\frac{L}{\pi}$$

一维格波的态密度在频率趋近于零时为一常数，类似于一维弹性波的态密度，如图 3.8 所示. 这与一维格波在布里渊区中心附近的色散关系类似于一维弹性波的色散关系的结论一致.

用同样的方法也可以得到一维双原子链晶格振动的态密度，它们共同的特点是，在布里渊区边界，$g(\omega)$ 趋近于无穷大. 此外，从前面的色散关系能带结构可以发现，声学模式和光学模式振动态之间存在一个带隙，如图 3.9 所示.

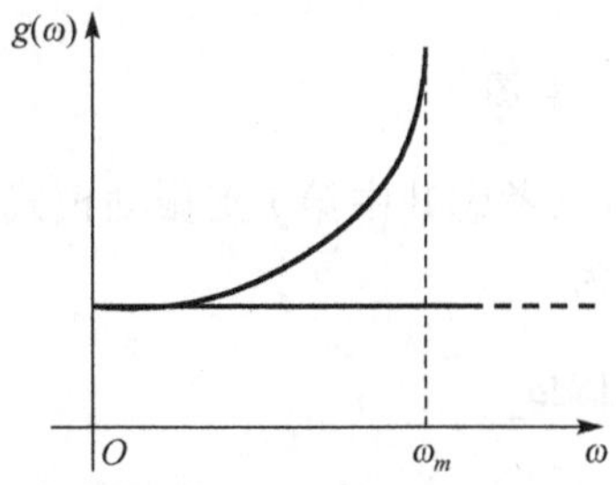

图 3.8　一维格波的态密度示意图

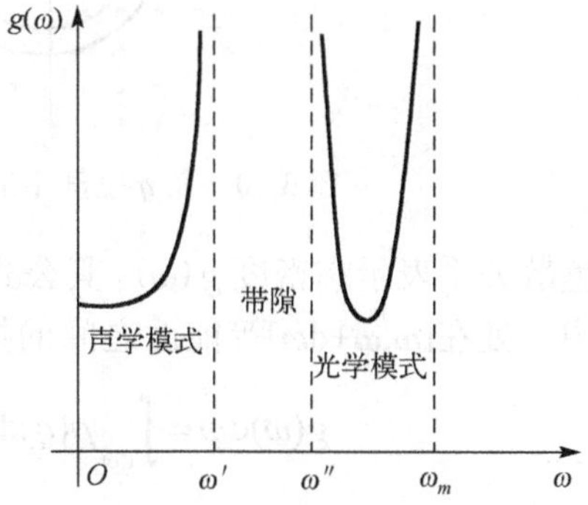

图 3.9　一维双原子链晶格振动的色散关系和态密度

3.2.2　三维情况下的态密度

每个 q 值对应的状态在波矢空间占据的体积是

$$\frac{(2\pi)^3}{V}$$

因此，半径为 q 的球体积内的模式(状态)数为

$$\frac{4\pi}{3}q^3\frac{V}{(2\pi)^3}=\frac{V}{6\pi^2}q^3$$

球壳$[q,q+\mathrm{d}q]$内的模式数为

$$\frac{V}{2\pi^2}q^2\mathrm{d}q$$

频率间隔$[\omega,\omega+\mathrm{d}\omega]$内的模式数与$[q,\ q+\mathrm{d}q]$内的模式数的关系如图 3.10 所示，可表示为

$$g_j(\omega)\mathrm{d}\omega=\frac{V}{2\pi^2}q^2\mathrm{d}q$$

对于任意一支振动模式(每个 q 对应一个频率ω)，其态密度为

$$g_j(\omega)=\frac{V}{2\pi^2}q^2\frac{\mathrm{d}q}{\mathrm{d}\omega}$$

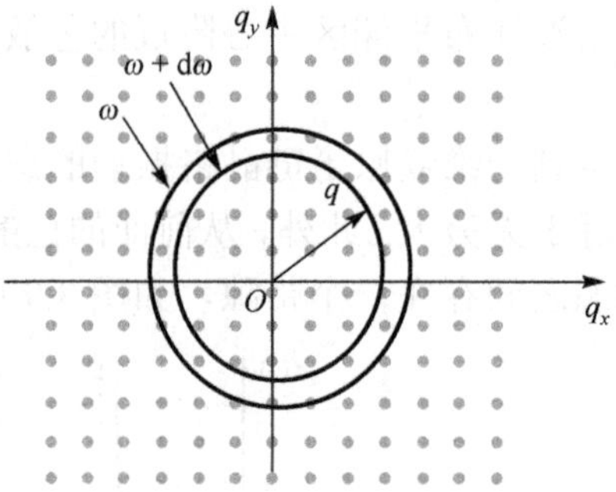

图 3.10　在 q 空间中的等频率面的示意图

利用色散关系表示态密度 $g(\omega)$，其公式推导如下(只考虑其中第 j 支振动模式).在 $\boldsymbol{q}$ 空间中，处在$[\omega,\omega+\mathrm{d}\omega]$等能面之间的振动模式数为

$$g(\omega)\mathrm{d}\omega=\int_{\mathrm{d}\omega}\rho(q)\mathrm{d}\tau_q=\frac{V}{8\pi^3}\int\mathrm{d}S\mathrm{d}q_\perp$$

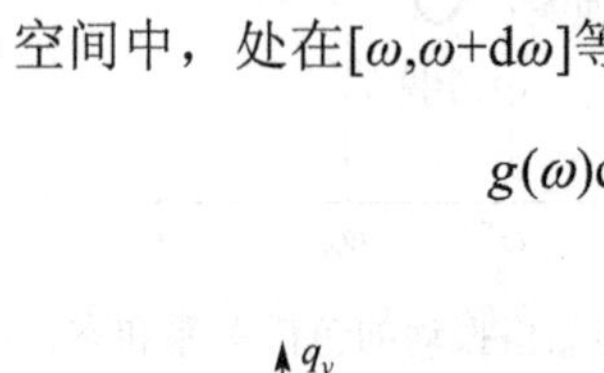

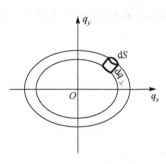

图 3.11　倒格子空间等能面示意图

由于 $\mathrm{d}q_\perp\cdot|\nabla_q\omega_j|=\mathrm{d}\omega$，$|\nabla_q\omega_j|$表示沿等频率面的法线方向 $\omega_j(\boldsymbol{q})$ 的变化率，如图 3.11 所示.

因此，第 j 支声子模式的态密度可表示为

$$g_j(\omega)=\frac{V}{8\pi^3}\iint\frac{\mathrm{d}S}{|\nabla_q\omega_j(q)|}$$

总的声子态密度可表示为

$$g(\omega)=\sum_j^{3s}g_j(\omega)$$

3.2.3　弹性波近似下的态密度

在低频时，在布里渊区中心附近，态密度主要来自于声学声子的贡献. 在长波近似下，频率与波矢呈线性关系，类似于弹性波色散关系. 因此，考虑低频时晶体声子态密度，可以采用弹性波近似(德拜近似). 对于弹性波近似态密度，要注意晶体的弹性波速度是方向的函数，声速应是几种声速的平均值

$$\omega_{/\!/} = \upsilon_{s/\!/} q, \quad \omega_{\perp} = \upsilon_{s\perp} q$$

$$\frac{1}{\omega} = \frac{1}{\omega_{/\!/}} + \frac{2}{\omega_{\perp}}, \quad \frac{1}{\bar{\upsilon}} = \frac{1}{\upsilon_{/\!/}} + \frac{2}{\upsilon_{\perp}}$$

考虑到每个 q 对应 3 支声学模式. 色散关系可以表示为

$$g(\omega) = 3\frac{V}{8\pi^3}\iint \frac{1}{\overline{\upsilon}_s}\mathrm{d}S = \frac{3V}{2\pi^2}\frac{\omega^2}{\overline{\upsilon}_s^{\,3}}$$

因此，在低频情况下态密度与频率的平方成正比，如图 3.12 所示，与低频下铜的声子态密度相符. 如前所述，随着频率增大，频率与波矢存在复杂的色散关系，态密度随频率的变化变得复杂.

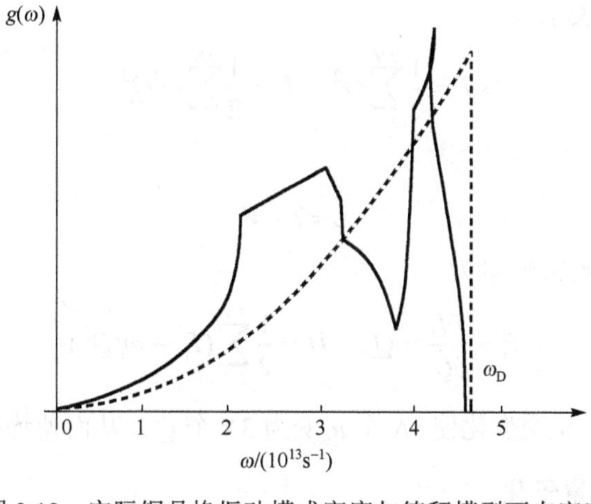

图 3.12　实际铜晶格振动模式密度与德拜模型下态密度

3.3　晶格热容量

3.3.1　简谐近似和简正坐标

从经典力学的观点看，晶格振动是一个典型的小振动问题，由于质点间的相互

作用，以及多自由度体系的振动，因此使用拉格朗日方程处理比较方便. 由 N 个原子组成的晶体，其每个原子相对平衡位置的位移表示为

$$\boldsymbol{R}(t)+\boldsymbol{R}_0+\boldsymbol{u}(t)$$

因此，体系的势能在平衡位置展开为

$$V=V_0+\sum_{i=1}^{3N}\left(\frac{\partial V}{\partial u_i}\right)_0 u_i+\frac{1}{2}\sum_{i=1}^{3N}\left(\frac{\partial^2 V}{\partial u_i \partial u_j}\right)_0 u_i u_j+\frac{1}{6}\sum_{i=1}^{3N}\left(\frac{\partial^3 V}{\partial u_i \partial u_j \partial u_k}\right)_0 u_i u_j u_k+\cdots$$

动能函数可表示为

$$T=\frac{1}{2}\sum_{i=1}^{3N} m_i\left(\frac{\mathrm{d}u_i}{\mathrm{d}t}\right)^2$$

系统的总能为势能和动能之和，即

$$E=T+V$$

利用简正坐标

$$\sqrt{m_i}u_i=\sum_{i=1}^{3N} a_{ij}Q_j$$

新的动能和势能可表示为

$$T=\frac{1}{2}\sum_{i=1}^{3N}\dot{Q}_i^2,\quad V=\frac{1}{2}\sum_{i=1}^{3N}\omega_i^2 Q_i^2$$

引入拉格朗日函数

$$L=T-V$$

正则变换后，体系哈密顿量为

$$P_i=\frac{\partial L}{\partial \dot{Q}_i}=\dot{Q}_i,\quad H=\frac{1}{2}\sum_{i=1}^{3N}(P_i^2+\omega_i^2 Q_i^2)$$

依据线性代数理论，正交变化使 $3N$ 个 u_i 变为 $3N$ 个 Q_i，从而使势能中的交叉项消失.

3.3.2 晶格振动的量子化

哈密顿量 H 的薛定谔方程可以表示为

$$\sum_{i=1}^{3N}\frac{1}{2}\left(-\hbar^2\frac{\partial^2}{\partial Q_i^2}+\omega_i^2 Q_i^2\right)\psi(Q_1,Q_2,\cdots,Q_{3N})=E\psi(Q_1,Q_2,\cdots,Q_{3N})$$

因此上面 $3N$ 个非耦谐振子体系的量子化能量可表示为

$$E=\sum_{i=1}^{3N}\varepsilon_i=\sum_{i=1}^{3N}(n_i+1/2)\hbar\omega_i$$

上面的分析表明，找到了简正坐标，就可以通过拉格朗日函数将经典问题转化为量子问题. 每一个简正坐标，对应一个谐振子方程，波函数是以简正坐标为宗量的谐振子波函数，其能量本征值是量子化的. 每个振动模式能量的最小单位，称为声子能量.

$3sN$ 个原子的体系，有 $3s$ 支格波模式，每支格波模式有 N 个动量取值，因此系统有 $3sN$ 个格波. 每个格波有固定的频率，每个格波的能量被量子化，最小能量单元被称为声子. 声子具有能量，也具有准动量，它的行为类似于电子或光子，具有粒子的性质. 但声子与电子或光子是有本质区别的，声子只是反映晶体原子集体运动状态的激发单元，不能脱离固体而单独存在，它并不是一种真实的粒子. 我们将这种具有粒子性质，但又不是真实物理实体的“粒子”称为准粒子. 所以，声子是一种准粒子.

声子与声子相互作用，或声子与其他粒子(电子或光子)相互作用时，声子数目并不守恒. 声子可以产生，也可以湮灭，其作用过程遵从能量守恒和准动量守恒. 这里的动量并不是真实的动量，因为当波矢增加一个倒格矢量时，不会引起声子频率和原子位移的改变，即

$$\omega(q)=\omega(q+G_h)$$

声子不可分辨，声子气体不受泡利原理的限制，属于玻色子系统，服从玻色-爱因斯坦(Bose-Einstein)统计. 当系统处于热平衡状态时，粒子数目不守恒，频率为 ω_i 的格波的平均声子数由玻色统计给出：

$$n_i=\frac{1}{\mathrm{e}^{\hbar\omega_i/(k_\mathrm{B}T)}-1}$$

因此每个频率为 ω_i 的格波的平均能量为

$$\overline{\varepsilon}_i=\frac{\hbar\omega_i}{2}+\frac{\hbar\omega_i}{\mathrm{e}^{\hbar\omega_i/(k_\mathrm{B}T)}-1}$$

我们可以看到，对于频率为 ω_i 的振动模式，即使没有格波，即声子数 n_i 为零，该模式仍然提供一个常数能量 $\frac{1}{2}\hbar\omega_i$，我们称该能量为零点能. 在高温下，$k_\mathrm{B}T\gg 2\hbar\omega_i$，除零点能外，声子的能量可以近似为

$$\overline{\varepsilon}_i\approx k_\mathrm{B}T$$

因此在高温下，每个振动模式对能量的贡献满足经典能量均分定理.

热容量是固体原子热运动在宏观性质上的体现，因而对固体原子热运动的认识实际上首先是从固体热容量研究开始的.

3.3.3　经典理论的困难

杜隆-珀蒂(Dulong-Petit)定律：杜隆和珀蒂在 1819 年发现大多数固体常温

下的摩尔热容量差不多都等于一个与材料和温度无关的常数值(25 J/(mol·K)). 经典统计中的能量均分定理：每个振动自由度的平均总能量为 k_BT，1 mol 固体中有 N_A 个原子，所以每摩尔晶体晶格的振动能为 $E = 3N_Ak_BT$. 因此，热容量可表示为

$$C_V = \left(\frac{\partial E}{\partial T}\right)_V = 3N_Ak_B$$

$$C_V = 3\times 6.02217\times 1.38062\ \mathrm{J/(mol\cdot K)} = 24.94\ \mathrm{J/(mol\cdot K)}$$

高温下，由经典能量均分定理得到的理论热容量与杜隆-珀蒂的实验结果高度吻合. 1875 年，韦伯(Weber)发现不少固体的热容量远低于杜隆-珀蒂数值，而且发现热容量随温度的降低而减小. 如图 3.13 所示，典型金属元素热容量随温度变化的测量值同杜隆-珀蒂定律的比较，可见低温下能量均分定理失效.

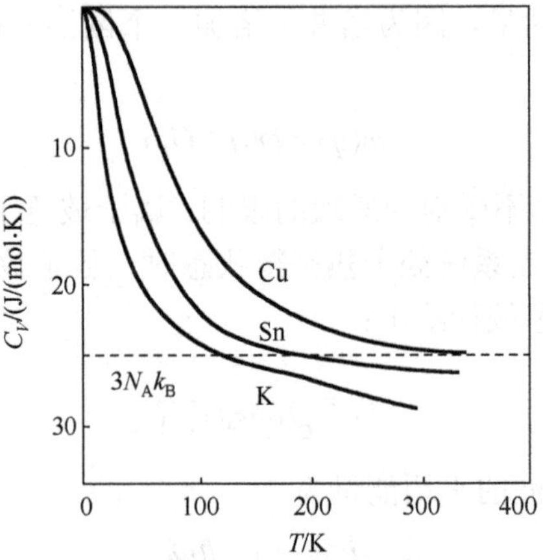

图 3.13 实验发现热容量随温度的变化曲线

3.3.4 爱因斯坦模型

1907年,爱因斯坦用量子论解释了固体热容量随温度下降的事实. 这是 1905 年爱因斯坦首次用量子论解释光电效应后，量子论的又一巨大成功. 爱因斯坦保留了原子热振动可以用谐振子描述的观点，但放弃了能量均分的经典观念. 假定谐振子的能量是量子化的，即

$$\varepsilon_i = (n+1/2)\hbar\omega_i$$

在高温下，和经典理论是一致的，只是在低温下量子行为才突显出来. 为确定谐振子的平均能量，爱因斯坦做了一个极为简单的假定. 他假定晶体中所有原子都以同一频率 ω_E 在振动，因而在一定温度下，由 N 个原子组成的晶体的总振动能为

$$\bar{E}=\sum_{i=1}^{3N}\varepsilon_i \cong \sum_{i=1}^{3N}\left(\frac{1}{2}\hbar\omega_E+\frac{\hbar\omega_E}{e^{\hbar\omega_E/(k_BT)}-1}\right)=3N\left(\frac{1}{2}\hbar\omega_E+\frac{\hbar\omega_E}{e^{\hbar\omega_E/(k_BT)}-1}\right)$$

因此热容量可表示为

$$C_V=\left(\frac{\partial E}{\partial T}\right)_V=3Nk_B\left(\frac{\Theta_E}{T}\right)^2\frac{e^{\Theta_E/T}}{(e^{\Theta_E/T}-1)^2},\quad \Theta_E=\hbar\omega_E/k_B$$

在高温的条件下

$$T\gg\Theta_E,\quad C_V\approx 3Nk_B$$

在低温的条件下

$$T\ll\Theta_E,\quad C_V\approx 3Nk_B\left(\frac{\Theta_E}{T}\right)^2 e^{-\Theta_E/T}$$

由结果可知，爱因斯坦模型在高温符合经典极限，在低温热容量趋近于零，与实验基本吻合. 如图 3.14 所示，对于金刚石的热容量曲线，爱因斯坦模型与实验基本吻合，爱因斯坦温度为 1320 K. 然而更精细的实验结果表明，当温度很低时，热容量 C_V 与 T^3 成正比，这说明爱因斯坦理论中单一频率的假定过分简单了. 因此，玻恩(M. Born)等开始了对晶格振动的进一步研究.

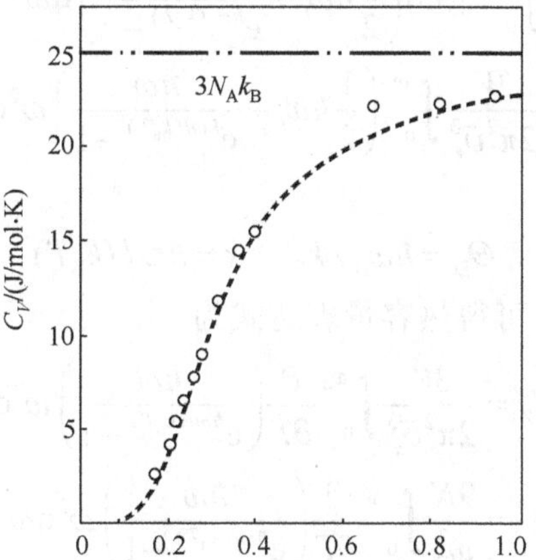

图 3.14　金刚石热容量测量值与爱因斯坦模型给出结果的比较

3.3.5　德拜模型

1912 年，德拜修正了原子是独立谐振子的概念，考虑晶格的集体振动模式. 他假设晶体是各向同性的连续弹性介质，原子的热运动以弹性波的形式发生，每一个弹性波振动模式等价于一个谐振子，能量是量子化的，并规定一个弹性波频率上限，称之为德拜频率.

通过德拜频率上限，对态密度进行积分，结果应为总模式数 $3N$，即

$$\int_0^{\omega_{\mathrm{D}}} g(\omega)\mathrm{d}\omega = 3N$$

利用上面求得的态密度公式

$$g(\omega) = \frac{3V\omega^2}{2\pi^2\overline{\upsilon}_s^3}$$

从而可求得德拜频率

$$\omega_{\mathrm{D}} = \left(\frac{6N\pi^2\overline{\upsilon}_s^3}{V}\right)^{1/3} = \left(6n\pi^2\right)^{1/3}\overline{\upsilon}_s$$

定义德拜波矢

$$q_{\mathrm{D}} = \frac{\omega_{\mathrm{D}}}{\overline{\upsilon}_s} = (6n\pi^2)^{1/3}$$

振动引起的总能量为

$$\begin{aligned}
\overline{E} &= \sum_{i=1}^{3N}\overline{\varepsilon}_i = \sum_{i=1}^{3N}\left(\frac{1}{2}\hbar\omega_i + \frac{\hbar\omega_i}{\mathrm{e}^{\hbar\omega_i/(k_{\mathrm{B}}T)}-1}\right) \\
&= \int_0^{\omega_{\mathrm{D}}} g(\omega)\left(\frac{1}{2}\hbar\omega_i + \frac{\hbar\omega}{\mathrm{e}^{\hbar\omega/(k_{\mathrm{B}}T)}-1}\right)\mathrm{d}\omega \\
&= \frac{3V}{2\pi^2\overline{\upsilon}_s^3}\int_0^{\omega_{\mathrm{D}}}\left(\frac{1}{2}\hbar\omega_i + \frac{\hbar\omega}{\mathrm{e}^{\hbar\omega/(k_{\mathrm{B}}T)}-1}\right)\omega^2\mathrm{d}\omega
\end{aligned}$$

定义德拜温度

$$\Theta_{\mathrm{D}} = \hbar\omega_{\mathrm{D}}/k_{\mathrm{B}}, \quad x = \hbar\omega/(k_{\mathrm{B}}T)$$

通过能量对温度的微分，可得热容量表达式为

$$\begin{aligned}
C_V &= \frac{3V}{2\pi^2\overline{\upsilon}_s^3}\int_0^{\omega_{\mathrm{D}}}\frac{\partial}{\partial T}\left(\frac{\hbar\omega}{\mathrm{e}^{\hbar\omega/(k_{\mathrm{B}}T)}-1}\right)\omega^2\mathrm{d}\omega \\
&= \frac{9N}{\omega_{\mathrm{D}}^3}\int_0^{\omega_{\mathrm{D}}}\frac{\partial}{\partial T}\left(\frac{\hbar\omega}{\mathrm{e}^{\hbar\omega/(k_{\mathrm{B}}T)}-1}\right)\omega^2\mathrm{d}\omega \\
&= 9Nk_{\mathrm{B}}\left(\frac{T}{\Theta_{\mathrm{D}}}\right)^3\int_0^{\Theta_{\mathrm{D}}/T}\frac{x^4\mathrm{e}^x}{(\mathrm{e}^x-1)^2}\mathrm{d}x
\end{aligned}$$

在低温极限，$T \ll \Theta_{\mathrm{D}}, x < \Theta_{\mathrm{D}}/T, x \to 0$，有

$$\frac{x^4\mathrm{e}^x}{(\mathrm{e}^x-1)^2} \approx x^2, \quad C_V \approx 3Nk_{\mathrm{B}}$$

在高温极限，$T \gg \Theta_{\mathrm{D}}, \Theta_{\mathrm{D}}/T \to \infty$，有

$$\int_0^{\infty}\frac{x^4\mathrm{e}^x}{(\mathrm{e}^x-1)^2}\mathrm{d}x=\frac{4\pi^4}{15},\quad C_V=\frac{12\pi^4}{5}Nk_{\mathrm{B}}\left(\frac{T}{\Theta_{\mathrm{D}}}\right)^3$$

在高温极限，德拜模型与经典结果一致，在低温下满足实验结果——热容量 C_V 与 T^3 成正比. 图 3.15 是德拜理论获得的热容量曲线和金属镱(Yb)热容量的实验数据，其中实验点是金属镱的比热容量测量值. 注意横坐标的取值，以德拜温度为单位，可消除不同物质的区别，突出反映德拜模型的结果，特别强调低温下与实验结果的一致性.

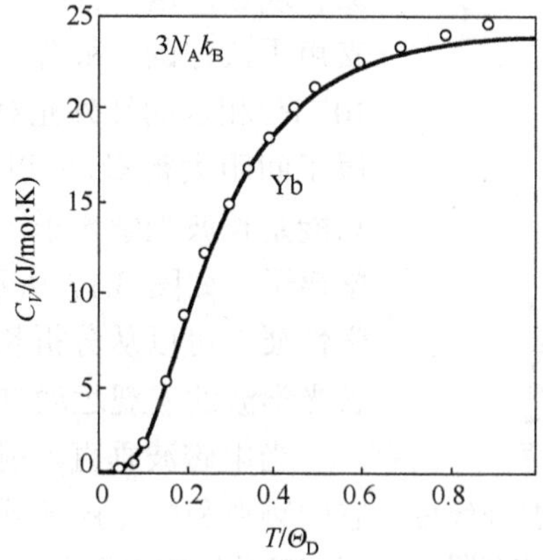

图 3.15　德拜理论获得的热容量曲线和金属镱热容量的实验数据(Jennings et al.，1960)

德拜模型在被提出后相当一段时间内，与实验相当精确地符合. 随着低温测量技术的发展，越来越暴露出德拜模型与实验间仍存在着偏差. 图 3.16 是金属铟(In)的德拜温度随温度变化情况，发现不同温度下得到的德拜温度数值不同，展现了德拜理论的局限性. 德拜近似和实际晶体态密度的差异是明显的，但在足够低的温度下，德拜模型是一个良好的近似. 实验测出的铜的态密度图(图 3.12)，可以使用德拜近似，使两种曲线包围的面积相等.

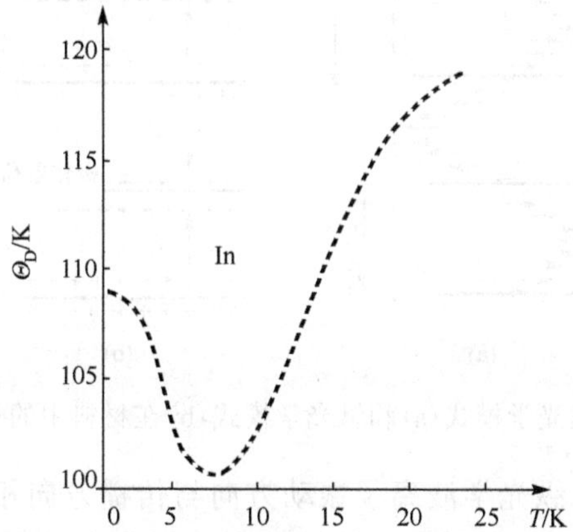

图 3.16　金属铟的德拜温度随温度变化图(Clement and Quinnell，1953)

3.4 长波光学模与电磁波的耦合

3.4.1 长波光学模

大多数离子晶体在可见光谱区域是透明的，但在光谱的红外区存在强烈的反射和吸收现象，这些红外光学性质是由离子晶体光学支声子决定的. 和离子晶体光学声子典型频率值 10^{13} Hz 相近的红外光对应的波长(10000 nm)远比原子间距大得多，所以可能和红外光发生作用的只能是长波光学声子，即布里渊区中心附近的光学声子，如图 3.17 所示. 研究离子晶体的红外光学性质，可以从分析长光学波运动的特点和求解长光学波的宏观运动方程出发.

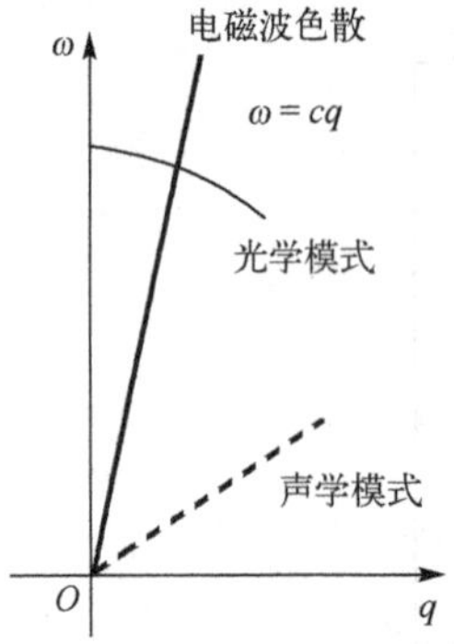

图 3.17 在红外区电磁波色散曲线与声子光学支模式曲线相交示意图

当电磁波垂直入射到离子晶体表面时，如果它的频率和横光声子频率相同，就能激发 TO 声子. 离子晶体由正负离子组成，长光学波描述的是原胞内正负离子之间的相对运动，因此在波长较大时，半个波长范围内可以包含许多个原胞. 在两个波节之间同性电荷的离子位移方向相同，异性电荷的离子位移方向相反，因此波节面将晶体分成许多薄层，在每个薄层里由于异性电荷离子位移方向相反而形成了退极化场，所以离子晶体中长光学波又称极化波，如图 3.18(a)所示.

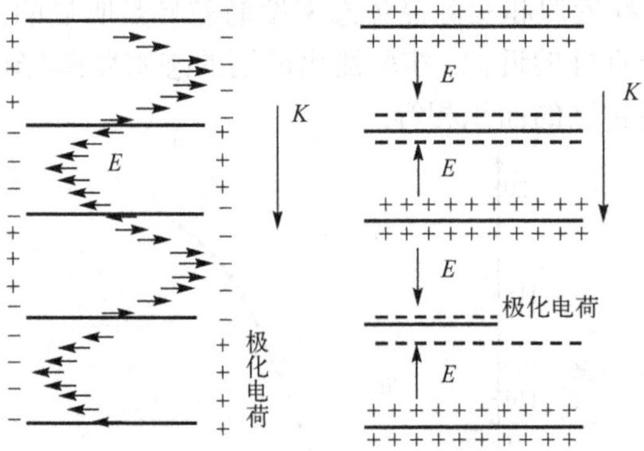

(a) (b)

图 3.18 横光学模式(a)和纵光学模式(b)在材料中的传播示意图

如图 3.18(b)所示，纵光学波离子振动方向与传播方向相同，退极化场加强了恢复力. 横光学波离子振动方向垂直于传播方向，极化电荷出现在晶体表面，对恢复力几乎没有影响. 因此，通常在离子晶体中，在长波区，$\omega_{LO}(0)$大于$\omega_{TO}(0)$. 如图 3.19 所示，氯化钠和金刚石的声子能带图. 在氯化钠晶体中，钠离子和氯离子极化，纵光学声子和横光学声子在布里渊中心发生劈裂，在金刚石中，C 原子之间不发生极化，$\omega_{LO}(0)$等于$\omega_{TO}(0)$.

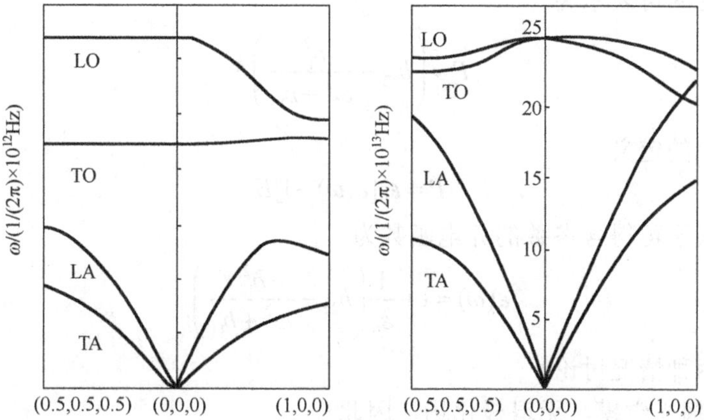

图 3.19　氯化钠(a)和金刚石(b)的声子能带图

3.4.2　经验模型黄方程

参考黄昆先生的工作(黄昆和韩汝琦，1998)，在外电场作用下，晶格振动的势能密度可表示为

$$U=-\frac{1}{2}(b_{11}W^2+2b_{12}W\cdot E+b_{22}E^2)$$

位能密度对位移宏观量W和电场强度E的偏微分可得离子加速度量和极化率分别为

$$\ddot{W}=-\frac{\partial U}{\partial W},\quad P=-\frac{\partial U}{\partial E}$$

宏观量W代表离子相对位移，可表示为

$$W=(\mu n)^{1/2}(u_+-u_-)$$

其中，n为单位体积内正负离子对数. 约化质量可表示为

$$\mu=\frac{M_+M_-}{M_++M_-}$$

离子的振动方程和极化方程由上面的定义可得

$$\ddot{W}=b_{11}W+b_{12}E$$
$$P=b_{12}W+b_{22}E$$

考虑单色电磁波耦合振动，时间因子为 $e^{i\omega t}$，两个方程变为

$$-\omega_2 W = b_{11}W + b_{12}E$$

$$P = b_{12}W + b_{22}E$$

因此，电极化率可表示为

$$P = \left(b_{22} - \frac{b_{12}^2}{\omega^2 + b_{11}}\right)E$$

根据电极化率的定义

$$P = \varepsilon_0[\varepsilon(\omega) - 1]E$$

由以上两个式子可得含参数的介电函数为

$$\varepsilon(\omega) = 1 + \frac{1}{\varepsilon_0}\left(b_{22} - \frac{b_{12}^2}{\omega^2 + b_{11}}\right)$$

下面分两种情况讨论.

(1) 对于横光学模，无退极化场，因此

$$\ddot{W}_{\mathrm{T}} = b_{11}W_{\mathrm{T}} = -\omega_{\mathrm{TO}}^2 W_{\mathrm{T}}, \quad b_{11} = -\omega_{\mathrm{TO}}^2$$

(2) 对于纵光学模，没有外场，因此

$$E = E_{\mathrm{d}} = -\frac{1}{\varepsilon_0}P$$

$$\ddot{W}_{\mathrm{L}} = \left(b_{11} - \frac{b_{12}^2}{\varepsilon_0 + b_{22}}\right)W_{\mathrm{L}} = -\omega_{\mathrm{LO}}^2 W_{\mathrm{L}}$$

故可获得横光学模和纵光学模之间的关系

$$\omega_{\mathrm{LO}}^2 = \omega_{\mathrm{TO}}^2 + \frac{b_{12}^2}{\varepsilon_0 + b_{22}}$$

介电函数可表示为

$$\varepsilon(\omega) = \left(1 + \frac{b_{22}}{\varepsilon_0}\right)\left(\frac{\omega_{\mathrm{LO}}^2 - \omega^2}{\omega_{\mathrm{TO}}^2 - \omega^2}\right)$$

下面考虑两个极限情况.

(1) 高频下介电常量会变为

$$\omega \to \infty, \quad \varepsilon(\infty) = \left(1 + \frac{b_{22}}{\varepsilon_0}\right)$$

(2) 低频下介电常量会变为

$$\omega \to 0, \quad \varepsilon(0) = \varepsilon(\infty)\frac{\omega_{\mathrm{LO}}^2}{\omega_{\mathrm{TO}}^2}$$

因此介电函数可表示为

$$\varepsilon(\omega)=\varepsilon(\infty)\frac{\omega_{\mathrm{LO}}^2-\omega^2}{\omega_{\mathrm{TO}}^2-\omega^2}$$

如图 3.20 所示，随频率增大介电函数增大，当频率增大到ω_{TO}时，其增大到极大值. 在区间[ω_{TO}，ω_{LO}]内，介电函数为负值. 从上面的方程可得 Lyddane-Sachs-Teller 关系式

$$\frac{\varepsilon(0)}{\varepsilon(\infty)}=\frac{\omega_{\mathrm{LO}}^2}{\omega_{\mathrm{TO}}^2}$$

以及前面方程中设定的参数

$$b_{11}=-\omega_{\mathrm{TO}}^2$$
$$b_{12}=[\varepsilon(0)-\varepsilon(\infty)]^{1/2}\varepsilon_0^{1/2}\omega_{\mathrm{TO}}$$
$$b_{22}=[\varepsilon(\infty)-1]\varepsilon_0$$

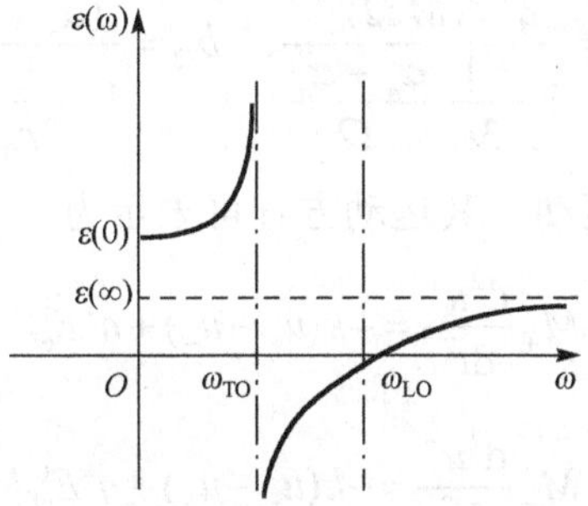

图 3.20　相对介电函数随频率的变化示意图

3.4.3　耦合的微观理论

从原子论出发，考虑在正方离子晶体中，正负离子位移引起的极化为

$$P_{\mathrm{dis}}=\frac{1}{\Omega}q^*(u_+-u_-)$$

在有效电场下电子云畸变引起的极化为

$$P_{\mathrm{pol}}=\frac{1}{\Omega}(\alpha_+E_{\mathrm{ef}}^{(+)}+\alpha_-E_{\mathrm{ef}}^{(-)})$$

总极化为两者之和，即

$$P=P_{\mathrm{dis}}+P_{\mathrm{pol}}$$

球面上各处极化为 P，从而得球心处的极化电场为

$$E_{\mathrm{ef}}=E+\frac{1}{3\varepsilon_0}P$$

联合上面的式子，做如下推导：

$$P=\frac{1}{\Omega}q^*(u_+-u_-)+\frac{1}{\Omega}(\alpha_++\alpha_-)\left(E+\frac{1}{3\varepsilon_0}P\right)$$

$$P=\frac{1}{\Omega}\frac{1}{1-\frac{1}{3\varepsilon_0}\frac{\alpha_++\alpha_-}{\Omega}}\left\{q^*(u_+-u_-)+(\alpha_++\alpha_-)E\right\}$$

位移宏观量 W 和电极化率方程分别为

$$W=\left(\frac{\bar{M}}{\Omega}\right)^{1/2}(u_+-u_-)$$

$$P=b_{12}W+b_{22}E$$

因此可得参数 b_{12} 和 b_{22} 的微观表达式

$$b_{12}=\frac{q^*/(\bar{M}\Omega)^{1/2}}{1-\frac{1}{3\varepsilon_0}\frac{\alpha_++\alpha_-}{\Omega}},\quad b_{22}=\frac{(\alpha_++\alpha_-)/\Omega}{1-\frac{1}{3\varepsilon_0}\frac{\alpha_++\alpha_-}{\Omega}}$$

正负离子在有效电场中的运动，其运动方程可表示为

$$M_+\frac{\mathrm{d}^2u^+}{\mathrm{d}t^2}=-k(u_+-u_-)+q^*E_{\mathrm{ef}}^{(+)}$$

$$M_-\frac{\mathrm{d}^2u^-}{\mathrm{d}t^2}=-k(u_--u_+)+q^*E_{\mathrm{ef}}^{(-)}$$

因此，正负离子的相对运动方程为

$$\begin{aligned}\bar{M}\frac{\mathrm{d}^2(u_+-u_-)}{\mathrm{d}t^2}&=k(u_+-u_-)+q^*E_{\mathrm{ef}}\\&=k(u_+-u_-)+q^*\left(E+\frac{1}{3\varepsilon_0}P\right)\end{aligned}$$

联合上面的式子，做如下推导：

$$\bar{M}\frac{\mathrm{d}^2(u_+-u_-)}{\mathrm{d}t^2}=\left[-k+\frac{\frac{1}{3\varepsilon_0}\frac{(q^*)^2}{\Omega}}{1-\frac{1}{3\varepsilon_0}\frac{\alpha_++\alpha_-}{\Omega}}\right](u_+-u_-)+\left(\frac{q^*}{1-\frac{1}{3\varepsilon_0}\frac{\alpha_++\alpha_-}{\Omega}}\right)E$$

$$\frac{\mathrm{d}^2W}{\mathrm{d}t^2}=b_{11}W+b_{12}E$$

因此可得参数 b_{11} 和 b_{12} 的微观表达式

$$b_{11}=-\frac{k}{\bar{M}}+\frac{\frac{1}{3\varepsilon_0}\frac{(q^*)^2}{\Omega\bar{M}}}{1-\frac{1}{3\varepsilon_0}\frac{\alpha_++\alpha_-}{\Omega}},\quad b_{12}=\frac{\frac{q^*}{(\Omega\bar{M})^{1/2}}}{1-\frac{1}{3\varepsilon_0}\frac{\alpha_++\alpha_-}{\Omega}}$$

3.4.4　离子晶体的光学性质

正负离子间的相对运动产生电偶极矩，从而可与电磁波作用，引起红外吸收. 现在利用唯象的方法处理这种现象. 在外电场下，正负离子的相对运动方程表示为

$$\ddot{W}=b_{11}W+b_{12}E-r\dot{W}$$

注意，这里为了体现吸收，我们引入了阻尼项. 考虑单色波

$$E=E_0\mathrm{e}^{-\mathrm{i}\omega t},\quad W=W_0\mathrm{e}^{-\mathrm{i}\omega t}$$

运动方程可表示为

$$-\omega^2W=(b_{11}+\mathrm{i}r\omega)W+b_{12}E$$

因此，在外电场驱动下的正负离子相对运动可表示为

$$W=\frac{b_{12}}{-b_{11}-\omega^2-\mathrm{i}r\omega}E$$

由电极化率方程

$$P=b_{12}W+b_{22}E$$

可得外场下的电极化率为

$$P=\left(\frac{b_{12}^2}{-b_{11}-\omega^2-\mathrm{i}r\omega}+b_{22}\right)E$$

利用电极化率、电位移矢量和相对介电函数的关系

$$D=\varepsilon_0(E+P)=\varepsilon(\omega)\varepsilon_0E$$

和上面得到的各参量(b_{11},b_{12},b_{22})的表达式，可得相对介电函数为

$$\varepsilon(\omega)=\varepsilon(\infty)+\frac{\varepsilon(0)-\varepsilon(\infty)}{\omega_{\mathrm{TO}}^2-\omega^2-\mathrm{i}\omega r}\omega_{\mathrm{TO}}^2$$

相对介电函数可分为实数部分和虚数部分

$$\varepsilon(\omega)=\varepsilon'(\omega)+\mathrm{i}\varepsilon''(\omega)$$

$$\varepsilon'(\omega)=\varepsilon(\infty)+\frac{\omega_{\mathrm{TO}}^2-\omega^2}{(\omega_{\mathrm{TO}}^2-\omega^2)^2-\omega^2r^2}\left[\varepsilon(0)-\varepsilon(\infty)\right]\omega_{\mathrm{TO}}^2$$

$$\varepsilon''(\omega)=\frac{\omega r}{(\omega_{\mathrm{TO}}^2-\omega^2)^2-\omega^2r^2}\left[\varepsilon(0)-\varepsilon(\infty)\right]\omega_{\mathrm{TO}}^2$$

相对介电函数的虚部展现了红外吸收. 在红外光波段附近，介电函数实部随频率的变化，如图 3.21 所示. 频率在[ω_{TO}，ω_{LO}]范围，介电函数为负，频率在此范围的电磁波不能在介质中传播.

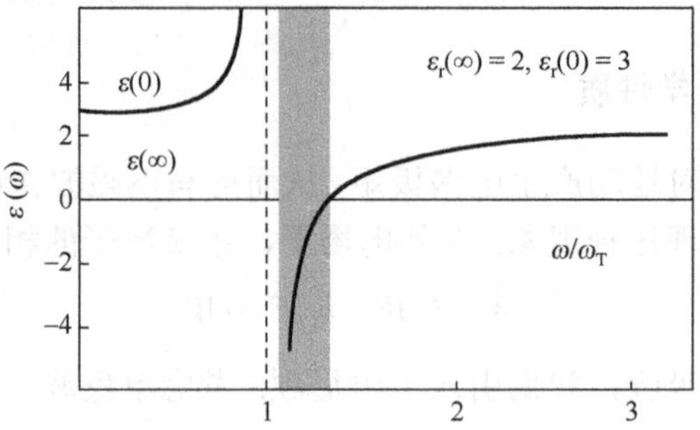

图 3.21　介电函数实部在红外光附近随频率变化的示意图

复折射率与介电函数的关系为

$$\tilde{n}(\omega)=\sqrt{\varepsilon(\omega)}$$

复折射率可通过折射率和削光系数表示为

$$\tilde{n}(\omega)=n(\omega)+\mathrm{i}\kappa(\omega)$$

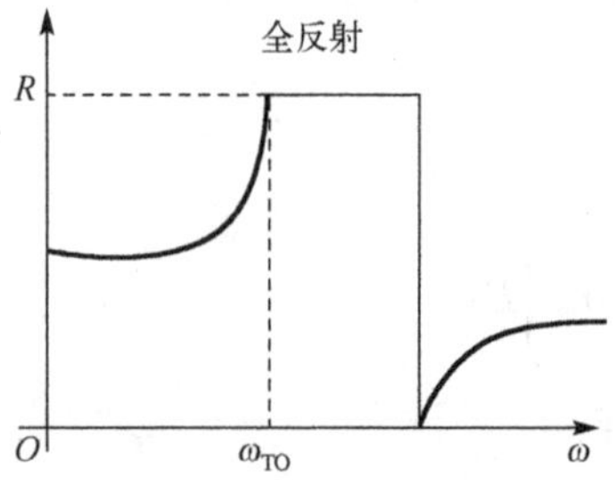

图 3.22　理想反射率随频率变化的示意图

反射率通过折射率和削光系数可表示为

$$R=\frac{(n-1)^2+\kappa^2}{(n+1)^2+\kappa^2}$$

吸收系数与削光系数的关系为

$$\alpha=2\omega\kappa/c$$

因此，我们可建立实验测量量反射率和吸收系数与介电函数的关系. 理想情况下，如图 3.22 所示，在频率超过ω_{TO}时，出现全反射现象. 在现实情况中，在全反射两边会出现吸收特征峰.

1. 一个关于反射率的实验例子

图 3.23 展示了大块 NaCl 晶体的实际反射率随红外光波长的变化. 在波长约为 40 μm 到 70 μm 区间内，电磁波不能在晶体中传播，在这个区间内反射率最大. 同时，我们观测到曲线在边缘区变得圆滑了，这是因为红外吸收. 例如，我们在 38 μm 处观测的峰值就与 LO 声子模式有关. 同时，我们注意到，随温度降低，全反射区的反射率增高. 反射曲线依赖于温度可以通过非简谐引起的光吸收来解释.

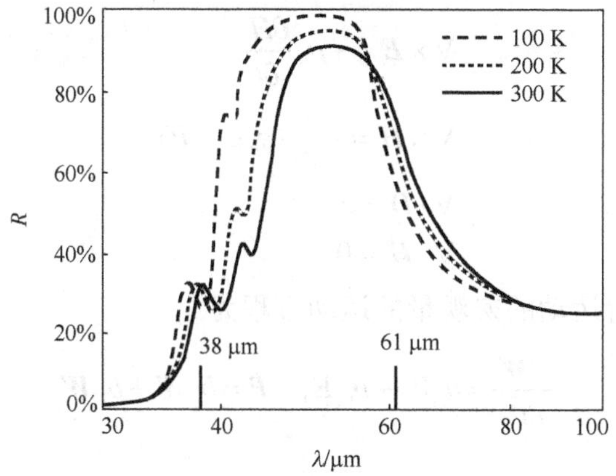

图 3.23　NaCl 晶体反射曲线图(Mitsuishi et al.，1962)

2. 一个关于吸收的实验例子

图 3.24 展现了不同厚度 NaCl 薄膜的红外透射谱，可以看到在约 61 μm 处出现典型的吸收峰，对应 TO 声子模式. 很明显，随膜厚的增大，吸收峰增强.

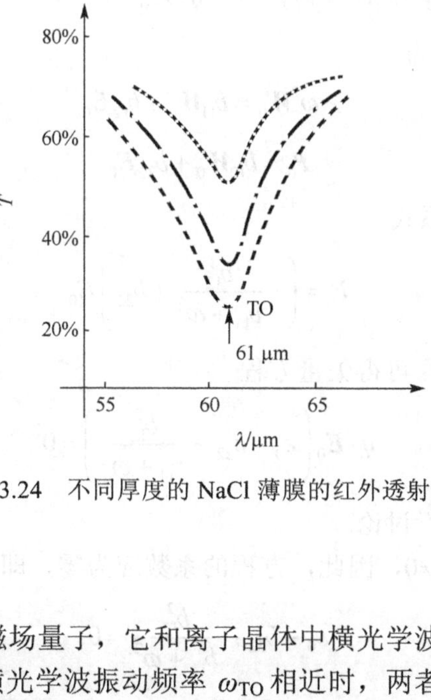

图 3.24　不同厚度的 NaCl 薄膜的红外透射谱

3.4.5　极化激元

由于光子是横向电磁场量子，它和离子晶体中横光学波振动有相互作用，特别是当光子频率 $\omega=cq$ 和横光学波振动频率 ω_{TO} 相近时，两者的耦合增强，其结果将使光子与 TO 声子的色散曲线都发生很大的变化，形成光子-横光声子的耦合模式，其量子称作极化激元(polariton)，也称为电磁激元.

下面四个式子是麦克斯韦方程：

$$\nabla \times \boldsymbol{E} = -\mu_0 \frac{\partial \boldsymbol{H}}{\partial t}$$

$$\nabla \times \boldsymbol{H} = -\frac{\partial}{\partial t}(\varepsilon_0 \boldsymbol{E} + \boldsymbol{P})$$

$$\nabla \cdot \boldsymbol{D} = 0$$

$$\nabla \cdot \boldsymbol{H} = 0$$

离子晶体中离子相对运动的宏观量的运动方程为

$$\frac{\partial^2 \boldsymbol{W}}{\partial t^2} = b_{11}\boldsymbol{W} + b_{12}\boldsymbol{E}, \quad \boldsymbol{P} = b_{12}\boldsymbol{W} + b_{22}\boldsymbol{W}$$

代入单色波方程

$$\boldsymbol{E} = \boldsymbol{E}_0 \mathrm{e}^{\mathrm{i}(\boldsymbol{q}\cdot\boldsymbol{r}-\omega t)}, \quad \boldsymbol{H} = \boldsymbol{H}_0 \mathrm{e}^{\mathrm{i}(\boldsymbol{q}\cdot\boldsymbol{r}-\omega t)}$$

$$\boldsymbol{W} = \boldsymbol{W}_0 \mathrm{e}^{\mathrm{i}(\boldsymbol{q}\cdot\boldsymbol{r}-\omega t)}, \quad \boldsymbol{P} = \boldsymbol{P}_0 \mathrm{e}^{\mathrm{i}(\boldsymbol{q}\cdot\boldsymbol{r}-\omega t)}$$

可得新的方程组为

$$\boldsymbol{q} \times \boldsymbol{E}_0 = \mu_0 \omega \boldsymbol{H}_0, \quad \boldsymbol{q} \times \boldsymbol{H}_0 = \omega(\varepsilon_0 \boldsymbol{E}_0 + \boldsymbol{P}_0)$$

$$\boldsymbol{q} \cdot (\varepsilon_0 \boldsymbol{E}_0 + \boldsymbol{P}_0) = 0, \quad \boldsymbol{q} \cdot \boldsymbol{H}_0 = 0$$

以及关于 W 的运动方程为

$$-\omega^2 \boldsymbol{W}_0 = b_{11}\boldsymbol{W}_0 + b_{12}\boldsymbol{E}_0$$

$$\boldsymbol{P}_0 = b_{12}\boldsymbol{W}_0 + b_{22}\boldsymbol{E}_0$$

因此可得 $\boldsymbol{P}_0$ 和 $\boldsymbol{E}_0$ 的关系式

$$\boldsymbol{P}_0 = \left(-\frac{b_{12}^2}{b_{11} + \omega^2} + b_{22}\right)\boldsymbol{E}_0$$

将其代入麦克斯韦方程，可得矢量方程

$$\boldsymbol{q} \cdot \boldsymbol{E}_0 \left(\varepsilon_0 + b_{22} - \frac{b_{12}^2}{b_{11} + \omega^2}\right) = 0$$

下面分两种情况进行讨论.

(1) 对于纵波，$\boldsymbol{q}\cdot\boldsymbol{E}_0 \neq 0$，因此，方程的系数应为零，即

$$\varepsilon_0 + b_{22} - \frac{b_{12}^2}{b_{11} + \omega^2} = 0$$

$$\omega_{\mathrm{LO}}^2 = \frac{\varepsilon(0)}{\varepsilon(\infty)} \omega_{\mathrm{TO}}^2$$

这正是前面提到的 Lyddane-Sachs-Teller 关系式.

(2) 对于横波，$\boldsymbol{q}\cdot\boldsymbol{E}_0=0$，因此，波矢 $\boldsymbol{q}$ 垂直于电场 $\boldsymbol{E}_0$ 极化方向和磁场 $\boldsymbol{H}_0$ 极化方向

$$\boldsymbol{q}\times\boldsymbol{E}_0 = q\boldsymbol{E}_0 = \mu_0\omega\boldsymbol{H}_0$$

$$\boldsymbol{q}\times\boldsymbol{H}_0 = \boldsymbol{q}\boldsymbol{H}_0 = \omega(\varepsilon_0\boldsymbol{E}_0 + \boldsymbol{P}_0) = \omega\left(\varepsilon_0 + b_{22} - \frac{b_{12}^2}{b_{11}+\omega^2}\right)\boldsymbol{E}_0$$

由上面两个式子可得关于横光学波声子模式与红外光耦合形成的极化激元的色散关系

$$\frac{c^2}{\omega^2}q^2 = \varepsilon(\infty) + \frac{\varepsilon(0)-\varepsilon(\infty)}{\omega_{\mathrm{TO}}^2-\omega^2}\omega_{\mathrm{TO}}{}^2, \quad \mu_0\varepsilon_0 = 1/c^2$$

由该式子可得图 3.25 关于极化激元的色散关系示意图. 在该图中，我们可以看到在 $[\omega_{\mathrm{TO}},\omega_{\mathrm{LO}}]$ 范围内，不存在任何模式，被称为禁带. 在频率小于 ω_{TO} 区，波矢较小时，极化激元具有类光子特性，在大波矢区，其具有类声子特性. 同理，在频率大于 ω_{LO} 区，在小波矢区，极化激元具有类声子特性，在大波矢区，其具有类光子特性.

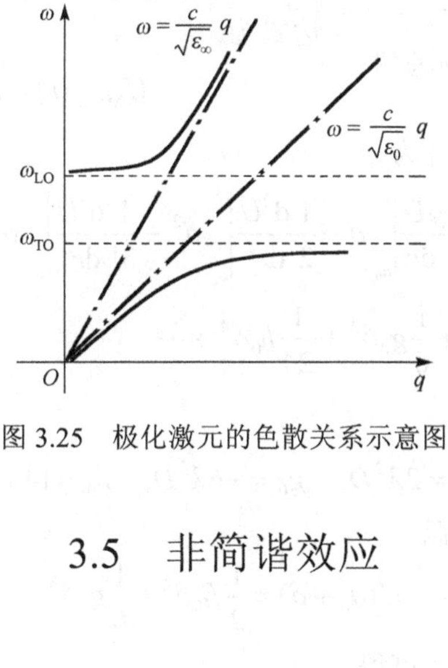

图 3.25　极化激元的色散关系示意图

3.5　非简谐效应

3.5.1　非简谐效应简介

晶格振动一般通过简谐近似来处理. 在简谐近似下，通过晶体原子的热运动，可以解释固体热容量、离子晶体的光学及介电性质等问题. 简谐近似下的晶体，每个简正振动模将完全独立于所有其他振动模而传播，并且可以应用叠加原理. 然而，简谐近似下的结果并不与实际结果完全一致，如热膨胀效应. 简谐近似的不足具体表现在以下几个方面：没有热膨胀效应；力常数和弹性常数不依赖于温度和压力；高温时热容量是常数；等容热容和等压热容相等 $C_V = C_p$；声子间不存在相互作用，声子的

平均自由程和寿命都是无限的；没有杂质和缺陷的简谐晶体的热导是无限大的；对于完美简谐晶体而言，红外吸收，拉曼(Raman)和布里渊(Brillouin)散射峰宽以及非弹性中子散射峰宽应为零.

3.5.2 关于非简谐的一个简单模型

只考虑势能展开项中的二次项，此时势能曲线是对称的，温度升高，原子振动幅度增大，并未改变其平衡位置，所以不会发生热膨胀. 如果考虑到实际势能曲线的非对称性所带来的非简谐项的影响，就可能得到与实际结果一致的结论，这称为热膨胀效应. 对于实际晶体而言，它们反抗体积压缩到小于平衡值的能力要大于反抗体积膨胀时的能力，所以势能曲线是不对称的，如图3.26所示. 振幅增大，原子距离增大，这是发生热膨胀的根源.

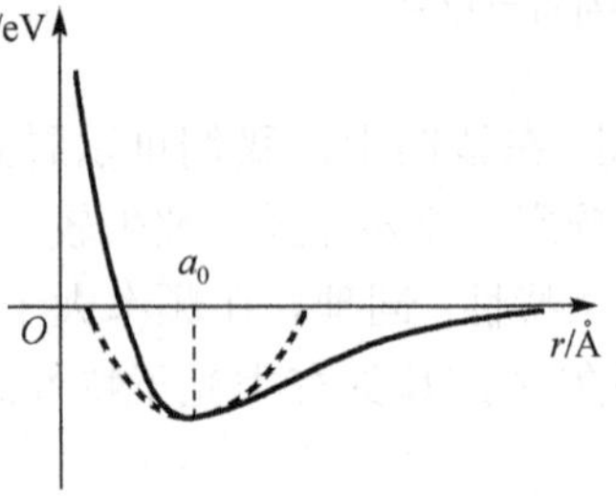

图 3.26 势函数的非简谐性示意图

莫尔斯(P. M. Morse)利用双原子分子的势函数给出体积膨胀的一个简单解释. 莫尔斯势能表达式为

$$U_{\text{Morse}}(r) = D[1-\mathrm{e}^{-\lambda(r-a_0)}]^2$$

势能在平衡态附近泰勒展开为

$$\begin{aligned}U(a_0+\delta) &= U(a_0) + \left.\frac{\mathrm{d}U}{\mathrm{d}r}\right|_{a_0}\delta + \frac{1}{2}\left.\frac{\mathrm{d}^2U}{\mathrm{d}r^2}\right|_{a_0}\delta^2 + \frac{1}{3!}\left.\frac{\mathrm{d}^3U}{\mathrm{d}r^3}\right|_{a_0}\delta^3 + \frac{1}{4!}\left.\frac{\mathrm{d}^4U}{\mathrm{d}r^4}\right|_{a_0}\delta^4 + \cdots \\ &= \frac{1}{2}\beta_0\delta^2 + \frac{1}{6}g_0\delta^3 + \frac{1}{24}h_0\delta^4 + \cdots\end{aligned}$$

因此，可得泰勒展开参数

$$\beta_0 = 2\lambda^2 D, \quad g_0 = -6\lambda^3 D, \quad h_0 = 14\lambda^4 D$$

采用势能展开的三次项近似

$$U(a_0+\delta) \approx \frac{1}{2}\beta_0\delta^2 + \frac{1}{6}g_0\delta^3$$

对偏移量进行热统计平均，可得

$$\bar{\delta} = \frac{\int_{-\infty}^{+\infty}\delta\mathrm{e}^{-\frac{U}{k_{\mathrm{B}}T}}\mathrm{d}\delta}{\int_{-\infty}^{+\infty}\mathrm{e}^{-\frac{U}{k_{\mathrm{B}}T}}\mathrm{d}\delta} = -\frac{1}{2}\frac{g_0}{\beta_0^2}k_{\mathrm{B}}T$$

3.5.3 固体状态方程和格林艾森常数

存在声子的晶格的自由能可以表示为

$$F_{\text{ph}} = U_l + U_{\text{ph}} - TS$$

由统计物理可知，自由能可以通过配分函数获得

$$F_{\text{ph}} = -k_{\text{B}} T \ln Z$$

配分函数可表示为

$$Z = \prod_{q,j}^{3Ns} \mathrm{e}^{-\frac{U_l}{k_{\text{B}}T}} \sum_n \mathrm{e}^{-(n+1/2)\hbar\omega(q,j)/(k_{\text{B}}T)}$$

$$= \prod_{q,j}^{3Ns} \mathrm{e}^{-\frac{U_l}{k_{\text{B}}T}} \frac{\mathrm{e}^{(-1/2\hbar\omega(q,j))/(k_{\text{B}}T)}}{1-\mathrm{e}^{-\hbar\omega(q,j)/(k_{\text{B}}T)}}$$

自由能可表示为

$$F_{\text{ph}} = U_l + \sum_{q,j}\left\{\frac{1}{2}\hbar\omega(q,j) + k_{\text{B}} T \ln\left[1-\mathrm{e}^{-\hbar\omega(q,j)/(k_{\text{B}}T)}\right]\right\}$$

热力学函数基本关系为

$$\mathrm{d}F = -p\mathrm{d}V - S\mathrm{d}T$$

$$p = -\left(\frac{\partial F}{\partial V}\right)_T$$

因此，压强可表示为

$$P = -\frac{\partial U_l}{\partial V} - \sum_{q,j}\left[\frac{1}{2} + \frac{1}{\mathrm{e}^{\hbar\omega(q,j)/(k_{\text{B}}T)}-1}\right]\frac{\partial}{\partial V}\hbar\omega(q,j)$$

定义格林艾森(Grüneisen)参量

$$\gamma_j(q) = -\frac{\partial \ln\omega(q,j)}{\partial \ln V}$$

固体状态方程可表示为

$$P = -\frac{\partial U_l}{\partial V} + \frac{1}{V}\sum_{q,j}\left[\frac{1}{2}\hbar\omega(q,j) + \frac{\hbar\omega(q,j)}{\mathrm{e}^{\hbar\omega(q,j)/(k_{\text{B}}T)}-1}\right]\gamma_j(q)$$

因此

$$P = -\frac{\partial U_l}{\partial V} + \gamma\frac{E}{V}, \quad \gamma_j(q) \approx \gamma$$

γ为格林艾森常数.

3.5.4　体积膨胀系数

$P=0$ 时，固体状态方程变为

$$\frac{\mathrm{d}U_l}{\mathrm{d}V}=\gamma\frac{E}{V}$$

内能对体积的微分进行泰勒展开

$$\frac{\mathrm{d}U_l}{\mathrm{d}V}=\left.\frac{\mathrm{d}U_l}{\mathrm{d}V}\right|_{V_0}+\left.\frac{\mathrm{d}^2U_l}{\mathrm{d}V^2}\right|_{V_0}\left(V-V_0\right)+\cdots$$

因此，可得

$$\left.\frac{\mathrm{d}^2U_l}{\mathrm{d}V^2}\right|_{V_0}(V-V_0)\approx\gamma\frac{E}{V}$$

由体弹性模量 K 定义得

$$K=\left.\frac{\mathrm{d}^2U_l}{\mathrm{d}V^2}\right|_{V_0}V_0$$

因此，体积的相对变化可通过声子引起的内能和体弹性模量表示为

$$K\frac{\Delta V}{V_0}=\gamma\frac{E}{V}$$

体积膨胀系数可表示为

$$\alpha=\frac{\Delta V/V}{\Delta T}=\frac{\gamma}{KV}C_V,\quad C_V=\frac{\partial E}{\partial T}$$

它表示温度变化时，热膨胀系数近似和热容量成比例，在很多材料的测量中都证实存在这种关系，实验确定的γ值在 1～2 之间.

下面讨论一个关于热膨胀系数的例子. 由上面的式子可知，α_V与热容量 C_V成比例，因此在低温区与 T^3 成比例，在高温区随 T 的变化缓慢变化. 如图 3.27 所示，金属铝的热膨胀系数随温度升高急剧升高，在超过 200 K 后，随温度升高变得缓慢.

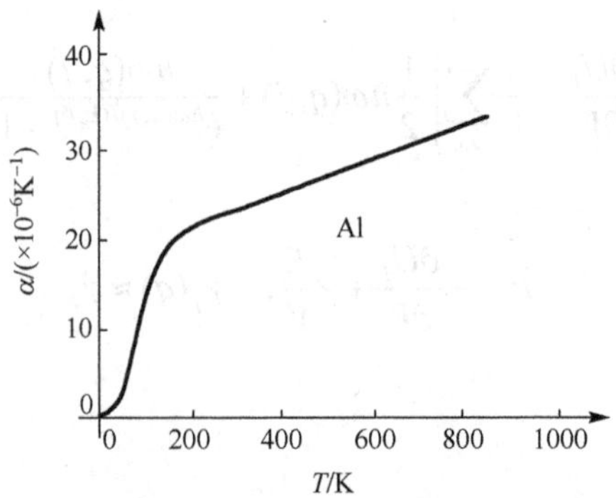

图 3.27　铝的热膨胀系数随温度的变化曲线

对材料的热膨胀有影响的因素有很多，包括化学组分、结晶态、相的不同、晶粒的取向、表面化学状态等. 但以下因素，包括杂质、位错、表面形貌、晶粒尺寸等，对材料的热膨胀没有明显影响.

3.5.5　晶格的热传导

晶体的热传导可以通过传导电子和声子来实现，后者称为晶格热传导. 在简谐近似下，声子相互独立，没有相互作用，其可无障碍地在晶格中运动，晶格热导率应该为无穷大，这与实验事实不符. 晶格热传导必须考虑非简谐项，声子间存在相互作用导致其有一定的寿命，这才能解释晶格热导率的有限值现象.

非简谐效应导致声子之间存在相互作用，会发生碰撞，能量改变且只有有限的寿命. 一种频率的声子在碰撞过程中可能湮灭而产生另一种频率的声子，通常容易发生的作用过程为三声子过程. 三声子散射有两种方式，分别为正常过程(normal process)和倒逆过程(umklapp process).

正常过程，简称 N 过程，三声子散射满足动量守恒，如图 3.28 所示. 两个声子碰撞产生一个新的声子，或者一个声子湮灭同时产生两个新的声子，同时能量守恒，三个声子的能量关系为

$$\hbar\omega_1+\hbar\omega_2=\hbar\omega_3$$

倒逆过程，简称 U 过程. 两个声子碰撞，产生第三个声子，但是动量并不守恒，如图 3.29 所示. 两个声子的动量与第三个声子的动量相差一个倒格矢，动量关系可以表示为

$$\hbar q_1+\hbar q_2=\hbar q_3'+\hbar G$$

同时满足能量守恒. 也可以理解为一个声子被布拉格反射，同时伴随着吸收或发射另一个声子.

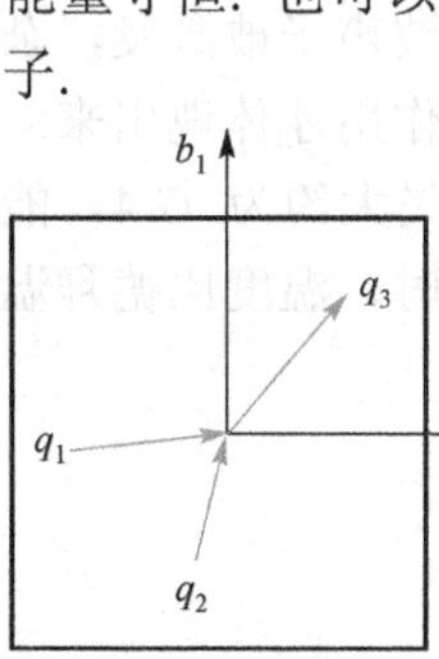

图 3.28　三声子散射 N 过程动量守恒示意图

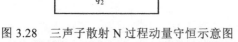

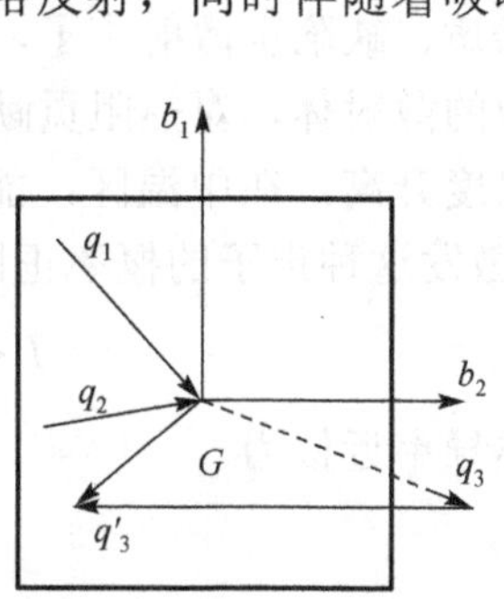

图 3.29　三声子散射 U 过程动量守恒示意图

单位时间内通过单位面积的热量(称作热流密度)与温度梯度成正比，其比例系数称作热导率. 热导率 K 可以表示为

$$j_u=-K\frac{\mathrm{d}T}{\mathrm{d}x}$$

热量传输过程是一个声子无规则的扩散过程. 晶格热传导和气体分子的热传导有一定的相似之处，当样品内存在温度梯度时，声子的密度分布是不均匀的，高温处声子密度高，低温处声子密度低，因而声子在无规扩散运动的基础上产生了平均的定向运动，即热流沿传播方向传播，如图 3.30 所示. 因此，晶格热传导可以看成是声子扩散运动的结果. 借用气体热传导的公式来分析，热导率可以表示为

$$K = \frac{1}{3} C_V L \bar{v}_s$$

其中，L 为声子的平均自由程(mean free path). L 主要由声子之间的碰撞以及晶体边界、杂质、缺陷等对声子的散射来决定. 依据德拜模型，声子的平均速度为常数，K 与温度的关系主要由 C_V 和 L 来决定.

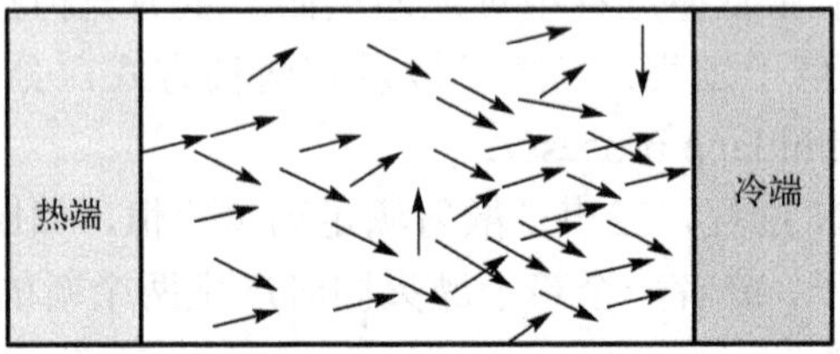

图 3.30　声子热扩散形成热流的示意图

下面简单讨论晶格热导率随温度的变化. 在低温区，能导致 U 过程的声子数可忽略，L 变得很大，但受到晶界的散射，使其为有限值. 因此

$$T \ll \Theta_{\mathrm{D}}, \quad L \approx d, \quad C_V \propto T^3$$

我们得到低温区热导的规律为，热导与温度的三次方 T^3 成正比. 值得注意的是，晶体中的杂质、缺陷也散射声子，但在低温下，主要是长波声子被激发，杂质、缺陷不是有效的散射体，对热阻贡献较小，随温度升高，其作用才体现出来.

随温度升高，在中温区，能导致 U 过程的声子波矢大约为 $G/4$，能量大约为 $\hbar\omega_{\mathrm{D}}/2$，激发这种声子的概率正比于 $\exp(-\Theta_{\mathrm{D}}/(2T))$. 此时，温度比德拜温度低，有

$$T < \Theta_{\mathrm{D}}, \quad C_V \approx T^{\alpha}, \quad \alpha \sim 2$$

因此，热导率近似为

$$K \sim T^{\alpha} \mathrm{e}^{\Theta_{\mathrm{D}}/(2T)}$$

在高温区，平均声子数与温度成正比

$$T > \Theta_{\mathrm{D}}, \quad \bar{n} = \frac{1}{\mathrm{e}^{\hbar\omega/(k_{\mathrm{B}}T)} - 1} \approx \frac{k_{\mathrm{B}}T}{\hbar\omega}$$

大波矢声子的存在导致 U 过程产生，声子数越多，散射概率越高. 因此，L 与温度成反比，C_V 与温度无关. 热导率与温度成反比

$$K \sim 1/T$$

表 3.1 列出了一些晶体热导率的实验例子. 可见对于同一种材料，低温(20 K)下的热导率远大于室温下的热导率，主要原因是低温下声子的自由程远大于室温下的情况.

表 3.1　典型晶体的晶格热导率、声子自由程

晶体	$T=273$ K		$T=20$ K	
	热导率/(W/(m·K))	声子自由程/($\times10^{-9}$ m)	热导率/(W/(m·K))	声子自由程/($\times10^{-5}$ m)
Si	150	43.0	4200	41.0
Ge	70	33.0	1300	4.5
SiO_2	14	9.7	760	7.5
CaF_2	11	7.2	85	1.0
NaCl	6.4	6.7	45	0.2

从上面的分析可知，声子自由程对实际材料的热导率有很大影响. 因此，原子无序分布或者结构无序，可极大地降低晶格的热导率. 一个例子是通过同位素效应来体现原子无序分布对声子自由程的限制. 例如：富集 ^{74}Ge 的锗晶体样品中含有96%的 ^{74}Ge，天然锗晶体样品含有不足 40%的 ^{74}Ge，前者热导率大于后者(Geballe and Hull，1958).

第 4 章　固体电子理论

4.1　金属电子论

金属在固体性质的研究和应用中占据着重要位置. 100 余种化学元素中，在正常情况下，约有 75 种元素晶体处于金属态，人们经常使用的合金更是不计其数. 金属因具有良好的电导率、热导率和延展性等特异性质，最早获得了广泛应用和理论上的关注. 为了对金属特性有深入的理解，科学家先后建立了自由电子论和能带论. 这些内容已成为现代固体理论的核心内容. 此外，对金属性质的理解也是对非金属性质理解的基础.

下面简单总结金属的性质. ①具有高的电导率 σ，在一定温度以上 σ 反比于温度 T. ②等温条件下，服从欧姆定律. ③具有高的热导率. ④载流子浓度与温度无关. ⑤在可见光谱区有几乎不变的强的光学吸收，反射率大，有金属光泽. ⑥具有良好的延展性，可以进行轧制和锻压.

下面介绍关于金属的实验结论，维德曼-弗兰兹(Wiedemann-Franz)定律. 在足够高的温度下热导率与电导率之比等于一个普适常数乘以温度. 具体可表示为

$$\frac{\kappa_e}{\sigma}=\frac{\pi^2}{3}\left(\frac{k_B}{e}\right)^2 T$$

定义 $L=\kappa_e/(\sigma T)$ 为洛伦兹数(Lorentz number). 一些常用金属的电导率和洛伦兹数如表 4.1 所示. 不同金属的电导率明显不同，且随温度变化有巨大变化，但洛伦兹数几乎不变.

表 4.1　一些常用金属在低温(100 K)和室温下的电导率和洛伦兹数

金属	温度 T=100 K		温度 T=273 K	
	电导率/($\times10^7\Omega^{-1}\cdot m^{-1}$)	洛伦兹数/($\times10^{-8}$ V^2/K^2)	电导率/($\times10^7\Omega^{-1}\cdot m^{-1}$)	洛伦兹数/($\times10^{-8}$ V^2/K^2)
Cu	29	1.9	6.5	2.3
Au	16	2.0	5.0	2.4
Zn	6.2	1.8	1.8	2.3
Al	21	1.5	4.0	2.2
Fe	8.0	3.1	1.1	2.8

4.1.1　自由电子气的经典理论

1897 年汤姆孙(J. J. Thomson)发现电子. 1900 年德鲁德(P. Drude)大胆地将当时已经很成功的气体分子运动论(由麦克斯韦于 1859 年提出)用于金属,提出用自由电子气模型(由德鲁德于 1900 年提出)来解释金属的导电性质.

基于金属中存在自由运动的传导电子，德鲁德模型采用以下三个基本假设. ① 自由电子近似：除碰撞外，电子和离子之间没有相互作用，电子可以自由地在晶格空间中运动. ②独立电子近似：电子之间相互作用可以忽略. ③弛豫时间近似：存在弛豫时间，其倒数表示单位时间内电子碰撞的概率，其与电子的位置和速度无关，电子通过碰撞与周围环境达到热平衡.

基于以上三条假设，可推导出欧姆定律的微观表达式. 电导率可表示为

$$j = -ne\upsilon$$

利用弛豫时间近似可得到速度与电场的关系

$$\upsilon = -\frac{e\tau}{m}E$$

因此，由电导率的定义，$j = \sigma E$，可得电导率的微观表达式

$$\sigma = \frac{ne^2\tau}{m}$$

德鲁德模型能够成功地解释欧姆定律. 但请注意，其中假设以热运动速度运动的全部自由电子都参与了导电，这种观点是不恰当的.

对电子热容量的解释：由经典统计理论，平均热动能可通过能量均分定理得到，电子的热容量和晶格的一样

$$E = \frac{3}{2}nk_{\mathrm{B}}T,\quad C_{\mathrm{e}} = \left.\frac{\partial E}{\partial T}\right|_V = \frac{3}{2}nk_{\mathrm{B}}$$

实验结果表明，电子对热容量的贡献很小，且随温度变化. 因此，德鲁德模型不能解释电子热容量的实验结果.

解释维德曼-弗兰兹定律：热导率与电子热容量、电子平均速度及自由程有关

$$\kappa = \frac{1}{3}C_{\mathrm{e}}\upsilon l$$

其中自由程可通过弛豫时间近似表示，电子速度可通过均分定理与温度联系

$$l = \upsilon\tau,\quad \frac{1}{2}m\upsilon^2 = \frac{3}{2}k_{\mathrm{B}}T$$

因此，可通过弛豫时间来表示热导率

$$\kappa = \frac{3n\tau k_B^2 T}{2m}$$

通过热导率的微观式与电导率的微观式可得关系式

$$\frac{\kappa}{\sigma} = \frac{3}{2}\left(\frac{k_B}{e}\right)^2 T$$

因此，可得洛伦兹数 L 为

$$L = \frac{3}{2}\left(\frac{k_B}{e}\right)^2$$

通过更精确的理论获得的洛伦兹数 L 为

$$L = \frac{\pi^2}{3}\left(\frac{k_B}{e}\right)^2$$

因此，德鲁德模型成功地解释了维德曼-弗兰兹定律.

下面讨论一个简单例子. 考虑简单金属 Na 的晶体模型：金属 Na，体心立方点阵，晶格常数为 a=4.225 Å，自由钠离子的半径为 0.98 Å，如图 4.1 所示. 计算钠离子实占体积的比例

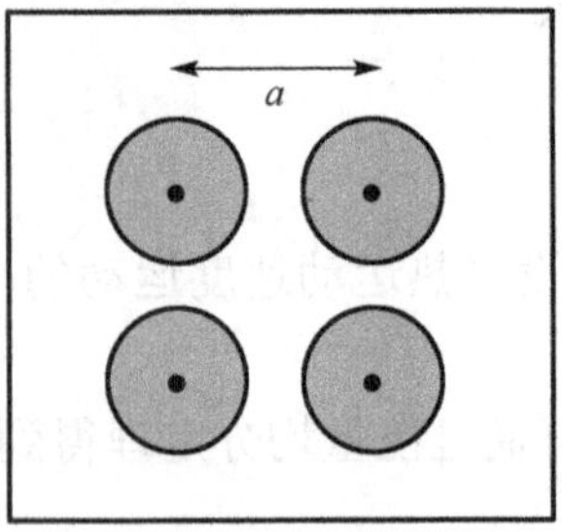

图 4.1　金属 Na 晶格示意图

$$2 \times \frac{4}{3}\pi r^3 / a^3 = 10.5\%$$

因此，钠离子实仅占晶体总体积的 10.5%. 电子似乎可以在晶格中自由地运动. 然而，在 Cu、Ag、Au 等金属中原子实很大. 以金属铜为例，晶格为面心立方，晶格常数为 a=3.61 Å. Cu^{2+} 的半径为 1.28 Å，因此离子实占体积的 75%，自由电子可自由运动的空间很小. 可见，德鲁德模型的自由电子假设极其大胆.

注意：经典理论分析，电子自由程仅达数百个原子间距，实验结果表明在低温下金属电子的平均自由程可达 10^8 个原子间距(大约 10000 μm). 因此，经典自由电子理论存在严重不足.

4.1.2　量子自由电子论

20 世纪 20 年代，索末菲(A. Sommerfeld)基于量子力学，重新建立了自由电子论. 仍然假定电子在晶格中自由运动，但不再服从麦克斯韦-玻尔兹曼(Maxwell-Boltzmann)经典统计规律，而服从费米-狄拉克(Fermi-Dirac)量子统计规律.

我们把自由电子气等效为在温度 T=0 K 和 $V=L^3$ 的立方体内运动的 N 个自由电子. 独立电子近似使我们可以把 N 个电子的多体问题转换为单电子问题处理. 通过求解自由单电子的薛定谔(Schrödinger)方程可给出电子本征态和本征能量.

1. 凝胶模型

自由电子在金属中的运动，可以看作其在表面势垒的限制下的自由运动. 假设表面势垒高度无穷大，电子在正离子间的运动相当于在均匀连续的正电荷背景下的自由运动. 对于单电子，假设受到其他电子的库仑作用和正电荷的库仑作用相互抵消，称之为凝胶模型，如图 4.2 所示.

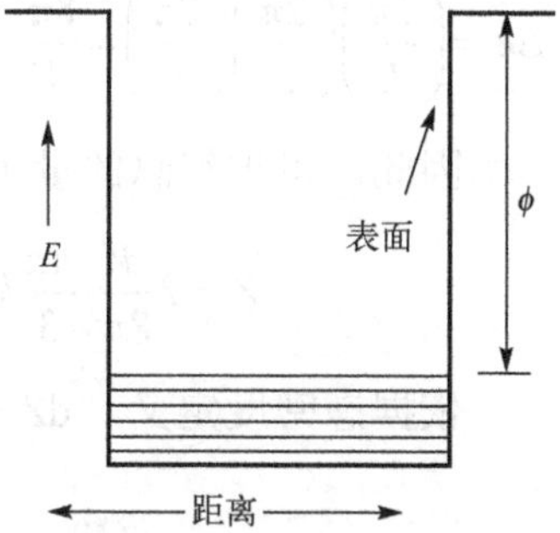

图 4.2　立方体内运动的自由电子气的方势阱示意图

在凝胶模型中，电子的运动方程可表示为

$$-\frac{\hbar^2}{2m}\nabla^2\Psi(r)=E\Psi(r)$$

自由电子的波函数可用平面波表示，从而求得自由电子的能量

$$\Psi_k(r)=\frac{1}{\sqrt{V}}\mathrm{e}^{\mathrm{i}k\cdot r},\quad E(k)=\frac{\hbar^2k^2}{2m}$$

利用动量算符可得到以下一些有用的结论：

$$\hat{p}=-\mathrm{i}\hbar\nabla,\quad -\mathrm{i}\hbar\nabla\Psi_k(r)=\hbar k\Psi_k(r)$$

$$p=\hbar k,\quad \upsilon=p/m=\hbar k/m$$

$$E=\frac{p^2}{2m}=\frac{1}{2}m\upsilon^2$$

采用玻恩-卡尔曼(Born-Karman)周期性边界条件

$$\Psi(x+L_1,y,z)=\Psi(x,y,z)$$

$$\Psi(x,y+L_3,z)=\Psi(x,y,z)$$

$$\Psi(x,y,z+L_2)=\Psi(x,y,z)$$

假定 $L_1=L_2=L_3=L$，可得

$$k_x=\frac{2\pi}{L}n_x,\quad k_y=\frac{2\pi}{L}n_y,\quad k_z=\frac{2\pi}{L}n_z$$

因此，可得量子化的能量为

$$E(n_x,n_y,n_z)=\frac{\hbar^2}{2m}\left[\left(\frac{2\pi}{L}n_x\right)^2+\left(\frac{2\pi}{L}n_y\right)^2+\left(\frac{2\pi}{L}n_z\right)^2\right]$$

边界条件导致电子动量和能量量子化，现在考虑电子态密度. 考虑倒格矢空间的电子态均匀分布，一个态在倒空间所占体积为

$$\Delta\boldsymbol{k}=\left(\frac{2\pi}{L}\right)\left(\frac{2\pi}{L}\right)\left(\frac{2\pi}{L}\right)=\frac{8\pi^3}{V}$$

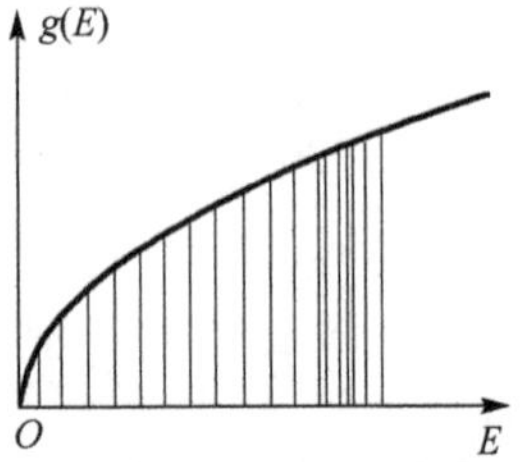

图 4.3　态密度随能量的变化趋势图

因此，可求得总的量子态数随能量的变化

$$Z=2\frac{V}{8\pi^3}\frac{4\pi}{3}k^3=\frac{V}{3\pi^2}\left(\frac{2m}{\hbar^2}\right)^{3/2}E^{3/2}$$

依据态密度定义，$\mathrm{d}Z=g(E)\mathrm{d}E$，从而求得态密度

$$g(E)=\frac{V}{2\pi^2}\left(\frac{2m}{\hbar^2}\right)^{3/2}E^{1/2}$$

如图 4.3 所示，电子态密度随能量增大而增大.

2. 电子在分立能级上的分布规则

根据量子力学原理，电子在能级上的填充遵守泡利不相容原理(Pauli exclusion principle). 在温度为零温时，电子从最低能级开始填充(能量最低原则)，每个能级可以填 2 个电子(自旋参量).

注意：能量相同的电子态数目称为该能级的简并度，电子填充的最高能级称为费米能级. 自由电子在倒格矢空间自由填充，形成费米球，如图 4.4 所示. 费米球的表面称为费米面(Fermi surface).

当 $T=0$ K 时，系统的能量最低. 由于电子的填充必须遵从泡利原理，因此在 0 K 电子也不可能全部填充在能量最低的能态上，如果能量低的能态已经填有电子，其他电子就必须填到能量较高的能态上. 在倒格子空间(k 空间)中，电子从能量最低点开始，由低能量到高能量逐层向外填充，其等能面为球面，一直到所有电子都填完为止. 此时，电子体系的能量为体系的基态能量.

如图 4.5 所示，费米-狄拉克分布在 0 K 下可表示为

$$f(E)=\begin{cases}1, & E\leqslant E_{\mathrm{F}}\\0, & E>E_{\mathrm{F}}\end{cases}$$

利用分布函数 $f(E)$ 和电子态密度 $g(E)$，可求得费米能量，从而求得电子的平均能量.

利用电子数守恒可得关系式

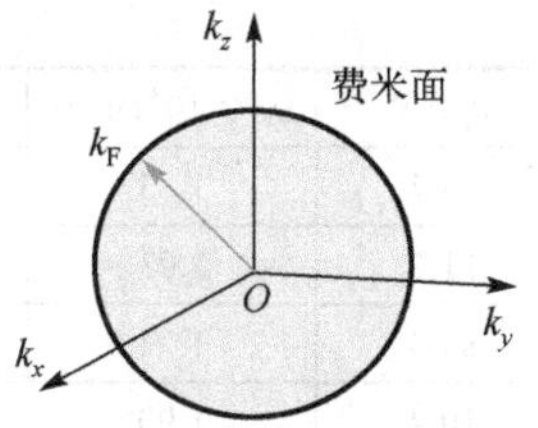

图 4.4 费米球示意图

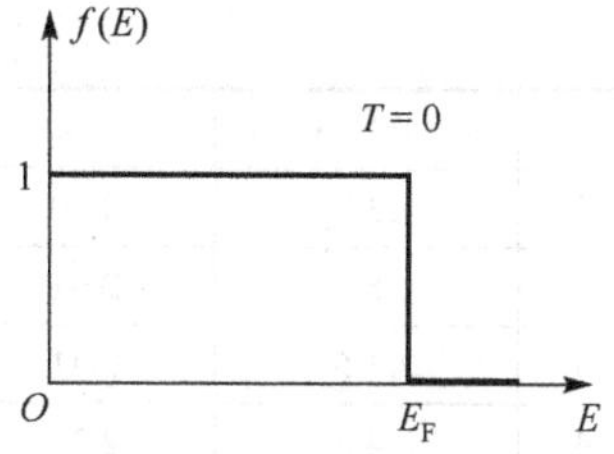

图 4.5 费米–狄拉克分布在 0 K 的示意图

$$N=\int_0^{\infty} g(E)f(E)\mathrm{d}E=\int_0^{E_F} g(E)\mathrm{d}E=\frac{V}{3\pi^2}\left(\frac{2m}{\hbar^2}\right)^{3/2}E_F^{3/2}$$

因此，可得费米能量

$$E_F=\frac{\hbar^2}{2m}\left(3\pi^2 n\right)^{2/3}$$

费米动量可以表示为

$$E_F=\frac{\hbar^2 k_F^2}{2m},\quad \hbar k_F=\hbar(3\pi^2 n)^{1/3}$$

此外，零温下基态的电子平均能量为

$$\bar{E}=\frac{1}{N}\int_0^{\infty} g(E)f(E)\mathrm{d}E=\frac{1}{N}\int_0^{E_F} Eg(E)\mathrm{d}E=\frac{3}{5}E_F$$

一般金属的电子密度 n 大约为 $10^{23}\ \mathrm{cm}^{-3}$，因此费米能量 E_F 大约几个电子伏特，k_F 大约为 $10^{10}\ \mathrm{m}^{-1}$，即使在 0 K，电子仍有很高的平均动能. 在表 4.2 中，列出了一些典型金属的电子密度及费米能等物理量的数值. 由表可以看到金属的费米温度高达 10000 K 以上，费米面上电子速度高达 10^6 m/s.

表 4.2 金属材料的价电子数、电子的密度、电子有效半径、费米波矢、费米能、费米速度和费米温度(Ashcroft and Mermin, 1976)

元素	Z	$n/(\times10^{22}\ \mathrm{cm}^{-3})$	r_s/a_0	$k_F/(\times10^{8}\ \mathrm{cm}^{-1})$	ε_F /eV	$v_F/(\times10^{8}\ \mathrm{cm/s})$	$T_F/(\times10^{4}\ \mathrm{K})$
Li	1	4.70	3.25	1.12	4.74	1.29	5.51
Na	1	2.65	3.93	0.92	3.24	1.07	3.77
K	1	1.40	4.86	0.75	2.12	0.86	2.46
Cu	1	8.47	2.67	1.36	7.00	1.57	8.16
Ag	1	5.86	3.02	1.20	5.49	1.39	6.38
Au	1	5.90	3.01	1.21	5.53	1.40	6.42
Be	2	24.7	1.87	1.94	14.3	2.25	16.6
Mg	2	8.61	2.66	1.36	7.08	1.58	8.23
Ca	2	4.61	3.27	1.11	4.69	1.28	5.44

续表

元素	Z	$n/(\times10^{22}\,\text{cm}^{-3})$	r_s/a_0	$k_F/(\times10^8\,\text{cm}^{-1})$	ε_F/eV	$\upsilon_F/(\times10^8\,\text{cm/s})$	$T_F/(\times10^4\,\text{K})$
Zn	2	13.2	2.30	1.58	9.47	1.83	11.0
Al	3	18.1	2.07	1.75	11.7	2.03	13.6
In	3	11.5	2.41	1.51	8.63	1.74	10.0
Sn	4	14.8	2.22	1.64	10.2	1.90	11.8
Pb	4	13.2	2.30	1.58	9.47	1.83	11.0
Bi	5	14．1	2.25	1.61	9.90	1.87	11.5

注意：电子的有效半径(r_s)可通过电子密度来评估

$$\frac{1}{n}=\frac{4}{3}\pi r_s^3,\quad n\sim10^{29}(\text{m}^{-3}),\quad r_s\sim10^{-10}(\text{m})$$

电子的费米波矢、费米速度、费米能和费米温度与电子密度(有效半径)的关系如下：

$$k_F=(3\pi^2 n)^{1/3}=\frac{3.63}{r_s/a_0}\times10^8(\text{cm}^{-1})$$

$$\upsilon_F=\left(\frac{\hbar}{m}\right)k_F=\frac{4.2}{r_s/a_0}\times10^8(\text{cm/s})$$

$$E_F=\frac{50.1}{(r_s/a_0)^2}(\text{eV})$$

$$T_F=\frac{E_F}{k_B}=\frac{58.2}{(r_s/a_0)^2}\times10^4(\text{K})$$

3．有限温度电子分布的情况

量子统计分布规律：依据全同原理，在微观世界中粒子分为两类，分别为费米子和玻色子．自旋为半整数 $n+1/2$ 的粒子称为费米子，如电子、质子、中子等．费米子遵从费米-狄拉克统计．自旋为整数 n 的粒子称为玻色子，如光子、声子等．玻色子遵从玻色-爱因斯坦统计规律．电子属于费米子，其分布服从费米-狄拉克统计

$$f(E)=\frac{1}{e^{(E-\mu)/(k_BT)}+1}$$

由热力学理论，化学势被定义为

$$\mu(T,n)=\left(\frac{\partial F}{\partial N}\right)_{T,V}$$

在保持温度和体积不变的情况下，化学势是体系自由能 F 随电子总数 N 的变化率．

化学势是 T 和 n 的函数. ①当 $E=\mu$ 时，$f(\mu)=1/2$，代表填充概率为 1/2 的能态. ②当 $E-\mu$ 大于几个 k_BT 时，$\exp[(E-\mu)/(k_BT)]\gg 1$，费米-狄拉克分布过渡到经典的玻尔兹曼分布

$$f(E)\approx\exp\left[-\frac{(E-\mu)}{k_BT}\right]=\exp\left(\frac{\mu}{k_BT}\right)\cdot\exp\left(-\frac{E}{k_BT}\right)$$

③当 $\mu-E$ 大于几个 k_BT 时，$\exp[(E-\mu)/(k_BT)]\ll 1$，$f(E)\approx 1$.

在典型温度(如室温)下，费米分布函数如图 4.6 所示. 费米分布函数仅在费米面附近有明显变化，深能级的电子态被 100%占据. 需要注意的是，在强简并情况下，化学势 μ 可以看作是费米能 E_F(这里，E_F 是 $T>0$ 时的费米能). 量子力学中通常提到的简并性是指能量简并性. 这里，金属自由电子气的简并性指的是统计的简并性，即指金属自由电子气与理想气体遵从统计规律的差异性. 对于金属，$T\ll T_F$ 总是满足的，将金属自由电子气称为强简并的费米气体. 对于一般的 n 型掺杂半导体，电子浓度 n 大约为 $10^{17}\ \text{cm}^{-3}$，其 $T_F\sim 10^2$ K. 当 $T\sim T_F$ 时，其分布已经很接近于经典玻尔兹曼分布了，称其为弱简并费米气体.

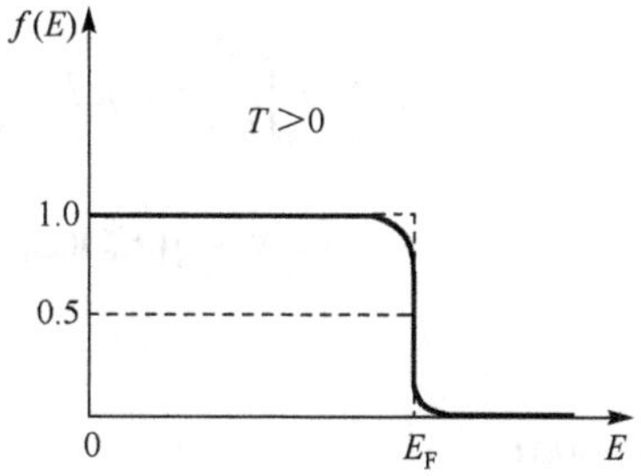

图 4.6　室温下费米分布函数的示意图

对于金属而言，通常只有费米面附近的一小部分电子可以被激发到高能态，而离费米面较远的电子则仍保持原来(T=0)的状态，如图 4.6 所示，称这部分电子被“冷冻”下来. 因此，虽然金属中有大量的自由电子，但是决定金属许多性质的只是在费米面附近的那一小部分.

4. 电子化学势的推导

利用电子数 N 不变的条件

$$N=\int_0^{\infty}f(E,T)g(E)\mathrm{d}E=\frac{V}{2\pi^2}\left(\frac{2m}{\hbar^2}\right)^{3/2}\int_0^{\infty}\frac{E^{1/2}\mathrm{d}E}{\mathrm{e}^{(E-\mu)/(k_BT)}+1}$$

考虑辅助函数 $Q(E)$，可得 $f(E)$ 相关的积分近似

$$(-\infty,+\infty),\quad Q(0)=0,\quad \lim_{x\to 0}\mathrm{e}^{-ax}Q(x)=0,\quad a>0$$

$$f(E)=\frac{1}{\mathrm{e}^{(E-E_F)/(k_BT)}+1},\quad k_BT\ll E_F\equiv\mu$$

$$I=\int_0^{\infty}f(E)Q'(E)\mathrm{d}E\approx Q(E_F)+\frac{\pi^2}{6}(k_BT)^2Q''(E_F)$$

因此，关于电子数 N 的积分为

$$N=\int_0^{\infty}f(E)g(E)\mathrm{d}E\approx\int_0^{E_{\mathrm{F}}}g(E)\mathrm{d}E+\frac{\pi^2}{6}(k_{\mathrm{B}}T)^2g'(E_{\mathrm{F}})$$

利用自由电子态密度关系式

$$g(E)=cE^{1/2},\quad c=\frac{V}{2\pi^2}\left(\frac{2m}{\hbar^2}\right)^{\frac{3}{2}}$$

电子数 N 可表示为

$$\begin{aligned}N&\approx\int_0^{E_{\mathrm{F}}^0}g(E)\mathrm{d}E+\int_{E_{\mathrm{F}}^0}^{E_{\mathrm{F}}}g(E)\mathrm{d}E+\frac{\pi^2}{6}(k_{\mathrm{B}}T)^2\left(\frac{1}{2}cE_{\mathrm{F}}{}^{-1/2}\right)\\&\approx N+g(E_{\mathrm{F}}^0)(E_{\mathrm{F}}-E_{\mathrm{F}}^0)+\frac{\pi^2}{12}(k_{\mathrm{B}}T)^2\frac{g(E_{\mathrm{F}}^0)}{E_{\mathrm{F}}^0}\end{aligned}$$

因此，电子的化学势可表示为

$$E_{\mathrm{F}}=E_{\mathrm{F}}^0\left[1-\frac{\pi^2}{12}\left(\frac{k_{\mathrm{B}}T}{E_{\mathrm{F}}^0}\right)^2\right]$$

由此可见，电子的化学势随温度降低而减小.如图 4.7 所示，金属中自由电子数随能量变化的分布图，随温度升高，费米能级附近的电子有机会从费米能级以下被激发到费米能级以上的状态，引起费米能级降低.

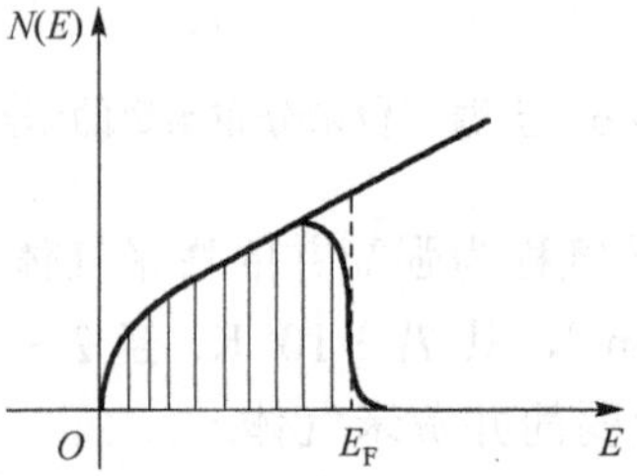

图 4.7　T>0 时自由电子数随能量的分布

5. 电子总能的推导和电子热容量

电子的总能可表示为

$$U=\int_0^{\infty}Ef(E)g(E)\mathrm{d}E$$

利用辅助函数 $Q(E)$，其中 $Q'(E)=Eg(E)$，则

$$\begin{aligned}U&\approx\int_0^{E_{\mathrm{F}}}Eg(E)\mathrm{d}E+\frac{\pi^2}{6}(k_{\mathrm{B}}T)^2\frac{\mathrm{d}}{\mathrm{d}E}[Eg(E)]_{E_{\mathrm{F}}}\\&\approx\int_0^{E_{\mathrm{F}}^0}Eg(E)\mathrm{d}E+\int_{E_{\mathrm{F}}^0}^{E_{\mathrm{F}}}Eg(E)\mathrm{d}E+\frac{\pi^2}{6}(k_{\mathrm{B}}T)^2\left(\frac{3}{2}cE_{\mathrm{F}}{}^{1/2}\right)\end{aligned}$$

因此

$$\begin{aligned}U&\approx U_0+g(E_{\mathrm{F}}^0)(E_{\mathrm{F}}-E_{\mathrm{F}}^0)+\frac{\pi^2}{4}(k_{\mathrm{B}}T)^2g(E_{\mathrm{F}}^0)\\&\approx U_0+g(E_{\mathrm{F}}^0)\left(-\frac{\pi^2}{12}(k_{\mathrm{B}}T)^2\right)+\frac{\pi^2}{4}(k_{\mathrm{B}}T)^2g(E_{\mathrm{F}}^0)\end{aligned}$$

总能量表达式为

$$U \approx U_0 + \frac{\pi^2}{6}(k_B T)^2 g(E_F^0)$$

利用 N 与零温下费米能的关系

$$N = \frac{2}{3}c(E_F^0)^{3/2}, \quad g(E_F^0) = c(E_F^0)^{1/2}, \quad c = \frac{V(2m)^{3/2}}{2\pi^2\hbar^3}$$

可得

$$U = U_0 + \frac{\pi^2}{4}N\frac{(k_B T)^2}{E_F^0}$$

电子热容量可表示为

$$C_e = \frac{1}{V}\frac{dU}{dT} = \frac{\pi^2}{2}n\frac{k_B^2 T}{E_F^0} = \gamma T \quad \left(\gamma = \frac{\pi^2}{2}\frac{nk_B^2}{E_F^0}\right)$$

因此 $T \to 0$ 时，$C_e \to 0$. 通常 $k_B T \ll E_F$，因此只有少量电子对热容量有贡献. 从而自由电子的量子理论得到与实验结果较一致的结论.

金属的热容量由晶格热容量和电子热容量两部分来决定. 在常温下，电子的贡献很小，但在低温下，电子的贡献就比较明显. 金属的热容量可表示为

$$C_V = \gamma T + \beta T^3$$

然而计算得到的γ值与实验测量的实验值γ_{expt}的比较发现，只有少数金属的实验值和理论值比较接近，大多数金属的差别较大. 两者不一致应该是由于模型过于简单所致. 注意：这里没有考虑电子–电子相互作用和电子与晶格之间的相互作用，与实际不相符.

由电子热容量公式可发现，γ与电子的质量成正比，假设γ值与实验值不符合是由电子质量引起的，可引入电子有效质量 m^*. 这样，实验γ_{expt}值与理论值的差别可表示为

$$\frac{m^*}{m} = \frac{\gamma_{expt}}{\gamma}$$

这里，我们认为 m^*中包含了上面分析中忽略的各种相互作用.

表 4.3 中列出了一些常见金属的实验γ_{expt}值、理论值和 m^*/m 比值. 我们看到，大多数金属中电子的有效质量比电子的裸质量要大一些，而有些金属的电子有效质量比电子的裸质量 m 要小一些. 在 20 世纪 70 年代，人们在稀土和锕系化合物的研究中，发现 m^*特别大，例如：$CeAl_3$ ($m^* = 600m$)、UPt_3 ($m^* = 450m$)、$CeCuSi_2$ ($m^* = 460m$)、UB_{13} ($m^* = 300m$) 等. 我们把这些体系中的电子称为重费米子，这类材料称为重费米子金属.

表 4.3 几种常见金属的γ的实验值和理论值(Kittel, 2004)

元素	γ_{expt}/(mJ/(mol·K^2))	γ/(mJ/(mol·K^2))	m^*/m
Li	1.63	0.749	2.18
Na	1.37	1.094	1.26
K	2.08	1.668	1.25
Be	0.17	0.50	0.34
Mg	1.3	0.992	1.3
Ca	2.9	1.511	1.9
Cu	0.695	0.505	1.38
Ag	0.646	0.645	1.00
Au	0.729	0.642	1.14
Zn	0.64	0.753	0.85
Cd	0.688	0.948	0.73
Al	1.35	0.912	1.48
In	1.69	1.233	1.37

如图 4.8 所示是晶格热容量和电子热容量随温度变化示意图. 金属在极低温下热容量的变化曲线存在一个临界温度. 此温度以下，电子热容量反而变得比晶格热容量更大些. 当 $C_V=C_e$ 时，由关系式

$$\frac{12}{5}\pi^4 N_A k_B\left(\frac{T}{T_D}\right)^3=\frac{1}{2}\pi^2 N_A k_B\left(\frac{T}{T_F}\right)$$

可确定出此时的温度

$$T_C=\left(\frac{5}{24\pi^2}\frac{T_D^3}{T_F}\right)^{1/2}$$

对于简单金属，$T_D\propto 10^2\,K$，$T_F\propto 10^4\,K$，估算出 $T_C\propto 1\,K$ 的数量级. 所以，在很低温度下，电子热容量与晶格热容量同数量级，这时电子热容量就不可忽略.

6. 电导率问题

当 $\varepsilon=0$ 时，系统的总电流为 0. 当 $\varepsilon\neq 0$ 时，电子的定向运动可看成两个过程：①电子在电场 ε 的作用下做加速运动；②电子由于碰撞而失去定向运动. 从倒易空间电子分布来看，在电场的作用下，费米球的球心偏离原点位置，使原来对称的分布偏向一边，如图 4.9 所示. 这样，有一部分电子对电流的贡献不能被抵消，从而产生宏观电流.

电场作用下平衡分布的破坏，电子的运动方程可以表示为

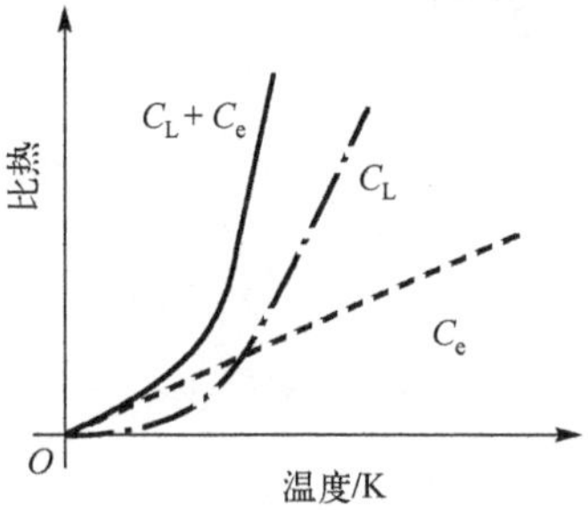

图 4.8　晶格热容量和电子热容量随温度变化示意图

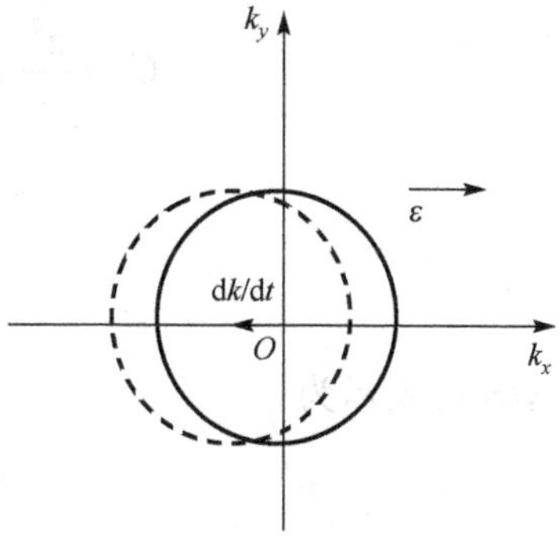

图 4.9　费米球在电场作用下的变化示意图

$$\hbar\frac{\mathrm{d}k}{\mathrm{d}t}=-eE$$

可解得 t 时刻电子波矢为

$$k(t)=k(0)-\frac{e}{\hbar}Et$$

电子被散射，利用弛豫时间假设可得

$$\Delta k=k(t)-k(0)=-\frac{e\tau}{\hbar}E$$

电子漂移速度通过动量的变化定义为

$$\Delta\upsilon=\frac{\hbar}{m}\Delta k=-\frac{e\tau}{m}E$$

因此可得电流密度和电导率分别为

$$j=-ne\Delta\upsilon=\sigma E,\quad \sigma=\frac{ne^2\tau}{m}$$

考虑准经典近似. 电场强度一般为 $E=10^4$ V/m，弛豫时间 $\tau\sim 10^{-14}$ s，因此 k 的变化为 $\Delta k\sim 10^{-5}k_F$. 电场导致电子跃迁，由费米面内跃迁到费米面外的空态，导致电流的产生. 由于跃迁需要空态的存在，故能被电场激发的仅为费米面附近的电子态. 既然是费米面附近的电子起导电作用，其平均速度可取费米速度，因此，量子论得到的导电电子速度远大于经典理论得到的速度，所以电子的平均自由程 $l=\upsilon_F\tau$ 应远大于由经典理论得到的.

下面考虑维德曼-弗兰兹定律的推导. 由电子的热导率、热容量和费米能可推导出维德曼-弗兰兹定律，推导如下：

$$\kappa_e=\frac{1}{3}C_e\bar{\upsilon}\bar{l}$$

$$C_e = \frac{\pi^2}{2} n k_B \left(\frac{T}{T_B}\right), \quad E_F = \frac{1}{2} m v_F^2$$

$$\bar{v} = v_F, \quad \bar{l} = v_F \tau$$

$$\kappa_e = \frac{\pi^2 n k_B^2 T}{3m} \tau$$

因此，κ/σ 可表示为

$$\frac{\kappa}{\sigma} = \frac{\pi^2}{3}\left(\frac{k_B}{e}\right)^2 T$$

洛伦兹数 $L=2.45\times10^{-8}\ \mathrm{V^2/K^2}$.

实验表明：维德曼-弗兰兹定律仅在 $T \gg T_D$ 范围成立，而在中间温度和低温范围，实验上测得许多金属的 L 数值与温度有关，如图 4.10 所示. 这是因为电导和热导中电子的弛豫过程往往是不同的. 在电场作用下，k 空间中的电子整体发生移动，同时电子被散射，两者达到平衡而产生一定电流. 热导过程则不同，它可以没有电流，电子仍保持对称分布，只是相同数目的“热”和“冷”电子向相反方向输运，产生热流，所以上述两种情形，电子应有不同的弛豫时间.

下面列举一个简单的例子. 高纯 Cu 的热导率和电导率的温度依赖性：温度 T 升高，电导率 σ 下降，热导率 κ 也下降. 因此，洛伦兹数的变化在一定温区内是常数.

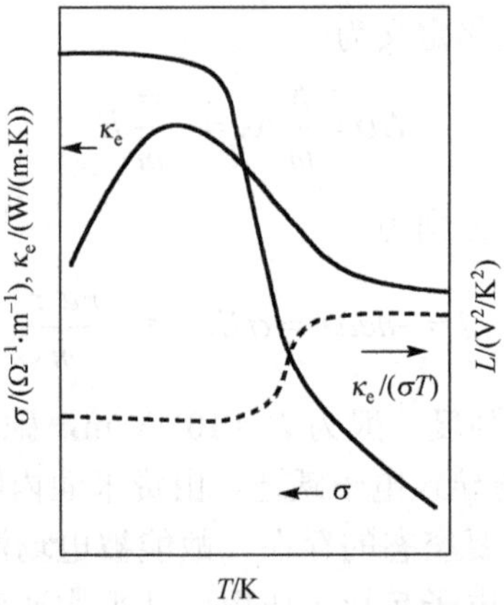

图 4.10　通常电导率和热导率随温度变化示意图

4.1.3　金属电子量子论的应用

1. 霍尔效应

霍尔效应在 1879 年被霍尔(E. H. Hall)发现，结果发表在一篇题目为“On a New

Action of the Magnet on Electric Current”的论文里. 实验非常简单，如图 4.11 所示，当一个磁场垂直穿过一片载有电流的金属薄片时，在垂直于电流的横截面上出现横向电压. 霍尔效应可用于测量载流子的浓度、电阻，以及半导体中载流子的迁移率和载流子的类型. 霍尔效应由于操作简单，具有广泛的应用.

观测到的横向电场为霍尔电场. 霍尔电场是由于电子受磁场洛伦兹力发生偏转，在横向方向堆积造成的. 霍尔电场产生后，当电子的电场力和洛伦兹力达到平衡时，电流只沿 x 方向流动. 霍尔效应实验中，当系统稳定后，通过测定外加磁场、电流密度和霍尔电场，获得霍尔系数. 霍尔系数通过下面的公式定义为

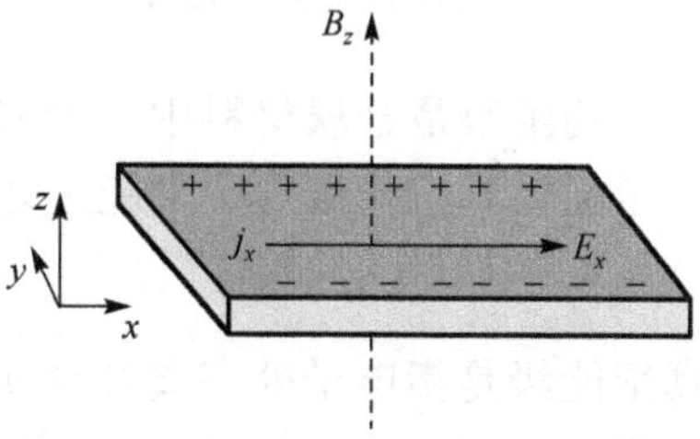

图 4.11　霍尔效应示意图

$$R_{\mathrm{H}}=\frac{E_y}{j_x B}$$

下面讨论霍尔系数的理论解释. 电子在电场和磁场的作用下运动，阻尼项通过弛豫时间来表示，运动方程可表示为

$$m\left(\frac{\mathrm{d}}{\mathrm{d}t}+\frac{1}{\tau}\right)\boldsymbol{\upsilon}=-e(\boldsymbol{E}+\boldsymbol{\upsilon}\times\boldsymbol{B})$$

在恒定情况下，电子的速度变化应为零

$$j=ne\upsilon,\quad \mathrm{d}\upsilon/\mathrm{d}t=0$$

因此可得标量方程组

$$\begin{cases}\sigma_0 E_x=j_x+\omega_{\mathrm{c}}\tau j_y\\ \sigma_0 E_y=-\omega_{\mathrm{c}}\tau j_x+j_y\end{cases},\quad \omega_{\mathrm{c}}=\frac{eB}{m},\quad \sigma_0=\frac{ne^2\tau}{m}$$

写出矩阵的形式为

$$\begin{pmatrix}E_x\\ E_y\end{pmatrix}=\begin{pmatrix}1/\sigma_0 & \omega_{\mathrm{c}}\tau/\sigma_0\\ -\omega_{\mathrm{c}}\tau/\sigma_0 & 1/\sigma_0\end{pmatrix}\begin{pmatrix}j_x\\ j_y\end{pmatrix}$$

上式中，系统稳定后

$$j_y=0$$

因此

$$\sigma_0 E_x=j_x,\quad \sigma_0 E_y=-\omega_{\mathrm{c}}\tau j_x$$

$$R_{\mathrm{H}}=\frac{E_y}{j_x B}=-\frac{1}{ne}$$

$$\sigma_{xy}=-\frac{1}{\rho_{xy}}=-\frac{ne}{B}$$

从霍尔系数的正负可判定载流子的电荷的正负. 实验发现，Mg、Be、In 等金属的霍尔系数为正，意味着在这些金属中是正电荷导电，金属自由电子理论难以解释这一现象. 正电荷导电的解释需要电子的能带理论说明.

2. 金属的热电子发射

功函数是金属材料中一个极其重要的概念. 对于一个金属的均匀表面，其功函数定义为真空能级与费米能级之间的电子势能之差. 公式表示为

$$W = V_0 - E_F$$

真空能级是指电子处在离开金属表面足够远的某一点上的静止能量. 此时电子受到的静电力可以忽略(大约离开表面 10 nm 以上即可). 对于自由电子模型，金属内部势能定义为常数.

在金属内部，自由电子受到正离子的吸引，由于各金属离子的吸引力相互抵消，电子所受的净合力为 0. 但金属表面的电子由于有一部分离子的吸引力不能被抵消而受到净吸引力，这样金属表面如同形成一个势垒，阻止电子逸出金属表面. 因此，金属中的电子可以看成是处于深度为 V_0 势阱中的电子系统. V_0 为电子亲和势. 实际上有可能被激发而逸出金属的电子只是在费米能附近，如图 4.12 所示. 不同金属的功函数数值不同，功函数一般为几个电子伏，由于热膨胀，功函数也是温度的函数. 表 4.4 列出了一些常见金属的平均功函数，可见金属的平均功函数在 2～6 eV 之间.

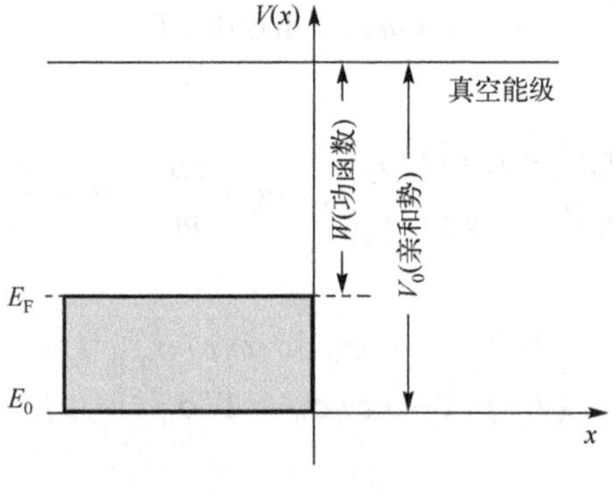

图 4.12　功函数示意图

表 4.4　几种常见金属的平均功函数

金属	Li	Na	K	Mg	Al	Cu	Ag	Au	Pt
平均功函数/eV	2.48	2.28	2.22	3.67	4.20	4.45	4.46	4.89	5.36

此外，实验还发现，同一种金属，不同表面对电子的束缚不同，功函数也不同. 表 4.5 给出几种典型金属的不同表面的功函数. 可以看出，虽然不同表面的功函数

不同，但其数值差异不超过 1 eV. 这种差异主要是不同表面原子的配位数不同，导致不同表面的电子密度不同，因此形成功函数的数值差异.

表 4.5　几种典型金属不同表面的功函数

元素	表面	功函数/eV	元素	表面	功函数/eV
Ag	(100)	4.64	Ni	(100)	5.22
	(110)	4.52		(110)	5.04
	(111)	4.74		(111)	5.35
Cu	(100)	4.59	W	(100)	4.53
	(110)	4.48		(110)	5.25
	(111)	4.98		(111)	4.47

金属中的电子克服束缚跳出金属表面，根据其获得能量的方式不同可以分为以下几种类型：①高温导致的热电子发射；②强电场导致的场致发射；③光照导致的光致发射；④电子撞击产生的次级电子发射；⑤表面上的放热反应导致的外激发射，或更一般地说，表面上的力学作用(如摩擦或范性形变)或化学反应所导致的电子发射.

热激发实验表明，根据实验数据作图可以得到一条直线，其斜率给出功函数

$$\ln\left(\frac{j}{T^2}\right)\sim\frac{1}{T}$$

因此，热电子发射的电流密度可表示为

$$j = AT^2 e^{-\frac{W}{k_B T}}$$

该公式称为理查森-杜什曼(Richardson-Dushman)公式. 由公式可以看出，$T=0$ 时，电流密度为零. 这是因为所有电子的能量都不会超过费米能级，没有电子可以脱离金属. 当 $T>0$ 时，会有一些电子通过吸收热量获得高于功函数的能量，从而逸出金属表面.

下面考虑热电子发射的理论解释. 波矢空间 dk^3 体积内的状态数为

$$g(k)dk_x dk_y dk_z = \frac{V}{8\pi^3}dk_x dk_y dk_z$$

各能级电子占有的概率

$$f(k)=\frac{1}{\exp\left(\frac{E(k)-\mu}{k_B T}\right)+1}\approx\frac{1}{\exp\left(\frac{E(k)-E_F^0}{k_B T}\right)+1}$$

单位体积的电子密度为

$$\mathrm{d}n = 2\frac{1}{8\pi^3}\left(\frac{m}{\hbar}\right)^3 f(\upsilon)\mathrm{d}\upsilon_x\mathrm{d}\upsilon_y\mathrm{d}\upsilon_z$$

热电子发射电流密度的理论表达式为

$$\begin{aligned} j_x &= \iiint e\upsilon_x \mathrm{d}n \\ &= \frac{m^3 e}{4\pi^3\hbar^3}\int_{-\infty}^{\infty}\mathrm{d}\upsilon_y\int_{-\infty}^{\infty}\mathrm{d}\upsilon_z\int_{-\infty}^{\infty}\upsilon_x\mathrm{d}\upsilon_x\frac{1}{\exp\left(\dfrac{\frac{1}{2}m\upsilon^2-E_F^0}{k_BT}\right)+1} \end{aligned}$$

电子要逃离表面，动能必须不小于表面势垒

$$\frac{1}{2}m{\upsilon_x}^2 \geqslant V_0 = E_F^0 + W,\quad \upsilon_x \geqslant \sqrt{\frac{2V_0}{m}}$$

考虑电子逃逸条件，在υ_x方向的积分下限应从$(2V_0/m)^{1/2}$开始

$$\int_{-\infty}^{\infty}\mathrm{d}\upsilon_y\exp\left(\frac{-\frac{1}{2}m\upsilon_y^2}{k_BT}\right)=\sqrt{\frac{2\pi k_BT}{m}}$$

$$\int_{\sqrt{\frac{2V_0}{m}}}^{\infty}\upsilon_x\mathrm{d}\upsilon_x\exp\left(\frac{-\frac{1}{2}m{\upsilon_x}^2}{k_BT}\right)=\frac{k_BT}{m}\exp\left(-\frac{V_0}{k_BT}\right)$$

$$\begin{aligned} j_x &\approx \frac{m^3 e}{4\pi^3\hbar^3}\int_{-\infty}^{\infty}\mathrm{d}\upsilon_y\int_{-\infty}^{\infty}\mathrm{d}\upsilon_z\int_{\sqrt{\frac{2V_0}{m}}}^{\infty}\upsilon_x\mathrm{d}\upsilon_x \mathrm{e}^{\frac{-\frac{1}{2}m\upsilon^2}{k_BT}}\mathrm{e}^{\frac{E_F^0}{k_BT}} \\ &= \frac{me(k_BT)^2}{2\pi^2\hbar^3}\exp\left(-\frac{V_0-E_F^0}{k_BT}\right) \end{aligned}$$

从而得到理查森-杜什曼公式

$$j_x = AT^2\exp\left(-\frac{W}{k_BT}\right),\quad A=\frac{mek_B^2}{2\pi^2\hbar^3}$$

功函数的量级为几电子伏，而一般温度下k_BT的数值大约为几 meV，因此，没有外界作用，电子不能逃出金属表面.

3. 接触电势

当两块不同金属 A 和 B 相接触或用导线相连接时，这两块金属就会同时带电，

而具有不同的电势 V_A 和 V_B，这种电势称为接触电势. 用两金属的真空能级作参考，设 $W_A < W_B$，则 $(E_F)_A > (E_F)_B$. 当两金属接触后，电子将从化学势高的金属 A 流向化学势低的金属 B，从而导致金属 A 带正电，金属 B 带负电. 于是由于电子转移在两金属的界面处附加了一个静电场，以阻止电子继续从 A 流向 B.

电子在金属 A 中的静电势能为 $-eV_A < 0$，使其能级图下降；电子在金属 B 中的静电势能为 $-eV_B > 0$，能级图上升. 当两金属的费米能相等时，电子停止从 A 流向 B，如图 4.13 所示. 电势差可通过两金属的功函数表示出

$$V_{AB} = V_A - V_B = \frac{1}{e}(W_B - W_A)$$

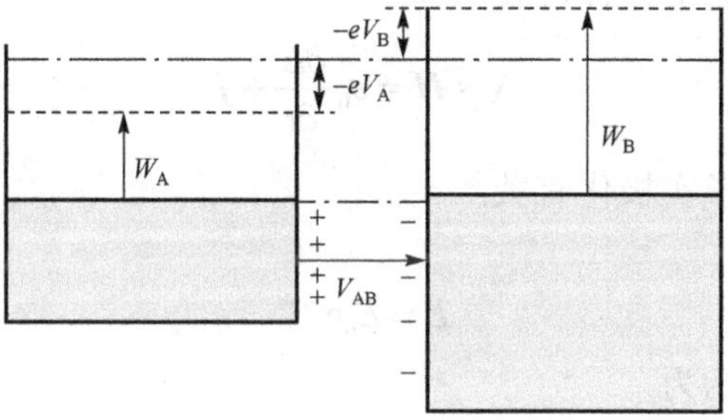

图 4.13　接触电势引起的电荷转移示意图

4. 金属的交流电导率和光学性质

电子在电场作用下的准经典运动方程为

$$m\dot{\upsilon} = -eE - \frac{m\upsilon}{\tau}$$

现在考虑单色电磁波作用，求解该运动方程

$$E = E_0 e^{-i\omega t}, \quad \upsilon_d = \upsilon_{d0} e^{-i\omega t}$$

$$-i\omega m\upsilon_d = -eE - m\upsilon_d / \tau$$

$$\upsilon_d = \frac{-eE\tau}{m(1-i\omega\tau)}$$

因此，可求得电流密度和电导率

$$J = -ne\upsilon_d = \frac{ne^2\tau}{m(1-i\omega\tau)}E$$

$$\sigma = \frac{ne^2\tau}{m}\frac{1}{1-i\omega\tau} = \frac{\sigma_0}{1-i\omega\tau}, \quad \sigma_0 = \frac{ne^2\tau}{m}$$

电导率可分为实部和虚部

$$\sigma = \sigma' + \mathrm{i}\sigma''$$

$$\sigma' = \frac{\sigma_0}{1+\omega^2\tau^2}, \quad \sigma'' = \frac{\sigma_0\omega\tau}{1+\omega^2\tau^2}$$

实数部分体现了与电压同相位的电流，也就是产生焦耳热的电流，而虚部则体现的是与电压有 π/2 相位差的电流，也就是感应电流. 考虑电磁场辐射的两个极端情况——低频区和高频区. ①低频范围：$\omega\tau \ll 1$，金属中的电子基本表现为电阻特性，由于 $\tau \sim 10^{-14}$ s，所以这个频率范围包括了直到远红外区的全部频率. ②高频范围：$\omega\tau \gg 1$，即在可见光和紫外区域，电子基本表现为电感性，即不从电磁场吸收能量，也不出现焦耳热.

在介质中的麦克斯韦方程可表示为

$$\nabla \times \boldsymbol{H} = \varepsilon_0 \frac{\partial \boldsymbol{E}}{\partial t} + \boldsymbol{j}$$

其中，位移电流与离子实极化有关.

对于交变电场

$$E = E_0 \mathrm{e}^{-\mathrm{i}\omega t}$$

位移电流密度可以表示为

$$\boldsymbol{j} = \sigma \boldsymbol{E} = \frac{\sigma}{-\mathrm{i}\omega}\frac{\partial \boldsymbol{E}}{\partial t}$$

麦克斯韦方程重新写为

$$\nabla \times \boldsymbol{H} = \left(\varepsilon_0 + \mathrm{i}\frac{\sigma}{\omega}\right)\frac{\partial \boldsymbol{E}}{\partial t}$$

所以，相对介电系数可表示为

$$\varepsilon_{\mathrm{r}} = \varepsilon / \varepsilon_0 = 1 + \mathrm{i}\frac{\sigma}{\varepsilon_0\omega}$$

相对介电系数可分为实部和虚部

$$\varepsilon_{\mathrm{r}} = \varepsilon'_{\mathrm{r}} + \mathrm{i}\varepsilon''_{\mathrm{r}} = \left(1 - \frac{\sigma_0\tau}{\varepsilon_0(1+\omega^2\tau^2)}\right) + \mathrm{i}\frac{\sigma_0}{\varepsilon_0\omega(1+\omega^2\tau^2)}$$

电子气的介电函数 $\varepsilon_{\mathrm{r}}(\omega,k)$ 以及它对频率和波矢的依赖性，对金属的性质有着显著的影响. 进一步通过介电系数引入复数折射率，从而获得与折射率和消光系数的关系，与实验可测得的反射率和吸收系数关联

$$\tilde{n} = \sqrt{\varepsilon_{\mathrm{r}}} = n + \mathrm{i}\kappa$$

$$R = \frac{(n-1)^2 + \kappa^2}{(n+1)^2 + \kappa^2}$$

$$\alpha = \frac{2\omega}{c}\kappa$$

把本征电导率 σ_0 的表达式代入相对介电系数，其可通过体等离子频率 ω_p 和弛豫时间 τ 表示为

$$\varepsilon_r = 1 - \frac{\omega_p^2\tau^2}{1+\omega^2\tau^2} + i\frac{\omega_p^2\tau}{\omega(1+\omega^2\tau^2)}, \quad \omega_p^2 = \frac{ne^2}{\varepsilon_0 m}$$

下面讨论光在三个不同频段的传播情况.

(1) 对于低频区

$$\omega\tau \ll 1, \quad \sigma'' \ll \sigma_0$$

$$\varepsilon_r \approx i\varepsilon_r'', \quad |n| \approx |\kappa| = \left(\frac{\varepsilon_r''}{2}\right)^{1/2} = \left(\frac{\sigma_0}{2\varepsilon_0\omega}\right)^{1/2}$$

穿透深度通过吸收系数的倒数表示为

$$\delta = \frac{1}{\alpha} = \left(\frac{\varepsilon_0 c^2}{2\sigma_0\omega}\right)^{1/2}$$

对于 Cu，在频率为 $\omega=10^7\ s^{-1}$ 时，光的穿透深度 $\delta=100\ \mu m$.

(2) 对于高频区

$$1 \ll \omega\tau, \quad \varepsilon_r \approx 1 - \frac{\omega_p^2}{\omega^2}$$

可见，对于高频电磁波，金属是透明的.

(3) 对于可见光和紫外光区

$$\omega < \omega_p, \quad \varepsilon_r < 0, \quad n = 0, \quad R = 1$$

$$\omega_p < \omega, \quad 0 < \varepsilon_r, \quad \kappa = 0, \quad \alpha \approx 0, \quad 0 < R < 1$$

由图 4.14 可知，等离子频率是光衰减区和传播区的分界线，在频率低于等离子体频率附近，存在光全反射区，如图 4.15 所示. 等离子体频率对应的波长 $\lambda_p=2\pi c/\omega_p$，

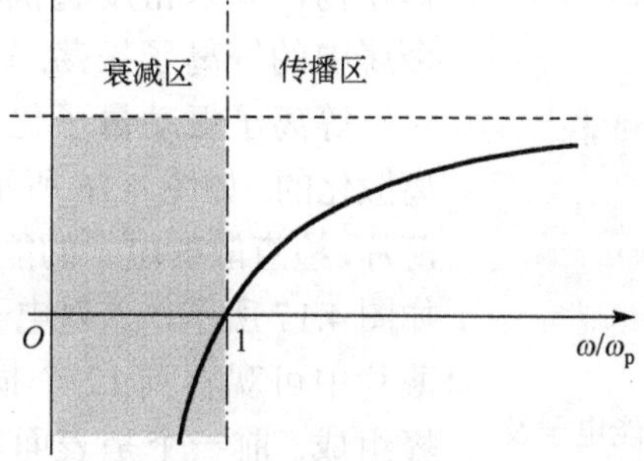

图 4.14　光传播的衰减区和传播区示意图

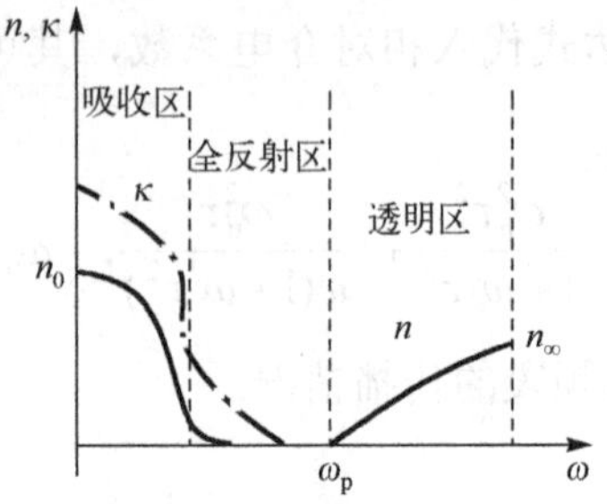

图 4.15 金属光吸收区、全反射区和透明区的示意图

为入射光的透射极限. 表 4.6 给出碱金属的紫外透射极限，随着原子序数增加，电子密度降低，因此等离子体频率降低，对应波长增大.

表 4.6 碱金属紫外透射极限

金属	Li	Na	K	Rb	Cs
λ_p(计算值)/nm	155.0	209.0	287.0	322.0	362.0
λ_p(观测值)/nm	155.0	210.0	315.0	340.0	—

5. 电子等离体

等离体(plasma)是由密度相当的正、负电荷所组成的气体，其中正、负带电粒子的数目几乎相等，且至少有一种电荷是可以迁移的. 如果我们把金属中的价电子看成是均匀正电荷背景中运动的电子气体，实际上此电子气就是一种等离子体.

由于交变电场的干扰或热的起伏，金属中的电子密度分布并不是均匀的，设想在某一区域电子密度低于平均值，这样便形成局部的正电荷过剩，库仑引力作用会把紧邻的电子吸引到该区域，但是被吸引的电子由于获得了附加的动量，又会使该区域聚集过多的负电荷，而电子之间的排斥作用又会使电子再度离开该区域，从而形成了价电子相对于正电荷背景的密度起伏振荡. 由于库仑势是长程作用，这种局部的电子密度振荡将形成整个电子系统的纵向集体振荡，并以密度起伏波的形式表现出来，此为金属中的等离子振荡.

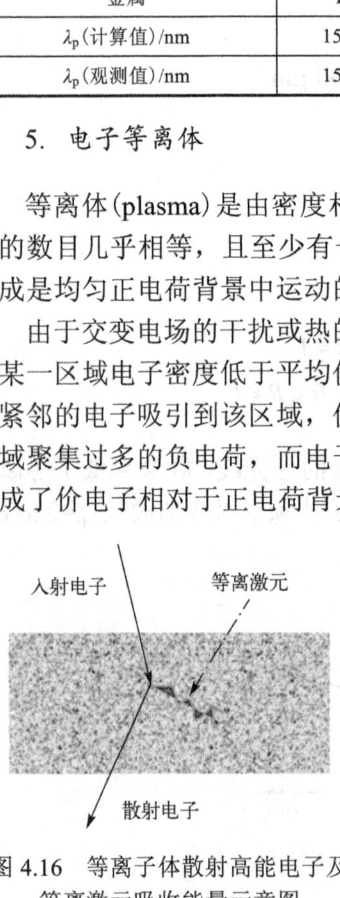

图 4.16 等离子体散射高能电子及等离激元吸收能量示意图

等离子振动量子化形成等离激元，其能量是离散化的. 如图 4.16 所示，通过高能电子入射金属薄片，检查散射电子的能量损耗可以探测等离激元. 如图 4.17 所示，入射电子初始能量为 2020 eV，铝薄片中可观察到 12 个损耗峰，每个峰由两个损耗峰组成. 前一个是表面等离激元引起的，后一个是体等离激元引起的. 例如，铝薄片中第一个峰

由 10.3 eV 和 15.3 eV 处出现的损耗峰所组合而成. 镁薄片中可观察到 10 个损耗峰. 例如，第一个峰由 7.1 eV 的表面等离激元和 10.6 eV 的体等离激元组合而成. 上面的实验中，我们不但观测到等离子体形成的体等离激元，还确认了表面等离子体态的存在，其量子化形成表面等离激元. 表面等离激元化存在局域化模式，其与电磁场耦合，形成电磁场局域增强，在纳米光电子学和光电催化方面有重要的应用.

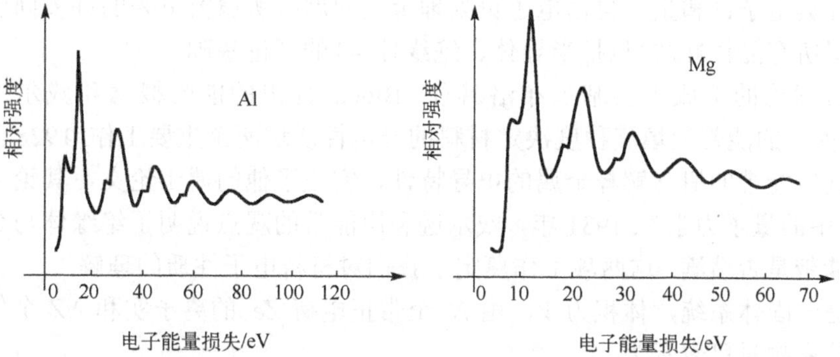

图 4.17　在金属 Al 和 Mg 中高能电子能量损耗谱(Powell and Swan，1959)

前面讨论的电磁波在金属中的传播，实际上考虑的是交变电场在空间变化缓慢的情况，即波长远大于电子的平均自由程，在空间 r 处的电流密度完全取决于该处的电场强度，即电流密度对交变电场的响应可表示为

$$J(r,\omega)=\sigma(\omega)E(r,\omega)$$

详细解释如下. 到达 r 处的电子经受的最后一次碰撞，发生在距离 r 大约为平均自由程 l 远处. 当电子的平均自由程 l 远小于电磁波波长时，在这个范围内，电场近似等于 r 处的电场.

将单色平面波代入金属介质中的麦克斯韦方程

$$\nabla^2 E-\mu_0\sigma\frac{\partial E}{\partial t}-\varepsilon_0\mu_0\frac{\partial^2 E}{\partial t^2}=0,\quad E=E_0\mathrm{e}^{\mathrm{i}(k\cdot r-\omega t)}$$

可获得色散关系

$$k^2=\varepsilon_0\mu_0\omega^2\varepsilon_\mathrm{r},\quad \varepsilon_\mathrm{r}=1+\mathrm{i}\frac{\sigma}{\varepsilon_0\omega}$$

利用高频时的介电关系

$$\omega\tau\gg 1,\quad \varepsilon_\mathrm{r}=1-\frac{\omega_\mathrm{p}^2}{\omega^2}$$

如图 4.18 所示，可得简单的等离子体的色散关系

$$c^2k^2=\omega^2-\omega_\mathrm{p}^2$$

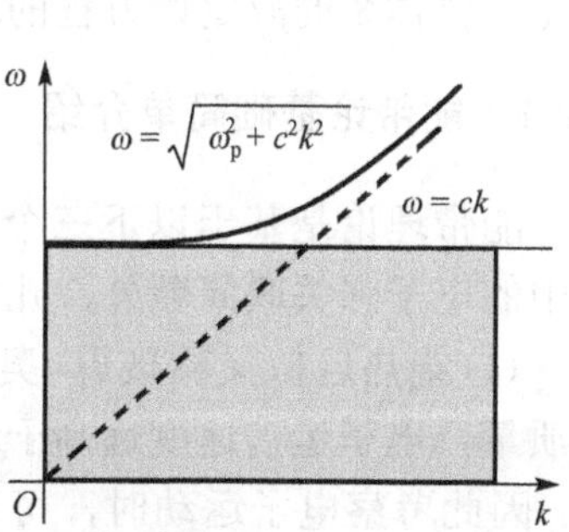

图 4.18　简单的等离子体的色散关系

4.2 能带理论

能带论是目前研究固体中的电子状态和说明固体性质最重要的理论基础. 它的出现是量子力学与量子统计在固体中应用最直接、重要的结果. 能带论不但成功地解决了经典电子论和量子自由电子论处理金属问题时所遗留下来的许多问题，而且成为解释所有晶体性质(包括半导体、绝缘体等)的理论基础.

能带理论的形成主要基于布洛赫(F. Bloch)提出的能带概念和威尔逊(A. H. Wilson)提出的能带的填满程度决定材料的导电性质这两个重要工作. 1928 年，布洛赫提出利用能带的概念解释金属的电导特性，完成了他的博士论文，其论文题目为"论晶格中的量子力学". 1931 年，威尔逊利用能带的观点说明了绝缘体与金属的区别在于能带是否填满. 这两项工作奠定了我们对材料电子性质的理解.

考虑一固体系统，体积为 V，由 N 个带正电荷 Ze 的离子实和 NZ 个价电子组成，其哈密顿量可表示为

$$\hat{H}(\boldsymbol{r},\boldsymbol{R}) = -\sum_{i=1}^{NZ}\frac{\hbar^2}{2m}\nabla_i^2 + \frac{1}{2}\sum_{i,j}{}'\frac{1}{4\pi\varepsilon_0}\frac{e^2}{|\boldsymbol{r}_i-\boldsymbol{r}_j|} - \sum_{n=1}^{N}\frac{\hbar^2}{2m}\nabla_n^2 + \frac{1}{2}\sum_{m,n}{}'\frac{1}{4\pi\varepsilon_0}\frac{(Ze)^2}{|\boldsymbol{R}_n-\boldsymbol{R}_m|} - \sum_{i=1}^{NZ}\sum_{n=1}^{N}\frac{1}{4\pi\varepsilon_0}\frac{Ze^2}{|\boldsymbol{r}_i-\boldsymbol{R}_n|}$$

哈密顿量主要由电子项、原子核项和两者的相互作用项组成.

$$\hat{H}(\boldsymbol{r},\boldsymbol{R}) = \hat{T}_{\mathrm{e}} + U_{\mathrm{ee}}(\boldsymbol{r}_i,\boldsymbol{r}_j) + \hat{T}_n + U_{nm}(\boldsymbol{R}_n,\boldsymbol{R}_m) + U_{\mathrm{en}}(\boldsymbol{r}_i,\boldsymbol{R}_n)$$

其薛定谔方程可表示为

$$\hat{H}\psi(\boldsymbol{r},\boldsymbol{R}) = \varepsilon\psi(\boldsymbol{r},\boldsymbol{R})$$

可见固体体系的薛定谔方程的求解是一个非常复杂的多体问题.

4.2.1 能带论基础简单介绍

能带理论是基于以下三个近似形成的固体中的单电子理论. 基于该理论，除固体中的电子强关联问题外，几乎能解决固体中的所有问题. 下面考察这三个近似.

(1) 绝热近似又称玻恩-奥本海默(Born-Oppenheimer)近似. 电子质量远小于离子质量，电子运动速度远高于离子运动速度，相对于电子的运动，可以认为离子不动. 因此考察电子运动时，可以不考虑离子运动的影响. 电子的运动与核运动在解薛定谔方程时分离开来处理，从而使复杂的多体问题简化为多电子问题. 其中最简单的处理就是取系统中的离子实部分的哈密顿量为零，原子处在平衡位置，哈密顿量可以表示为

$$\hat{H}=\hat{T}_{\rm e}+U_{\rm ee}(\boldsymbol{r}_i,\boldsymbol{r}_j)+U_{\rm en}(\boldsymbol{r}_i,\boldsymbol{R}_n)$$

(2) 平均场近似. 平均场近似又称为单电子近似或者哈特里–福克 (Hartree-Fock) 近似. 多电子体系中由于电子间相互作用，电子的运动都关联在一起，这样的系统仍是非常复杂的. 可以应用平均场近似，假设其余电子对一个电子的相互作用等价为一个不随时间变化的平均场

$$U_{\rm ee}(\boldsymbol{r}_i,\boldsymbol{r}_j)=\frac{1}{2}\sum_{i,j}{}'\frac{1}{4\pi\varepsilon_0}\frac{e^2}{|\boldsymbol{r}_i-\boldsymbol{r}_j|}=\sum_i u_{\rm ee}(\boldsymbol{r}_i)$$

这样哈密顿量就变为一个解耦的多电子哈密顿量

$$\hat{H}=\sum_{i=1}^{NZ}\left[-\frac{\hbar^2}{2m}\nabla_i^2+u_{\rm ee}(\boldsymbol{r}_i)-\sum_{n=1}^{N}\frac{1}{4\pi\varepsilon_0}\frac{Ze^2}{|\boldsymbol{r}_i-\boldsymbol{R}_n|}\right]$$

上面的哈密顿量被简化为 NZ 个电子哈密顿量之和，可以用分离变量法对单个电子独立求解. 单电子的哈密顿量可以写为其动能和其所受到的势能之和

$$\hat{h}=-\frac{\hbar^2}{2m}\nabla^2+U(\boldsymbol{r})$$

其中，势能由两部分组成. 一部分来自于前面提到的其他电子给所研究电子的作用，另一部分来自于原子核形成的库仑势场

$$U(\boldsymbol{r})=u_{\rm ee}(\boldsymbol{r})-\sum_{n=1}^{N}\frac{1}{4\pi\varepsilon_0}\frac{Ze^2}{|\boldsymbol{r}-\boldsymbol{R}_n|}$$

(3) 周期场近似. 依据晶体具有周期性结构，可假定电子所感受到的势场也具有平移对称性

$$U(\boldsymbol{r})=U(\boldsymbol{r}+\boldsymbol{R}_n)$$

现在，通过前面的三个基本假设，多体问题近似简化为周期势场下的单电子问题

$$\left[-\frac{\hbar^2}{2m}\nabla^2+U(\boldsymbol{r})\right]\psi(\boldsymbol{r})=E\psi(\boldsymbol{r}),\quad U(\boldsymbol{r})=U(\boldsymbol{r}+\boldsymbol{R}_n)$$

下面给出上面关于能带论的基本理解小结. 通过三个近似的运用，我们将多电子问题转化为单电子问题. 多电子是填充在由单电子处理得到的能带上. 在周期势场单电子近似下求得的电子能量状态将不再是分立的能级，而是由能量上可以填充的部分和禁止填充的部分相间组成的能带.

能带论从周期势场中推导出来，是由于人们对固体性质的研究首先是从晶态固体开始的. 而周期势场的引入使问题得到简化，从而使理论计算得以顺利进行. 然而，周期势场并不是电子具有能带结构的必要条件，在非晶固体中，电子同样有能

带结构. 电子能带的形成是由于当原子与原子结合成固体时，原子之间存在相互作用的结果，而并不取决于原子聚集在一起是晶态还是非晶态，即原子的排列是否具有平移对称性并不是形成能带的必要条件，只是周期势场近似假设给我们的理论计算带来方便，使我们可有效地解决晶体中的电子问题.

我们可以定性地从原子间的相互作用来理解能带的形成. 求解自由原子的薛定谔方程，得到一系列分立的能级，而求解分子的薛定谔方程，得到的能谱由一组分立的双线构成，这是由于原子间的相互作用使二重简并消除，如图 4.19 所示. 在由 N 个原子组成的固体里，每一个原子能级都分裂为间隔很近的 N 个支能级，由于 N 的数值很大，可以认为各支能级紧连在一起，形成能带. 能带一般宽 4～10 eV，能带中各能级的平均间隙为 $4/10^{23}$～$10/10^{23}$ eV，因此能级的概念在固体中消逝，取代以能带的概念.

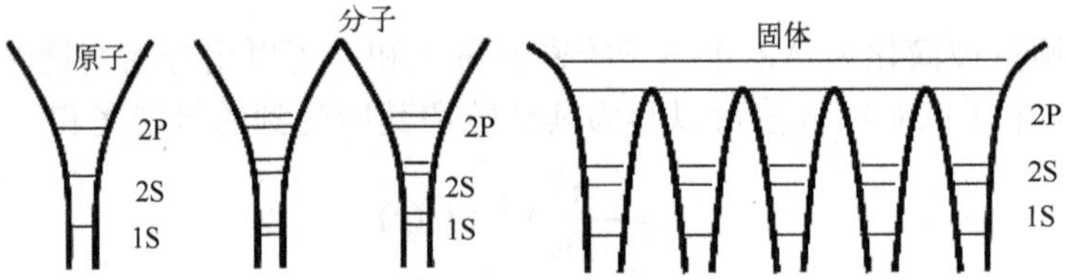

图 4.19　从原子中能级的概念到固体中能带的概念

4.2.2　布洛赫定理

不同晶体中的周期势场的形式和强弱是不同的，需要针对具体问题才能进行求解. 布洛赫首先讨论了在晶体周期场中运动的单电子波函数应具有的一般形式，给出了周期场中单电子状态的一般特征.

下面是关于布洛赫考虑金属中电子输运问题时的想法. 他考虑：“当我开始思考这个问题时，感觉到问题的关键是解释电子将如何‘偷偷地潜行’在金属中的所有离子之间. 经过简明而直观的傅里叶分析，我高兴地发现，这种不同于自由电子平面波的波仅仅借助于一种周期性调制就可以获得.”

考虑下面的单电子薛定谔方程：

$$\left[-\frac{\hbar^2}{2m}\nabla^2+U(\boldsymbol{r})\right]\psi(\boldsymbol{r})=E\psi(\boldsymbol{r}),\quad U(\boldsymbol{r})=U(\boldsymbol{r}+\boldsymbol{R}_n)$$

得到布洛赫定理，即晶体中自由电子的波函数可以写为一个平面波函数与调幅波函数的乘积，如下面的波函数：

$$\psi_k(\boldsymbol{r})=\mathrm{e}^{\mathrm{i}\boldsymbol{k}\cdot\boldsymbol{r}}u_k(\boldsymbol{r}),\quad u_k(\boldsymbol{r})=u_k(\boldsymbol{r}+\boldsymbol{R}_n)$$

或者，该波函数可以表示为

$$\psi_k(\boldsymbol{r}+\boldsymbol{R}_n)=\mathrm{e}^{\mathrm{i}\boldsymbol{k}\cdot\boldsymbol{R}_n}\psi_k(\boldsymbol{r})$$

由布洛赫定理可知，不管周期势场的函数具体形式如何，在周期势场中运动的单电子的波函数不再是平面波，而是调幅平面波，其振幅也不再是常数，而是按晶体的周期而周期变化. 如图 4.20(a) 所示，以一维原子链为例，电子可以在原子链中穿梭，可以想象电子的波函数类似一个平面波，同时在各原子核处受到强烈的库仑束缚作用，形成波函数局域化特征，且这种局域化特征具有周期性(图 4.20(b)). 依据调幅平面波的特征，电子出现在不同原胞的对应点上的概率是相同的.

(a)

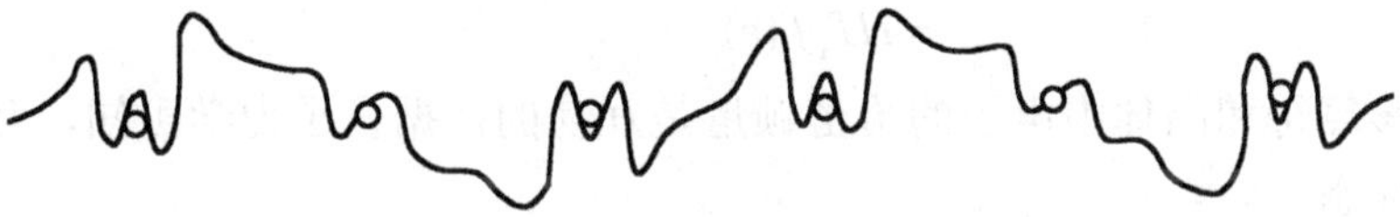

(b)

图 4.20　一维原子链周期势函数及布洛赫波函数示意图

下面详细考虑布洛赫定理的证明. 周期势场中的波函数应具有周期性

$$\psi_k(\boldsymbol{r})=f(\boldsymbol{r})u_k(\boldsymbol{r})$$
$$u_k(\boldsymbol{r}+\boldsymbol{R}_n)=u_k(\boldsymbol{r})$$

电子出现的概率也必有周期性，因此任意函数 $f(\boldsymbol{r})$ 应该满足下面的式子：

$$|f(\boldsymbol{r}+\boldsymbol{R}_n)|^2=|f(\boldsymbol{r})|^2$$

因此，我们可猜测单电子薛定谔方程的解可能具有如下形式：

$$\psi_k(\boldsymbol{r})=\mathrm{e}^{\mathrm{i}\boldsymbol{k}\cdot\boldsymbol{r}}u_k(\boldsymbol{r})$$

我们知道平移算符与晶格电子的哈密顿量 H 对易，因此它们具有相同的本征函数

$$T_{\mathrm{a}}f(\boldsymbol{r})=f(\boldsymbol{r}+\boldsymbol{R}_{\mathrm{a}})$$
$$[T_{\mathrm{a}},H]=0$$
$$H\psi(\boldsymbol{r})=E\psi(\boldsymbol{r})$$
$$T_{\mathrm{a}}\psi(\boldsymbol{r})=\psi(\boldsymbol{r}+\boldsymbol{R}_{\mathrm{a}})=\lambda_{\mathrm{a}}\psi(\boldsymbol{r})$$

下面证明平移算符相互对易和平移算符与哈密顿量对易. 证明如下：

$$T_{\mathrm{a}}f(\boldsymbol{r})=f(\boldsymbol{r}+\boldsymbol{R}_{\mathrm{a}})$$
$$T_{\mathrm{a}}T_{\mathrm{b}}f(\boldsymbol{r})=T_{\mathrm{b}}T_{\mathrm{a}}f(\boldsymbol{r})$$

因此

$$[T_{\mathrm{a}},T_{\mathrm{b}}]=0$$

$$\begin{aligned}T_{\mathrm{a}}Hf(\boldsymbol{r})&=T_{\mathrm{a}}\left[-\frac{\hbar^2}{2m}\nabla_{\mathrm{r}}^2+U(\boldsymbol{r})\right]f(\boldsymbol{r})\\&=\left[-\frac{\hbar^2}{2m}\nabla_{\mathrm{r}+\boldsymbol{R}_{\mathrm{a}}}^2+U(\boldsymbol{r}+\boldsymbol{R}_{\mathrm{a}})\right]f(\boldsymbol{r}+\boldsymbol{R}_{\mathrm{a}})\\&=\left[-\frac{\hbar^2}{2m}\nabla_{\mathrm{r}}^2+U(\boldsymbol{r})\right]f(\boldsymbol{r}+\boldsymbol{R}_{\mathrm{a}})\\&=\left[-\frac{\hbar^2}{2m}\nabla_{\mathrm{r}}^2+U(\boldsymbol{r})\right]T_{\mathrm{a}}f(\boldsymbol{r})\\&=HT_{\mathrm{a}}f(\boldsymbol{r})\end{aligned}$$

因此，平移算符和晶体中电子的哈密顿量是互易的，据量子力学可知，互易的算符有共同本征态

$$[T_{\mathrm{a}},H]=0,\quad H\psi(\boldsymbol{r})=E\psi(\boldsymbol{r}),\quad T_{\mathrm{a}}\psi(\boldsymbol{r})=\psi(\boldsymbol{r}+\boldsymbol{R}_{\mathrm{a}})=\lambda_{\mathrm{a}}\psi(\boldsymbol{r})$$

我们考虑周期性边界条件

$$\psi(\boldsymbol{r})=\psi(\boldsymbol{r}+N_{\mathrm{a}}\boldsymbol{R}_{\mathrm{a}}),\quad \boldsymbol{R}_l=l_1\boldsymbol{a}_1+l_2\boldsymbol{a}_2+l_3\boldsymbol{a}_3$$

利用平移算符本征值和本征函数

$$\psi(\boldsymbol{r}+N_{\mathrm{a}}\boldsymbol{R}_{\mathrm{a}})=T_{\mathrm{a}}^{N_{\mathrm{a}}}\psi(\boldsymbol{r})=\lambda_{\mathrm{a}}^{N_{\mathrm{a}}}\psi(\boldsymbol{r})$$

由上面的式子可知

$$\lambda_{\mathrm{a}}^{N_{\mathrm{a}}}=1$$

我们假设关于本征值λ_{a}的一个简单函数

$$\lambda_{\mathrm{a}}^{N_{\mathrm{a}}}=\mathrm{e}^{\mathrm{i}2\pi h_{\mathrm{a}}}$$

引入倒格子基矢

$$\boldsymbol{k}=\frac{h_1}{N_1}\boldsymbol{b}_1+\frac{h_2}{N_2}\boldsymbol{b}_2+\frac{h_3}{N_3}\boldsymbol{b}_3$$

$$\lambda_{\mathrm{a}}=\mathrm{e}^{\mathrm{i}\boldsymbol{k}\cdot\boldsymbol{R}_{\mathrm{a}}},\quad \boldsymbol{b}_\alpha\cdot\boldsymbol{a}_\beta=2\pi\delta_{\alpha\beta}$$

$$\psi(\boldsymbol{r}+\boldsymbol{R}_l)=\psi(\boldsymbol{r}+l_1\boldsymbol{a}_1+l_2\boldsymbol{a}_2+l_3\boldsymbol{a}_3)=T_1^{l_1}T_2^{l_2}T_3^{l_3}\psi(\boldsymbol{r})=\lambda_1^{l_1}\lambda_2^{l_2}\lambda_3^{l_3}\psi(\boldsymbol{r})$$

因此可得波函数表达式为

$$\psi(\boldsymbol{r}+\boldsymbol{R}_l)=\mathrm{e}^{\mathrm{i}\boldsymbol{k}\cdot(l_1\boldsymbol{a}_1+l_2\boldsymbol{a}_2+l_3\boldsymbol{a}_3)}\psi(\boldsymbol{r})=\mathrm{e}^{\mathrm{i}\boldsymbol{k}\cdot\boldsymbol{R}_l}\psi(\boldsymbol{r})$$

下面定义一个新函数：

$$u_k(\boldsymbol{r})=\mathrm{e}^{-\mathrm{i}\boldsymbol{k}\cdot\boldsymbol{r}}\psi_k(\boldsymbol{r})$$

则

$$u_k(\boldsymbol{r}+\boldsymbol{R}_l)=\mathrm{e}^{-\mathrm{i}\boldsymbol{k}\cdot(\boldsymbol{r}+\boldsymbol{R}_l)}\psi_k(\boldsymbol{r}+\boldsymbol{R}_l)=\mathrm{e}^{-\mathrm{i}\boldsymbol{k}\cdot\boldsymbol{r}}\psi_k(\boldsymbol{r})=u_k(\boldsymbol{r})$$

$$\psi_k(\boldsymbol{r})=\mathrm{e}^{\mathrm{i}\boldsymbol{k}\cdot\boldsymbol{r}}u_k(\boldsymbol{r})$$

因此，$\psi_k(\boldsymbol{r})$具有布洛赫波形式，即平面波与周期性调幅函数的乘积.

下面考察 $\boldsymbol{k}$ 的取值和意义. 依据波函数的周期性

$$\psi(\boldsymbol{r}+\boldsymbol{a}_1)=\lambda_1\psi(\boldsymbol{r})=\mathrm{e}^{\mathrm{i}\boldsymbol{k}\cdot\boldsymbol{a}_1}\psi(\boldsymbol{r})$$

对于 $\boldsymbol{k}$，有

$$\lambda_\alpha=\mathrm{e}^{\mathrm{i}\boldsymbol{k}\cdot\boldsymbol{a}_\alpha}$$

对于 $\boldsymbol{k}'=\boldsymbol{k}+\boldsymbol{G}_n$，有

$$\lambda'_\alpha=\mathrm{e}^{\mathrm{i}\boldsymbol{k}'\cdot\boldsymbol{a}_\alpha}=\mathrm{e}^{\mathrm{i}\boldsymbol{k}\cdot\boldsymbol{a}_\alpha}\mathrm{e}^{\mathrm{i}\boldsymbol{G}_n\cdot\boldsymbol{a}_\alpha}=\mathrm{e}^{\mathrm{i}\boldsymbol{k}\cdot\boldsymbol{a}_\alpha}=\lambda_\alpha$$

因此，$\boldsymbol{k}$ 和 $\boldsymbol{k}'$ 对应相同的本征值. 现在引入简约波矢，消灭这种同一本征态的重复表示. $\boldsymbol{k}$ 值被限定在下面的区间：

$$\boldsymbol{k}=\frac{h_1}{N_1}\boldsymbol{b}_1+\frac{h_2}{N_2}\boldsymbol{b}_2+\frac{h_3}{N_3}\boldsymbol{b}_3$$

$$0\leqslant h_1<N_1,\quad 0\leqslant h_2<N_2,\quad 0\leqslant h_3<N_3$$

现在证明通过简约波矢表示，在第一布里渊区中波矢的总数为体系的原胞数 N

$$\frac{1}{N_1}\boldsymbol{b}_1\cdot\frac{1}{N_2}\boldsymbol{b}_2\times\frac{1}{N_3}\boldsymbol{b}_3=\frac{(2\pi)^3}{N\nu}=\frac{(2\pi)^3}{V}$$

$$\rho(k)=\frac{V}{(2\pi)^3}$$

因此

$$\rho(k)\frac{(2\pi)^3}{\nu}=N$$

通过简约波矢 $\boldsymbol{k}$ 来表示一个状态，具有以下意义. ①波矢 $\boldsymbol{k}$ 标志电子状态量子数. ②$\hbar\boldsymbol{k}$ 不是布洛赫电子的真实动量，然而，考虑电子在外场中的运动以及电子同声子、光子的相互作用时，会发现其起着动量的作用. ③$\boldsymbol{k}$ 在第一布里渊区内可取 N 个值，因此，每个能带中能容纳 $2N$ 个电子.

4.2.3　能带的对称性

将布洛赫函数代入薛定谔方程，可得以下方程：

$$\left[\frac{\hbar^2}{2m}(-\nabla^2-2\mathrm{i}\boldsymbol{k}\cdot\nabla+k^2)+U(\boldsymbol{r})\right]u_k(\boldsymbol{r})=E(\boldsymbol{k})u_k(\boldsymbol{r})$$

此方程是以 k 为参数的薛定谔方程，方程可有无穷个解，每个解 $E_n(k)$ 都是 k 的连续函数. 对于任意确定的 k，薛定谔方程都会给出如下 n 个本征值及对应的本征函数：

$$E_1(\boldsymbol{k}), E_2(\boldsymbol{k}), E_3(\boldsymbol{k}), \cdots, E_n(\boldsymbol{k}), \cdots$$

$$\psi_{1k}(\boldsymbol{r}), \psi_{2k}(\boldsymbol{r}), \psi_{3k}(\boldsymbol{r}), \cdots, \psi_{nk}(\boldsymbol{r}), \cdots$$

从另外一个指标看，对于每个 n，方程的解 $E_n(k)$ 作为 k 的函数，在 k 的取值范围内（第一布里渊区内 N 个值），构成一条能带. 因此，晶体中单电子的能谱可分为许多能带，带标为 n.

相邻两个能带之间可能连接、交叠或分开. 若分开，则出现能隙. 我们考虑固体中的原子，离原子核较近的轨道状态上的电子并不与其他原子的轨道状态耦合，其仅仅受到晶体场的作用能级位置发生小的变动，状态轨道没有明显的变化，这些轨道上的电子对材料的性质影响很小，我们称这种电子为芯电子，其与原子核构成原子实，而外层的电子则在这种原子实形成的势的作用下构成的能带中运动，形成不同的材料性质，这些外层电子称为价电子. 假设原胞中各原子的价电子数之和为 m，每个带可填充 $2N$ 个电子，因此可能有 $m/2$ 个带被填充，由于带之间可能的交叠，电子按照能量由低到高进行填充，也可能出现多个半填充带的情况，这样，电子在单电子能谱中填充的情况就构成单电子近似下的晶体的能带结构.

下面考察能带的三个对称性.

(1) 晶格的空间平移周期性导致晶体中电子的本征能量在倒格子空间具有对称性

$$E_n(\boldsymbol{k}+\boldsymbol{G}) = E_n(\boldsymbol{k})$$

(2) 时间反演对称性决定 $-k$ 态的能量应等于 k 态的能量

$$E_n(-\boldsymbol{k}) = E_n(\boldsymbol{k})$$

(3) 转动对称性导致本征能量在倒格子空间晶体所属点群的操作下保持不变

$$E_n(\alpha\boldsymbol{k}) = E_n(\boldsymbol{k})$$

上面的式子中，α 表示晶体所属的点群的对称操作. 由上面的对称性关系可知，晶体中电子的本征能量 $E_n(\boldsymbol{k})$ 是 $\boldsymbol{k}$ 的周期函数，又是 $\boldsymbol{k}$ 的偶函数，同时具有与晶体相同的点对称性.

能带在倒空间的周期性为 $E_n(\boldsymbol{k}+\boldsymbol{G})=E_n(\boldsymbol{k})$. 证明：

$$\psi_{k+G}(\boldsymbol{r}) = \mathrm{e}^{\mathrm{i}(\boldsymbol{k}+\boldsymbol{G})\cdot\boldsymbol{r}} u_{k+G}(\boldsymbol{r}) = \mathrm{e}^{\mathrm{i}\boldsymbol{k}\cdot\boldsymbol{r}} u'_{k+G}(\boldsymbol{r})$$

$$u'_{k+G}(\boldsymbol{r}) = \mathrm{e}^{\mathrm{i}\boldsymbol{G}\cdot\boldsymbol{r}} u_{k+G}(\boldsymbol{r})$$

$$\begin{aligned} u'_{k+G}(\boldsymbol{r}+\boldsymbol{R}) &= \mathrm{e}^{\mathrm{i}\boldsymbol{G}\cdot(\boldsymbol{r}+\boldsymbol{R})} u_{k+G}(\boldsymbol{r}+\boldsymbol{R}) \\ &= \mathrm{e}^{\mathrm{i}\boldsymbol{G}\cdot(\boldsymbol{r}+\boldsymbol{R})} u_{k+G}(\boldsymbol{r}) = \mathrm{e}^{\mathrm{i}\boldsymbol{G}\cdot\boldsymbol{r}} u_{k+G}(\boldsymbol{r}) = u'_{k+G}(\boldsymbol{r}) \end{aligned}$$

$\psi_{k+G}(\boldsymbol{r})$ 满足布洛赫函数的要求，因此，可满足薛定谔方程

$$\left[-\frac{\hbar^2}{2m}\nabla^2+U(\boldsymbol{r})\right]\psi_{k+G}(\boldsymbol{r})=E(\boldsymbol{k}+\boldsymbol{G})\psi_{k+G}(\boldsymbol{r})$$

$$\left[\frac{\hbar^2}{2m}(-\nabla^2-2\mathrm{i}\boldsymbol{k}\cdot\nabla+k^2+U(\boldsymbol{r}))\right]u'_{k+G}(\boldsymbol{r})=E(\boldsymbol{k}+\boldsymbol{G})u'_{k+G}(\boldsymbol{r})$$

因此，$u_k(\boldsymbol{r})$ 和 $u'_{k+G}(\boldsymbol{r})$ 满足相同的微分方程，应有相同的解，$E_n(\boldsymbol{k}+\boldsymbol{G})=E_n(\boldsymbol{k})$，晶体中电子的本征能量描述同一电子态.

能带的时间反演对称性，$E_n(-\boldsymbol{k})=E_n(\boldsymbol{k})$. 证明：将原以 k 为参数的薛定谔方程中的 k 替换为 $-k$，有

$$\left[\frac{\hbar^2}{2m}(-\nabla^2+2\mathrm{i}\boldsymbol{k}\cdot\nabla+k^2)+U(\boldsymbol{r})\right]u_{-k}(\boldsymbol{r})=E(-\boldsymbol{k})u_{-k}(\boldsymbol{r})$$

将原以 k 为参数的薛定谔方程两边取复数共轭

$$\left[\frac{\hbar^2}{2m}(-\nabla^2+2\mathrm{i}\boldsymbol{k}\cdot\nabla+k^2)+U(\boldsymbol{r})\right]u_k^*(\boldsymbol{r})=E^*(\boldsymbol{k})u_k^*(\boldsymbol{r})$$

$u_{-k}(\boldsymbol{r})$ 和 $u_k^*(\boldsymbol{r})$ 满足相同的微分方程，应有相同的解，$E_n(-\boldsymbol{k})=E_n^*(\boldsymbol{k})$. 薛定谔方程的解应为实数 $E_n^*(\boldsymbol{k})=E_n(\boldsymbol{k})$，因此，$E_n(-\boldsymbol{k})=E_n(\boldsymbol{k})$，$u_{-k}(\boldsymbol{r})=cu_k^*(\boldsymbol{r})$，从而 $\psi_{n,-k}(\boldsymbol{r})=c\psi_{n,k}^*(\boldsymbol{r})$，但 $\psi_{n,-k}(\boldsymbol{r})$ 与 $\psi_{n,k}(\boldsymbol{r})$ 描述的是能量简并的不同的电子态.

4.2.4　近似模型

不同的晶体，有其特定的势能 $U(r)$，需通过求解单电子的薛定谔方程，才可获得其能带结构. 即使是比较简单的势，其薛定谔方程的求解过程也是一个数学推导极其烦琐的工作. 为了进一步理解固体的能带结构的一般特性，我们考虑两个简化的模型来求解薛定谔方程，以此来解释固体性质. ①近自由电子模型：该模型假设晶体势很弱，晶体电子的行为很像是自由电子，我们可以在自由电子模型结果的基础上用微扰方法去处理势场的影响，这种模型得到的结果可以作为简单金属价带的粗略近似. ②紧束缚模型：该模型假定原子势很强，晶体电子基本上是围绕着一个固定原子运动，与相邻原子间存在的很弱的相互作用可以当作微扰处理，利用这种模型求解所得结果可以作为固体中狭窄的内壳层能带的粗略近似.

1. 近自由电子模型

下面通过两种方法来分析近自由电子近似：①布拉格反射模型；②微扰模型. 为简单起见，我们以一维原子链为例，如图 4.21 所示，周期为 a.

1) 布拉格反射模型

该模型基于弱周期势假设，即电子的波函数在离子实附近才有明显的扰动，在

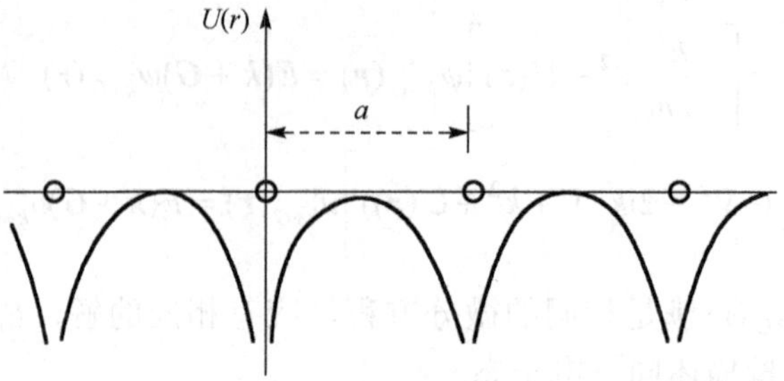

图 4.21 一维单原子链模型及势函数周期性示意图

晶格的大部分空间，只受到常数势的影响，仍表现为平面波. 在此模型下，电子在晶格中的运动可看作一种平面波在周期性结构中传播. 这种传播如同 X 射线通过晶体的情形，当波矢满足布拉格反射条件时，即当波矢 $\boldsymbol{k}$ 接近或达到某一布里渊区界面上时，便被倒格矢 $\boldsymbol{G}$ 所代表的晶面族反射，这时反射波与入射波相互作用，电子波不能自由通过晶体. 反射波与入射波函数耦合杂化后，会形成新的态，相应的能量也随之劈裂，出现能隙.

满足布拉格反射条件的波矢 $\boldsymbol{k}$ 满足

$$2\boldsymbol{k}\cdot\boldsymbol{G}=G^2,\quad G=\pm 2\pi n/a$$

因此

$$k=\pm n\pi/a$$

考虑 n=1 的情况，此时

$$k=\pm\pi/a$$

入射波与反射波杂化后构成两个新的稳定的态

$$\psi_+=\frac{1}{\sqrt{2L}}\left(\mathrm{e}^{\mathrm{i}\frac{\pi}{a}x}+\mathrm{e}^{-\mathrm{i}\frac{\pi}{a}x}\right)=\sqrt{\frac{2}{L}}\cos\frac{\pi}{a}x$$

$$\psi_-=\frac{1}{\sqrt{2L}}\left(\mathrm{e}^{\mathrm{i}\frac{\pi}{a}x}-\mathrm{e}^{-\mathrm{i}\frac{\pi}{a}x}\right)=\mathrm{i}\sqrt{\frac{2}{L}}\sin\frac{\pi}{a}x$$

$$\rho_+=|\psi_+|^2=\frac{2}{L}\cos^2\frac{\pi}{a}x,\quad \rho_-=|\psi_-|^2=\frac{2}{L}\sin^2\frac{\pi}{a}x$$

两个态之间的带隙为

$$E_{\mathrm{g}}=\int_0^L\psi_-^*\Delta V\psi_-\mathrm{d}x-\int_0^L\psi_+^*\Delta V\psi_+\mathrm{d}x$$

$$k=\pm\pi/a,\quad G=\pm 2\pi/a$$

$$V(\boldsymbol{r})=\sum_G V(\boldsymbol{G})\mathrm{e}^{\mathrm{i}\boldsymbol{G}\cdot\boldsymbol{r}}=V(0)+\Delta V,\quad \Delta V=\sum_G{}' V(\boldsymbol{G})\mathrm{e}^{\mathrm{i}\boldsymbol{G}\cdot\boldsymbol{r}}$$

$$\Delta V = V_1 \mathrm{e}^{\mathrm{i}\frac{2\pi}{a}x} + V_{-1}\mathrm{e}^{-\mathrm{i}\frac{2\pi}{a}x} = V_1 \cos\frac{2\pi}{a}x \quad (V_{-1} = V_1,\ V_1 < 0)$$

因此，我们获得带隙值为

$$E_{\mathrm{g}} = -2V_1$$

同理，$n = 2,3,4,\cdots$时，带隙分别为$-2V_2,-2V_3,-2V_4,\cdots$.

因此，电子虽只受到弱的周期势的作用，却使能谱分解为不同的能带，如图 4.22 所示，自由电子的色散关系 $E = (\hbar k)^2/(2m)$ 在布里渊区边界出现带隙；出现能隙的物理原因是电子波在周期势结构中传播，会发生布拉格反射. 由图 4.22 还可看出，利用 $E(k) = E(k-nG)$ 关系，通过能带折叠，能带可以在第一布里渊区完全表示出来.

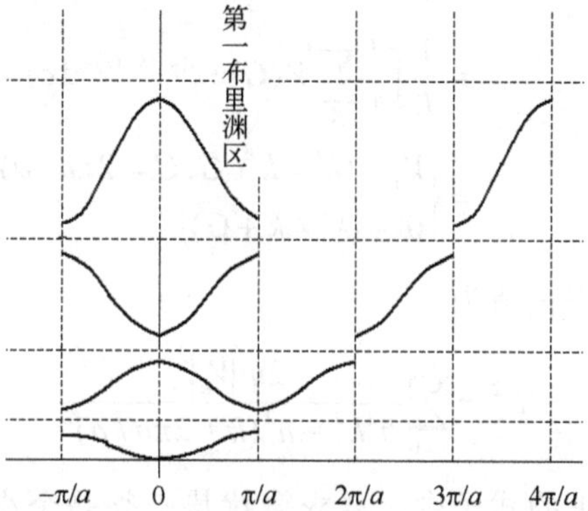

图 4.22　近自由电子近似下在布里渊区边界能带发生劈裂示意图

2) 微扰模型

考虑非简并微扰，在自由电子哈密顿量的基础上附加一个扰动势

$$V(x) = \sum_G V(G)\mathrm{e}^{\mathrm{i}Gx} = V(0) + \Delta V, \quad \Delta V = \sum_G{}' V(G)\mathrm{e}^{\mathrm{i}Gx}$$

$$H_0 = -\frac{\hbar^2}{2m}\frac{\mathrm{d}^2}{\mathrm{d}x^2} + V(0), \quad H' = \Delta V$$

假设 $V(0)=0$

$$E_k^0 = \frac{\hbar^2 k^2}{2m} + V(0) = \frac{\hbar^2 k^2}{2m}$$

本征哈密顿量 H_0 的本征函数为平面波

$$\psi_k^0 = \frac{1}{\sqrt{L}}\mathrm{e}^{\mathrm{i}kx}, \quad \int_0^L \psi_{k'}^0 * \psi_k^0 \mathrm{d}x = \langle k'|k\rangle = \delta_{k',k}$$

由微扰理论可得能量的一阶修正、二阶修正及波函数的一阶修正关系式

$$E_k^1 = \langle k|\Delta V|k\rangle,\quad E_k^2 = \sum_{k'\neq k}\frac{|\langle k'|\Delta V|k\rangle|^2}{E_k^0 - E_{k'}^0}$$

$$\psi_k^1 = \sum_{k'\neq k}\frac{\langle k'|\Delta V|k\rangle}{E_k^0 - E_{k'}^0}\psi_k^0$$

平波波函数代入修正式子可得

$$E_k^1 = \frac{1}{L}\int_0^L \mathrm{e}^{-\mathrm{i}kx}\left(\sum_G{}' V(G)\mathrm{e}^{\mathrm{i}Gx}\right)\mathrm{e}^{\mathrm{i}kx}\mathrm{d}x = \frac{1}{L}\sum_G{}' V(G)\int_0^L \mathrm{e}^{\mathrm{i}Gx}\mathrm{d}x = 0$$

$$\begin{aligned}\langle k'|\Delta V|k\rangle &= \frac{1}{L}\int_0^L \mathrm{e}^{-\mathrm{i}k'x}\left(\sum_G{}' V(G)\mathrm{e}^{\mathrm{i}Gx}\right)\mathrm{e}^{\mathrm{i}kx}\mathrm{d}x \\ &= \frac{1}{L}\int_0^L \sum_G{}' V(G)\mathrm{e}^{-\mathrm{i}(k'-k-G)x}\mathrm{d}x \\ &= \begin{cases} V_n & (k' = k+G, G = 2\pi n/a) \\ 0 & (k' \neq k+G)\end{cases}\end{aligned}$$

因此，二阶微扰的能量修正值为

$$E_k^2 = \sum_{n\neq 0}\frac{2m|V_n|^2}{\hbar^2k^2 - \hbar^2(k+2\pi n/a)^2}$$

注意能量的二阶修正的式子中，要求微扰势必须是个小量，因此，要求 k 的取值必须远离布里渊区边界，即满足下面的式子：

$$\frac{1}{2m}|\hbar^2k^2 - \hbar^2(k+2\pi n/a)^2| \gg |V_n|^2$$

修正后的波函数可以写为

$$\psi_k \cong \psi_k^0 + \psi_k^1 = \frac{1}{\sqrt{L}}\mathrm{e}^{\mathrm{i}kx}\left[1 + \sum_{n\neq 0}\frac{2mV_n\exp(\mathrm{i}2\pi nx/a)}{\hbar^2k^2 - \hbar^2(k+2\pi n/a)^2}\right]$$

由此可见，修正后的本征函数仍然以 a 为周期，满足布洛赫定理.

3) 简并微扰

考虑 k 取值在布里渊区边界处，非简并微扰不成立，需要简并微扰来处理

$$E_k^0 = E_{k+G}^0,\quad \frac{\hbar^2k^2}{2m} = \frac{\hbar^2}{2m}\left(k + \frac{2\pi n}{a}\right)^2$$

因此

$$k = -\frac{\pi n}{a}$$

状态 k 和 $k+G$ 两个态的波函数分别为

$$|k\rangle^0=\frac{1}{\sqrt{L}}\mathrm{e}^{\mathrm{i}kx},\quad |k+G\rangle^0=\frac{1}{\sqrt{L}}\mathrm{e}^{\mathrm{i}(k+G)x}$$

H 的本征函数通过 H_0 的两个简并态函数展开

$$(H_0+H')|\psi\rangle=E|\psi\rangle,\quad |\psi\rangle=A|k\rangle^0+B|k+G\rangle^0$$

$$(H_0+H')\left[A|k\rangle^0+B|k+G\rangle^0\right]=E\left[A|k\rangle^0+B|k+G\rangle^0\right]$$

利用两个本征函数的本征方程，代入 H 的方程

$$H_0|k\rangle^0=E_k^0|k\rangle^0,\quad H_0|k+G\rangle^0=E_{k+G}^0|k+G\rangle^0$$

$$A\left[E-E_k^0-H'\right]|k\rangle^0+B\left[E-E_{k+G}^0-H'\right]|k+G\rangle^0=0$$

分别用 H_0 的两个本征态函数左乘关于 H 的方程，得两个以 A 和 B 为变量的新的线性方程

$$\begin{cases}\left[E-E_k^0\right]A-{}^0\langle k|H'|k+G\rangle^0B=0\\ -{}^0\langle k+G|H'|k\rangle^0A+\left[E-E_{k+G}^0\right]B=0\end{cases}$$

由两个线性方程可获得久期方程

$$\begin{vmatrix}E-E_k^0 & -V_n^*\\ -V_n & E-E_{k+G}^0\end{vmatrix}=0$$

其中参量 V_n 正是修正项

$$V_n={}^0\langle k+G|H'|k\rangle^0$$

解久期方程，可获得两个解

$$E_\pm=\frac{1}{2}\left\{E_k^0+E_{k+G}^0\pm\sqrt{\left[E_k^0-E_{k+G}^0\right]^2+4|V_n|^2}\right\}$$

在上面的解中

$$E_k^0=E_{k+G}^0$$

$$E_\mathrm{g}=E_+-E_-=2|V_n|$$

与布拉格反射模型得到的结论一致，这个能量突变称为能隙，是周期场作用的结果. 而在离布里渊区边界较远处，电子的能量是 k 的连续函数，近似等于自由电子的能量，如图 4.22 所示.

4) 二维和三维情况下的能带结构

和前面推导的一维情况基本一致，准连续的能带在布里渊区边界由于符合布拉

格条件而使简并的能态发生劈裂. 对于布里渊区边界面上的一般位置，电子的能量是二重简并的，这意味着这两个态在考虑微扰时相互作用强烈，形成新的状态，新状态的波函数就由这两个态的波函数线性组合组成.

如图 4.23 所示的二维正方格子的例子，以布里渊区 4 个顶点为例，这 4 个顶点的能态简并，考虑由这 4 个态耦合形成新的 4 个态，形成带隙. 同理，在三维情况下，在布里渊区边界的棱边上或顶点上，则可能出现能量多重简并的情况. 对于 g 重简并，即有 g 个态的相互作用很强，因而，其波函数就需由这 g 个相互作用强的态的线性组合组成，由此解出简并分裂后的 g 个能量值. 如图 4.24 所示三维正方格子的例子，以布里渊区顶点为例，$g = 8$.

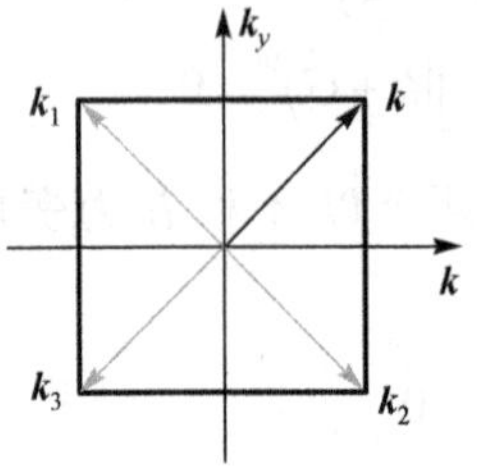

图 4.23　二维正方格子的倒格子空间第一布里渊区示意图

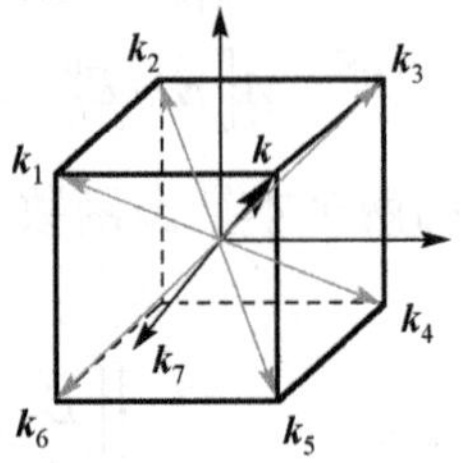

图 4.24　三维正方格子的倒格子空间第一布里渊区示意图

但在二维或三维情况下，在布里渊区边界上电子能量的突变并不意味着能带间一定有禁带的存在，可能还是会发生能带与能带的交叠. 如图 4.25 所示二维正方格子布里渊区边界和顶点的例子，虽然两处都出现带隙，但由于能量交叠，实际上并不形成带隙.

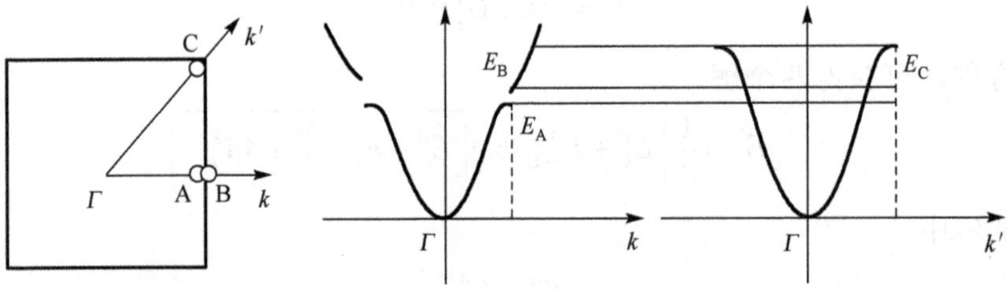

图 4.25　二维倒格子空间沿 k 和 k' 两个方向电子色散关系及在布里渊区边界的劈裂

5) 自由电子近似下一个 fcc 晶格的例子

一个晶格常数为 a 的 fcc 格子，其倒格子晶胞是晶格常数为 $4\pi/a$ 的 bcc 格子. 晶格边界上高对称的点有 Γ、L 和 X，这些高对称点构成的高对称线有 Δ、Λ 等，如图 4.26 所示，给出 k 空间 bcc 格子的第一布里渊区，该区是一个截顶八面体. 其中，高对称点 Γ、L 和 X 分别为

$$\Gamma(0,0,0),\quad L\left(\frac{\pi}{a},\frac{\pi}{a},\frac{\pi}{a}\right),\quad X\left(0,\frac{2\pi}{a},0\right)$$

高对称线Δ和Λ分别为：Γ到 X，方向为$\Delta[0\ 1\ 0]$；Γ到 L，方向为$\Lambda[1\ 1\ 1]$.

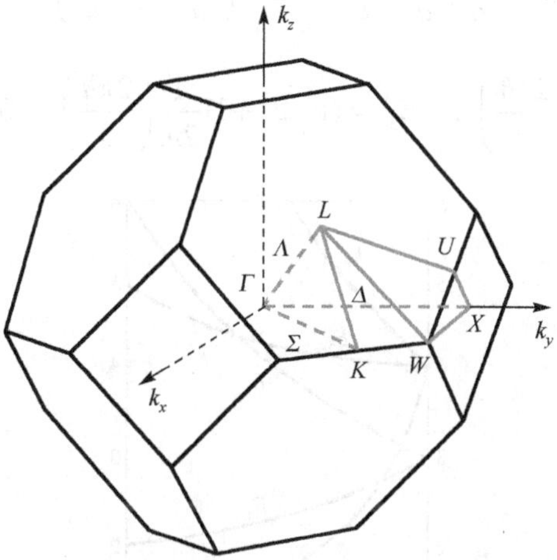

图 4.26　面心结构晶格的倒格子空间第一布里渊区的示意图

现在考虑高对称线Δ上的能态分布

$$E_1^{\Gamma}=0$$

$$E_1^{X}=\frac{\hbar^2}{2m}\left(\frac{2\pi}{a}\right)^2=\frac{1}{2m}\left(\frac{2\pi\hbar}{a}\right)^2$$

这形成高对称线Δ的第一条带.

对于高对称点 M、P、W、J、S，这些点等价于Γ点. 对于高对称点 N、Q、H、K、T，这些点等价于 X 点. 例如，(M,N)组合形成的高对称线会被折叠到对称线Δ上，形成第二条带. 证明如下：

$$M:\left(\frac{2\pi}{a},-\frac{2\pi}{a},\frac{2\pi}{a}\right),\quad M-\left(\frac{2\pi}{a},-\frac{2\pi}{a},\frac{2\pi}{a}\right)=\Gamma$$

$$N:\left(\frac{2\pi}{a},0,\frac{2\pi}{a}\right),\quad N-\left(\frac{2\pi}{a},-\frac{2\pi}{a},\frac{2\pi}{a}\right)=\left(0,\frac{2\pi}{a},0\right)=X$$

$$E_2^{\Gamma}=3\frac{1}{2m}\left(\frac{2\pi\hbar}{a}\right)^2,\quad E_2^{X}=2\frac{1}{2m}\left(\frac{2\pi\hbar}{a}\right)^2$$

同理，(P,Q)、(W,H)、(J,K)和(S,T)组合形成的高对称线，也可以折叠到对称线Δ上，形成其他能带，如图 4.27 所示，证明如下.

第三条能带表示为

$$P:\left(\frac{2\pi}{a},\frac{2\pi}{a},\frac{2\pi}{a}\right),\quad P-\left(\frac{2\pi}{a},\frac{2\pi}{a},\frac{2\pi}{a}\right)=\Gamma$$

$$Q:\left(\frac{2\pi}{a},\frac{4\pi}{a},\frac{2\pi}{a}\right),\quad Q-\left(\frac{2\pi}{a},\frac{2\pi}{a},\frac{2\pi}{a}\right)=X$$

$$E_3^{\Gamma}=3\frac{1}{2m}\left(\frac{2\pi\hbar}{a}\right)^2,\quad E_3^X=(1+2^2+1)\frac{1}{2m}\left(\frac{2\pi\hbar}{a}\right)^2=6\frac{1}{2m}\left(\frac{2\pi\hbar}{a}\right)^2$$

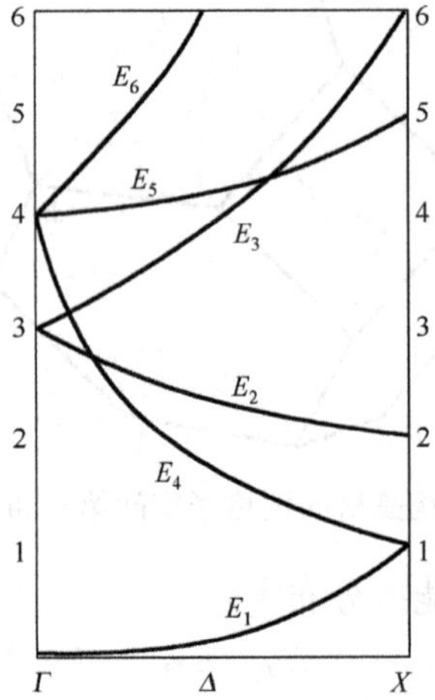

图 4.27 自由电子近似下 fcc 晶格能带在高对称线Δ上的能带结构

第四条能带表示为

$$W:\left(0,-\frac{4\pi}{a},0\right),\quad W-\left(0,-\frac{4\pi}{a},0\right)=\Gamma$$

$$H:\left(0,-\frac{2\pi}{a},0\right),\quad H-\left(0,-\frac{4\pi}{a},0\right)=X$$

$$E_4^{\Gamma}=4\frac{1}{2m}\left(\frac{2\pi\hbar}{a}\right)^2,\quad E_4^X=\frac{1}{2m}\left(\frac{2\pi\hbar}{a}\right)^2$$

第五条能带表示为

$$J:\left(0,0,\frac{4\pi}{a}\right),\quad J-\left(0,0,\frac{4\pi}{a}\right)=\Gamma$$

$$K:\left(0,\frac{2\pi}{a},\frac{4\pi}{a}\right),\quad K-\left(0,0,\frac{4\pi}{a}\right)=X$$

$$E_5^{\Gamma}=4\frac{1}{2m}\left(\frac{2\pi\hbar}{a}\right)^2,\quad E_5^X=(0+1+2^2)\frac{1}{2m}\left(\frac{2\pi\hbar}{a}\right)^2=5\frac{1}{2m}\left(\frac{2\pi\hbar}{a}\right)^2$$

第六条能带表示为

$$S:\left(0,\frac{4\pi}{a},0\right),\quad S-\left(0,\frac{4\pi}{a},0\right)=\Gamma$$

$$T:\left(0,\frac{6\pi}{a},0\right),\quad T-\left(0,\frac{4\pi}{a},0\right)=X$$

$$E_6^{\Gamma}=4\frac{1}{2m}\left(\frac{2\pi\hbar}{a}\right)^2,\quad E_6^{X}=9\frac{1}{2m}\left(\frac{2\pi\hbar}{a}\right)^2$$

将这些在Γ和 X 点上的能态进行连线形成图 4.27 的能带，注意这些连线实际上是 $E=(\hbar k)^2/(2m)$ 在第一布里渊区的折叠，每条能带可能存在高度简并.

在图 4.28 中，我们展示了一个空的 fcc 格子自由电子近似下的能带结构图，纵坐标代表各个状态的能量，横坐标是各个高对称线的连线. 在真实的情况下，在边界处由于布拉格反射，在布里渊区边界处会出现带隙. 但是由于各带之间的重叠，我们并不能在能量尺度上看到带隙. 这展现了金属晶体无带隙的情况.

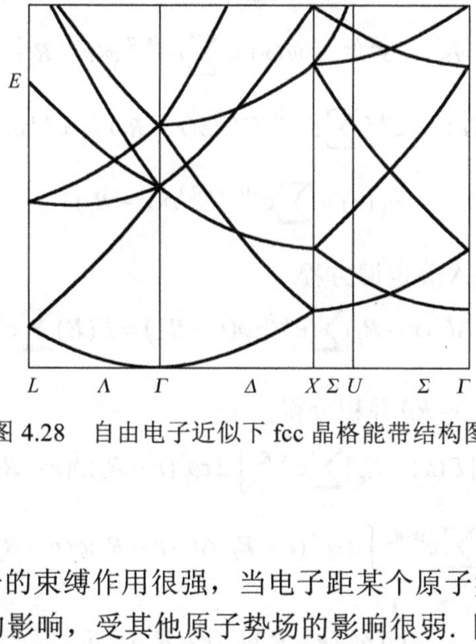

图 4.28　自由电子近似下 fcc 晶格能带结构图

2. 紧束缚近似

假定原子实对电子的束缚作用很强，当电子距某个原子实比较近时，电子的运动主要受该原子势场的影响，受其他原子势场的影响很弱. 因此，设定固体中电子的行为同孤立原子中电子的行为相似，可将孤立原子看成零级近似，而将其他原子势场的影响看成小的微扰.

当 N 个原子相距较远时，每个原子有不同的原子能级，整个体系的单电子态是 N 重简并的，当形成晶体后，由于最近邻原子波函数的交叠，N 重简并解除，展宽成能带. 每个能带都包含 N 个 k 值.

晶体的哈密顿量中的势函数是周期势. 周期势在紧束缚近似下可看作格点上的

原子势与其他格点上原子势对它的扰动的和

$$H = -\frac{\hbar^2}{2m}\nabla^2 + U(\boldsymbol{r})$$
$$= -\frac{\hbar^2}{2m}\nabla^2 + V_{\mathrm{a}}(\boldsymbol{r}-\boldsymbol{R}_l) + U(\boldsymbol{r}) - V_{\mathrm{a}}(\boldsymbol{r}-\boldsymbol{R}_l)$$
$$= H_{\mathrm{a}}(\boldsymbol{r}-\boldsymbol{R}_l) + \Delta U(\boldsymbol{r}-\boldsymbol{R}_l)$$
$$\Delta U(\boldsymbol{r}-\boldsymbol{R}_l) = U(\boldsymbol{r}) - V_{\mathrm{a}}(\boldsymbol{r}-\boldsymbol{R}_l)$$

孤立原子的哈密顿量及薛定谔方程分别为

$$H_{\mathrm{a}}(\boldsymbol{r}-\boldsymbol{R}_l) = -\frac{\hbar^2}{2m}\nabla^2 + V_{\mathrm{a}}(\boldsymbol{r}-\boldsymbol{R}_l)$$
$$H_{\mathrm{a}}(\boldsymbol{r}-\boldsymbol{R}_l)\phi(\boldsymbol{r}-\boldsymbol{R}_l) = E_{\mathrm{a}}\phi(\boldsymbol{r}-\boldsymbol{R}_l)$$

上面方程是关于原子的某一特定本征波函数ϕ及它的本征值E_{a}. 布洛赫波函数由原子轨道线性组合(LCAO)表示为

$$\psi(\boldsymbol{r}) = \sum_l a_l \phi(\boldsymbol{r}-\boldsymbol{R}_l)$$
$$a_l = c\mathrm{e}^{\mathrm{i}\boldsymbol{k}\cdot\boldsymbol{R}_l}, \quad \psi(\boldsymbol{r}) = \sum_l c\mathrm{e}^{\mathrm{i}\boldsymbol{k}\cdot\boldsymbol{R}_l}\phi(\boldsymbol{r}-\boldsymbol{R}_l)$$
$$\psi_k(\boldsymbol{r}) = c\mathrm{e}^{\mathrm{i}\boldsymbol{k}\cdot\boldsymbol{r}}\sum_l c\mathrm{e}^{-\mathrm{i}\boldsymbol{k}\cdot(\boldsymbol{r}-\boldsymbol{R}_l)}\phi(\boldsymbol{r}-\boldsymbol{R}_l) = c\mathrm{e}^{\mathrm{i}\boldsymbol{k}\cdot\boldsymbol{r}}u_k(\boldsymbol{r})$$
$$u_k(\boldsymbol{r}) = \sum_l \mathrm{e}^{-\mathrm{i}\boldsymbol{k}\cdot(\boldsymbol{r}-\boldsymbol{R}_l)}\phi(\boldsymbol{r}-\boldsymbol{R}_l)$$

把布洛赫波函数代入薛定谔方程

$$H_{\mathrm{a}}(\boldsymbol{r}-\boldsymbol{R}_l) + \Delta U(\boldsymbol{r}-\boldsymbol{R}_l)\sum_m \mathrm{e}^{\mathrm{i}\boldsymbol{k}\cdot\boldsymbol{R}_m}\phi(\boldsymbol{r}-\boldsymbol{R}_m) = E(\boldsymbol{R})\sum_m \mathrm{e}^{\mathrm{i}\boldsymbol{k}\cdot\boldsymbol{R}_m}\phi(\boldsymbol{r}-\boldsymbol{R}_m)$$

方程两边同乘一函数$\phi^*(r-R_l)$并积分得

$$[E(k)-E_{\mathrm{a}}]\sum_m \mathrm{e}^{\mathrm{i}\boldsymbol{k}\cdot\boldsymbol{R}_m}\int \mathrm{d}\tau\phi^*(\boldsymbol{r}-\boldsymbol{R}_l)\phi(\boldsymbol{r}-\boldsymbol{R}_m)$$
$$= \sum_m \mathrm{e}^{\mathrm{i}\boldsymbol{k}\cdot\boldsymbol{R}_m}\int \mathrm{d}\tau\phi^*(\boldsymbol{r}-\boldsymbol{R}_l)\Delta U(\boldsymbol{r}-\boldsymbol{R}_l)\phi(\boldsymbol{r}-\boldsymbol{R}_m)$$

$$\int \mathrm{d}\tau\phi_l^*(\boldsymbol{r}-\boldsymbol{R}_l)\phi_m(\boldsymbol{r}-\boldsymbol{R}_m) = \delta_{l,m}$$

因此，以k为参量的本征能量可表示为

$$E(\boldsymbol{k}) = E_{\mathrm{a}} + \sum_m \mathrm{e}^{\mathrm{i}\boldsymbol{k}\cdot(\boldsymbol{R}_m-\boldsymbol{R}_l)}\int \mathrm{d}\tau\phi^*(\boldsymbol{r}-\boldsymbol{R}_l)\Delta U(\boldsymbol{r}-\boldsymbol{R}_l)\phi(\boldsymbol{r}-\boldsymbol{R}_m)$$
$$= E_{\mathrm{a}} + \sum_n \mathrm{e}^{\mathrm{i}\boldsymbol{k}\cdot\boldsymbol{R}_n}\int \mathrm{d}\tau\phi^*(\boldsymbol{r})\Delta U(\boldsymbol{r})\phi(\boldsymbol{r}-\boldsymbol{R}_n), \quad \boldsymbol{R}_n = \boldsymbol{R}_m - \boldsymbol{R}_l$$

所以

$$E(\boldsymbol{k}) = E_{\mathrm{a}} - \beta - \sum_{n}{}' J(\boldsymbol{R}_n) \mathrm{e}^{\mathrm{i}\boldsymbol{k}\cdot\boldsymbol{R}_n}$$

$$\beta = -\int \mathrm{d}\tau \phi^*(\boldsymbol{r}) \Delta U(\boldsymbol{r}) \phi(\boldsymbol{r}), \quad J(\boldsymbol{R}_n) = -\int \mathrm{d}\tau \phi^*(\boldsymbol{r}) \Delta U(\boldsymbol{r}) \phi(\boldsymbol{r} - \boldsymbol{R}_n)$$

下面考察紧束缚近似(tight binding approximation)下一个简单立方的 s 态波函数的例子，如图 4.29 所示. 假定最近邻相互作用，$J(R_{\mathrm{s}})=J_1$，其他近邻作用忽略不计，对于格点(0,0,0)的原子，其最近邻原子的格点为

$$\boldsymbol{R}_{\mathrm{s}} = (\pm a,0,0),(0,\pm a,0),(0,0,\pm a)$$

因此，紧束缚近似下能量表达式为

$$\begin{aligned} E(k) &= E_{\mathrm{a}} - \beta - J_1(\mathrm{e}^{\mathrm{i}k_x a} + \mathrm{e}^{-\mathrm{i}k_x a} + \mathrm{e}^{\mathrm{i}k_y a} + \mathrm{e}^{-\mathrm{i}k_y a} + \mathrm{e}^{\mathrm{i}k_z a} + \mathrm{e}^{-\mathrm{i}k_z a}) \\ &= E_{\mathrm{a}} - \beta - 2J_1(\cos k_x a + \cos k_y a + \cos k_z a) \end{aligned}$$

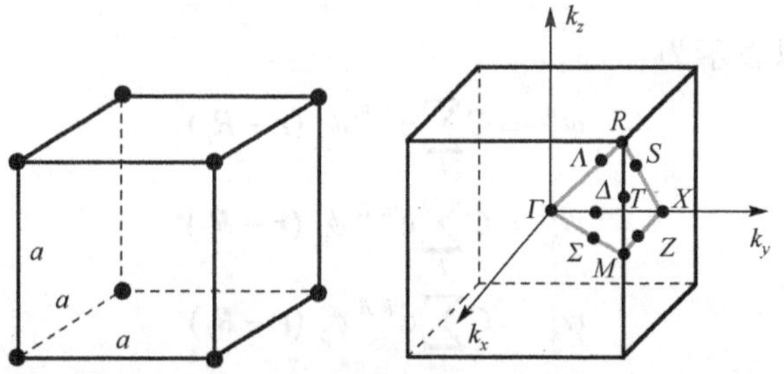

图 4.29　简单立方格子及它的倒格子空间里的第一布里渊区

对于特殊的高对称点，其能量可表示为

$$\begin{aligned} &\Gamma: \boldsymbol{k} = (0,0,0), \quad E(\Gamma) = E_{\mathrm{a}} - \beta - 6J_1 \\ &X: \boldsymbol{k} = (\pi/a,0,0), \quad E(X) = E_{\mathrm{a}} - \beta - 2J_1 \\ &R: \boldsymbol{k} = (\pi/a,\pi/a,\pi/a), \quad E(R) = E_{\mathrm{a}} - \beta + 6J_1 \\ &M: \boldsymbol{k} = (\pi/a,\pi/a,0), \quad E(M) = E_{\mathrm{a}} - \beta + 2J_1 \end{aligned}$$

由于 s 态波函数是偶宇称，近邻重叠积分中波函数的贡献为正，即

$$\phi_{\mathrm{s}}(r) = \phi_{\mathrm{s}}(-r), \quad J_1 > 0$$

能带的宽度取决于 J_1 数值，而 J_1 的大小取决于近邻原子波函数间的重叠. 波函数重叠越多，形成的能带就越宽. 能量最低的带，对应于最内层的电子，其电子轨道半径很小，不同原子间波函数的重叠很少，能带较窄；能量较高的能带，对应于外层电子，不同原子间波函数有较多的重叠，形成的能带较宽. 由上面高对称点的计算可知，在倒格子空间中 k 沿不同方向，能带的宽度也不同，如图 4.30 所示.

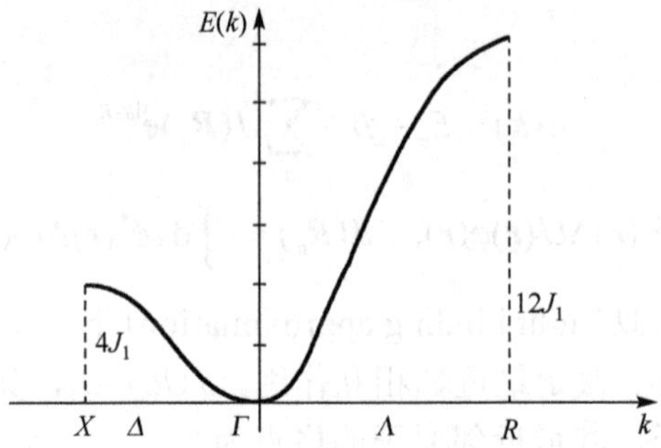

图 4.30　紧束缚近似下 s 态波函数形成的沿 R 和 X 方向的能带结构

下面考察一个简单立方的 p 态波函数的例子. 原子的 s 态电子，能级是非简并的，这时一个能级只有一个态. 对于 p 电子、d 电子等，能级都是简并的，因此，其布洛赫波函数应是孤立原子的有关状态波函数的线性组合. 以 p 态波函数为例

$$\phi_{p_x} = xf(r),\quad \phi_{p_y} = yf(r),\quad \phi_{p_z} = zf(r)$$

布洛赫波函数可以表示为

$$\psi_k^{p_x} = C\sum_l e^{i\boldsymbol{k}\cdot\boldsymbol{R}_l}\phi_{p_x}(\boldsymbol{r}-\boldsymbol{R}_l)$$

$$\psi_k^{p_y} = C\sum_l e^{i\boldsymbol{k}\cdot\boldsymbol{R}_l}\phi_{p_y}(\boldsymbol{r}-\boldsymbol{R}_l)$$

$$\psi_k^{p_z} = C\sum_l e^{i\boldsymbol{k}\cdot\boldsymbol{R}_l}\phi_{p_z}(\boldsymbol{r}-\boldsymbol{R}_l)$$

考虑最近邻的情况，以 p_x 态波函数为基的能带情况为例

$$J_1(R_x) = -\int d\tau\phi_{p_x}{}^*(r)\Delta U(r)\phi_{p_x}(r-R_x)$$

$$J_2(R_y) = -\int d\tau\phi_{p_x}{}^*(r)\Delta U(r)\phi_{p_x}(r-R_y) = J_2(R_z)$$

其能量表达式为

$$E^{p_x}(k) = \varepsilon_p - \beta - 2J_1\cos k_x a - 2J_2(\cos k_y a + \cos k_z a)$$

如图 4.31 所示，由于 p_x 态波函数是奇宇称，故

$$\phi_{p_x}(-x) = -\phi_{p_x}(x)$$

它的相关积分 J_1 和 J_2 有关系式

$$J_1 < 0,\quad J_2 > 0,\quad |J_1| > |J_2|$$

同理，可得 p_y 和 p_z 态波函数为基的能量表达式为

$$E^{p_y}(k) = \varepsilon_p - \beta - 2J_1\cos k_y a - 2J_2(\cos k_z a + \cos k_x a)$$

$$E^{p_z}(k) = \varepsilon_p - \beta - 2J_1\cos k_z a - 2J_2(\cos k_x a + \cos k_y a)$$

我们发现三条带在Γ点处的能量值

$$E^{p_x}(k)=E^{p_y}(k)=E^{p_z}(k)=\varepsilon_p-\beta-2J_1-4J_2$$

分析 p_x 带在 X 点处的能量值为

$$E^{p_x}(X)=\varepsilon_p-\beta+2J_1-4J_2$$

分析 p_y 和 p_z 带在 X 点处的能量值为

$$E^{p_z}(X)=E^{p_y}(X)=\varepsilon_p-\beta-2J_1$$

因此，如图 4.31 所示，在Γ到 X 方向的能带图中，在Γ点三条带简并，在 X 点 p_y 和 p_z 带简并，并比 p_x 带的能量高.

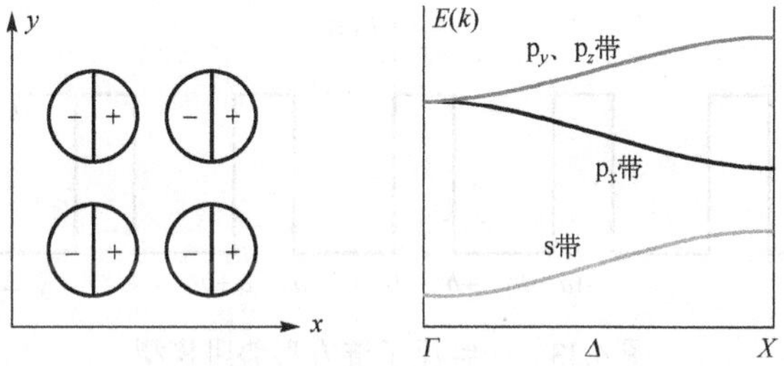

图 4.31　p_x 态波函数之间耦合和紧束缚近似 p 带与 s 带沿 X 方向的能带结构示意图

对于内层电子，其电子轨道较小，不同原子间电子波函数重叠很少，形成的能带较窄，原子能级与能带之间有简单的一一对应关系；对于外层电子，其电子轨道较大，不同原子间电子波函数有较多的重叠，因而形成的能带较宽. 原子能级与能带之间比较复杂，不一定有简单的一一对应关系，可能会出现能带的重叠. 在构成晶体时，同一原子的各能态之间也可能相互作用. 例如：当原子的 s 态能级和 p 态能级相距较近，在原子以四配位的方式组成晶体时，它们可能会形成一种 sp^3 杂化的轨道，该类轨道是一种分子轨道. 从而以此轨道构成布洛赫函数，得到与分子轨道相对应的能带结构. 以金刚石结构的硅为例，其最外层的 3s 和 3p 轨道电子构成价电子，四配位形式下，3p 和 3s 轨道构成 sp^3 杂化轨道，这种杂化轨道能有效地与最近邻的其他硅原子的杂化轨道有效耦合，降低体系的能量. 两种杂化轨道的耦合，类似于 H_2 分子的形成. H_2 分子的形成中，两个 1s 轨道耦合形成一个成键态轨道和一个反键态轨道，类似地，在晶体中，这种杂化轨道之间的耦合，同时考虑紧束缚近似下带的形成，会形成成键带和反键带，两类带之间通常会存在带隙. 类似于硅，成键带通常被电子填充满，称为价带，没有填充的反键带称为导带，如图 4.32 所示.

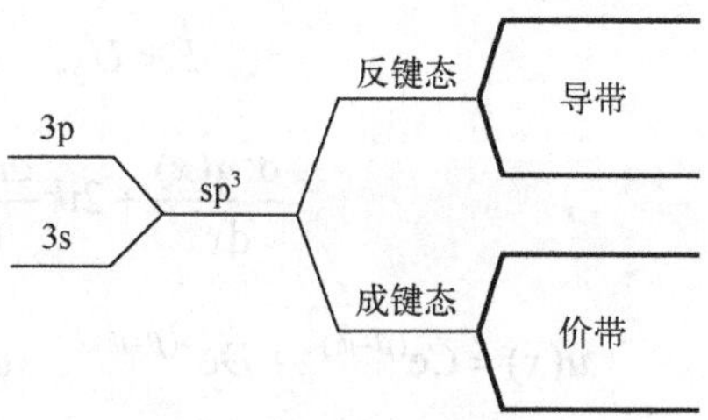

图 4.32　sp^3 杂化引起的导带和价带的形成机制

4.2.5　克勒尼希-彭尼模型

从近自由电子(NFE)近似和紧束缚(TB)近似两种极端情形下的讨论中可得出共同的结论：晶体中电子的能级形成可填充的带和禁带. 但为了能和实际晶体的实验结果相比较，需要使用尽可能符合晶体实际情况的周期势，求解具体薛定谔方程，从而分析实际固体性质. 1931 年克勒尼希(Kronig)和彭尼(Penney)提出一维方形势场模型，原子所在位置形成一个阱宽为 a 的常数势阱，阱深为 U_0，阱与阱间有一宽度为 b 的势垒连接，形成无线长链状势，如图 4.33 所示. 可以用简单的解析函数对其严格求解.

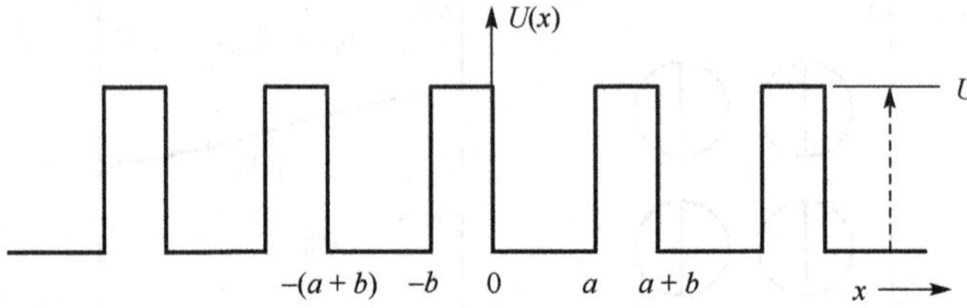

图 4.33　一维原子链方形势阱模型

布洛赫函数可写为

$$\psi(x) = e^{ikx}u(x)$$

如图 4.33 所示，一维方形势的薛定谔方程可在不同区间表示为

$$\frac{d^2\psi}{dx^2} + \frac{2m}{\hbar^2}(E - U_0)\psi = 0, \quad -b < x < 0$$

$$\frac{d^2\psi}{dx^2} + \frac{2m}{\hbar^2}E\psi = 0, \quad 0 < x < a$$

对于区间[$-b$,0]，代入布洛赫函数，得方程

$$\frac{d^2u(x)}{dx^2} + 2ik\frac{du(x)}{dx}\left[\frac{2m}{\hbar^2}(E - U_0) - k^2\right]u(x) = 0$$

利用参数β对方程简化

$$E < U_0, \quad \beta^2 = \frac{2m}{\hbar^2}(E - U_0)$$

$$\frac{d^2u(x)}{dx^2} + 2ik\frac{du(x)}{dx}(\beta^2 - k^2)u(x) = 0$$

$$u(x) = Ce^{(\beta - ik)x} + De^{-(\beta + ik)x}, \quad \psi(x) = Ce^{\beta x} + De^{-\beta x}, \quad E = U_0 - \frac{\hbar^2\beta^2}{2m}$$

对于区间[0,a]，代入布洛赫函数，得方程

$$\frac{d^2u(x)}{dx^2}+2ik\frac{du(x)}{dx}\left(\frac{2m}{\hbar^2}E-k^2\right)u(x)=0$$

利用参数α对方程简化

$$\alpha^2=\frac{2m}{\hbar^2}E,\quad \frac{d^2u(x)}{dx^2}+2ik\frac{du(x)}{dx}[\alpha^2-k^2]u(x)=0$$

$$u(x)=Ae^{i(\alpha-k)x}+Be^{-i(\alpha+k)x},\quad \psi(x)=Ae^{i\alpha x}+Be^{-i\alpha x},\quad E=\frac{\hbar^2\alpha^2}{2m}$$

对系统而言，要求两个区域的波函数及其一阶导数在边界 $x=0$ 和 $x=a$ 处应为连续

$$A+B=C+D$$

$$i\alpha(A-B)=\beta(C-D)$$

$$Ae^{i\alpha a}+Be^{-i\alpha a}=(Ce^{-\beta b}+De^{\beta b})e^{i\alpha(a+b)}$$

$$i\alpha(Ae^{i\alpha a}-Be^{-i\alpha a})=\beta(Ce^{-\beta b}-De^{\beta b})e^{i\alpha(a+b)}$$

消减参数 A、B、C 和 D，得方程

$$[(\beta^2-\alpha^2)/(2\alpha\beta)]\sinh(\beta b)\sin(\alpha a)+\cosh(\beta b)\cos(\alpha a)=\cos k(a+b)$$

考虑δ型势能，$b\to0$，$U_0\to\infty$，因此

$$\alpha=\sqrt{2mE/\hbar^2},\quad \beta=\sqrt{2m(U_0-E)/\hbar^2},\quad \beta\gg k,\quad \beta b\ll1$$

$$P/(\alpha a\sin\alpha a)+\cos\alpha a=\cos ka,\quad P=\beta^2ba/2,\quad x=\alpha a$$

$$\frac{P}{x}\sin x+\cos x=\cos\left(\frac{k}{\alpha}x\right)$$

克勒尼希-彭尼一维方形势场模型，通过严格求解，证实了周期场中的电子可以占据的能级形成能带，能带之间存在禁带(如图 4.34 所示). 其次，该模型经过适当修正可以用来讨论表面态、合金能带以及超晶格的能带等问题.

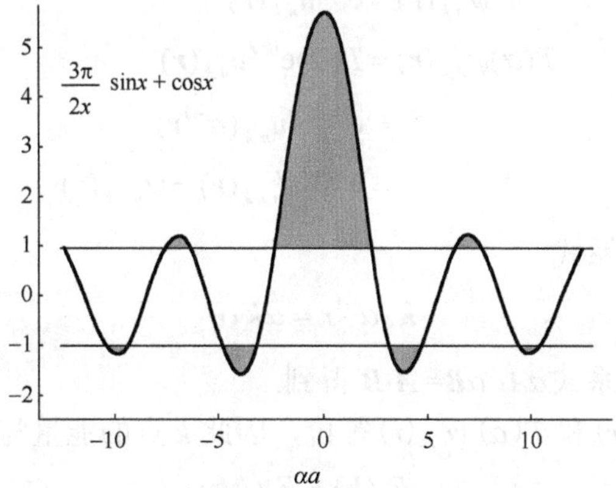

图 4.34　上面方程有解的区间示意图

4.2.6 晶体能带的对称性

能带结构的点群对称性可以表示为

$$E_n(\alpha\boldsymbol{k}) = E_n(\boldsymbol{k})$$

对于晶体点群对称操作的算符为 α，它的逆操作算符为 α^{-1}，晶体中电子运动的哈密顿量 H 和其本征函数在点对称算符作用下为

$$T(\alpha)f(\boldsymbol{r}) = f(\alpha^{-1}\boldsymbol{r}), \quad H = -\frac{\hbar^2}{2m}\nabla_{\boldsymbol{r}}^2 + U(\boldsymbol{r})$$

$$\begin{aligned} T(\alpha)Hf(\boldsymbol{r}) &= T(\alpha)\left[-\frac{\hbar^2}{2m}\nabla_{\boldsymbol{r}}^2 + U(\boldsymbol{r})\right]f(\boldsymbol{r}) \\ &= \left[-\frac{\hbar^2}{2m}\nabla_{\alpha^{-1}\boldsymbol{r}}^2 + U(\alpha^{-1}\boldsymbol{r})\right]f(\alpha^{-1}\boldsymbol{r}) \\ &= \left[-\frac{\hbar^2}{2m}\nabla_{\boldsymbol{r}}^2 + U(\boldsymbol{r})\right]T(\alpha)f(\boldsymbol{r}) \\ &= HT(\alpha)f(\boldsymbol{r}) \end{aligned}$$

上面的证明过程中用到以下结论：∇^2 在正交变换下形式不变；电子的势能函数 $U(r)$ 具有与晶格相同的对称性. 因此

$$\nabla_{\alpha^{-1}\boldsymbol{r}}^2 = \nabla_{\boldsymbol{r}}^2, \quad U(\alpha^{-1}\boldsymbol{r}) = U(\boldsymbol{r})$$

由上面的证明可知，$T(\alpha)$ 与 H 可对易

$$[H, T(\alpha)] = 0$$

因此，如果 $\psi_{n,k}(r)$ 是布洛赫波函数，则 $T(\alpha)\ \psi_{n,k}(r)$ 也是布洛赫波函数. 证明如下：

$$\psi_{n,k}(\boldsymbol{r}) = \mathrm{e}^{\mathrm{i}\boldsymbol{k}\cdot\boldsymbol{r}}u_{n,k}(\boldsymbol{r})$$

$$\begin{aligned} T(\alpha)\psi_{n,k}(\boldsymbol{r}) &= T(\alpha)\mathrm{e}^{\mathrm{i}\boldsymbol{k}\cdot\boldsymbol{r}}u_{n,k}(\boldsymbol{r}) \\ &= \mathrm{e}^{\mathrm{i}\boldsymbol{k}\cdot\alpha^{-1}\boldsymbol{r}}u_{n,k}(\alpha^{-1}\boldsymbol{r}) \\ &= \mathrm{e}^{\mathrm{i}\alpha\boldsymbol{k}\cdot\boldsymbol{r}}u'_{n,\alpha k}(\boldsymbol{r}) = \psi_{n,\alpha k}(\boldsymbol{r}) \end{aligned}$$

上面的证明中用到关系式

$$\boldsymbol{k}\cdot\alpha^{-1}\boldsymbol{r} = \alpha\boldsymbol{k}\cdot\boldsymbol{r}$$

这可以由矢量运算关系式 $\alpha\boldsymbol{A}\cdot\ \alpha\boldsymbol{B} = \boldsymbol{A}\cdot\boldsymbol{B}$ 得到.

两个波函数 $\psi_{n,k}(r)$ 和 $T(\alpha)\ \psi_{n,k}(r)$ 等价，因此 k 点的能量与 αk 点的能量相等

$$E_n(\boldsymbol{k}) = E_n(\alpha\boldsymbol{k})$$

若 $\psi_{n,k}(r)$ 是晶体波动方程的解，那么，$T(\alpha)\,\psi_{n,k}(r)$ 也是方程的解，且 $\psi_{n,k}(r)$ 与 $T(\alpha)\,\psi_{n,k}(r)$ 有相同的能量本征值. 用 $T(\alpha)$ 作用在布洛赫函数的结果只是将简约波矢 $\boldsymbol{k}$ 变换到另一个简约波矢 $\alpha\boldsymbol{k}$. 在 k 空间中，$E_n(k)$ 具有与晶体点群完全相同的对称性.

1. 二维正方晶格作为例子

二维正方晶格的点群是 $C_{4v}(4mm)$，点群的阶数为 8. 其倒格子空间及布里渊区分布如图 4.35 所示.

在第一布里渊区的简约区，对于一般位置 P，在第一布里渊区中共有 8 个点与 P 点对称相关. 对于这些点，其电子都有相同的能量 $E_n(k)$. 因此，布里渊简约区中的 1/8 区间的状态可代表布里渊区所有的状态，该部分区间形成不可约区间. 将在晶体点群的对称操作 α 下，具有相同的能量本征值的这组 k 的集合称为波矢 k 星.

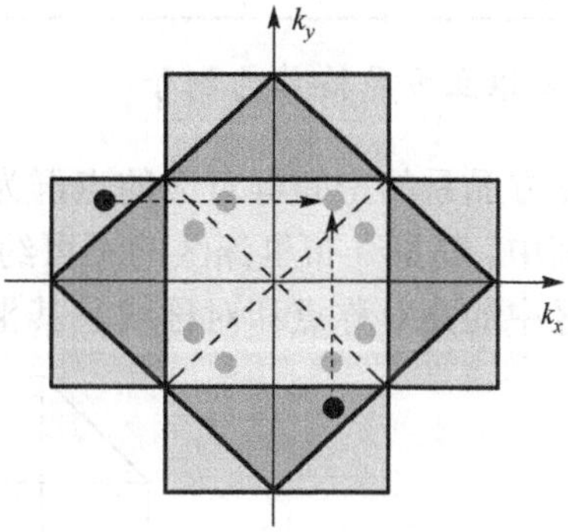

图 4.35　二维正方晶格的倒格子空间及布里渊区

对于一般位置 k，简约布里渊区中对称相关的波矢量数就等于点群的阶数. 但若 k 在简约区中的某些特殊位置(对称点、对称轴或对称面)上，即在晶体点群中，存在某些对称操作，使得

$$P\boldsymbol{k}=\boldsymbol{k} \quad 或 \quad P\boldsymbol{k}=\boldsymbol{k}+\boldsymbol{G}_n,\quad P\in\{\alpha\}$$

这时，在布里渊区内与该点等价的波矢量数就少于点群的阶数. P 操作的集合构成一个群，称为波矢群(β 群). 因此，k 星中的等价波矢量数与波矢群的阶数的乘积就等于晶体点群的阶数. 波矢群也是晶体点群的一种，而且一定是这个晶体点群的子群，或者就是晶体点群本身.

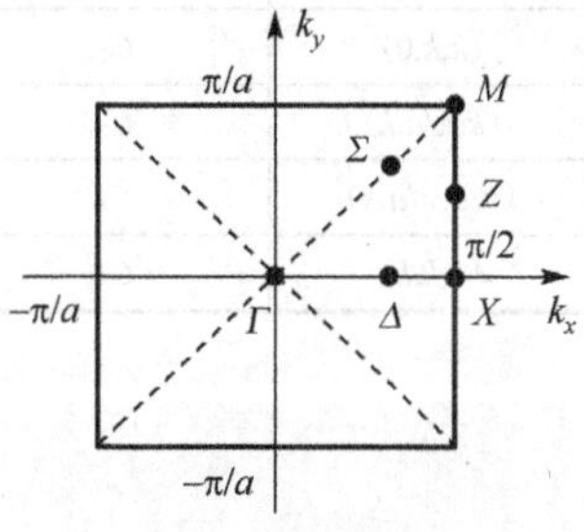

图 4.36　二维正方晶格的倒易空间，第一布里渊区的不可约区内高对称点和对称线

对于二维正方晶格的倒易空间，在第一布里渊区的不可约区内，有六种具有代表的对称点或对称轴，如图 4.36 所示. 这些点或线的坐标分别为：Γ 点 $(0,0)$、X 点 $(\pi/a,0)$、M 点 $(\pi/a,\pi/a)$、Δ 线 $(k_x,0)$、Z 线 $(\pi/a,k_y)$、Σ 线 (k_x,k_y).

对于这些点和线，其 k 星中的等价点或线的数目、波矢群及其阶数以及有代表的对称操作列在表 4.7 中.

表 4.7　二维正方晶格第一布里渊区的不可约区中代表点及线的对称性及对应的 β 群

高对称点及线	k	k 星中等价点数	β 群	β 群阶数	β 群中对称操作
Γ 点	(0,0)	1	C_{4v}	8	E、4_z、m_x、m_y、σ_1、σ_2
X 点	$(\pi/a,0)$	2	C_{2v}	4	E、2_z、m_x、m_y
M 点	$(\pi/a,\pi/a)$	1	C_{4v}	8	4_z、m_x、m_y、σ_1、σ_2
Δ 线	$(k,0)$	4	C_s	2	E、m_y
Σ 线	(k,k)	4	C_s	2	E、σ_2
Z 线	$(\pi/a,k)$	4	C_s	2	E、m_x

2. 三维立方晶格作为例子

简立方晶系的空间群对应的点群为 $O_h(m3m)$ 点群，该点群的阶数为 48. 对应的倒易空间中，其第一布里渊区的不可约区仅为第一布里渊区的 1/48，如图 4.37 所示. 对于该区中的高对称点和对称线，其坐标及对应的波矢群列在表 4.8 中.

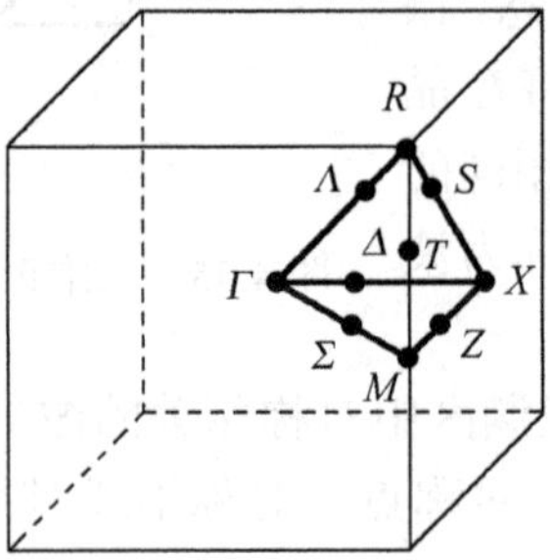

图 4.37　三维正方晶格的倒易空间中，布里渊区的不可约区内高对称点和对称线

表 4.8　三维正方晶格第一布里渊区的不可约区中代表点坐标及对应的 β 群

高对称点及线	k	β 群	高对称点及线	k	β 群
Γ 点	(0,0,0)	O_h	Z 线	$(k,\pi/a,0)$	C_{2v}
X 点	$(0,\pi/a,0)$	D_{4h}	Σ 线	$(k,k,0)$	C_{2v}
M 点	$(\pi/a,\pi/a,0)$	D_{4h}	S 线	$(k,\pi/a,k)$	C_{2v}
R 点	$(\pi/a,\pi/a,\pi/a)$	O_h	T 线	$(\pi/a,\pi/a,k)$	C_{4v}
Δ 线	$(0,k,0)$	C_{4v}	Λ 线	(k,k,k)	C_{3v}

3. 波函数的对称性

对于 β 群中的对称操作

$$\beta\boldsymbol{k}=\boldsymbol{k} \quad 或 \quad \beta\boldsymbol{k}=\boldsymbol{k}+\boldsymbol{G}_n$$

布洛赫波函数的变化表示为

$$T(\beta)[\mathrm{e}^{\mathrm{i}\boldsymbol{k}\cdot\boldsymbol{r}}u_{n,k}(\boldsymbol{r})]=\mathrm{e}^{\mathrm{i}\boldsymbol{k}\cdot\beta^{-1}\boldsymbol{r}}u_{n,k}(\beta^{-1}\boldsymbol{r})=\mathrm{e}^{\mathrm{i}\beta\boldsymbol{k}\cdot\boldsymbol{r}}u_{n,k}(\beta^{-1}\boldsymbol{r})=\mathrm{e}^{\mathrm{i}\boldsymbol{k}\cdot\boldsymbol{r}}u'_{n,k}(\boldsymbol{r})$$

因此，在β群作用下，发生变化的仅仅是布洛赫函数的周期函数部分. 不同的能带，$u_{n,k}(r)$的变化规律可能不同. 因此，在同一 k 点，波函数可能具有不同的对称性.

4. 简单立方结构中 s 带波函数的对称性

对于简单立方，其对应的点群α是 O_{h} 群. 在倒易空间中，对于Γ点，其β群也是 O_{h} 群. Γ点 s 带波函数在 O_{h} 群的操作下可表示为

$$\psi_k^{\mathrm{s}}(\boldsymbol{r})=\sum_m \mathrm{e}^{\mathrm{i}\boldsymbol{k}\cdot\boldsymbol{R}_m}\phi(\boldsymbol{r}-\boldsymbol{R}_m)$$

$$\psi_\Gamma^{\mathrm{s}}(\boldsymbol{r})=\sum_m \phi(\boldsymbol{r}-\boldsymbol{R}_m)$$

$$\begin{aligned}T(\beta)\psi_\Gamma^{\mathrm{s}}(\boldsymbol{r})&=\sum_m \phi(\beta^{-1}\boldsymbol{r}-\boldsymbol{R}_m)\\&=\sum_m \phi[\beta^{-1}(\boldsymbol{r}-\boldsymbol{R}_m)]\\&=\sum_m \phi(\boldsymbol{r}-\boldsymbol{R}_m)\\&=\psi_\Gamma^{\mathrm{s}}(\boldsymbol{r})\end{aligned}$$

在点群 O_{h} 元素操作下，Γ点 s 带波函数变换为自身，这种变换可用 O_{h} 群的Γ_1表象表示.

5. 简单立方结构中 p 波函数的对称性

同理，Γ点 p 带波函数在 O_{h} 群点操作下可表示为

$$\begin{cases}\psi_k^{\mathrm{p}_x}(\boldsymbol{r})=\sum_m \mathrm{e}^{\mathrm{i}\boldsymbol{k}\cdot\boldsymbol{R}_m}\phi_{\mathrm{p}_x}(\boldsymbol{r}-\boldsymbol{R}_m)\\ \psi_k^{\mathrm{p}_y}(\boldsymbol{r})=\sum_m \mathrm{e}^{\mathrm{i}\boldsymbol{k}\cdot\boldsymbol{R}_m}\phi_{\mathrm{p}_y}(\boldsymbol{r}-\boldsymbol{R}_m)\\ \psi_k^{\mathrm{p}_z}(\boldsymbol{r})=\sum_m \mathrm{e}^{\mathrm{i}\boldsymbol{k}\cdot\boldsymbol{R}_m}\phi_{\mathrm{p}_z}(\boldsymbol{r}-\boldsymbol{R}_m)\end{cases},\quad \begin{cases}\psi_\Gamma^{\mathrm{p}_x}(\boldsymbol{r})=\sum_m \phi_{\mathrm{p}_x}(\boldsymbol{r}-\boldsymbol{R}_m)\\ \psi_\Gamma^{\mathrm{p}_y}(\boldsymbol{r})=\sum_m \phi_{\mathrm{p}_y}(\boldsymbol{r}-\boldsymbol{R}_m)\\ \psi_\Gamma^{\mathrm{p}_z}(\boldsymbol{r})=\sum_m \phi_{\mathrm{p}_z}(\boldsymbol{r}-\boldsymbol{R}_m)\end{cases}$$

$$\begin{cases}T(\beta)\psi_\Gamma^{\mathrm{p}_x}(\boldsymbol{r})=\sum_m \phi_{\mathrm{p}_x}(\beta^{-1}\boldsymbol{r}-\boldsymbol{R}_m)=\sum_m \phi_{\mathrm{p}_x}[\beta^{-1}(\boldsymbol{r}-\boldsymbol{R}_m)]\\ T(\beta)\psi_\Gamma^{\mathrm{p}_y}(\boldsymbol{r})=\sum_m \phi_{\mathrm{p}_y}(\beta^{-1}\boldsymbol{r}-\boldsymbol{R}_m)=\sum_m \phi_{\mathrm{p}_y}[\beta^{-1}(\boldsymbol{r}-\boldsymbol{R}_m)]\\ T(\beta)\psi_\Gamma^{\mathrm{p}_z}(\boldsymbol{r})=\sum_m \phi_{\mathrm{p}_z}(\beta^{-1}\boldsymbol{r}-\boldsymbol{R}_m)=\sum_m \phi_{\mathrm{p}_z}[\beta^{-1}(\boldsymbol{r}-\boldsymbol{R}_m)]\end{cases}$$

从上面的式子可以看出，Γ 点 p 带波函数在 O_h 点群操作下之间的变换如同原子 p 轨道函数之间的变换. 这种变换如同函数集$\{x,y,z\}$之间的变换，这种变换用 O_h 群的Γ_{15}表象表示.

6. 例子：O_h 群的不可约表示及其特征基函数

我们知道群的不可约表示满足维度方程

$$\sum_i d_i^2 = \text{群的阶数}$$

对于 O 群，其阶数为 24，因此，其不可约表示满足维度方程

$$1^2+1^2+2^2+3^2+3^2=24$$

因此，O 群的不可约表示有 5 个，其维度分别是 1、1、2、3、3. O_h 群可以表示为 $O_h=O\times C_i$. C_i 群有 2 个元素$\{E, I\}$，其不可约表示有 2 个. 因此，O_h 群的不可约表示有 10 个，其维度分别是 1、1、2、3、3、1、1、2、3、3. 其不可约表示及各表示的特征基函数如表 4.9 所示.

表 4.9　O_h 群的不可约表示及其简并度和特征基函数

表象	简并度	特征基函数
Γ_1	1	1
Γ_2	1	$x^4(y^2-z^2)+y^4(z^2-x^2)+z^4(x^2-y^2)$
Γ_{12}	2	$\{z^2-(x^2+y^2)/2,(x^2-y^2)\}$
Γ'_{15}	3	$\{xy(x^2-y^2), yz(y^2-z^2), zx(z^2-x^2)\}$
Γ'_{25}	3	$\{xy, yz, zx\}$
Γ'_1	1	$xyz[x^4(y^2-z^2)+y^4(z^2-x^2)+z^4(x^2-y^2)]$
Γ'_2	1	xyz
Γ'_{12}	2	$\{xyz[z^2-(x^2+y^2)/2], xyz(x^2-y^2)\}$
Γ_{15}	3	$\{x, y, z\}$
Γ_{25}	3	$z(x^2-y^2), x(y^2-z^2), y(z^2-x^2)$

7. 三维立方晶格的 s 带和 p 带的能带图及晶体硅的能带图

前面我们通过紧束缚模型求解了三维立方晶格的能带，包括 s 带和 p 带的能带结构. 其在Γ-X 方向的能带图如图 4.38 所示. 由上面关于β群的不可约表示可知，Γ点 s 带为Γ_1表示，Γ点 p 带三重简并为Γ_{15}表示. Γ-X 方向的β群为 C_{4v}，s 带在该方向的表示为Δ_1，p_x 带在该方向的表示为Δ_1，p_y 带和 p_z 带简并，在该方向的表示为Δ_5. 对于晶体硅，其晶体结构为金刚石结构，其能带结构图由计算可知，如图 4.39 所示. 由此可知，其是间接带隙半导体，价带顶在Γ点，其导带底在Γ-X 方向且接近 X 点.

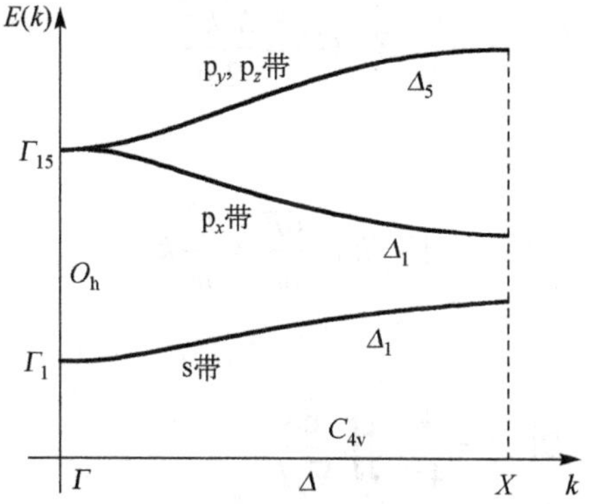

图 4.38　紧束缚模型下三维立方晶格的 s 带和 p 带沿Γ-X方向的能带图

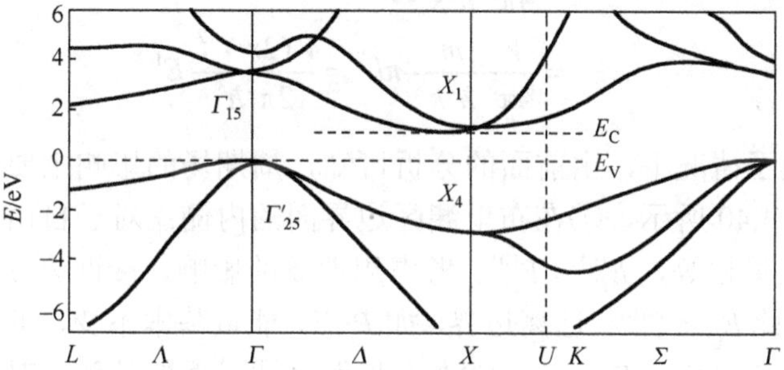

图 4.39　晶体硅的能带结构图

4.2.7　能态密度和费米面

能态密度被定义为能带中单位能量间隔内的电子态数，表示为

$$D(E) = \lim \frac{\Delta Z}{\Delta E}$$

通过等能面的概念，电子态密度可表示为

$$\mathrm{d}Z = 2\rho_k \oiint_{\text{iso}} \mathrm{d}S\mathrm{d}k_\perp = 2\frac{V}{8\pi^3}\oiint_{\text{iso}} \mathrm{d}S\mathrm{d}k_\perp$$

$$\mathrm{d}E = |\nabla_{\boldsymbol{k}} E| \cdot \mathrm{d}k_\perp$$

$$D(E) = \frac{V}{4\pi^3}\oiint_{\text{iso}} \frac{\mathrm{d}S}{|\nabla_{\boldsymbol{k}} E|}$$

1. 近自由电子的能态密度

对于自由电子，其能量表达式为

$$E^{(0)}(k)=\frac{\hbar^2k^2}{2m}$$

其能量梯度为

$$|\nabla_k E|=\frac{\mathrm{d}E}{\mathrm{d}k}=\frac{\hbar^2}{m}k$$

因此，态密度表达式为

$$\begin{aligned}D(E)&=\frac{V}{4\pi^3}\oiint\frac{\mathrm{d}S}{\nabla_k E}\\&=\frac{V}{4\pi^3}\frac{m}{\hbar^2k}\oiint\mathrm{d}S\\&=\frac{V}{4\pi^3}\frac{m}{\hbar^2k}4\pi k^2=\frac{V(2m)^{3/2}}{2\pi^2\hbar^3}E^{1/2}\end{aligned}$$

在近自由电子情况下，由前面的分析可知，周期场的影响主要表现在布里渊区边界附近. 如图 4.40 所示，①在布里渊区边界面的内侧：对于自由电子，等能面上 P 点和 Q 点的能量相等，$E_P^{(0)}=E_Q^{(0)}$. 考虑周期场的影响，接近边界，能量偏离二次函数且降低，因此 $E_Q<E_Q^{(0)}$. 远离边界，如 P 点，能量基本不变，即 $E_P^{(0)}\approx E_P$. 所以，修正后的能量，$E_P>E_Q$，$E_P\approx E_{Q'}$. ②在布里渊区边界面的外侧：对于自由电子，等能面上的 M 点和 N 点的能量相等，即 $E_N^{(0)}=E_M^{(0)}$. 考虑周期场的影响，M 点接近边界，能量偏离二次函数且升高，即 $E_M>E_M^{(0)}$. N 点远离边界，能量基本不变，即 $E_N^{(0)}\approx E_N$. 因此，能量修正后，$E_M>E_N$，$E_{M'}\approx E_N$.

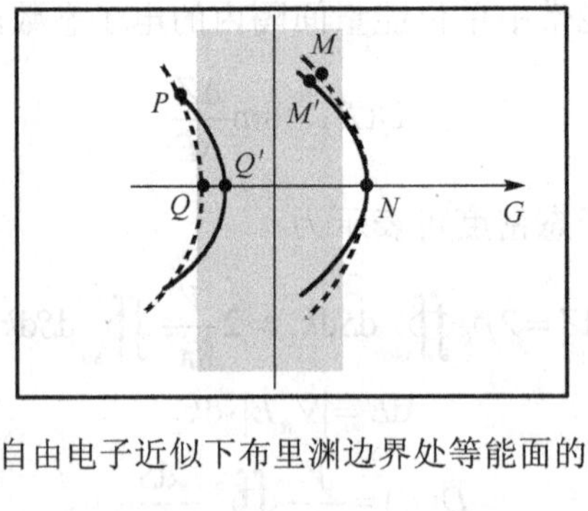

图 4.40 近自由电子近似下布里渊边界处等能面的变化示意图

自由电子能量为 E 的等能面的半径为

$$k=\sqrt{\frac{2mE}{\hbar^2}}$$

因此，形成以 Γ 点为圆心的同心圆，随能量增大，等能面接近布里渊区边界时，等能面发生扭曲，能量变化如上面讨论，在边界内 $E_P \approx E_{Q'}$，在边界外 $E_{M'} \approx E_N$，因此扭曲的等能面与边界垂直. 二维的情况，如图 4.41 所示.

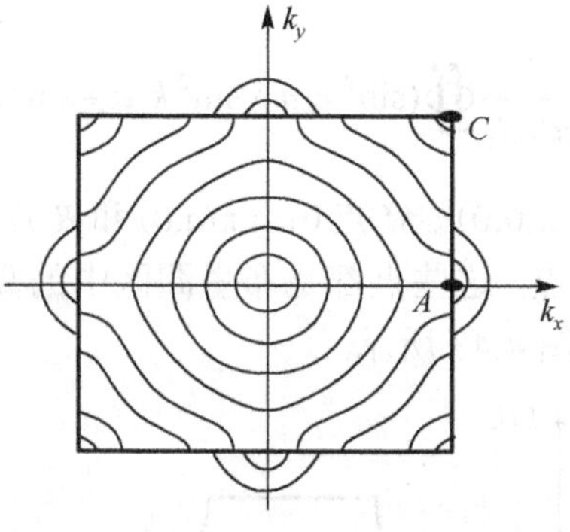

图 4.41　二维近自由电子的等能面示意图

自由电子的态密度随能量的增大而增大，与 $E^{1/2}$ 成正比. 在前面关于能带折叠的讨论中，我们知道第一条能带在第一布里渊区中，第二条能带在第二布里渊区中. 由上面的讨论可知，能态在第一布里渊区的分布发生扭曲，图 4.41 中的 C 点为第一布里渊区的能量最高点，但其简并度为 1，由此可以看出，能量越接近 C 点，态密度越小，如图 4.42 所示，第一条能带形成的态密度不满足 $E^{1/2}$ 关系. 如果我们考虑第二条能带填充第二布里渊区，其最小能量通常比第一条能带的最大值要小，因此，出现能带重叠. 但有时候会出现第二条能带的能量最小值比第一条能带的能量最大值要大，这时，两条能带间有能隙，我们称之为禁带.

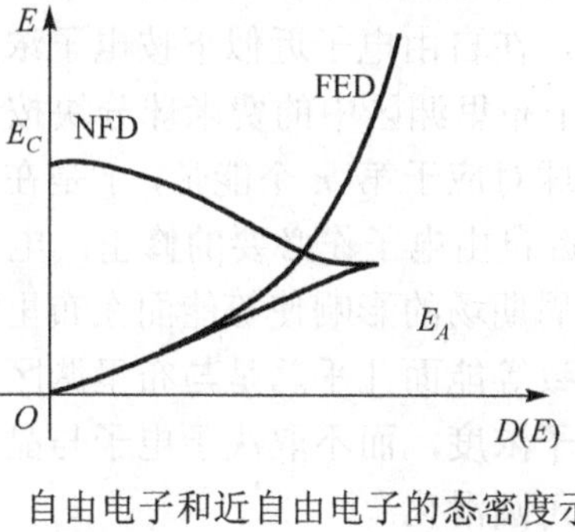

图 4.42　自由电子和近自由电子的态密度示意图

2. 紧束缚近似的能态密度

以简单立方晶格 s 带为例，其填充第一布里渊区. 在紧束缚近似下，其态密度可表示为

$$E(k) = E_a - \beta - 2J_1(\cos k_x a + \cos k_y a + \cos k_z a)$$

$$\nabla_k E = 2aJ_1(\sin k_x a, \sin k_y a, \sin k_z a)$$

$$|\nabla_k E| = 2aJ_1\sqrt{\sin^2 k_x a + \sin^2 k_y a + \sin^2 k_z a}$$

$$D(E) = \frac{V}{8\pi^3 aJ_1}\oiint(\sin^2 k_x a + \sin^2 k_y a + \sin^2 k_z a)^{-1/2}\mathrm{d}S$$

在Γ点(0,0,0)、X点$(\pi/a,0,0)$、M点$(\pi/a,\pi/a,0)$和R点$(\pi/a,\pi/a,\pi/a)$处，$|\nabla_k E|=0$，称为范霍夫(van Hove)奇点. 这些点都是布里渊区中的高对称点，因此在高对称点附近通常态密度较高，如图 4.43 所示.

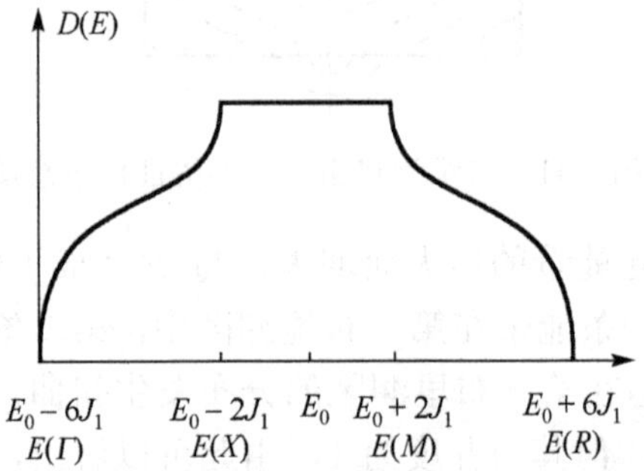

图 4.43　简单立方晶格 s 带在第一布里渊区填充形成的态密度图

3. 近自由电子费米面

电子在布里渊区的填充可根据以下步骤进行分析. ①根据晶体结构画出倒易空间中扩展的布里渊区图形，在自由电子近似下按电子浓度求出相应的费米半径，并作出费米球. ②将处在各个布里渊区中的费米球分块按倒格矢平移到简约区中，来自第 n 个布里渊区的费米球对应于第 n 个能带，于是在简约区中得到对应于各个能带的费米面图形. ③按照近自由电子作必要的修正：电子的能量只在布里渊区边界附近偏离自由电子能量，周期场的影响使等能面在布里渊区边界面附近发生畸变，形成向外突出的凸包，导致等能面几乎总是与布里渊区边界面垂直相交；费米面所包围的总体积仅依赖于电子浓度，而不取决于电子与晶格相互作用的细节，周期场的影响使费米面上的尖锐角圆滑化.

以二维正方晶格为例，其布里渊区的画法如图 4.44 所示，并把高阶的布里渊区折叠拼接，可以看出各布里渊区的面积相等. 自由电子近似下，由其电子态密度获得电子数为

$$\gamma N = 2\rho(k)\pi k_{\mathrm{F}}^2 = 2\frac{Na^2}{4\pi^2}\pi k_{\mathrm{F}}^2 = \frac{Na}{2\pi}k_{\mathrm{F}}^2$$

γ为每个原子贡献的电子数. 因此可得费米波矢

$$k_{\mathrm{F}}=\frac{\pi}{a}\sqrt{\frac{2\gamma}{\pi}}=k_1\sqrt{\frac{2\gamma}{\pi}}$$

当$\gamma=1,2,3,4$时，相对费米波矢为$k_{\mathrm{F}}/k_1=0.798,1.128,1.382,1.596$. 因此，当$\gamma=1$时，第一布里渊区没有填满；当$\gamma=2,3$时，第一布里渊区没有填满，第二布里渊区开始填充；当$\gamma=4$时，第一布里渊区填满，第二布里渊区没填满，第三布里渊区开始填充.

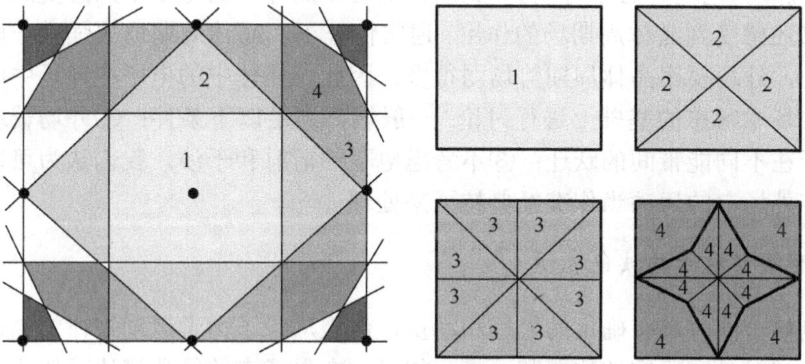

图 4.44　不同阶布里渊区及其简化表示

证明等能面几乎总是与布里渊区边界面垂直相交. 由能带的反演对称性可知

$$E_n(\boldsymbol{k})=E_n(-\boldsymbol{k}),\quad \left.\frac{\partial E_n}{\partial k}\right|_k=-\left.\frac{\partial E_n}{\partial k}\right|_{-k}$$

由能带的平移对称性可知

$$E_n(\boldsymbol{k})=E_n(\boldsymbol{k}+\boldsymbol{G}_m),\quad \left.\frac{\partial E_n}{\partial k}\right|_k=\left.\frac{\partial E_n}{\partial k}\right|_{k\pm G_m}$$

在布里渊区边界面处

$$\boldsymbol{k}=\boldsymbol{k}_{//}+\boldsymbol{k}_{\perp},\quad \boldsymbol{k}_{\perp}=\pm\boldsymbol{G}_m/2$$

$$\left.\frac{\partial E_n}{\partial k}\right|_{G_m/2}=-\left.\frac{\partial E_n}{\partial k}\right|_{-G_m/2},\quad \left.\frac{\partial E_n}{\partial k}\right|_{G_m/2}=\left.\frac{\partial E_n}{\partial k}\right|_{-G_m/2}$$

$$\left.\frac{\partial E_n}{\partial k}\right|_{G_m/2}=0$$

因此能量本征值在布里渊边界处，对波矢的微分为零.

4.2.8　固体的基本电导特性

由于周期势场的作用，晶体中电子的本征能量和本征函数都已不同于自由电子的，因而在外场中的行为也与自由电子的不一样，我们称之为布洛赫电子的运动. 求解含外场的单电子波动方程，

$$\left[-\frac{\hbar^2}{2m}\nabla^2+U(r)+V\right]\psi=E\psi$$

当外加场(电场、磁场等)施加到晶体上时，晶体中的电子不只感受到外场的作用，同时还感受到晶体周期场的作用. 通常情况下，晶体周期场的强度一般相当于 10^8 V/cm，外场要比晶体周期势场弱得多，因此，晶体中的电子在外场中的运动可以在周期场本征态的基础上进行讨论. 一般地，满足以下条件：①外场较弱；②不考虑电子在不同能带间的跃迁；③不考虑电子的衍射和干涉，我们认为可以把晶体中电子在外场中的运动当作准经典粒子来处理.

1. 布洛赫电子的波包表示

经典粒子同时具有确定的坐标和动量，但服从量子力学运动规律的晶格中的电子不可能同时具有确定的位置和动量，如果一个量子态的经典描述近似成立，则这个态可用一个“波包”来代表. 波包是指该晶格电子空间分布在 r_0 附近的 Δr 范围内，动量取值在 k_0 附近的 Δk 范围内，且满足不确定性原理的电子概率密度分布. 晶格中的电子，可以用其本征函数布洛赫波组成波包，从而当作准经典粒子来处理.

现在以一维情况为例加以讨论. 设波包由以 k_0 为中心，在 Δk 范围内的波函数组成，假设 Δk 很小，则可近似表示为

$$u_k(x)\approx u_{k_0}(x)$$

$$\psi_k(x,t)=\mathrm{e}^{\mathrm{i}(kx-\omega t)}u_k(x),\quad \omega(k)=E(k)/\hbar$$

$$\psi(x,t)=\int_{k_0-\Delta k/2}^{k_0+\Delta k/2}\mathrm{e}^{\mathrm{i}(kx-\omega t)}u_k(x)\mathrm{d}k\approx u_{k_0}(x)\int_{k_0-\Delta k/2}^{k_0+\Delta k/2}\mathrm{e}^{\mathrm{i}(kx-\omega t)}\mathrm{d}k$$

$$k=k_0+\xi,\quad \omega(k)\approx\omega_0+\left(\frac{\mathrm{d}\omega}{\mathrm{d}k}\right)_{k_0}\xi$$

$$\psi(x,t)=\mu_{k_0}(x)\mathrm{e}^{\mathrm{i}(k_0x-\omega_0t)}\int_{-\Delta k/2}^{\Delta k/2}\mathrm{e}^{\mathrm{i}\left[x-\left(\frac{\mathrm{d}\omega}{\mathrm{d}k}\right)_{k_0}t\right]\xi}\mathrm{d}\xi$$

$$=\mu_{k_0}(x)\mathrm{e}^{\mathrm{i}(k_0x-\omega_0t)}\frac{2\sin\left\{\dfrac{\Delta k}{2}\left[x-\left(\dfrac{\mathrm{d}\omega}{\mathrm{d}k}\right)_{k_0}t\right]\right\}}{x-\left(\dfrac{\mathrm{d}\omega}{\mathrm{d}k}\right)_{k_0}t}$$

因此，波函数膜的平方可表示为

$$|\psi(x,t)|^2=|\mu_{k_0}(x)|^2\left\{\frac{\sin\dfrac{\Delta k}{2}\left[x-\left(\dfrac{\mathrm{d}\omega}{\mathrm{d}k}\right)_{k_0}t\right]}{\dfrac{\Delta k}{2}\left[x-\left(\dfrac{\mathrm{d}\omega}{\mathrm{d}k}\right)_{k_0}t\right]}\right\}^2(\Delta k)^2$$

引入参量 w，有

$$w=x-\left(\frac{\mathrm{d}\omega}{\mathrm{d}k}\right)_{k_0}t$$

$$|\psi|^2=|\mu_{k_0}(x)|^2\left\{\frac{\sin(\Delta kw/2)}{(\Delta kw/2)}\right\}^2(\Delta k)^2$$

由上式可知，波函数膜的平方代表电子概率密度，集中在尺度为 $2\pi/\Delta k$ 的范围内，波函数的中心在 w=0 处，因此

$$x=\left(\frac{\mathrm{d}\omega}{\mathrm{d}k}\right)_{k_0}t=\frac{1}{\hbar}\left(\frac{\mathrm{d}E}{\mathrm{d}k}\right)_{k_0}t$$

波包作为准粒子，其速度可表示为

$$\upsilon(k_0)=\mathrm{d}x/\mathrm{d}t=\frac{1}{\hbar}\left(\frac{\mathrm{d}E}{\mathrm{d}k}\right)_{k_0}$$

布里渊区的宽度为 $2\pi/a$，假定Δk 很小，则 $\Delta k\ll 2\pi/a$，因此，电子在晶格的一定空间内的分布为 $2\pi/\Delta k\gg a$.

1) 布洛赫波包表示晶格电子的意义

由不确定性原理

$$\Delta p_x\Delta x\approx\hbar\Delta k_x\Delta x\approx h$$

可得关系式

$$\Delta k\ll\frac{2\pi}{a},\quad \Delta x\gg a$$

只有波包的大小比原胞尺寸大得多时，晶格电子的运动才可以用波包来描述. 对于输运现象，只有电子平均自由程远大于原胞尺寸的情况下，才可以把晶体中的电子当作准经典粒子，波包移动的速度(群速度)等于处于波包中心处粒子所具有的平均速度. 考虑不同的能带，晶格电子的速度通过波包的群速度可表示为

$$\upsilon(k)=\frac{1}{\hbar}\nabla_k E_n(k)$$

晶体中电子的平均速度只与能量和波矢有关，对时间和空间而言，平均速度将永远保持不变，也就是说，若电子处于一个确定的状态，只要晶格的周期性不变，则永远处于该态. 这表明电子不会被静止的原子所散射，严格周期性的晶体电阻率为零. 这一点和自由电子论中离子实作为散射中心对电子产生散射而影响电子的平均(漂移)速度的概念完全不同.

晶格周期性的背离会引起电子的散射，使它的速度发生变化. 例如，晶格的热振动会导致传导电子和声子频繁碰撞，对电子的速度产生极大影响；晶格中的缺陷和杂质作为散射中心，对电子的速度也产生影响. 此外，外加电场和磁场也会对电子的运动速度带来变化.

2) 电子在 k 空间的运动

电子速度的方向为 k 空间中能量梯度的方向，即垂直于等能面. 因此，电子的运动方向取决于等能面的形状. 在一般情况下，在 k 空间中，等能面并不是球面，因此，速度的方向一般并不是 k 的方向，如图 4.45 所示. 只有当等能面为球面或在某些特殊方向上时，速度才与 k 的方向相同.

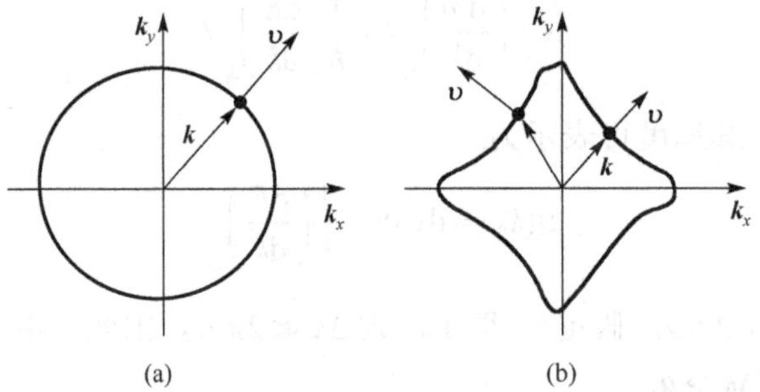

图 4.45　费米面为球面(a)和非球面(b)上电子速度示意图

以一维原子链为例，考虑近自由电子近似，电子的色散关系可以近似表示为

$$E(k)=c\left[1-\cos\left(\frac{a}{2}k\right)\right]$$

从上面的色散关系可知：在能带底和能带顶，$E(k)$取极值，电子速度为零；在布里渊区中心处，电子可以用平面波描写，因而速度呈线性变化；在能带中的某处(大约中心到边界距离的一半)，速度达到极值；在布里渊区边界，速度为零. 其原因是强的布拉格反射使散射波和入射波相等，导致驻波模式形成.

在外场中，电子所受的力为 F，在 $\mathrm{d}t$ 时间内，外场对电子所做的功为

$$\boldsymbol{F}\cdot\boldsymbol{\upsilon}\mathrm{d}t$$

依据功能原理

$$\boldsymbol{F}\cdot\boldsymbol{\upsilon}\mathrm{d}t=\mathrm{d}E=\nabla_{\boldsymbol{k}}E\cdot\mathrm{d}\boldsymbol{k}$$

及布洛赫电子速度表达式

$$\boldsymbol{\upsilon}=\frac{1}{\hbar}\nabla_{\boldsymbol{k}}E$$

有

$$\left(\boldsymbol{F}-\hbar\frac{\mathrm{d}\boldsymbol{k}}{\mathrm{d}t}\right)\cdot\boldsymbol{\upsilon}=0$$

由上式可知，在平行于速度的方向上，准动量的变化率和力分量是相等的. 此外，也可以证明在垂直于速度的方向上，准动量的变化率和力分量也是相等的. 因此，外场对晶格电子的力等于晶格电子的准动量的变化. 晶格电子作为准粒子，在外场作用下的经典方程可以表示为

$$\boldsymbol{\upsilon}_n(\boldsymbol{k})=\frac{1}{\hbar}\nabla_{\boldsymbol{k}}E_n(\boldsymbol{k})$$

$$-e[\boldsymbol{E}(\boldsymbol{r},t)+\boldsymbol{\upsilon}_n(\boldsymbol{k})\times\boldsymbol{B}(r,t)]=\hbar\mathrm{d}\boldsymbol{k}/\mathrm{d}t$$

既然布洛赫电子可以看作准粒子，满足经典动力学方程，则可以引入有效质量的概念. 在外力作用下电子的加速度可以表示为

$$a=\frac{\mathrm{d}\upsilon}{\mathrm{d}t}=\frac{\mathrm{d}}{\mathrm{d}t}\left(\frac{1}{\hbar}\frac{\mathrm{d}E}{\mathrm{d}k}\right)$$

$$=\frac{1}{\hbar}\frac{\mathrm{d}E}{\mathrm{d}k}\frac{\mathrm{d}^2E}{\mathrm{d}k^2}=F\left[\left(\hbar^2\frac{\mathrm{d}^2E}{\mathrm{d}k^2}\right)^{-1}\right]^{-1}$$

因此，电子的有效质量可以表示为

$$m^*=\hbar^2\left(\frac{\mathrm{d}^2E}{\mathrm{d}k^2}\right)^{-1}$$

引入有效质量后，外场作用下的晶格电子就可看作类似自由电子的运动. 但晶格中电子的有效质量不是常数，m^*与波矢 k 有关. 根据色散关系，其数值可能为负值，也可能为无穷大.

2. 电子在 k 空间运动的特性

1) 电子在 k 空间中做匀速运动

假设沿$-x$ 方向加一恒定电场 E，电子沿$+x$ 方向受力，$F=-eE$. 因此，其运动状态变化方程为

$$\hbar\frac{\mathrm{d}k}{\mathrm{d}t}=-eE$$

因为电场 E 恒定

$$\frac{\mathrm{d}k}{\mathrm{d}t}=-\frac{eE}{\hbar}=\mathrm{const}$$

因此，电子在 k 空间中做匀速运动，如图 4.46 所示，电子在扩展的能带中迁移.

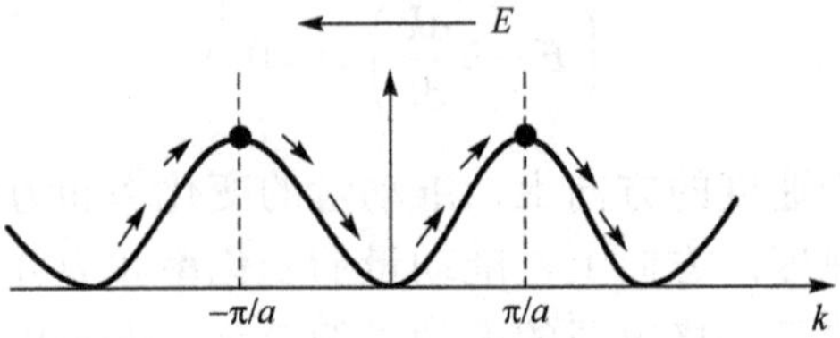

图 4.46 电场作用下电子在动量空间运动的示意图

在前面的假设下，电子在同一能带中运动. 电子在 k 空间中的匀速运动意味着电子的能量本征值沿 $E(k)$ 函数曲线周期性变化，即电子在 k 空间中做循环运动，表现在电子速度上是 υ 随时间在空间作周期性振荡.

2) 电子速度的周期性振荡

图 4.47 所示为能带在实空间沿 x 方向的简单表示，在电场作用下能带发生倾斜，由于库仑势的作用，电子能量沿 x 正方向降低. 设 $t=0$ 时电子在较低的能带底 A 点，在电场力的作用下，电子从能带底到能带顶($A\to B\to C$)，对应于电子从 $k=0$ 运动到 C 点遇到能隙，相当于存在一个势垒. 在不发生带间隧穿的前提下，电子被限制在同一能带中运动，因此电子遇到势垒后将全部被反射回来，电子从 $C\to B\to A$，对应于 $k=-\pi/a$ 到 $k=0$ 的运动(图 4.46)，完成一次振荡过程.

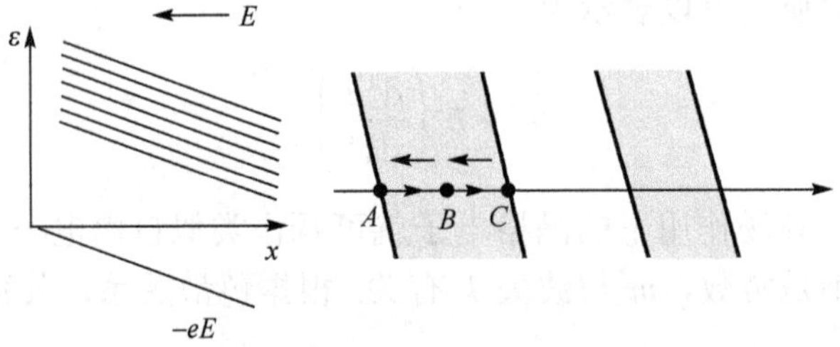

图 4.47 电场下能带在实空间的变化及电子在能带中迁移的示意图

实验中布洛赫电子的振荡很难观测到. 电子在运动过程中不断受到声子、杂质和缺陷的散射. 设相邻两次散射间的平均时间间隔为 τ，如果 τ 很小，则电子还来不及完成一次振荡过程就已被散射. 我们可以通过简约布里渊区的宽度和电子在 k 空间的速度来评估电子完成一次振荡需要的时间 T

$$T=\frac{2\pi/a}{\mathrm{e}E/\hbar}=\frac{2\pi\hbar}{\mathrm{e}Ea}$$

为了观察到电子的振荡过程，要求 $\tau \sim T$. 在晶体中，$\tau \sim 10^{-14}$ s，$a \sim 3\times10^{-10}$ m，由此可估算出若要观察到此振荡现象，需加的电场为 $E \sim 2\times10^{5}$ V/cm. 对于金属，通常无法实现这样的高电场；对于绝缘体，在这样的高电场下通常将被击穿.

3) 强电场下布洛赫电子的齐纳击穿

在准经典运动中，当电子运动到能隙时，将全部被反射回来. 而根据量子力学知识可知，电子遇到势垒时，将有一定概率穿透势垒，而部分被反射回来. 电子穿透势垒的概率与势垒的高度(即能隙 E_g)和势垒的长度(由外场决定)有关. 穿透概率 p_T 可表示为

$$p_T \propto \varepsilon \exp\left[-\frac{\pi^2}{\hbar}\left(\frac{E_g}{eE}\right)\sqrt{2mE_g}\right]$$

因此，对于绝缘体或导电很差的半导体，材料内部会建立很强的电场，特别是材料内部存在缺陷引起很强的局域电场，导致电子的带间隧穿，形成齐纳击穿.

4) 布洛赫电子的负阻效应

假设 $k = 0$ 附近的电子在电场 E 作用下被加速，当 k 值达到拐点时，电子速度到达最大值后，会在电场作用下减小，出现负的微分电导，即负阻效应.

由于电子会受到声子和晶格缺陷等散射，因此平均自由运动时间并不大($\sim 10^{-14}$ s)；在不太高的电场中，晶格电子是很难被加速到高速甚至负阻区的. 超晶格材料的出现，使晶格周期提高几十甚至几百倍，布里渊区的尺寸大为减小，就容易将电子加速到高速区，甚至负阻区. 这样的设计可望制成高速电子器件.

3. 电导的能带理论

能带中每个电子对电流密度的贡献为 $-e\boldsymbol{\upsilon}(\boldsymbol{k})$，因此能带中所有电子的贡献为

$$\boldsymbol{J} = \frac{1}{V}(-e)\sum_k \boldsymbol{\upsilon}(\boldsymbol{k})$$

由能带的对称性及速度与能带的关系

$$E_n(\boldsymbol{k}) = E_n(-\boldsymbol{k}), \quad \boldsymbol{\upsilon}(\boldsymbol{k}) = \frac{1}{\hbar}\nabla_k E_n(\boldsymbol{k})$$

我们可以得到关于速度的以下关系：

$$\begin{aligned}\boldsymbol{\upsilon}(-\boldsymbol{k}) &= \frac{1}{\hbar}\nabla_{-k} E_n(-\boldsymbol{k}) \\ &= -\frac{1}{\hbar}\nabla_k E_n(\boldsymbol{k}) \\ &= -\boldsymbol{\upsilon}(\boldsymbol{k})\end{aligned}$$

因此，我们可以得到如下结论：对于满带，由于能带在倒易空间的对称性，

每条带里所有电子对电流的贡献和为零. 对于没有被完全填充的带，例如导带，如图 4.48 所示，当存在电场时，电子在其作用下会产生能级跃迁，从而使导带中的电子对称分布被破坏，产生宏观电流.

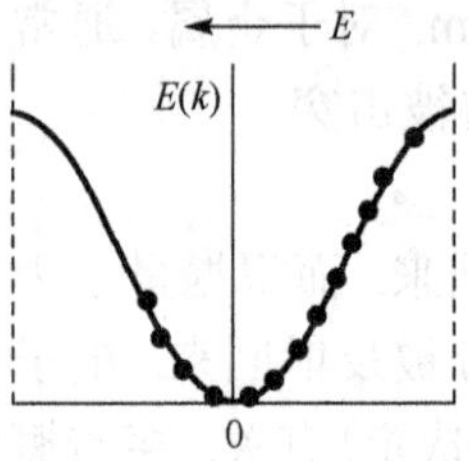

图 4.48　电场作用下未满带电子的分布示意图

1) 近满带和空穴导电

当有外场时，由于近满带中存在少量没有电子占据的空态，将导致电子发生能级跃迁，引起电子的不对称分布，出现宏观电流. 假设近满带中有一个 k 态中没有电子占据，设 $\boldsymbol{I}(\boldsymbol{k})$ 为这种情况下整个近满带的总电流. 设想在空的 $\boldsymbol{k}$ 态中填入一个电子，这个电子对电流的贡献为 $-e\boldsymbol{\upsilon}(\boldsymbol{k})$. 但由于填入这个电子后，能带变为满带，因此总电流为零. 因此

$$\boldsymbol{I}(\boldsymbol{k})+\left[-e\boldsymbol{\upsilon}(\boldsymbol{k})\right]=0$$

$$\boldsymbol{I}(\boldsymbol{k})=\mathrm{e}\boldsymbol{\upsilon}(\boldsymbol{k})$$

近满带的总电流就如同一个带正电荷 e 的粒子，其速度与空状态 $\boldsymbol{k}$ 的电子速度一样. 在有电磁场存在时，设想在 $\boldsymbol{k}$ 态中仍填入一个电子形成满带. 而满带电流始终为零. 因此

$$\frac{\mathrm{d}}{\mathrm{d}t}\boldsymbol{I}(\boldsymbol{k})=e\frac{\mathrm{d}}{\mathrm{d}t}\boldsymbol{\upsilon}(\boldsymbol{k}),\quad \frac{\mathrm{d}\boldsymbol{\upsilon}}{\mathrm{d}t}=\frac{\boldsymbol{F}}{m^*}$$

$$\boldsymbol{F}=-e[\boldsymbol{\varepsilon}+\boldsymbol{\upsilon}(\boldsymbol{k})\times\boldsymbol{B}]$$

$$\frac{\mathrm{d}}{\mathrm{d}t}\boldsymbol{I}(\boldsymbol{k})=e\frac{\mathrm{d}}{\mathrm{d}t}\boldsymbol{\upsilon}(\boldsymbol{k})=-\frac{e^2}{m^*}[\boldsymbol{\varepsilon}+\boldsymbol{\upsilon}(\boldsymbol{k})\times\boldsymbol{B}]=\frac{e^2}{|m^*|}[\boldsymbol{\varepsilon}+\boldsymbol{\upsilon}(\boldsymbol{k})\times\boldsymbol{B}]$$

在能带顶附近，电子的有效质量为负值，$m^*<0$. 有电磁场存在时，近满带的电流变化就如同一群带正电电荷 e、具有正有效质量 $|m^*|$ 的粒子一样在电磁作用下运动. 因此，我们可定义一种新的准粒子来描述近满带电流及电流的变化.

当满带顶附近存在少数空状态 k 时，整个能带中电子运动引起的电流以及电流在外电磁场作用下的变化，完全如同带正电的电荷 e、具有正有效质量 $|m^*|$ 和速度 $\upsilon(k)$ 的粒子的行为，我们将这种假想的粒子称为空穴. 因此，空穴的运动代表整个带中电子的集体运动行为.

2) 金属和半导体的导电特性

前面我们提到，金属导电的霍尔系数有的为正值，有的为负值，因此金属导电的载流子可能是电子，可能是空穴，也可能是电子和空穴同时存在. 提出金属导电的双带模型，如图 4.49 所示. 当费米能级穿过高低两个能带时，高能带中的电子和低能带中的空穴会同时对电流做贡献.

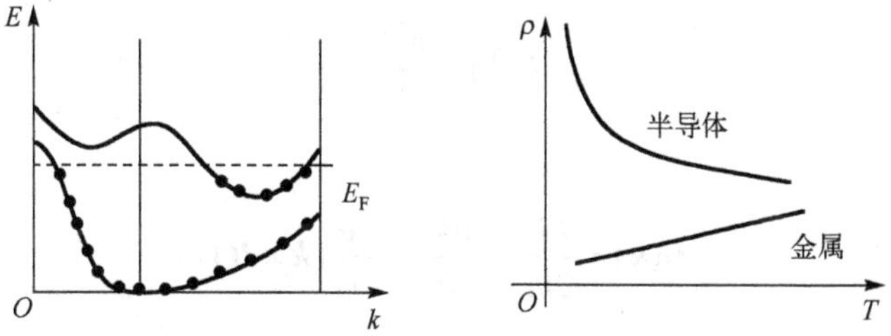

图 4.49　金属导电的双带模型和半导体及金属的电阻率随温度变化的示意图

金属导电的电阻随温度升高而增大，这主要是晶格散射引起的. 半导体存在带隙，因此低温下半导体的电阻很高. 其电阻随温度升高而减小，主要是由于温度升高增加了半导体中的载流子浓度.

4. *布洛赫电子在磁场作用下的运动*

1)恒定磁场中布洛赫电子的运动

用准经典运动的两个基本方程

$$\boldsymbol{v}_n(\boldsymbol{k}) = \frac{1}{\hbar}\nabla_k E_n(\boldsymbol{k})$$

$$-e\boldsymbol{v}_n(\boldsymbol{k}) \times \boldsymbol{B}(r,t) = \hbar \mathrm{d}\boldsymbol{k}/\mathrm{d}t$$

假定只在 z 方向有磁场，在波矢空间里讨论布洛赫电子的行为，因此

$$\frac{\mathrm{d}\boldsymbol{k}}{\mathrm{d}t} \perp \boldsymbol{B}$$

表明沿磁场方向 $\boldsymbol{k}$ 的分量不随时间而变，即在 k 空间中，电子在垂直于磁场 $\boldsymbol{B}$ 的平面内运动. 由于洛伦兹力不做功，所以电子的能量 $E(\boldsymbol{k})$ 不随时间而变，即电子在等能面上运动. 因此我们得到结论：电子在 k 空间中的运动轨迹是垂直于磁场的平面与等能面的交线，即电子在垂直于磁场的等能线上运动.

电子在 k 空间中的运动是回旋的，经过一段时间后又回到出发的那一点. 电子回旋运动的周期为

$$T = \oint_{E=\mathrm{const}} \mathrm{d}t = \oint_{E=\mathrm{const}} \frac{\mathrm{d}k}{|\dot{k}|} = \frac{\hbar}{eB}\oint_{E=\mathrm{const}} \frac{\mathrm{d}k}{|\boldsymbol{v}_\perp|}$$

回旋圆频率可表示为

$$\omega_\mathrm{c} = \frac{2\pi}{T} = 2\pi eB\left[\hbar\oint_{E=\mathrm{const}} \frac{\mathrm{d}k}{|\boldsymbol{v}_\perp|}\right]^{-1}$$

考虑自由电子近似，其电子色散关系为

$$E(k)=\frac{\hbar^2k^2}{2m}$$

因此

$$\boldsymbol{\upsilon}(\boldsymbol{k})=\frac{\hbar\boldsymbol{k}}{2m},\quad \frac{\mathrm{d}\boldsymbol{k}}{\mathrm{d}t}=-\frac{e}{m}(\boldsymbol{k}\times\boldsymbol{B})$$

$$\frac{\mathrm{d}k_x}{\mathrm{d}t}=-\frac{eBk_y}{m},\quad \frac{\mathrm{d}k_y}{\mathrm{d}t}=-\frac{eBk_x}{m},\quad \frac{\mathrm{d}k_z}{\mathrm{d}t}=0$$

$$\boldsymbol{\upsilon}_\perp(k)=\frac{\hbar\boldsymbol{k}_\perp}{m}$$

$$\omega_\mathrm{c}=\frac{2\pi eB}{\hbar\dfrac{m}{\hbar k_\perp}2\pi k_\perp}=\frac{eB}{m}$$

布洛赫电子在磁场的作用下做回旋运动，但由于其等能面的复杂变化，其运动轨迹也要复杂得多，因而其回旋频率的表达式通常需要具体积分求出. 在能带底和能带顶，情况变得简单，可以给出类似自由电子的表达式

$$\omega_\mathrm{c}=eB/m^*$$

这里，电子的质量被电子的有效质量替代. 对于自由电子，磁场沿 z 轴方向

$$\frac{\mathrm{d}\upsilon_x}{\mathrm{d}t}=-\frac{eB\upsilon_y}{m}$$

$$\frac{\mathrm{d}\upsilon_y}{\mathrm{d}t}=-\frac{eB\upsilon_x}{m}$$

$$\frac{\mathrm{d}\upsilon_z}{\mathrm{d}t}=0$$

其解为

$$\begin{cases}\upsilon_x=\upsilon_0\cos\omega_0 t\\ \upsilon_y=\upsilon_0\sin\omega_0 t\\ \upsilon_z=\mathrm{const}\end{cases}$$

$$\upsilon_0^2=\upsilon_x^2+\upsilon_y^2,\quad \omega_0=eB/m$$

在实空间中，沿磁场方向，υ_z 是常数，即电子做匀速运动，电子的运动轨迹为一螺旋线. 对于晶格电子，上述公式中仅自由电子的质量被有效质量替代即可.

现在考虑自由电子在磁场下的运动量子化. 在磁场下，一个自由电子的薛定谔方程可以写为

$$H=\frac{1}{2m}(\boldsymbol{p}+e\boldsymbol{A})^2$$

式中，$\boldsymbol{A}$ 为磁场的矢势，其与磁场强度的关系为 $\boldsymbol{B}=\nabla\times\boldsymbol{A}$. 考虑 $\boldsymbol{B}$ 沿 z 方向，$\boldsymbol{A}$ 的形式可写为 $\boldsymbol{A}=(-By, 0, 0)$. 因此，哈密顿量可表示为

$$H=\frac{1}{2m}\left[(p_x-eBy)^2+p_y^2+p_z^2\right]$$

我们知道

$$[H, P_x]=0,\quad [H, P_z]=0$$

因此，H 和 P_x、P_z 具有共同的本征函数. 设其共同的本征函数为 $\psi(r)$,

$$\hat{P}_x\psi=\hbar k_x\psi,\quad \hat{P}_z\psi=\hbar k_z\psi$$

因此，本征函数 $\psi(r)$ 可以表示为

$$\psi(r)=\mathrm{e}^{\mathrm{i}(k_x x+k_z z)}\phi(y)$$

把本征函数代入上面的薛定谔方程

$$\frac{1}{2m}\left[(\hbar k_x-eBy)^2+{p_y}^2+\hbar^2k_z^2\right]\phi(y)=E\phi(y)$$

整理后可知该方程为一谐振子方程

$$\left[-\frac{\hbar^2}{2m}\frac{\partial^2}{\partial y^2}+\frac{1}{2m}(\hbar k_x-eBy)^2\right]\phi(y)=\left(E-\frac{\hbar^2k_z^2}{2m}\right)\phi(y)$$

进行参量替换

$$\omega_0=\frac{eB}{m},\quad y_0=\frac{\hbar}{eB}k_x,\quad \varepsilon=E-\frac{\hbar^2k_z^2}{2m}$$

可得方程

$$\left[-\frac{\hbar^2}{2m}\frac{\partial^2}{\partial y^2}+\frac{1}{2}m\omega_0^2(y-y_0)^2\right]\phi(y)=\varepsilon\phi(y)$$

由上面变换后的方程可知，其是一个原点在 y_0 的谐振子波动方程，其解为

$$\phi_n(y-y_0)\approx N_n\exp\left[-\frac{m\omega_0}{2\hbar}(y-y_0)\right]H_n\left[\sqrt{\frac{m\omega_0}{\hbar}}(y-y_0)\right]$$

$$\varepsilon_n=(n+1/2)\hbar\omega_0,\quad n=0,1,2,\cdots$$

其中，$H_n(y)$ 为厄米多项式. 因此，磁场下自由电子的本征函数和本征能量分别为

$$\psi(r)=\mathrm{e}^{\mathrm{i}(k_x x+k_z z)}\phi(y-y_0)$$

$$E(k)=\frac{\hbar^2 k_z^2}{2m}+\left(n+\frac{1}{2}\right)\hbar\omega_0$$

因此，电子在垂直于磁场平面内的匀速圆周运动对应于一种简谐振动，其能量是量子化的. 我们将这种量子化的能级称为朗道能级(Landau level).

在磁场的作用下，自由电子的能量由准连续的抛物线型能谱变成分立的次能带能谱，每条次能带都呈抛物线形状. 磁场中的能态密度曲线和磁场为零时的能态密度曲线相比也发生了巨大变化，形成了一系列的峰值，相邻两峰之间的能量差是 $\hbar\omega_0$，如图 4.50 所示.

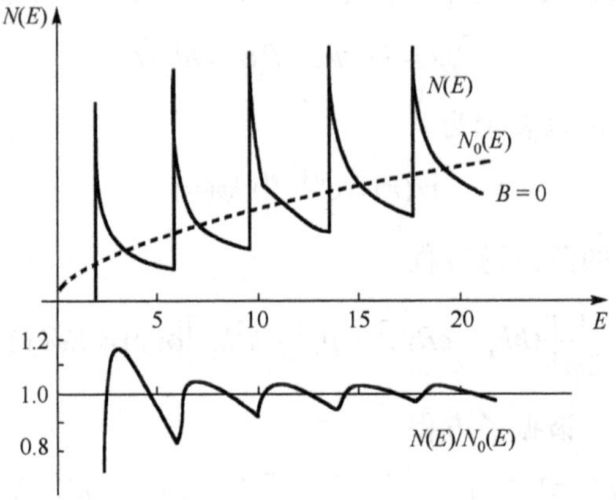

图 4.50　自由电子近似下有磁场和无磁场下的态密度分布及两者的比随能量的变化

晶体中电子在磁场中运动时，其哈密顿量为

$$H=\frac{1}{2m}(\boldsymbol{p}+e\boldsymbol{A})^2+U(\boldsymbol{r})$$

周期场的影响概括为有效质量的变化. 采用有效质量近似，将哈密顿量近似写成

$$H=\frac{1}{2m^*}(\boldsymbol{p}+e\boldsymbol{A})^2$$

这就是磁场下晶格中单电子的哈密顿量，与自由电子的差异仅在于电子的质量.

2) 电子回旋共振

如图 4.51 所示，将一晶片垂直置于磁场中，若沿磁场方向输入频率为 ω 的交变电场，电子做回旋运动. 当 $\omega=\omega_c$ 时，电子回旋与电场同步，电子吸收电场能量达到极大，这种现象称为电子回旋共振. 从量子理论的观点，电子吸收了电场的能量，相当于实现了电子在朗道能级间的跃迁. 测量回旋共振的频率 ω_c，则可算出电子(或空穴)的有效质量 m^*. 电子回旋共振不仅可以测量载流子的有效质量 m^*，还可以根据入射波的偏振方向来判断电场的能量是被电子还是被空穴吸收的.

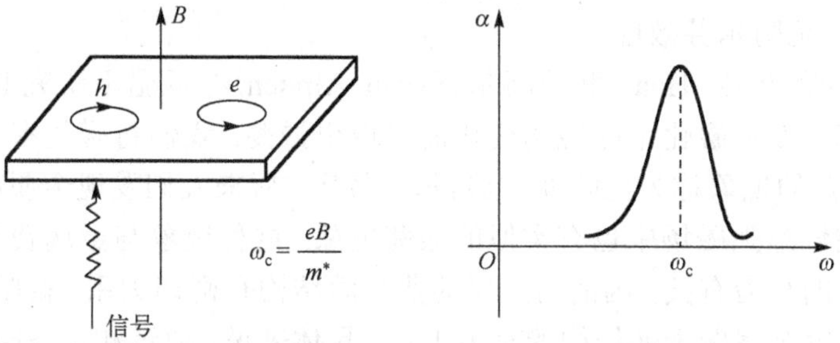

图 4.51　电脉冲穿过在磁场中的晶体薄片及其吸收谱示意图

根据回旋共振吸收曲线确定出回旋频率，代入公式即可计算出有效质量，其精度取决于交变场频率和磁场的测量精度. 在自由电子情形，可以算出 $f_c=\omega_c/(2\pi)=2.8B(\text{GHz})$. 当 $B=1\text{kGs}$ 时，$f_c=2.8\ \text{GHz}$ 属于微波波段. 电子回旋共振可被广泛地用来测定半导体导带底电子或价带顶空穴的有效质量，研究其能带结构.

在半导体的导带底或价带顶附近，色散关系可以近似表示为

$$E(k)=\frac{\hbar^2}{2}\left(\frac{k_x^2}{m_x^*}+\frac{k_y^2}{m_y^*}+\frac{k_z^2}{m_z^*}\right)$$

当发生电子回旋共振时，$\omega_c=eB/m^*$. m^*可表示为

$$\frac{1}{m^*}=\sqrt{\frac{\alpha^2m_x^2+\beta^2m_y^2+\gamma^2m_z^2}{m_x^*m_y^*m_z^*}}$$

其中，α、β、γ 为磁场在主轴坐标系中的方向余弦.

电子在运动过程中会受到声子、晶格缺陷以及杂质的散射，因此，为了能观察到回旋共振现象，必须满足条件$\omega_c\tau\gg1$，其中τ是电子在相邻两次碰撞间的平均自由时间. 通常，实验都必须在极低温度(液 He 温度)下，选用高纯的单晶样品，以提高τ值，同时加强磁场以提高ω_c. 近年来，利用红外激光为交变信号源，我们可以观测到非常清晰的共振线. 如图 4.52 所示，硅晶片在磁场中，温度为 4 K 时，利用频率为 23 GHz 的平面波辐射，调节磁场强度，可以观测到不同空穴和电子的共振吸收.

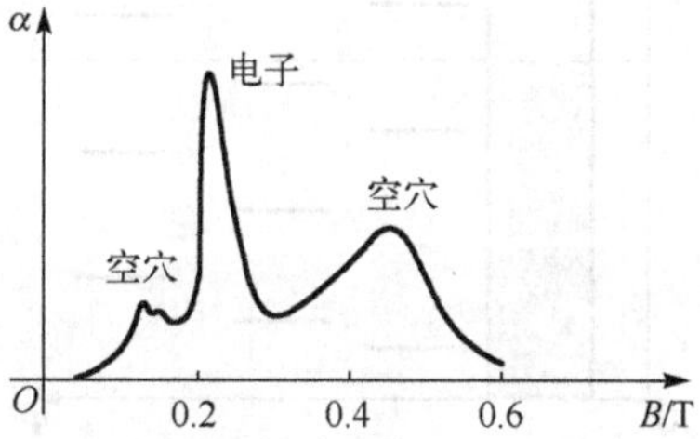

图 4.52　磁场下硅晶片的光吸收谱(Dexter, 1956)

3) 德哈斯-范阿尔芬效应

1930 年德哈斯(de Haas)和范阿尔芬(van Alphen)在低温下研究 Bi 单晶在强磁场中的磁化率，发现磁化率随磁场变化而显现出振荡. 我们将磁化率随磁场的倒数 $1/B$ 作周期振荡的现象称为德哈斯-范阿尔芬效应. 后来人们发现金属的电导率、比热等物理量在低温强磁场中也有类似的振荡现象. 这种现象与金属费米面附近的电子在强磁场中的行为有关，因而与金属的费米面结构有密切关系. 德哈斯-范阿尔芬效应成为了研究金属费米面结构的有力工具. 具体来说，通过测定德哈斯-范阿尔芬效应的振荡周期，确定极值的面积，就可以相当准确地勾画出费米面的形状.

A. 二维自由电子气模型

没有外场时，二维自由电子气色散关系为

$$E(k)=\hbar^2k^2/(2m)$$

如果加上外磁场，能量本征值则形成一系列的朗道能级

$$E_n=(n+1/2)\omega_{\mathrm{c}}$$

二维自由电子气具有准连续的能谱，在垂直磁场下聚集成间隔为 $\hbar\omega_{\mathrm{c}}$ 的分立能级. 这种改变是量子态的改变，但量子态的总数应当不变. 因此，每个朗道能级所包含量子态的总数等于原来连续能谱中能量间隔为 $\hbar\omega_{\mathrm{c}}$ 内的量子态数目，即朗道能级是高度简并的.

容易证明二维电子气的能态密度是与能量无关的常数，因此朗道能级的简并度为

$$D=2\frac{L}{2\pi}(k_y)_{\max}=2\frac{L^2}{2\pi\hbar}m\omega_{\mathrm{c}}=\frac{L^2e}{\pi\hbar}B$$

自由电子气在磁场中形成一系列高度简并的分立能级(朗道能级)，而朗道能级简并度随磁场强度 B 变化，使得电子气系统的能量随磁场强度变化而变化，这就是产生德哈斯-范阿尔芬效应的原因(图 4.53).

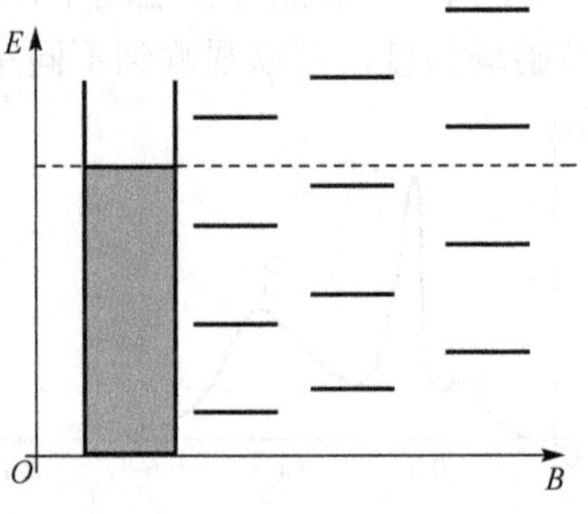

图 4.53　二维电子气在磁场下能级劈裂及随磁场增大能级间距变大的示意图

随磁场 B 的减小，能量间距减小，每个能级的简并度 D 也减小. 随磁场强度的减小，电子系统能量的增量 ΔE 周期性变化，每当朗道能级与费米能级重合时，就出现能级增量的峰值. 设相邻两个峰值分别为 B_1、λ和 B_2、$\lambda+1$，则有

$$\lambda D_1 = (\lambda+1)D_2 = N$$

把简并度的公式代入上面的公式可得

$$\lambda \frac{L^2 e}{\pi\hbar} B_1 = (\lambda+1)\frac{L^2 e}{\pi\hbar} B_2 = N$$

因此，能量增量随磁场的变化周期为

$$\Delta\left(\frac{1}{B}\right) = \frac{1}{B_2} - \frac{1}{B_1} = \frac{L^2 e}{\pi\hbar N} = \frac{2\pi e}{\hbar S_{\mathrm{F}}}$$

其中，S_{F} 为磁场穿过的费米截面的面积，其表示为

$$S_{\mathrm{F}} = 2\pi^2 \frac{N}{L^2} = \pi k_{\mathrm{F}}^2$$

其推导如下：

$$2\frac{L^2}{(2\pi)^2}\pi k_{\mathrm{F}}^2 = N \rightarrow S_{\mathrm{F}} = \pi k_{\mathrm{F}}^2 = 2\pi^2 \frac{N}{L^2}$$

系统的能量随 $1/B$ 周期性变化，因此系统的磁矩也随磁场作周期性振荡变化. 从实验上测出 M 随 $1/B$ 变化的周期，则可定出费米面面积 S_{F}.

B. 三维自由电子气模型

三维自由电子在磁场中的色散关系为

$$E(k) = \frac{\hbar^2 k_z^2}{2m} + (n+1/2)\hbar\omega_0$$

对于确定的 k_z 和 n, 朗道能级被确定，但 k_y 的取值取决于 y_0 振子的中心. 参量 y_0 可在限度 L 内变动，因此，k_y 的最大值为

$$k_{y,\max} = eB(y_0)_{\max}/\hbar = eBL/\hbar$$

朗道能级的简并度为

$$\rho = 2\frac{L}{2\pi}(k_y)_{\max} = \frac{L^2}{\pi\hbar} m\omega_{\mathrm{c}}$$

在 B=0 时，在确定的 k_z 下，能量间隔为 $\hbar\omega$的范围内，自由电子的状态数为

$$2\left(\frac{L}{2\pi}\right)^2 \mathrm{d}k_x \mathrm{d}k_y = 2\frac{L^2 m}{2\pi\hbar^2}\mathrm{d}E_\perp = \frac{L^2}{\pi\hbar} m\omega_{\mathrm{c}}$$

原来在 k 空间均匀分布的状态代表点现在量子化后凝聚在同心圆柱上，如图 4.54 所示.

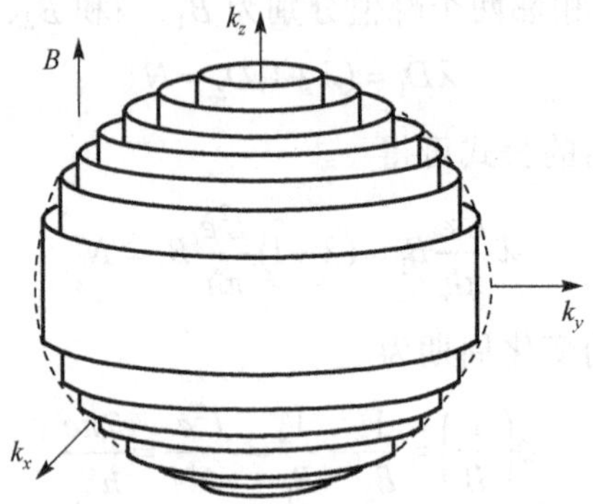

图 4.54　三维自由电子气在磁场下能带的劈裂模型

在与磁场垂直的 k_z 为常数的平面内，轨道是量子化的，沿磁场方向的 k_z 取值是准连续的，在 k 空间形成一系列的圆柱面. 每一个圆柱面对应于一个确定的量子数 n. 改变磁场 B 的数值，$\hbar\omega_c$ 会发生变化，态密度峰值位置发生变化，即圆柱有不同的间隔. 磁场变化引起圆柱的半径变化，每当有一个圆柱面恰好与费米球相切时，系统能量增量最大，这就使得电子系统能量增量随 $1/B$ 呈周期性变化. 因而产生磁矩 M 随 $1/B$ 周期性变化.

C. 量子化的等能线数目评估

等能线数目 n 近似可表示为

$$n \approx \frac{E_F}{\hbar\omega_c} = \frac{mE_F}{\hbar eB} = (0.86\times10^8)\frac{E_F}{B}(\mathrm{G/eV})$$

E_F～eV，B～10^4G，因此 n～10^4，磁场导致的分立的同心圆柱是很密集的，磁场变化会引起多次振荡.

对自由电子的讨论可以推广到布洛赫电子，只需要用有效质量 m^*代替 m. 磁场虽然使电子的分布发生变化，但垂直于磁场方向的费米面截面的形状并没有改变，因此可以借助于德哈斯-范阿尔芬效应

$$T(1/B) = 2\pi e / (\hbar A_F)$$

来测量晶体的费米面的形状和大小. 这里，A_F 是垂直于磁场的费米面极值截面积.

D. 例子：贵金属 Ag

金属银(Ag)是面心立方(fcc)结构，其第一布里渊区为截顶八面体，如图 4.55 所示. 由于晶体周期场的影响，费米面明显不是球形，有 8 个颈状突起部分. 检查一些性质，如电导率、比热等，在磁场变化下的规律. 我们会发现，磁场沿不同晶体方向时，德哈斯-范阿尔芬效应表现出不同的性质. 当磁场沿[111]方向时，银的德哈斯-范

阿尔芬振荡有 2 个特征周期，一个对应于“肚子”轨道，截面积大，周期小；另一个对应于“脖子”轨道，截面积小，周期大. 通过周期比，发现两个截面积比为

$$A_{\max} / A_{\min} = 51$$

因此，垂直于[111]方向的截面处，对应三个凸起部分，其面积大约为球面对应的截面面积的 1/51.

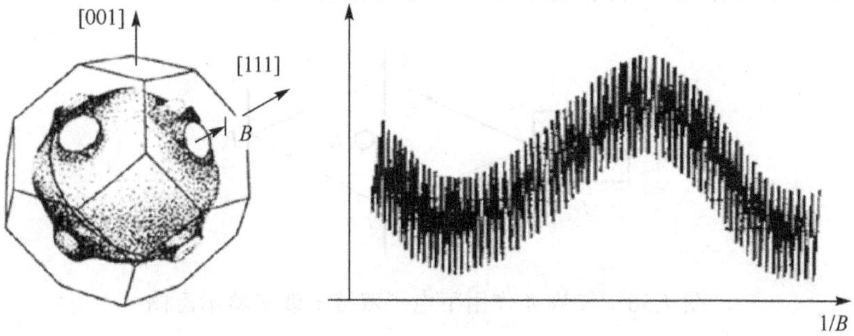

图 4.55　倒空间第一布里渊区中银的电子填充形成的费米球面(a)及其电子性质随磁场变化(b)的示意图

4) AB 效应

前面我们看到磁场对电子能谱的影响，导致朗道子能带的出现. 现在检查磁场对电子波函数的影响. 考察磁场作用下单电子波函数形式

$$\psi = \psi_0 e^{-i\frac{e}{\hbar}\int_r \boldsymbol{A}\cdot d\boldsymbol{r}}$$

在含磁矢量的动量算符作用下可变为

$$(-i\hbar\nabla + e\boldsymbol{A})\psi = -i\hbar e^{-i\frac{e}{\hbar}\int_r \boldsymbol{A}\cdot d\boldsymbol{r}} \nabla \psi_0$$

$$(-i\hbar\nabla + e\boldsymbol{A})^2\psi = -\hbar^2 e^{-i\frac{e}{\hbar}\int_r \boldsymbol{A}\cdot d\boldsymbol{r}} \nabla^2 \psi_0$$

可见，如果 ψ_0 是下面薛定谔方程的解：

$$\left[-\frac{\hbar^2}{2m}\nabla^2 + V(r)\right]\psi_0 = E\psi_0$$

那么，ψ 可以满足磁场下的单电子薛定谔方程

$$\left[\frac{1}{2m}(-i\hbar\nabla + e\boldsymbol{A})^2 + V(r)\right]\psi = E\psi$$

从上面的波函数可以看出，矢势 A 可起到调节波函数的作用，主要体现在波函数的相角上，对于电子概率密度来说，似乎并不引起可观察的效应. 1959 年阿哈罗

诺夫(Aharonov)和玻姆(Bohm)建议考虑一种双缝干涉实验，认为矢势 A 在一定条件下可能产生可观测的效应. 如图 4.56 所示，相干电子束通过 C_1 和 C_2 两个狭缝，在屏 p 处成像. 类似光的杨氏双缝干涉效应，电子束通过双缝后也会在 p 处形成双缝干涉条纹，如果在 C_1 和 C_2 两个狭缝之间的位置放置一个无线长螺线管，形成局域磁场，但在两束电子束通过的路径上并没有磁场，仅形成矢势 A. 这样，我们会发现，在矢势 A 的作用下电子的干涉条纹会发生移动.

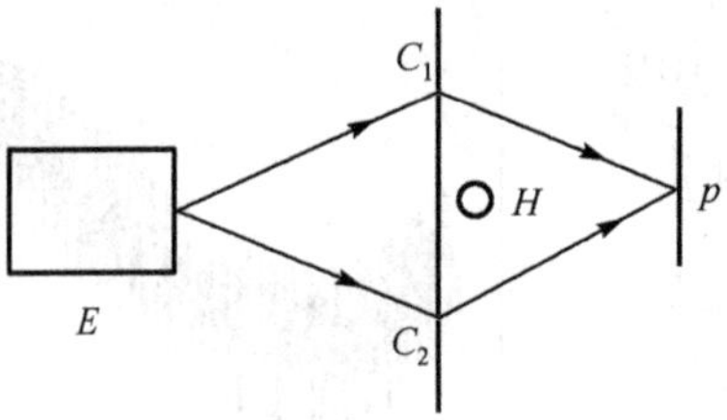

图 4.56 矢势 A 作用下电子双缝干涉实验示意图

考虑沿路径 C_1 和 C_2 的两个电子波函数

$$\psi_1=\psi_0 \mathrm{e}^{-\mathrm{i}\frac{e}{\hbar}\int_{C_1}\boldsymbol{A}\cdot \mathrm{d}\boldsymbol{r}},\quad \psi_2=\psi_0 \mathrm{e}^{-\mathrm{i}\frac{e}{\hbar}\int_{C_2}\boldsymbol{A}\cdot \mathrm{d}\boldsymbol{r}}$$

在 p 处两个电子波函数形成叠加

$$\psi=\psi_1+\psi_2=\psi_0 \mathrm{e}^{-\mathrm{i}\frac{e}{\hbar}\int_{C_1}\boldsymbol{A}\cdot \mathrm{d}\boldsymbol{r}}(1+\mathrm{e}^{\mathrm{i}\delta})$$

在 p 处的电子态密度可以表示为

$$\begin{aligned}\delta&=-\frac{e}{\hbar}\left(\int_{C_2}\boldsymbol{A}\cdot \mathrm{d}\boldsymbol{r}-\int_{C_1}\boldsymbol{A}\cdot \mathrm{d}\boldsymbol{r}\right)\\&=-\frac{e}{\hbar}\oint \boldsymbol{A}\cdot \mathrm{d}\boldsymbol{r}\\&=-\frac{e}{\hbar}\int_S \nabla\times\boldsymbol{A}\cdot \mathrm{d}\boldsymbol{S}=-\frac{e}{\hbar}\Phi\end{aligned}$$

$$|\psi|^2=|\psi_1+\psi_2|^2=2|\psi_0|^2\left(1+\cos 2\pi\frac{\Phi}{\Phi_0}\right)$$

式中，$\Phi_0=h/e$，是磁通量子. 因此，电子概率密度依赖于磁通量Φ，调节Φ 可使它出现周期为Φ_0的振荡.

在金属中，电子必然受到杂质、缺陷以及声子等的散射，阿哈罗诺夫-玻姆(Aharonov-Bohm, AB)效应是否能够实现要看电子是否能保持其相位相干性. 电子经历的散射可分为弹性散射和非弹性散射.

对于弹性散射，本征能量不变，两个电子波函数叠加可表示为

$$\psi_1=\psi_0 \mathrm{e}^{-\mathrm{i}\left(\frac{E}{\hbar}t-\alpha_1\right)},\quad \psi_2=\psi_0 \mathrm{e}^{-\mathrm{i}\left(\frac{E}{\hbar}t-\alpha_2\right)}$$

$$\psi_1^*\psi_2+\psi_2^*\psi_1=2|\psi_0|\cos(\alpha_1-\alpha_2)$$

对于非弹性散射，本征能量发生变化，两个波函数表示为

$$\psi_1=\psi_0 \mathrm{e}^{-\mathrm{i}\left(\frac{E_1}{\hbar}t-\alpha_1\right)},\quad \psi_2=\psi_0 \mathrm{e}^{-\mathrm{i}\left(\frac{E_2}{\hbar}t-\alpha_2\right)}$$

叠加后的干涉项为

$$\psi_1^*\psi_2+\psi_2^*\psi_1=2|\psi_0|\cos\left(\frac{E_1-E_1}{\hbar}t+\alpha_1-\alpha_2\right)$$

可见，对于弹性散射，波函数的相干性能够保持；对于非弹性散射，由于实验测量时间在微观上是较长的，对时间求平均后，会发现相干性消失. 通常把能保持相位相干的电子行程称为相位相干长度 L_Φ，其大小由非弹性散射的平均自由程决定. 低温下，L_Φ 可达到微米量级，因此，有望在微米尺度的金属中观测到 AB 效应. 1985 年 Webb 等在很小的金环样品(直径 800 nm，线宽 40 nm)中观测到 AB 效应. 如图 4.57 所示，磁场垂直通过金环，金环链接两个电极，电子从一个电极流入，分别可以通过环的两个路径到达另一个电极形成叠加，在环中央磁场变化下，电极处电流强度形成振荡，即形成磁电阻振荡.

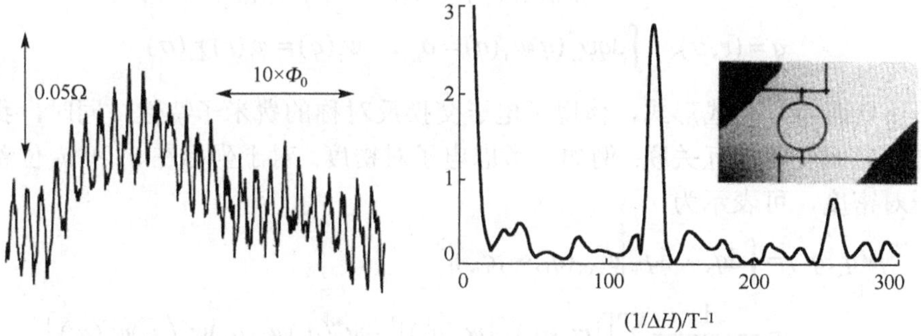

(a) 随磁场变化的磁阻振荡　　(b) 磁电阻振荡的傅里叶变换谱

图 4.57　在 0.04 K 时金环中 AB 振荡试验(Webb et al., 1985)

4.3　多体电子关联

固体系统是一个非常复杂的多体问题，其哈密顿量可以表示为

$$\hat{H}=\hat{T}_\mathrm{e}+U_\mathrm{ee}(\boldsymbol{r}_i,\boldsymbol{r}_j)+\hat{T}_n+U_{nm}(\boldsymbol{R}_n,\boldsymbol{R}_m)+U_\mathrm{en}(\boldsymbol{r}_i,\boldsymbol{R}_n)$$

前面我们讨论了单电子近似下能带的一般特性. 如果电子间没有相互作用，电子的行为自然不受其他电子的影响. 然而，电子间必然存在相互作用，不管这种作用多弱，情况必然发生变化，任何电子的行为都与其他电子的状态相关. 本节，我们将讨论电子间的相互作用及单电子近似的物理基础. 我们在绝热近似下处理多电子问题，其哈密顿量可以表示为

$$\hat{H}=\hat{T}_{\mathrm{e}}+U_{\mathrm{ee}}(\boldsymbol{r}_i,\boldsymbol{r}_j)+U_{\mathrm{en}}(\boldsymbol{r}_i,\boldsymbol{R}_n)$$

其中，电子-电子相互作用的详细表达式为

$$U_{\mathrm{ee}}(\boldsymbol{r}_i,\boldsymbol{r}_j)=\frac{1}{2}\sum_{i,j}{}'\frac{1}{4\pi\varepsilon_0}\frac{e^2}{|\boldsymbol{r}_i-\boldsymbol{r}_j|}$$

4.3.1 哈特里-福克近似

对于 N 个电子相互作用的电子体系，哈特里-福克近似考虑到全同粒子的对称性，采用斯莱特(Slater)行列式的形式来表示体系的电子波函数

$$\psi_{\mathrm{AS}}=\frac{1}{\sqrt{N!}}\begin{vmatrix}\psi_1(q_1) & \psi_1(q_2) & \cdots & \psi_1(q_N)\\ \psi_2(q_1) & \psi_2(q_2) & \cdots & \psi_2(q_N)\\ \vdots & \vdots & & \vdots\\ \psi_N(q_1) & \psi_N(q_2) & \cdots & \psi_N(q_N)\end{vmatrix}$$

$$q=(r,\sigma),\quad \int \mathrm{d}q\psi_i^*(q)\psi_j(q)=\delta_{i,j},\quad \psi_i(q)=\varphi_i(r)\chi_i(\sigma)$$

采用斯莱特行列式形式，体现了电子交换反对称的费米子特性，同时，我们注意到电子之间变得相互关联. 例如，考虑电子对密度. 对于坐标在 q_1 和 q_2 位置的两个电子对密度，可表示为

$$\begin{aligned}\rho(q_1,q_2)&=\int \mathrm{d}q_3\cdots \mathrm{d}q_N|\psi_{\mathrm{AS}}(q_1,\cdots,q_N)|^2\\ &=\frac{1}{N(N-1)}\sum_{k,l}\left[|\psi_k(q_1)|^2|\psi_l(q_2)|^2-\psi_k^*(q_1)\psi_k(q_2)\psi_l^*(q_2)\psi_l(q_1)\right]\end{aligned}$$

我们引入福克操作算符

$$\hat{F}\psi_k=\varepsilon_k\psi_k\quad(e=1,\hbar=1,m=1)$$

$$\begin{aligned}\hat{F}\psi_k(q)=&\left[-\frac{1}{2}\nabla^2-\sum_n\frac{Z_n}{|r-R_n|}\right]\psi_k(q)+\sum_{l=1}^{N}\int \mathrm{d}q'|\psi_k(q')|^2\frac{1}{|r-r'|}\psi_k(q)\\ &-\sum_{l=1}^{N}\int \mathrm{d}q'\psi_l^*(q')\frac{1}{|r-r'|}\psi_k(q')\psi_l(q)\end{aligned}$$

上式中，交换项是非局域的，其作用在ψ_k上，其在 q 处的值却由ψ_k所有可能的其他位置上的值决定. 单电子轨道的能量并不等于福克算符的本征值. 它们通过多电子体系的总能联系在一起，如下式所示：

$$E=\frac{1}{2}\sum_k\left[\varepsilon_k+\langle\psi_k|\hat{h}|\psi_k\rangle\right],\quad \hat{h}=\frac{1}{2}\nabla^2-\sum_n\frac{Z_n}{|r-R_n|}$$

交换项贡献降低了电子之间由于库仑作用导致的能量消耗，这可以被认为是由于交换导致相同自旋的电子相互分离. 考虑交换空穴(exchange hole)，其半径为 $n^{-1/3}$，来表示这种相同自旋的电子分离效应，评估引起的能量修正为

$$\Delta E_{\mathrm{c}}\approx n^2\left[\int_{r_{\mathrm{c}}}^{\infty}r^2\mathrm{d}r\frac{1}{r}-\int_0^{\infty}r^2\mathrm{d}r\frac{1}{r}\right]=-n^2\int_0^{r_{\mathrm{c}}}r^2\mathrm{d}r\frac{1}{r}\sim -n^2r_{\mathrm{c}}^2\sim -n^{4/3}$$

下面我们利用拉格朗日(Lagrange)变分法推导福克方程和总能表达式. 多电子体系的哈密顿量通过单体算符和双体算符表示为

$$H=\sum_i h(i)+\frac{1}{2}\sum_{i,j:i\neq j}g(i,j)$$

$$h(i)=-\frac{1}{2}\nabla_i^2-\sum_n\frac{Z_n}{|\boldsymbol{r}_i-\boldsymbol{R}_n|}$$

$$g(i,j)=\frac{1}{|\boldsymbol{r}_i-\boldsymbol{r}_j|}$$

斯莱特行列式表示的多电子波函数为试探函数，系统的总能为

$$E=\langle\psi_{\mathrm{AS}}|H|\psi_{\mathrm{AS}}\rangle$$

对于单体算符 $h(i)$，其矩阵元可表示为

$$\langle\psi_{\mathrm{AS}}|\sum_i h(i)|\psi_{\mathrm{AS}}\rangle=N\frac{(N-1)!}{N!}\sum_k\langle\psi_k|h|\psi_k\rangle$$

$$=\sum_k\int\mathrm{d}x\psi_k^*(x)h(r)\psi_k(x)$$

对于双体算符 $g(i,j)$，其矩阵元可表示为

$$\langle\psi_{\mathrm{AS}}|\sum_{i,j:i\neq j}g(i,j)|\psi_{\mathrm{AS}}\rangle=\sum_{k,l}\langle\psi_k\psi_l|g|\psi_k\psi_l\rangle-\sum_{k,l}\langle\psi_k\psi_l|g|\psi_l\psi_k\rangle$$

$$\langle\psi_k\psi_l|g|\psi_m\psi_n\rangle=\int\mathrm{d}x_1\mathrm{d}x_2\psi_k^*(x_1)\psi_l^*(x_2)\frac{1}{|r_1-r_2|}\psi_m(x_1)\psi_n(x_2)$$

因此，总能为

$$E=\sum_k\langle\psi_k|h|\psi_k\rangle+\frac{1}{2}\sum_{k,l}\left[\langle\psi_k\psi_l|g|\psi_k\psi_l\rangle-\langle\psi_k\psi_l|g|\psi_l\psi_k\rangle\right]$$

定义两个新的算符. 其中库仑算符表示为

$$J=\sum_k J_k,\quad J_k(x)\psi(x)=\int \mathrm{d}x'\psi_k^*(x')\frac{1}{r_{12}}\psi_k(x')\psi(x)$$

交换(exchange)算符表示为

$$K=\sum_k K_k,\quad K_k(x)\psi(x)=\int \mathrm{d}x'\psi_k^*(x')\frac{1}{r_{12}}\psi(x')\psi_k(x)$$

因此，总能重新表示为

$$E=\sum_k\langle\psi_k|h+\frac{1}{2}(J-K)|\psi_k\rangle$$

采用变分原理，以ψ_k为试探波函数，并以下面的式子表示限定条件：

$$\langle\psi_k|\psi_l\rangle=\delta_{k,l}$$

可得变分方程

$$\delta E-\sum_{kl}\Lambda_{kl}\left[\langle\delta\psi_k|\psi_l\rangle+\langle\psi_k|\delta\psi_l\rangle\right]=0$$

其中，我们引入拉格朗日不定参量Λ_{kl}，δE 的具体虚微分计算如下：

$$\begin{aligned}\delta E=&\sum_k\langle\delta\psi_k|h|\psi_k\rangle+\text{C.C.}+\frac{1}{2}\sum_{kl}\left[\langle\delta\psi_k\psi_l|g|\psi_k\psi_l\rangle+\langle\psi_k\delta\psi_l|g|\psi_k\psi_l\rangle\right.\\&\left.-\langle\delta\psi_k\psi_l|g|\psi_l\psi_k\rangle-\langle\psi_k\delta\psi_l|g|\psi_l\psi_k\rangle\right]+\text{C.C.}\\=&\sum_k\langle\delta\psi_k|h|\psi_k\rangle+\text{C.C.}+\sum_{kl}\left[\langle\delta\psi_k\psi_l|g|\psi_k\psi_l\rangle-\langle\delta\psi_k\psi_l|g|\psi_l\psi_k\rangle\right]+\text{C.C.}\end{aligned}$$

引入福克操作算符

$$\hat{F}=h+J-K$$

$$\delta E=\sum_k\left(\langle\delta\psi_k|\hat{F}|\psi_k\rangle+\langle\psi_k|\hat{F}|\delta\psi_k\rangle\right)$$

因此，变分方程可表示为

$$\langle\delta\psi_k|\hat{F}|\psi_k\rangle+\langle\psi_k|\hat{F}|\delta\psi_k\rangle-\sum_l\Lambda_{kl}\left[\langle\delta\psi_k|\psi_l\rangle+\langle\psi_k|\delta\psi_l\rangle\right]=0$$

由于限制条件的对称性

$$\langle\psi_k|\psi_l\rangle=\langle\psi_l|\psi_k\rangle,\quad \Lambda_{kl}=\Lambda_{lk}^*$$

因此，可得福克方程

$$\hat{F}|\psi_k\rangle = \sum_l \Lambda_{kl}|\psi_l\rangle$$

考虑形成一组正交基$\{\psi_k\}$，我们选择拉格朗日不定参量Λ_{kl}为

$$\Lambda_{kl} = \varepsilon_k \delta_{kl}$$

福克方程变为

$$\hat{F}|\psi_k\rangle = \varepsilon_k|\psi_k\rangle$$

总能表达式为

$$\begin{aligned}
E &= \sum_k \langle\psi_k|h + \frac{1}{2}(J-K)|\psi_k\rangle \\
&= \frac{1}{2}\sum_k \langle\psi_k|h|\psi_k\rangle + \frac{1}{2}\sum_k \langle\psi_k|h+J-K|\psi_k\rangle \\
&= \frac{1}{2}\sum_k \langle\psi_k|h|\psi_k\rangle + \frac{1}{2}\sum_k \langle\psi_k|F|\psi_k\rangle \\
&= \frac{1}{2}\sum_k \left[\varepsilon_k + \langle\psi_k|h|\psi_k\rangle\right] \\
&\equiv \sum_k \left[\varepsilon_k - \frac{1}{2}\langle\psi_k|J-K|\psi_k\rangle\right]
\end{aligned}$$

4.3.2　库普曼斯定理

考虑N电子体系中取走一个电子ψ_i，由于N很大，假定剩余的N–1 个电子的状态保持不变，只是电子数目少了一个，体系取走电子前后的总能量分别为E_N和E_{N-1}，两者的差为

$$\Delta E = E_N - E_{N-1} = \varepsilon_i$$

因此，ε_i就是从N个电子体系中取走一个电子而其余电子的状态不变时所需的能量. 从而推论，电子从状态ψ_i转移到状态ψ_j所需的能量为$\varepsilon_j - \varepsilon_i$，这就是能带理论中单电子能量的概念. 在福克算符中，引入有效势算符

$$U_{\text{eff}} = -\sum_n \frac{Z_n}{|\boldsymbol{r}-\boldsymbol{R}_n|} + \sum_{l=1}^{N}\int \mathrm{d}\boldsymbol{q}'\,|\psi_l(\boldsymbol{q}')|^2 \frac{1}{|\boldsymbol{r}-\boldsymbol{r}'|} - \sum_{l=1}^{N}\int \mathrm{d}\boldsymbol{q}'\psi_l^*(\boldsymbol{q}')\frac{1}{|\boldsymbol{r}-\boldsymbol{r}'|}\psi_k(\boldsymbol{q}')\frac{\psi_l(\boldsymbol{q})}{\psi_k(\boldsymbol{q})}$$

可得有效平均势函数

$$\bar{U}_{\text{eff}} = \frac{\sum_i \langle\psi_k|U_{\text{eff}}|\psi_k\rangle}{\sum_i \langle\psi_k|\psi_k\rangle} = U_{\text{ion}}(\boldsymbol{r}) + U_{\text{cou}}(\boldsymbol{r}) + \bar{U}_{\text{ex}}(\boldsymbol{r})$$

其中，第一项为外势能(来自于原子核的库仑作用)，第二项为电子间的库仑作用势

$$U_{\mathrm{cou}}(\boldsymbol{r})=\sum_{l=1}^{N}\int \mathrm{d}\boldsymbol{r}'\,|\psi_l(\boldsymbol{r}')|^2\frac{1}{|\boldsymbol{r}-\boldsymbol{r}'|}$$

第三项为电子交换势

$$\bar{U}_{\mathrm{ex}}(\boldsymbol{r})=\frac{-\sum\limits_{l=1}^{N}\int \mathrm{d}\boldsymbol{r}'\psi_k^*(\boldsymbol{r})\psi_l^*(\boldsymbol{r}')\frac{1}{|\boldsymbol{r}-\boldsymbol{r}'|}\psi_k(\boldsymbol{r}')\psi_l(\boldsymbol{r})}{\sum\limits_k\langle\psi_k|\psi_k\rangle}$$

因此，福克本征值方程变为有效势作用下的单电子薛定谔方程

$$\left(-\frac{1}{2}\nabla^2+\bar{U}_{\mathrm{eff}}\right)\psi(\boldsymbol{r})=\varepsilon\psi(\boldsymbol{r})$$

前面讨论的哈特里-福克近似称为单电子近似能带理论的基础.

4.3.3 自由电子哈特里-福克理论

哈特里-福克近似得到的体系基态能量，通常要高于真实的基态能量，两者的差值被称为关联能(correlation energy)，这种修正的原因在于斯莱特行列式，虽然其由最可能的单粒子波函数构成，但对于多粒子体系的基态波函数，也只是个近似的表达.

哈特里-福克方程中的交换项是依赖于两个变量的非局域积分算符的，大大增加了计算的难度. 现在考虑自由电子气凝胶模型中的电子间的交换势来检查哈特里-福克理论. 自由电子的波函数为

$$\psi_k=\frac{1}{\sqrt{V}}\mathrm{e}^{\mathrm{i}\boldsymbol{k}\cdot\boldsymbol{r}}$$

由于正电荷分布均匀，假设电子和离子实的作用与电子间的库仑作用相互抵消(凝胶模型)，势能项仅剩下交换势，其表示为

$$U_{\mathrm{ex}}=-\frac{e^2}{4\pi\varepsilon_0 V}\sum_{k'}\int \mathrm{d}\boldsymbol{r}'\frac{1}{|\boldsymbol{r}-\boldsymbol{r}'|}\mathrm{e}^{-\mathrm{i}(\boldsymbol{k}-\boldsymbol{k}')\cdot(\boldsymbol{r}-\boldsymbol{r}')}=-\frac{e^2}{4\pi\varepsilon_0}\frac{1}{(2\pi)^3}\int \mathrm{d}\boldsymbol{k}'\int \mathrm{d}\boldsymbol{r}\frac{1}{|\boldsymbol{r}|}\mathrm{e}^{-\mathrm{i}(\boldsymbol{k}-\boldsymbol{k}')\cdot\boldsymbol{r}}$$

其中，$\int \mathrm{d}\boldsymbol{r}\frac{1}{|\boldsymbol{r}|}\mathrm{e}^{-\mathrm{i}(\boldsymbol{k}-\boldsymbol{k}')\cdot\boldsymbol{r}}=\lim\limits_{\alpha\to 0}\int \mathrm{d}\boldsymbol{r}\frac{1}{r}\mathrm{e}^{-\alpha r-\mathrm{i}(\boldsymbol{k}-\boldsymbol{k}')\cdot\boldsymbol{r}}=\frac{4\pi}{|\boldsymbol{k}-\boldsymbol{k}'|^2}$，故可得

$$U_{\mathrm{ex}}=-\frac{e^2}{4\pi\varepsilon_0}\frac{1}{(2\pi)^3}\int \mathrm{d}\boldsymbol{k}'\frac{4\pi}{|\boldsymbol{k}-\boldsymbol{k}'|^2}=-\frac{1}{4\pi\varepsilon_0}\frac{e^2k_{\mathrm{F}}}{\pi}\left(1+\frac{k_{\mathrm{F}}^2-k^2}{2k_{\mathrm{F}}k}\ln\left|\frac{k_{\mathrm{F}}-k}{k_{\mathrm{F}}-k}\right|\right)$$

单电子薛定谔方程为

$$\left[\frac{\hbar^2 k^2}{2m} + U_{\text{ex}}(k)\right]\psi_k(r) = \varepsilon(k)\psi_k(r)$$

因此，本征能量可表示为

$$\varepsilon(k) = \frac{\hbar^2 k^2}{2m} - \frac{1}{4\pi\varepsilon_0}\frac{2e^2 k_{\text{F}}}{\pi}F\left(\frac{k}{k_{\text{F}}}\right)$$

$$F(x) = \frac{1}{2} + \frac{1-x^2}{4x}\ln\left|\frac{1+x}{1-x}\right|$$

考虑电子自旋，系统的总能为

$$E(k) = 2\sum_k\left[\frac{\hbar^2 k^2}{2m} - \frac{1}{2}\frac{1}{4\pi\varepsilon_0}\frac{2e^2 k_{\text{F}}}{\pi}F\left(\frac{k}{k_{\text{F}}}\right)\right]$$

$$n = N/V,\quad k_{\text{F}} = (3\pi^2 n)^{1/3}$$

$$E = 2\frac{V}{(2\pi)^3}\int_0^{E_{\text{F}}} \mathrm{d}k\left[\frac{\hbar^2 k^2}{2m} - \frac{1}{2}\frac{1}{4\pi\varepsilon_0}\frac{2e^2 k_{\text{F}}}{\pi}F\left(\frac{k}{k_{\text{F}}}\right)\right] = N\left(\frac{3}{5}E_{\text{F}} - \frac{3}{4}\frac{e^2 k_{\text{F}}}{4\pi\varepsilon_0}\right)$$

注意，在总能的表达式中，对所有电子求和时，第二项为电子对表达式，应扣除 1/2. 能量以 Ry 为单位，r_{s} 为平均每个电子所占体积折合成球体的半径，以玻尔半径 a_0 为单位，能量可以表示为

$$E = N\left(\frac{2.21}{r_{\text{s}}^2} - \frac{0.916}{r_{\text{s}}}\right),\quad \frac{4\pi}{3}r_{\text{s}}^3 = \frac{1}{n}$$

一般，金属的 r_{s} 在 2～6 之间，动能项和交换项在数值上可比.

自由电子哈特里-福克理论并不十分成功. ①金属导带宽度的评估，哈特里-福克理论得到的比不考虑交换作用时显著增大，与实验不符

$$\Delta\varepsilon = \varepsilon(k_{\text{F}}) - \varepsilon(0) = E_{\text{F}} + \frac{e^2 k_{\text{F}}}{4\pi^2\varepsilon_0}$$

②在 k_{F} 处，$\mathrm{d}\varepsilon/\mathrm{d}k$ 发散，意味着费米能级处电子的能态密度趋于零，导致相关的物理性质发生大的变化. 如自由电子的热容量 $C_{\text{e}} \sim T$，基本与实验符合，但哈特里-福克理论得到 $C_{\text{e}} \sim T/\ln T$，定性上与实验不符. ③电子自旋取向相同的电子间交换作用使总能降低，预期在适当的条件下可能出现铁磁性，但没有得到实验的证实

$$k_{\text{F}}(\uparrow\uparrow) = 2^{1/3}k_{\text{F}}$$

$$\Delta E = E(\uparrow\uparrow) - E(\uparrow\downarrow) = N\left[\frac{3}{5}\frac{\hbar^2 k_{\text{F}}^2}{2m}(2^{1/3}-1) - \left[\frac{3}{4}\frac{e^2 k_{\text{F}}}{4\pi^2\varepsilon_0}(2^{1/3}-1)\right]\right]$$

$$\Delta E < 0,\quad k_{\text{F}} < \frac{5me^2}{8\pi^2\varepsilon_0(2^{1/3}-1)\hbar^2},\quad r_{\text{s}} > 5.64$$

4.3.4 屏蔽库仑势

哈特里-福克理论对于自由电子的失败表明，哈特里-福克近似仅考虑自旋取向相同的电子之间由于交换引起的关联效应是不够的，其余的相互作用不能忽略，被哈特里-福克忽略的作用称为电子关联. 下面分析电子关联效应，考虑到电子间的库仑作用，一个电子的周围电子浓度应该降低，电子的周围应不仅仅存在交换空穴，还应存在关联空穴(correlation-hole)，这种关联空穴则代表着关联效应. 下面我们考察这种交换空穴和关联空穴导致的屏蔽效应，在电子气中引入试探电荷，其泊松(Poisson)方程可以表示为

$$\nabla^2\phi(r)=\frac{1}{\varepsilon_0}[-q\delta(r)+e^2g(E_{\mathrm{F}})\phi(r)]$$

其推导如下，考虑试探电荷导致局域电荷密度变化：

$$\Delta\rho(r)=q\delta(r)-e\Delta n(r)$$

从而引入势能$-e\phi$，引起电子密度重新分布

$$n(r)=\int_0^\infty f(E-e\phi)g(E)\mathrm{d}E$$

电子密度变化为

$$\begin{aligned}\Delta n(r)&=\int_0^\infty[f(E-e\phi)-f(E)]g(E)\mathrm{d}E\\&=e\phi(r)\int_0^\infty\left|\frac{\mathrm{d}f(E)}{\mathrm{d}E}\right|g(E)\mathrm{d}E=e\phi(r)g(E_{\mathrm{F}})\end{aligned}$$

$$\left|\frac{\mathrm{d}f(E)}{\mathrm{d}E}\right|\approx\delta(E-E_{\mathrm{F}})$$

局域电荷密度变化为

$$\Delta\rho(r)=q\delta(r)-e^2g(E_{\mathrm{F}})\phi(r)$$

因此，关于局域电荷密度的泊松方程为

$$\nabla^2\phi(r)=\frac{1}{\varepsilon_0}\Delta\rho(r)=\frac{1}{\varepsilon_0}[-q\delta(r)+e^2g(E_{\mathrm{F}})\phi(r)]$$

求解泊松方程，可以傅里叶展开屏蔽的库仑势和$\delta(r)$

$$\phi(\boldsymbol{r})=\frac{1}{(2\pi)^3}\int\mathrm{d}\boldsymbol{k}\phi(\boldsymbol{k})\mathrm{e}^{\mathrm{i}\boldsymbol{k}\cdot\boldsymbol{r}},\quad\delta(\boldsymbol{r})=\frac{1}{(2\pi)^3}\int\mathrm{d}\boldsymbol{k}\mathrm{e}^{\mathrm{i}\boldsymbol{k}\cdot\boldsymbol{r}}$$

泊松方程变为

$$\nabla^2 \frac{1}{(2\pi)^3}\int \mathrm{d}\boldsymbol{k}\phi(\boldsymbol{k})\mathrm{e}^{\mathrm{i}\boldsymbol{k}\cdot\boldsymbol{r}} = \frac{1}{\varepsilon_0}\left[e^2 g(E_\mathrm{F})\frac{1}{(2\pi)^3}\int \mathrm{d}\boldsymbol{k}\phi(\boldsymbol{k})\mathrm{e}^{\mathrm{i}\boldsymbol{k}\cdot\boldsymbol{r}} - \frac{1}{(2\pi)^3}\int \mathrm{d}\boldsymbol{k}q\mathrm{e}^{\mathrm{i}\boldsymbol{k}\cdot\boldsymbol{r}}\right]$$

$$\frac{1}{(2\pi)^3}\int \mathrm{d}\boldsymbol{k}(-k^2)\phi(\boldsymbol{k})\mathrm{e}^{\mathrm{i}\boldsymbol{k}\cdot\boldsymbol{r}} = \frac{1}{(2\pi)^3}\int \mathrm{d}\boldsymbol{k}\mathrm{e}^{\mathrm{i}\boldsymbol{k}\cdot\boldsymbol{r}}\left[\frac{e^2 g(E_\mathrm{F}) - q}{\varepsilon_0}\right]$$

因此，$\phi(k)$ 可表示为

$$\phi(k) = \frac{q}{\varepsilon_0(k^2 + k_\mathrm{s}^2)}, \quad k_\mathrm{s}^2 = \frac{1}{\varepsilon_0}e^2 g(E_\mathrm{F}) = \frac{e^2 m}{\varepsilon_0(\pi\hbar)^2}k_\mathrm{F}$$

代入库仑势的表达式，可得屏蔽的库仑势

$$\phi(r) = \frac{q}{4\pi\varepsilon_0 r}\mathrm{e}^{-k_\mathrm{s}r} = \frac{q}{4\pi\varepsilon_0 r}\mathrm{e}^{-\frac{r}{\lambda}}$$

我们把电子及其周围的交换空穴和关联空穴称为准电子. 准电子之间的作用是屏蔽的库仑势. 屏蔽长度 λ 依赖于电子浓度 n，n 越大，λ 越小. 对于普通金属，λ 的数量级大约 10^{-10} m，屏蔽的库仑势是短程的. 屏蔽效应大大降低了电子-电子之间相互作用的重要性，给出了单电子近似是个好的近似的物理理解，此时的单电子不再是裸电子，而是带着交换空穴和关联空穴一起运动的屏蔽电子.

4.3.5　等离子体振荡

Bohn-Pines 理论指出，电子之间的库仑作用除引起屏蔽效应外，库仑势的傅里叶展开中的长波($q<q_\mathrm{c}$)部分还可引起等离子振荡. 下面我们简单地考虑这种等离子振荡方程. 考虑热起伏等偶然因素可能引起电子密度起伏，电中性的破坏将产生电场. 电子局域密度变化为

$$\Delta\rho(r,t) = \rho(r,t) - \rho_0, \quad \rho_0 = en_0$$

电子电荷的流动满足连续性方程

$$\frac{\partial\rho}{\partial t} + \nabla\cdot(\rho\boldsymbol{\upsilon}) = 0$$

库仑定律微分方程为

$$\nabla\cdot\boldsymbol{E} = \Delta\rho(\boldsymbol{r},t)/\varepsilon_0$$

相对于总的电荷密度，密度变化量很小

$$\Delta\rho \ll \rho_0, \quad \frac{\partial\rho}{\partial t} + \rho_0\nabla\cdot\boldsymbol{\upsilon} = 0$$

电子运动的牛顿方程为

$$m\frac{\mathrm{d}\boldsymbol{v}}{\mathrm{d}t}=e\boldsymbol{E}$$

因此，电子密度的波动方程可表示为

$$\frac{\partial^2\Delta\rho}{\partial t^2}+\omega_{\mathrm{p}}^2\Delta\rho=0,\quad \omega_{\mathrm{p}}^2=\frac{n_0e^2}{\varepsilon_0 m}$$

更详细的理论给出的长波色散关系为

$$\omega^2(q)=\omega_{\mathrm{p}}^2+\frac{3}{5}\upsilon_{\mathrm{F}}^2q^2$$

单电子激发所需的能量为

$$\Delta E=\frac{\hbar^2}{2m}\left[(\boldsymbol{k}+\boldsymbol{q})^2-\boldsymbol{k}^2\right]=\frac{\hbar^2}{2m}(\boldsymbol{q}^2+2\boldsymbol{k}\cdot\boldsymbol{q})$$

对于电子激发，电子从初态(低于费米面)到末态(高于费米面)，满足下式：

$$k\leqslant k_{\mathrm{F}},\quad |k+q|>k_{\mathrm{F}}$$

对于 $0<q<2k_{\mathrm{F}}$

$$\Delta E_{\max}=\frac{\hbar^2}{2m}(q^2+2k_{\mathrm{F}}q),\quad \Delta E_{\min}=0$$

对于 $q>2k_{\mathrm{F}}$

$$\Delta E_{\max}=\frac{\hbar^2}{2m}(q^2+2k_{\mathrm{F}}q),\quad \Delta E_{\min}=\frac{\hbar^2}{2m}(q^2-2k_{\mathrm{F}}q)$$

如图 4.58 所示，等离子体振荡形成的集体激发，在 $q<q_{\mathrm{c}}$ 内，并不与单电子激发的能区重叠，因此，在该区等离子振荡形成的集体激发稳定存在. 因此，库仑势的傅里叶展开中的长波($q<q_{\mathrm{c}}$)部分可引起等离子振荡.

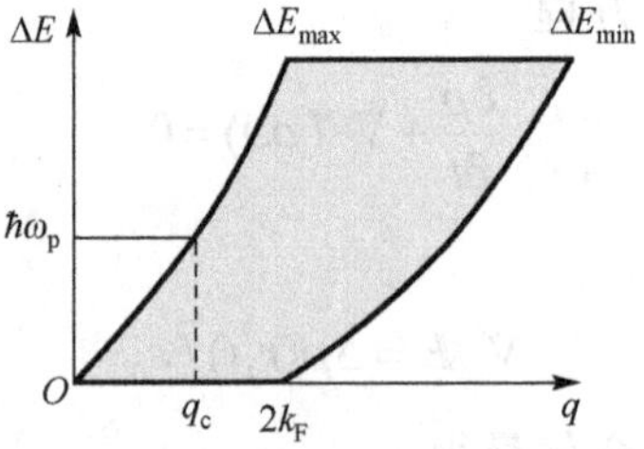

图 4.58　关于单电子激发色散区间和等离子体振荡色散线

4.3.6　费米液体理论

电子之间存在很强的相互作用，即使考虑屏蔽效应，相互作用也不能完全忽略，费米液是指由相互作用的费米子所组成的体系. 设想从无相互作用的电子体系出发，缓慢地引入电子间的相互作用，排除相互作用可能引起的系统量子相变(如超导转变)，体系逐渐演化到费米液体，这时会引发两种效应：①电子感受到的有效势场发生改变，导致单电子的能量发生变化；②引起电子间的散射，从而导致电子态有有限的寿命. 如果散射概率很低，寿命很长，独立电子近似是合理的，但如果散射概率很大，独立电子近似就不适用了.

下面考察电子散射的概率，两个电子散射的进程应满足能量守恒

$$\varepsilon_1 + \varepsilon_2 = \varepsilon_3 + \varepsilon_4$$

温度 T=0，依据能量守恒，散射过程只能发生在费米面上，在 k 空间中许可的占据体积为零，费米面上电子的寿命为无限长.

当温度 $T > 0$，$k_{\mathrm{B}}T \ll \varepsilon_{\mathrm{F}}$ 时，ε_{F} 以下的态基本被占据，设电子 1 处于激发态，电子 2 处于占据态，据泡利原理，散射态 3 和 4 只能占据高于费米能级的非占据态，如图 4.59 所示. 因此

$$\varepsilon_1 + \varepsilon_2 = \varepsilon_3 + \varepsilon_4, \quad \varepsilon_1 > \varepsilon_{\mathrm{F}}, \quad \varepsilon_2 < \varepsilon_{\mathrm{F}}, \quad \varepsilon_3 > \varepsilon_{\mathrm{F}}, \quad \varepsilon_4 > \varepsilon_{\mathrm{F}}$$

所以

$$\varepsilon_{\mathrm{F}} - \varepsilon_2 < \varepsilon_1 - \varepsilon_{\mathrm{F}}$$

因此对于第 2 个电子，其分布在费米面以下接近费米面处，其概率为

$$p_2 \propto (\varepsilon_1 - \varepsilon_{\mathrm{F}})/\varepsilon_{\mathrm{F}}$$

对于末态中第 3 个电子，其分布在费米面以上接近费米面处，其概率为

$$p_3 \propto (\varepsilon_1 - \varepsilon_{\mathrm{F}})/\varepsilon_{\mathrm{F}}$$

第 4 个电子的状态由能量守恒决定. 因此电子散射概率为

$$p = p_2 p_3 = \left(\frac{\varepsilon_1 - \varepsilon_{\mathrm{F}}}{\varepsilon_{\mathrm{F}}}\right)^2$$

$$\varepsilon_1 - \varepsilon_{\mathrm{F}} \approx k_{\mathrm{B}}T$$

所以

$$\frac{1}{\tau} = p \sim \frac{(k_{\mathrm{B}}T)^2}{\varepsilon_{\mathrm{F}}^2}$$

室温下，电子-电子散射的弛豫时间为 10^{-10} s, 而通常金属中电子的弛豫时间为 10^{-14} s，因此，电子间散射概率远小于其他散射进程的概率，如电子-声子散射.

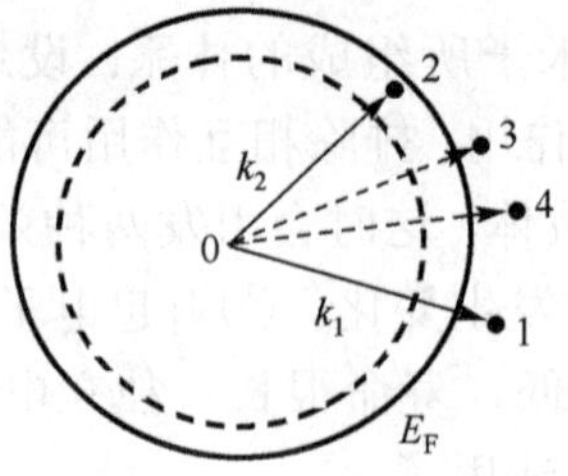

图 4.59　温度 $T>0$ 时电子散射进程中初态和末态电子在费米球上的分布示意图

由上面的分析可知，在费米面附近，电子间散射受泡利原理影响，散射概率降低. 但电子之间又存在强的相互作用，朗道基于这种情况，提出准粒子(元激发)的概念代替电子，电子间的相互作用在某种程度上通过有效质量被概括，从而使准粒子之间仅存在弱的相互作用. 准粒子态仍然用波矢 k 和自旋 σ 表示，但能量与波矢之间满足新的色散关系. 准粒子态仍遵守费米子统计，准粒子数守恒，费米面包围的体积不变(拉延格(Luttinger)定理).

假设体积 $V=1$，考虑分布函数一个小量变化对总能的影响. 采用变分的形式，表示为(栗弗席兹和皮塔耶夫斯基, 2008)

$$\delta E=\frac{1}{8\pi^3}\sum_{\sigma}\int \mathrm{d}^3k\varepsilon(k,\sigma)\delta n(k,\sigma)$$

其中

$$\varepsilon(k,\sigma)=\frac{\delta E}{\delta n(k,\sigma)}$$

费米液的熵可以表示为

$$S=\frac{k_{\mathrm{B}}}{8\pi^3}\sum_{\sigma}\int\{n(k,\sigma)\ln n(k,\sigma)+[1-n(k,\sigma)]\ln[n(k,\sigma)]\}\mathrm{d}k$$

考虑熵取极大值. 在限定条件下

$$\delta N=\frac{1}{8\pi^3}\sum_{\sigma}\int\delta n(k,\sigma)\mathrm{d}k=0,\quad \delta E=0$$

得变分方程(变分法)

$$\delta S+\alpha\delta N+\beta\delta E=0$$

因此，可得准粒子分布函数为

$$n(k)=\frac{1}{\mathrm{e}^{[\varepsilon(k)-\mu]/(k_{\mathrm{B}}T)}+1},\quad \alpha=-\mu\beta,\quad \beta=(k_{\mathrm{B}}T)^{-1}$$

对于准粒子，在零温下分布函数偏离阶跃函数 $\theta(\mu-\varepsilon)$，我们修正其如下式：

$$n(k)=Z(k)\theta[\mu-\varepsilon(k)]+\Phi(k)$$
$$Z(k)=m^*/m,\quad 0<Z(k_F)\leqslant 1$$

如图 4.60 所示，$Z(k_F)$给出 $n(k)$ 在费米面处不连续跳跃的幅度，分布函数一部分保留了无相互作用体系的跃变的基本特征，又与其有一定的差别. 其中，m^*为准粒子的有效质量，m 为电子的裸质量. 有效质量 m^*的定义来源于

$$\varepsilon(k,\sigma)-E_F\approx\upsilon_F(p-p_F)$$
$$\upsilon_F=\frac{\partial\varepsilon}{\partial p}\Big|_{p=p_F}=\frac{p_F}{m^*}$$

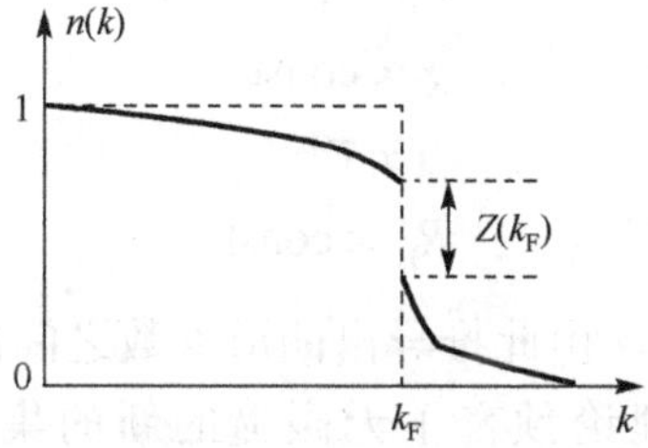

图 4.60　准粒子间相互作用后零温下的分布函数示意图

考虑准粒子间的相互作用，现在对能量变分到二阶

$$\delta E=\frac{1}{(2\pi)^3}\sum_{\sigma}\int \mathrm{d}^3k\varepsilon_0(k,\sigma)\delta n(k,\sigma)$$
$$+\frac{1}{2}\frac{1}{(2\pi)^6}\sum_{\sigma,\sigma'}\int f_{\sigma\sigma'}(k,k')\delta n(k',\sigma')\delta n(k,\sigma)\mathrm{d}k\mathrm{d}k'$$

相当于单电子能量为

$$\varepsilon(k,\sigma)=\varepsilon_0(k,\sigma)+\frac{1}{8\pi^3}\sum_{\sigma}\int \mathrm{d}k'f_{\sigma\sigma'}(k,k')\delta n(k',\sigma')$$
$$f_{\sigma\sigma'}(k,k')=f_{\sigma'\sigma}(k',k)$$

其中

$$\varepsilon_0(k,\sigma)=E_F+\upsilon_F(p-p_F)$$

不考虑电子自旋，假设θ为 k 和 k' 的夹角，在费米面处

$$k=k'=k_F,\quad f(k,k')=f(\theta)$$

引入函数 $F(\theta)$

$$F(\theta)=f(\theta)g(\theta)$$

其中，$g(\theta)$ 为准粒子在费米面的态密度. 由此 $F(\theta)$ 可表示为

$$F(\theta)=\sum_n F_n P_n(\cos\theta)=F_0+F_1\cos\theta+F_2\frac{3\cos^2\theta-1}{2}+\cdots$$

可以获得有效质量的表达式

$$m^*=\left(1+\frac{1}{3}F_1\right)m$$

由于准粒子间作用是弱的相互作用，应用准粒子的概念，可采用电子气理论中用到的各种方法，如电子的分布函数、玻尔兹曼方程等，求得各物理量，如热容量、磁化率、电阻率和霍尔系数

$$C_V\propto T$$
$$\chi\propto \text{const}$$
$$\rho\propto T^2$$
$$R_{\text{H}}\propto \text{const}$$

费米液理论提出准粒子概念，由此推导出朗道参数之间的关系，通过实验测量发现是自洽的. 此外，费米液理论预言了无碰撞的新的集体运动模式——零声(zero sound)模式存在. 第一声(first sound)模式，即我们通常说的声子在固体中的传播是由于粒子之间的碰撞导致的传播. 对于费米液系统，电子寿命$\tau\sim T^{-2}$，随温度降低，第一声模式消失，另一密度波——零声模式存在，零声模式的存在体现了准粒子间的弱相互作用.

4.3.7　强关联体系和哈伯德模型

电子之间的关联，有时对电子的行为有很强的影响，特别是对窄带中的电子. 费米液理论中的弱相互作用的准粒子概念在这里通常会失效，我们称之为强关联体系.

1. 假想实验

莫特(Mott)在 1949 年提出假想实验. 考虑一单价碱金属 Na，其为体心立方结构. 每个原子提供一个 s 态价电子，形成晶体时价电子能态扩展为布洛赫态，相应的 s 能带为半满带. 但考虑晶格结构不变，晶格常数变大，由于体系仍然具有平移对称性，按能带理论，单电子解仍然为具有扩展特性的布洛赫波函数，能带半填充，体系为金属态，这显然是错误的结论. 随晶格常数变大，s 态波函数之间的交叠消逝，能带过渡到孤立原子的分立的 s 能级，每个原子仅有局域的态电子，材料应为绝缘体.

由于单电子势的平移对称性，价电子从一个晶胞平移到另一晶胞中，系统的能量不发生改变. 然而，由于电子间的库仑作用，如图 4.61 所示，图 4.61(b)的位形能量明显要比图 4.61(a)的位形能量高，特别是晶格变大，能带变窄，电子的可动性变差，电子间的屏蔽效应减弱，它们之间的相互作用势能变为主要的因素，必然导

致当一个原子上有一个 s 态价电子时系统能量最低. 一个原子的 s 轨道被两个电子同时占据时，系统能量增加为

$$U = \frac{1}{4\pi\varepsilon_0}\left\langle \frac{e^2}{r_{12}} \right\rangle$$

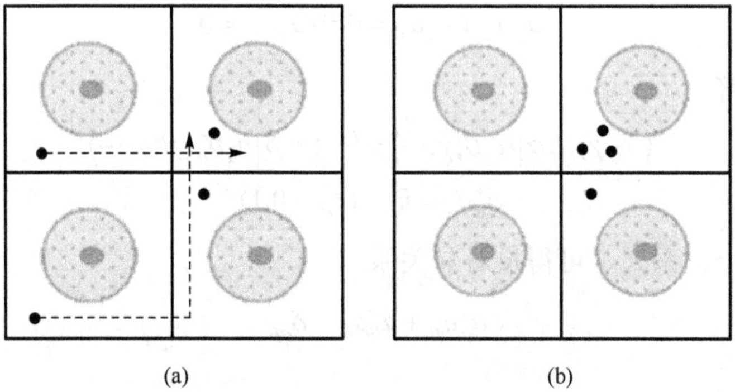

图 4.61　周期性结构中两种电子位形的示意图

2. 通过占位数表象表示多费米子体系

前面已经讨论过，多费米子体系的波函数可以通过斯莱特行列式适当地表示出来

$$\psi_{\text{AS}} = \begin{vmatrix} \psi_\alpha(1) & \psi_\beta(1) & \cdots & \psi_\gamma(1) \\ \psi_\alpha(2) & \psi_\beta(2) & \cdots & \psi_\gamma(2) \\ \vdots & \vdots & & \vdots \\ \psi_\alpha(N) & \psi_\beta(N) & \cdots & \psi_\gamma(N) \end{vmatrix}$$

利用狄拉克(Dirac)符号表示波函数 ψ_α

$$\psi_\alpha = |\alpha\rangle$$

多费米子波函数可以表示为

$$\begin{aligned} \psi_{\text{AS}} &= |\alpha;\beta;\cdots;\gamma\rangle \\ &\equiv |\alpha_1,\alpha_2,\cdots,\alpha_N;\beta_1,\beta_2,\cdots,\beta_N;\cdots;\gamma_1,\gamma_2,\cdots,\gamma_N\rangle \end{aligned}$$

利用占有数表象的性质和反对称波函数的性质，有

$$|\alpha;\beta;\cdots;\gamma\rangle = a_\alpha^+ a_\beta^+ a_\gamma^+ \cdots |0;0;\cdots;0\rangle \equiv a_\alpha^+ a_\beta^+ a_\gamma^+ \cdots |\ \rangle$$

$$|\alpha;\beta;\cdots;\gamma\rangle = -|\beta;\alpha;\cdots;\gamma\rangle$$

$$a_\alpha^+ a_\beta^+ |\cdots;\gamma;\cdots\rangle = -a_\beta^+ a_\alpha^+ |\cdots;\gamma;\cdots\rangle$$

可得产生算符的性质

$$a_\alpha^+ a_\beta^+ + a_\beta^+ a_\alpha^+ = 0 \Rightarrow a_\alpha^+ a_\alpha^+ = 0$$

同理，可得湮灭算符的性质

$$\langle \cdots;\gamma;\beta;\alpha| = \langle \cdots;| a_\gamma a_\beta a_\alpha$$

$$a_\beta a_\alpha + a_\alpha a_\beta = 0 \Rightarrow a_\alpha a_\alpha = 0$$

引入占有数算符

$$\langle \cdots;\gamma;\beta;\alpha|\alpha;\beta;\gamma;\cdots\rangle = \langle \cdots;\gamma;\beta| a_\alpha a_\alpha^+ |\beta;\gamma;\cdots\rangle$$

$$a_\alpha^+ a_\alpha = \widehat{n}_\alpha \quad (n_\alpha = 0,1)$$

结合上面的三个关系式，可得反对易关系

$$a_\alpha^+ a_\beta + a_\beta a_\alpha^+ = \delta_{\alpha\beta}$$

单体算符的表示

$$\langle \psi_{\text{AS}}| \sum_i h(i) |\psi_{\text{AS}}\rangle = N\frac{(N-1)!}{N!}\sum_k \langle \psi_k|h|\psi_k\rangle$$

通过产生和湮灭算符表示为

$$\langle \cdots;\gamma;\beta;\alpha| \sum_{\mu,\upsilon} \hat{h}_{\mu\upsilon} a_\mu^+ a_\upsilon |\alpha;\beta;\gamma;\cdots\rangle = \langle \cdots;\gamma;\beta;\alpha| \sum_{\mu} \hat{h}_{\mu\mu} a_\mu^+ a_\mu |\alpha;\beta;\gamma;\cdots\rangle$$

因此

$$\hat{H}_1 = \sum_{\mu,\upsilon} \hat{h}_{\mu\upsilon} a_\mu^+ a_\upsilon$$

双体算符的表示如下：

$$\langle \psi_{\text{AS}}| \sum_{i,j} g(i,j) |\psi_{\text{AS}}\rangle = \sum_k \sum_{l,l>k} \int \mathrm{d}r_1 \mathrm{d}r_2 \begin{vmatrix} \psi_k^+(1) & \psi_l^+(1) \\ \psi_k^+(2) & \psi_l^+(2) \end{vmatrix} g(1,2) \begin{vmatrix} \psi_k(1) & \psi_l(1) \\ \psi_k(2) & \psi_l(2) \end{vmatrix}$$

可以简写为

$$H_2 = \sum_k \sum_{l,l>k} g_{kl.lk} - g_{kl.kl} + g_{lk.kl} - g_{lk.lk} = \sum_{k,l} g_{kl.lk} - g_{kl.kl}$$

$$g_{\mu\upsilon,\gamma\delta} = \int \mathrm{d}r_1 \mathrm{d}r_2 (\psi_\mu^*(2)\psi_\upsilon^*(1) g(1,2) \psi_\gamma(1)\psi_\delta(2))$$

通过产生和湮灭算符表示为

$$\left\langle \cdots;\delta;\gamma;\beta;\alpha \right| \sum_{\mu,\upsilon,\gamma,\delta} \hat{g}_{\mu\upsilon,\gamma\delta} a_\mu^+ a_\upsilon^+ a_\gamma a_\delta \left| \alpha;\beta;\gamma;\delta;\cdots \right\rangle$$

$$= \sum_{\mu,\upsilon,\upsilon>\mu} \left(g_{\mu\upsilon.\upsilon\mu} - g_{\mu\upsilon.\mu\upsilon} + g_{\upsilon\mu.\mu\upsilon} - g_{\upsilon\mu.\upsilon\mu} \right) = \sum_{\mu,\upsilon} \left(g_{\mu\upsilon.\upsilon\mu} - g_{\mu\upsilon.\mu\upsilon} \right)$$

因此

$$\hat{H}_2 = \frac{1}{2} \sum_{\mu,\upsilon,\gamma,\delta} \hat{g}_{\mu\upsilon,\gamma\delta} a_\mu^+ a_\upsilon^+ a_\gamma a_\delta$$

故哈密顿量通过产生和湮灭算符表示为

$$\hat{H} = \sum_k \sum_\sigma \varepsilon_k a_{k,\sigma}^+ a_{k,\sigma} + \sum_{k_1,k_2,k_1',k_2'} \sum_{\sigma,\sigma'} g_{k_1k_2,k_2'k_1'} a_{k_1,\sigma}^+ a_{k_2,\sigma}^+ a_{k_2',\sigma} a_{k_1',\sigma}$$

其中

$$\varepsilon_k = \int \mathrm{d}^3 r \psi_k(r) H_0(r) \psi_k(r), \quad H_0(r) = \frac{p^2(r)}{2m} + \sum_n u(r - R_n)$$

$$g_{k_1k_2,k_2'k_1'} = \iint \mathrm{d}r_1 \mathrm{d}r_2 \psi_{k_1}(r_1) \psi_{k_2}(r_2) H_1(r_1,r_2) \psi_{k_2'}(r_2) \psi_{k_1'}(r_1)$$

$$H_1(r_1,r_2) = \frac{e^2}{4\pi\varepsilon_0 \left| r_1 - r_2 \right|}$$

万尼尔(Wannier)波函数 $W(r)$ 用来分析电子的局域作用，其可以通过布洛赫函数表示

$$W(\boldsymbol{r} - \boldsymbol{R}_n) = \frac{1}{\sqrt{N}} \sum_k \mathrm{e}^{-\mathrm{i}\boldsymbol{k}\cdot\boldsymbol{R}_n} \psi_k(\boldsymbol{r}), \quad \left\langle W(\boldsymbol{r} - \boldsymbol{R}_n) \middle| W(\boldsymbol{r} - \boldsymbol{R}_m) \right\rangle = \delta_{n,m}$$

同理，布洛赫波函数也可以通过 $W(r)$ 函数表示

$$\psi_k(\boldsymbol{r}) = \frac{1}{\sqrt{N}} \sum_k \mathrm{e}^{\mathrm{i}\boldsymbol{k}\cdot\boldsymbol{R}_n} W(\boldsymbol{r} - \boldsymbol{R}_n), \quad \left\langle \psi_k(\boldsymbol{r}) \middle| \psi_{k'}(\boldsymbol{r}) \right\rangle = \delta_{k,k'}$$

因此，引入万尼尔波函数的占有数表示和布洛赫函数的占有数表示之间的转换

$$a_n^+ = \frac{1}{\sqrt{N}} \sum_k \mathrm{e}^{-\mathrm{i}\boldsymbol{k}\cdot\boldsymbol{R}_n} a_k^+, \quad a_n = \frac{1}{\sqrt{N}} \sum_k \mathrm{e}^{-\mathrm{i}\boldsymbol{k}\cdot\boldsymbol{R}_n} a_k$$

逆转换为

$$a_k^+ = \frac{1}{\sqrt{N}} \sum_k \mathrm{e}^{\mathrm{i}\boldsymbol{k}\cdot\boldsymbol{R}_n} a_n^+, \quad a_k = \frac{1}{\sqrt{N}} \sum_k \mathrm{e}^{\mathrm{i}\boldsymbol{k}\cdot\boldsymbol{R}_n} a_n$$

因此，上面的布洛赫表象下产生和湮灭算符表示的哈密顿量可以变为万尼尔表象下产生和湮灭算符表示的哈密顿量

$$H=\sum_{j,l}\sum_{\sigma}T_{jl}a_{j,\sigma}^{+}a_{l,\sigma}+\frac{1}{2}\sum_{i,j,l,m}\sum_{\sigma,\sigma'}g_{ij,lm}a_{i,\sigma}^{+}a_{j,\sigma'}^{+}a_{l,\sigma'}a_{m,\sigma}$$

$$T_{jl}=\int \mathrm{d}\boldsymbol{r}W(\boldsymbol{r}-\boldsymbol{R}_j)H_0W(\boldsymbol{r}-\boldsymbol{R}_l)$$

$$g_{ij,lm}=\int \mathrm{d}\boldsymbol{r}_1\mathrm{d}\boldsymbol{r}_2W_i^*(\boldsymbol{r}_1)W_j^*(\boldsymbol{r}_2)H_1W_l(\boldsymbol{r}_2)W_m(\boldsymbol{r}_1)$$

仅考虑单点上电子间作用，可得

$$\begin{aligned}\sum_{i,j,l,m}\sum_{\sigma,\sigma'}g_{ij,lm}a_{i,\sigma}^{+}a_{j,\sigma'}^{+}a_{l,\sigma'}a_{m,\sigma}&\approx\sum_{i}\sum_{\sigma,\sigma'}g_{ii,ii}a_{i,\sigma}^{+}a_{i,\sigma'}^{+}a_{i,\sigma'}a_{i,\sigma}\\&=\sum_{i}\sum_{\sigma}g_{ii,ii}a_{i,\sigma}^{+}a_{i,-\sigma}^{+}a_{i,-\sigma}a_{i,\sigma}\\&=U\sum_{i}\sum_{\sigma}\hat{n}_{i,\sigma}\hat{n}_{i,-\sigma}\end{aligned}$$

我们获得哈伯德(Hubbard)模型的哈密顿量表达式

$$\hat{H}=\sum_{i,j}\sum_{\sigma}T_{ij}a_{i,\sigma}^{+}a_{j,\sigma}+U\sum_{i}\sum_{\sigma}\hat{n}_{i,\sigma}\hat{n}_{i,-\sigma}$$

在哈伯德模型中，对于电子之间的库仑相互作用，简单地取力程为零. 仅当两个自旋相反的电子占据同一原子轨道时，相互作用能为 U，否则为零. 若取 $U=0$，则模型回归到单电子在周期场中的紧束缚近似模型

$$E(\boldsymbol{k})=E_{\mathrm{at}}-J_0-\sum_{m}J(\boldsymbol{R}_m)\mathrm{e}^{\mathrm{i}\boldsymbol{k}\cdot\boldsymbol{R}_m}$$

$$T_0=T_{ii}=E_{\mathrm{at}}-J_0,\quad T_1=T_{ij}$$

其中，E_{at} 为孤立原子状态时的能量. 若取 $T_1=0$，则模型回到孤立原子体系的情况

$$E=N_1T_0+N_2(2T_0+U)$$

其中，N_1 个格点被一个电子占据，N_2 个格点被两个电子占据.

当 $T_1\neq0$ 时，相邻格点的原子轨道波函数出现交叠，以 T_0 和 T_0+U 为中心的两个能带，假定能带宽度为 B，$B/U<1.15$ 时，半满带分裂为两个子带，如图 4.62 所示.

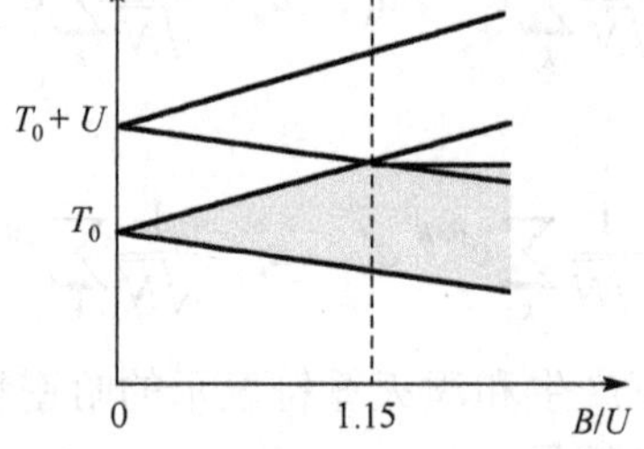

图 4.62　半满带由于库仑作用 U 导致的能带劈裂示意图

通常将 $U > B$ 的体系称为强关联体系. 更一般地，将电子-电子相互作用对体系的主要物理性质起主导作用且微扰理论无法简单地处理的体系称为强关联体系.

3. 一个强关联体系的例子：莫特绝缘体

能带理论无法解释像 MnO、CoO、NiO 晶体等过渡金属氧化物. MnO 具有 NaCl 结构，每个原胞有一个 $Mn^{2+}(3d^5)$ 和一个 $O^{2-}(2p^6)$，2p 带满带，3d 带不满，应为导体，但实验发现 MnO 为绝缘体，而 TiO、VO 和 ReO_3 等却具有很好的导电性.

按照哈伯德模型，差别来源于 B/U 比值的不同. 当 $U>B$ 时，d 电子是定域化的. 在莫特绝缘体中，由于 3d 电子分裂为两个子带，考虑与氧的 2p 轨道的排列，有两种情况. 如图 4.63 所示，U 为单点库仑能(哈伯德能)，Δ 为 d 轨道和 p 轨道之间电荷转移需要的能量，称为电荷转移能. $U<\Delta$，我们称为之莫特-哈伯德(Mott-Hubbard)绝缘体；$U>\Delta$，我们称之为电荷转移绝缘体(注意：这儿没有考虑莫特绝缘体的磁学特性).

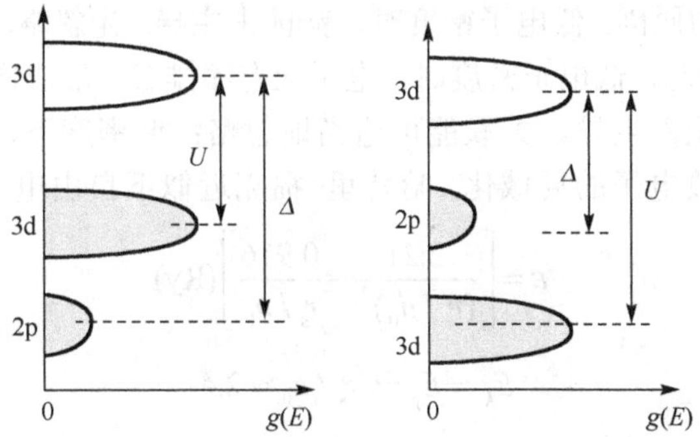

图 4.63　电子转移能与单点库仑能 U 的不同导致的两类电子结构示意图

莫特假想实验中，晶格常数减小，体系会从绝缘态过渡到金属态，依哈伯德模型，晶格常数的减小会导致两个子带的交叠，因此转变为金属相. 但哈伯德带隙应随着晶格常数减小，缓慢变化到零，电导率不会有突然的变化. 而实验观测到，有些莫特绝缘体在温度升高时，从绝缘相变为金属相，同时电导率跳跃式增大.

莫特的解释：电子从一个格点跳到另一个格点，相当于将一个电子从下哈伯德带激发到上哈伯德带，而在下哈伯德带中留下一个空穴. 电子和空穴因库仑作用形成束缚态(激子)，当温度升高，上哈伯德带有足够多电子时，由于屏蔽效应，电子空穴的相互作用将减弱，最终，当电子浓度达到临界值时，电子屏蔽长度 $1/k_0$ 短于电子空穴对的尺度 a_0，束缚解除，电导率急剧上升. 其中，a_0 通过电子密度可粗略地表示为

$$V=-\frac{e^2}{4\pi\varepsilon_0\varepsilon_r r},\quad V'=-\frac{e^2}{4\pi\varepsilon_0 r}e^{-k_0 r}\quad (\varepsilon_r=1)$$

$$a_0k_0>1,\quad k_0^2=4k_F/(\pi a_0),\quad n^{1/3}a_0>\frac{1}{4}\left(\frac{\pi}{3}\right)^{1/3}\approx\frac{1}{4}$$

此外，还有另外两种转变机制. ①在能带理论框架下，由于温度、压力等原因导致满带和空带之间发生交叠而出现的绝缘体-金属转变. ②无序引起的安德森(P. W. Anderson)转变. 在金属带边，电子态是扩展的. 在半导体价带和导带带边，电子态也是扩展态. 但由于无序的存在，带边可能形成定域态. 由于成分、压强等原因，费米能级可能向迁移率边移动，从而发生电子定域态-扩展态转变.

4. 维格纳晶体

由哈特里-福克近似下的自由电子能量表达式可知，体系的动能与$(r_s/a_0)^{-2}$成比例，体系的势能与$(r_s/a_0)^{-1}$成比例. 因此，电子密度较高，r_s/a_0较小时，动能占主导，为降低体系的动能，电子将处在波函数平滑的扩展态. 这就是极高压下，氢可能转化为金属态的固体氢的原因. 低电子密度时，势能占主导. 先忽略动能，电子的位形则由势能极小决定. 因此，低电子密度时，电子应有序排布，形成维格纳(Wigner)晶体.

高密度下，动能占主导，关联能可适当地忽略；低密度下，关联作用具有非常重要的作用，可导致电子的局域化. 哈特里-福克近似下自由电子体系的能量为

$$\varepsilon=\left[\frac{2.21}{(r_s/a_0)^2}-\frac{0.916}{r_s/a_0}\right](\text{Ry})$$

$$E_k=E_p\Rightarrow r_s/a_0\approx 2.4$$

莫特相转变条件

$$n^{1/3}a_0\approx 1/4\Rightarrow r_s/a_0\approx 2.5$$

1979 年，在液体氦表面的二维电子气中，观测到维格纳格子的存在(Grimes and Adams, 1979). 1990 年，在半导体二维电子气系统中，也观测到维格纳格子的存在(Khurana, 1990).

4.4 能带的计算方法与理论

4.4.1 平面波方法

解单电子问题的关键是，如何展开波函数和如何对势$U(r)$进行合理的近似处理. 平面波展开是早期的处理方法之一. 单电子薛定谔方程为

$$\left[-\frac{\hbar^2}{2m}\nabla^2+U(r)\right]\psi_k=E(k)\psi_k$$

布洛赫波函数中调幅函数 $u_k(\boldsymbol{r})$ 通过平面波展开为

$$\psi_k(\boldsymbol{r})=\mathrm{e}^{\mathrm{i}\boldsymbol{k}\cdot\boldsymbol{r}}u_k(\boldsymbol{r}),\quad u_k(\boldsymbol{r})=\frac{1}{\sqrt{V}}\sum_G C_k(\boldsymbol{G})\mathrm{e}^{\mathrm{i}\boldsymbol{G}\cdot\boldsymbol{r}}$$

系数 $C_k(\boldsymbol{G})$ 可表示为

$$\begin{aligned}C_k(\boldsymbol{G})&=\frac{1}{\sqrt{V}}\int \mathrm{d}\boldsymbol{r}u_k(\boldsymbol{r})\mathrm{e}^{-\mathrm{i}\boldsymbol{G}\cdot\boldsymbol{r}}\\&=\frac{1}{\sqrt{V}}\int \mathrm{d}\boldsymbol{r}\psi_k(\boldsymbol{r})\mathrm{e}^{-\mathrm{i}(\boldsymbol{k}+\boldsymbol{G})\cdot\boldsymbol{r}}\\&=\frac{1}{\sqrt{V}}\int \mathrm{d}\boldsymbol{r}\psi_{k+G}(\boldsymbol{r})\mathrm{e}^{-\mathrm{i}(\boldsymbol{k}+\boldsymbol{G})\cdot\boldsymbol{r}}\end{aligned}$$

$$C_k(\boldsymbol{G})\equiv C(\boldsymbol{k}+\boldsymbol{G})\Rightarrow\psi_k(\boldsymbol{r})=\frac{1}{\sqrt{V}}\sum_G C(\boldsymbol{k}+\boldsymbol{G})\mathrm{e}^{\mathrm{i}(\boldsymbol{k}+\boldsymbol{G})\cdot\boldsymbol{r}}$$

用狄拉克符号表示为

$$|\boldsymbol{k}+\boldsymbol{G}\rangle=\frac{1}{\sqrt{V}}\mathrm{e}^{\mathrm{i}(\boldsymbol{k}+\boldsymbol{G})\cdot\boldsymbol{r}}\quad|\psi_k\rangle=\sum_G C(\boldsymbol{k}+\boldsymbol{G})|\boldsymbol{k}+\boldsymbol{G}\rangle$$

因此，薛定谔方程可表示为

$$\sum_G\left[\frac{\hbar^2}{2m}(\boldsymbol{k}+\boldsymbol{G})^2+U(\boldsymbol{r})-E(\boldsymbol{k})\right]C(\boldsymbol{k}+\boldsymbol{G})|\boldsymbol{k}+\boldsymbol{G}\rangle=0$$

用 $\langle\boldsymbol{k}+\boldsymbol{G}'|$ 左乘上式

$$\langle\boldsymbol{k}+\boldsymbol{G}'|\boldsymbol{k}+\boldsymbol{G}\rangle=\delta_{G,G'}$$

$$\sum_{G'}\left\{\left[\frac{\hbar^2}{2m}(\boldsymbol{k}+\boldsymbol{G}')^2-E(\boldsymbol{k})\right]\delta_{G,G'}+\langle\boldsymbol{k}+\boldsymbol{G}|U(\boldsymbol{r})\boldsymbol{k}+\boldsymbol{G}'\rangle\right\}C(\boldsymbol{k}+\boldsymbol{G}')=0$$

上面的方程有解，要求系数满足久期矩阵方程

$$\det\left|\left[\frac{\hbar^2}{2m}(\boldsymbol{k}+\boldsymbol{G}')^2-E(\boldsymbol{k})\right]\delta_{G,G'}+\langle\boldsymbol{k}+\boldsymbol{G}|U(\boldsymbol{r})|\boldsymbol{k}+\boldsymbol{G}'\rangle\right|=0$$

式中，周期势 $U(\boldsymbol{r})$ 通过倒格矢展开

$$U(\boldsymbol{r})=\sum_G V(\boldsymbol{G})\mathrm{e}^{\mathrm{i}\boldsymbol{G}\cdot\boldsymbol{r}}$$

然而，由于在原子核附近库仑势阱很深，其收敛性很差，因此，需求解高阶矩阵方程，这极大地增加了计算量.

4.4.2　正交化平面波方法

为克服平面波法收敛性差的问题，Herring 曾提出正交化平面波(OPW)法. 固体的能带可分为内层电子形成的带和外层电子形成的带. 内层电子被原子核束缚很紧，其能带一般较窄且被填满，外层价电子被原子核束缚较弱，其能带构成价带和导带，一般较宽. 固体的主要性质由价带和导带决定，因此，可以构造外层价电子的哈密顿量，求解价电子的薛定谔方程.

对于价电子，其波函数在离子实(由核和内电子构成)区，像原子波函数一样，会出现剧烈振荡，在离子实之外，离子实对它的作用较弱，波函数像平面波. 因此，价电子的布洛赫波函数可用平面波与内层电子能带波函数的组合来表示，以减少基函数的数目.

在正交化平面波方法中(吴代鸣，2015)，引入一个弱的有效势 V_{eff}，有

$$V_{\text{eff}}(\boldsymbol{r})=U(\boldsymbol{r})+\sum_{c}[E(\boldsymbol{k})-E_c]|\phi_c\rangle\langle\phi_c|$$

这样，求解弱的有效势的薛定谔方程，所用平面波函数基组中的波函数数量减少了，可减少计算量.

V_{eff} 之所以是个有效的弱势，是由于波函数的正交化导致对真实的势的抵消. $U(r)$ 是负的，对价电子有吸引的作用；价电子的能量高于内层电子，正交化导致正的贡献，即起排斥作用. 这主要是由于价带波函数与内层电子正交，在离子实区剧烈振荡，抵消真实势的吸引作用，从而得到一个有效的弱势.

正交化平面波方法的成功具有局限性：在实际应用中，内层电子和价电子很难划分；内层电子的波函数是近似的，会导致正交化产生误差.

下面推导有效势 V_{eff} 的表达式. 内层电子的波函数为

$$|\phi_c\rangle=\frac{1}{\sqrt{N}}\sum_{l}\mathrm{e}^{\mathrm{i}\boldsymbol{k}\cdot\boldsymbol{R}_l}|\phi_c(\boldsymbol{r}-\boldsymbol{R}_l)\rangle$$

满足薛定谔方程且相互正交

$$H|\phi_c\rangle=E_c|\phi_c\rangle,\quad \langle\phi_c|\phi_{c'}\rangle=\delta_{c,c'}$$

引入新的波函数

$$|\varphi_k\rangle=|\boldsymbol{k}\rangle-\sum_{c}\langle\phi_c|\boldsymbol{k}\rangle|\phi_c\rangle$$

发现其与内层电子波函数正交化

$$\langle\phi_c|\varphi_k\rangle=\langle\phi_c|\boldsymbol{k}\rangle-\sum_{c'}\langle\phi_{c'}|\boldsymbol{k}\rangle\langle\phi_c|\phi_{c'}\rangle=\langle\phi_c|\boldsymbol{k}\rangle-\sum_{c'}\langle\phi_{c'}|\boldsymbol{k}\rangle\delta_{c,c'}=0$$

价电子的布洛赫函数由新引入的波函数为基组展开

$$|\psi_k\rangle=\sum_G a(\boldsymbol{k}+\boldsymbol{G})|\varphi_{k+G}\rangle,\quad \langle\phi_c|\psi_k\rangle=0$$

代入单电子薛定谔方程可得

$$\sum_G a(\boldsymbol{k}+\boldsymbol{G})\left[\frac{\hbar^2}{2m}(\boldsymbol{k}+\boldsymbol{G})^2+U(\boldsymbol{r})-E(\boldsymbol{k})\right]|\boldsymbol{k}+\boldsymbol{G}\rangle+\sum_c[E(\boldsymbol{k})-E_c]\langle\phi_c|\boldsymbol{k}+\boldsymbol{G}\rangle|\phi_c\rangle=0$$

用$\langle\boldsymbol{k}+\boldsymbol{G}'|$左乘上式

$$\sum_G a(\boldsymbol{k}+\boldsymbol{G})\left\{\left[\frac{\hbar^2}{2m}(\boldsymbol{k}+\boldsymbol{G})^2-E(\boldsymbol{k})\right]\delta_{G,G'}+\langle\boldsymbol{k}+\boldsymbol{G}'|V_{\text{eff}}(\boldsymbol{r})|\boldsymbol{k}+\boldsymbol{G}\rangle\right\}=0$$

其中有效的正交势 V_{eff} 为

$$V_{\text{eff}}(\boldsymbol{r})=U(\boldsymbol{r})+\sum_c[E(\boldsymbol{k})-E_c]|\phi_c\rangle\langle\phi_c|$$

上面的方程有解，要求系数满足久期矩阵方程

$$\det\left|\left[\frac{\hbar^2}{2m}(\boldsymbol{k}+\boldsymbol{G})^2-E(\boldsymbol{k})\right]\delta_{G,G'}+\langle\boldsymbol{k}+\boldsymbol{G}'|V_{\text{eff}}(\boldsymbol{r})|\boldsymbol{k}+\boldsymbol{G}\rangle\right|=0$$

有效的正交势 V_{eff} 具有势 $U(r)$ 的周期性，通过倒格矢展开，大大减少了所需平面波的数量.

4.4.3　赝势方法

对于任意的波函数ϕ_k，引入φ_k，作为单电子薛定谔方程本征函数

$$|\varphi_k\rangle=|\phi_k\rangle+\sum_c\langle\phi_c|\phi_k\rangle|\phi_c\rangle$$

ϕ_c 为内壳层电子波函数

$$H|\phi_c\rangle=E_c|\phi_c\rangle$$

要求φ_k与ϕ_c正交

$$\langle\phi_c|\varphi_k\rangle=0$$

由此可得下面的方程：

$$H|\varphi_k\rangle = E(k)|\varphi_k\rangle, \quad H = T + U(r)$$

$$H|\phi_k\rangle + \sum_c \langle\phi_c|\phi_k\rangle H|\phi_c\rangle = E(k)|\phi_k\rangle + \sum_c \langle\phi_c|\phi_k\rangle E(k)|\phi_c\rangle$$

$$H|\phi_k\rangle + \sum_c [E(k) - E_c]|\phi_c\rangle\langle\phi_c|\phi_k\rangle = E(k)|\phi_k\rangle$$

引入有效势 U_{eff}

$$U_{\text{eff}} = U(r) + \sum_c [E(k) - E_c]|\phi_c\rangle\langle\phi_c|$$

发现ϕ_k是该势函数薛定谔方程的本征函数

$$(T + U_{\text{eff}})|\phi_k\rangle = E(k)|\phi_k\rangle$$

U_{eff}是个赝势，但方程的解是真实的价电子的能量. 赝势的选取并不唯一，不同的选取都给出相同的$E(k)$，因此可选择最佳的赝势，以简化求解.

4.4.4　缀加平面波方法

1933 年，维格纳和塞茨(F. Seitz)提出原胞法，取 W-S 原胞，假定原胞内晶体势场是球对称的，波函数可表示为

$$\psi_k(r) = \sum_{l=0}^{\infty} \sum_{m=-l}^{l} b_{lm}(k) \mathrm{Y}_{lm}(\theta, \phi) R_l(E, r)$$

其中，Y_{lm}是球谐函数，R_l是径向函数. 系数 b_{lm} 由边界条件决定，该波函数需满足布洛赫定理，在原胞边界上波函数及导数应连续.

斯莱特改进原胞法，提出采用糕模(muffin-tin)势，把 W-S 原胞分为两个区

$$V(r) = \begin{cases} V(r), & r < r_{\mathrm{c}} \\ 0, & r \geqslant r_{\mathrm{c}} \end{cases}$$

因此，区域划分为以离子实为中心的球对称区和势能为常数的球外区. 对于球对称区，采用球对称波函数，势能为常数的区域，采用平面波函数. 这样，波函数可表示为

$$\phi_k(r) = \begin{cases} \sum\limits_{l,m} b_{lm}(k) \mathrm{Y}_{lm}(\theta, \phi) R_l(E, r), & r < r_{\mathrm{c}} \\ \mathrm{e}^{\mathrm{i}k\cdot r}, & r \geqslant r_{\mathrm{c}} \end{cases}$$

波函数的连续性要求在两个区域的边界处应光滑连接，由此决定系数 b_{lm}. 该波函数称为缀加平面波(APW)基. 单电子的布洛赫函数可用 APW 作为基函数展开

$$\psi_k(r) = \sum_G a(k+G)\phi_{k+G}(r)$$

从而求解单电子薛定谔方程.

4.4.5　密度泛函理论

在 1964 年, 两个关于密度泛函的理论首次被霍恩伯格(P. Hohenberg)和科恩(W. Kohn)证明(Hohenberg and Kohn, 1964). 理论①: 在外势场 V_{ex} 下, 对于任何电子相互作用的体系,其外场 V_{ex} 由基态的密度 $n_0(r)$ 唯一决定,除可能相差一个常数外. 理论②: 对于任意外场 V_{ex}, 关于能量的泛函可以通过电子密度 $n(r)$ 定义. 能量泛函 $E[n]$的全局最小值等于系统的基态能量, 其取最小值时的电子密度为基态的电子密度 $n_0(r)$.

1. 霍恩伯格-科恩理论证明

设电子体系的哈密顿量为 H_0, 外场为 V, 总哈密顿量及薛定谔方程分别为

$$H = H_0 + V, \quad H\psi = E\psi$$

能量的基态值可用基态波函数求得

$$E = \langle \psi | H | \psi \rangle = \langle \psi | H_0 + V | \psi \rangle$$

外势在基态波函数的数值为

$$V = \sum_i V(r_i) = \sum_i \int \mathrm{d}r V(r) \delta(r - r_i)$$

$$\langle \psi | V | \psi \rangle = \int \mathrm{d}r V(r) \langle \psi | \sum_i \delta(r - r_i) | \psi \rangle = \int \mathrm{d}r V(r) n(r)$$

因此, 能量基态可重新表示为

$$E = \langle \psi | H_0 | \psi \rangle + \int \mathrm{d}r V(r) n(r)$$

同理, 电子体系在外场 V'下, 新的总哈密顿量为

$$H' = H_0 + V'$$

其在新的基态波函数的能量基值可表示为

$$E' = \langle \psi' | H' | \psi' \rangle$$

对于哈密顿量 H 来说

$$E = \langle \psi | H | \psi \rangle < \langle \psi' | H | \psi' \rangle$$

因此

$$\langle \psi' | H | \psi' \rangle = \langle \psi' | H' + V - V' | \psi' \rangle = E' + \int \mathrm{d}r [V(r) - V(r')] n'(r)$$

$$E < E' + \int \mathrm{d}r [V(r) - V(r')] n'(r)$$

同理, 对于哈密顿量 H'来说

$$E' = \langle \psi' | H' | \psi' \rangle < \langle \psi | H' | \psi \rangle$$

因此

$$\langle \psi | H' | \psi \rangle = \langle \psi | H + V' - V | \psi \rangle = E + \int \mathrm{d}r[V'(r) - V(r)]n(r)$$

$$E' < E + \int \mathrm{d}r[V'(r) - V(r)]n'(r)$$

可见，如果 $n(r)=n'(r)$，则

$$E + E' < E + E'$$

因此，外势和基态的电子密度是一一对应的. 外势由基态电子密度决定，从而也就确定基态的波函数和基态的能量. 故 $E[n]$和 $\psi[n]$是基态电子密度 $n(r)$ 的泛函.

关于系统能量的泛函可以表示为

$$E[n] = \langle \psi[n] | H_0 + V | \psi[n] \rangle = F[n] + \int \mathrm{d}rV(r)n(r)$$

其中，我们引入一个关于电子的哈密顿量的泛函

$$F[n] = \langle \psi[n] | H_0 | \psi[n] \rangle$$

假设密度为 $n'(r)$，满足

$$n'(r) > 0, \quad \int n'(r)\mathrm{d}r = N$$

因此，$n'(r)$ 也是体系的一种电子分布，系统能量的泛函可由其表示为

$$E[n'] = F[n'] + \int \mathrm{d}rV'(r)n'(r)$$

同时，我们假定 $n(r)$ 分布对应系统能量的泛函的全局最小值

$$E[n'] \geqslant E[n]$$

$F[n]$是一个与 $V(r)$ 无关的普适密度泛函. $n'(r)$ 可变化，$E[n']$对 n' 求变分可得能量的极小值，对应基态的能量为 $E[n]$.

2. 科恩-沈(Kohn-Sham)方程

对于电子的普适密度泛函 $F[n]$，可详细地表示为(Kohn and Sham, 1965)

$$F[n] = \langle \psi[n] | T + U | \psi[n] \rangle = T[n] + \langle \psi[n] | U | \psi[n] \rangle$$

$$= T[n] + \frac{e^2}{8\pi\varepsilon_0} \int \mathrm{d}r\mathrm{d}r' \frac{n(r)n'(r)}{|r - r'|} + E_{\mathrm{xc}}[n]$$

其中，我们把势能项分为两部分，一部分为库仑势能，另一部分为交换关联能泛函 $E_{\mathrm{xc}}[n]$. 动能泛函 $T[n]$和 $E_{\mathrm{xc}}[n]$的具体形式未知.

假设一个无相互作用的电子体系，其基态电子密度与真实体系的基态电子密度

相等,

$$n(r)=n_0(r)=\sum_i|\psi_i(r)|^2,\quad N=\int n(r)\mathrm{d}r$$

此时，无相互作用体系的动能可表示为

$$T_s[n]=-\frac{\hbar^2}{2m}\sum_i\int \mathrm{d}r\psi_i^*(r)\nabla^2\psi_i(r)$$

我们用无相互作用体系的动能代替有相互作用体系的动能，两者的差放入交换修正势部分，则普适密度泛函可表示为

$$F[n]=T_s[n]+\frac{e^2}{8\pi\varepsilon_0}\int \mathrm{d}r\mathrm{d}r'\frac{n(r)n'(r)}{|r-r'|}+E_{xc}[n]$$

在外场 $V(r)$ 下有相互作用的体系的能量泛函表示为

$$E[n]=-\frac{\hbar^2}{2m}\sum_i\int \mathrm{d}r\psi_i^*(r)\nabla^2\psi_i(r)+\sum_i\int \mathrm{d}r\psi_i^*(r)V(r)\psi_i(r)$$
$$+\frac{e^2}{8\pi\varepsilon_0}\int \mathrm{d}r\mathrm{d}r'\frac{\psi_i^*(r)\psi_j^*(r')\psi_i(r)\psi_j(r')}{|r-r'|}+E_{xc}[n]$$

利用变分法建立变分方程

$$\delta E[n]-\sum_i\varepsilon_i\delta\int \mathrm{d}r\psi_i^*(r)\psi_i(r)=0$$

可求得变分方程

$$\sum_i\int \mathrm{d}r\delta\psi_i^*(r)\left[-\frac{\hbar^2}{2m}\nabla^2+V(r)+\frac{e^2}{4\pi\varepsilon_0}\int \mathrm{d}r'\frac{\psi_j^*(r')\psi_j(r')}{|r-r'|}+\frac{\delta E_{xc}[n]}{\delta n(r)}-\varepsilon_i\right]\psi_i(r)=0$$

因此，可得单电子薛定谔方程

$$\left[-\frac{\hbar^2}{2m}\nabla^2+V_{\mathrm{eff}}(r)\right]\psi_i(r)=\varepsilon_i\psi_i(r)$$

其中，$V_{\mathrm{eff}}(r)$表示为

$$V_{\mathrm{eff}}(r)=V(r)+\frac{e^2}{4\pi\varepsilon_0}\int \mathrm{d}r'\frac{\psi_j^*(r')\psi_j(r')}{|r-r'|}+\frac{\delta E_{xc}[n]}{\delta n(r)}$$
$$=V(r)+V_c(r)+V_{xc}(r),\quad V_{xc}(r)=\frac{\delta E_{xc}[n]}{\delta n(r)}$$

V_{xc} 是交换关联能泛函对电子密度的虚微分，称之为交换-关联势. 密度泛函理论从形式上把相互作用的多电子体系的基态问题转化为在有效势场中运动的单电子

问题. 包含多体效应的 $E_{xc}[n]$ 的形式却是未知的，因此，在实际应用中，如何近似地获得交换关联能泛函是解决问题的关键.

3. 局域密度近似

交换关联能泛函 $E_{xc}[n]$ 对 n 的依赖是非局域的，但当电子密度变化缓慢时，可将空间分成许多密度均匀的小单元，这样均匀电子体系的密度 n_0 可代替局域的 $n(r)$. 因此，交换关联能可通过均匀体系的结果获得，其可表示为

$$E_{xc}[n]=\int \mathrm{d}rn(r)\varepsilon_{xc}[n(r)]$$

交换-关联势可表示为

$$V_{xc}(r)=\frac{\delta E_{xc}[n]}{\delta n(r)}=\frac{\mathrm{d}}{\mathrm{d}n(r)}\int \mathrm{d}rn(r)\varepsilon_{xc}[n(r)]$$

对于均匀电子体系，交换关联密度 ε_{xc} 可分为交换能密度和关联能密度

$$\varepsilon_{xc}=\varepsilon_{ex}+\varepsilon_{c}$$

其中，交换能密度我们前面已经求得

$$\varepsilon_{ex}=-\frac{0.916}{r_s}$$

关联能密度可通过量子蒙特卡罗(Monte Carlo)方法求得

$$\varepsilon_c=\begin{cases}-0.2846/(1+1.0529\sqrt{r_s}+0.3334r_s) & (r_s\geqslant 1)\\ -0.0960+0.0622\ln r_s-0.0232r_s+0.0040r_s\ln r_s & (r_s<1)\end{cases}$$

第 5 章　固体光学理论

5.1　光与物质的相互作用

光与物质之间的相互作用(Klingshirn, 2007)：对于稀释(dilute)体系，如气体，可以采用弱耦合方法；对于固体，通常需要强耦合方法，如极化子理论(theory of polaritons). 光与物质作用，包括下面几个典型的过程：光吸收(absorption)、受激发射(stimulated emission)、自发发射(spontaneous emission)和虚激发(virtual excitation).

如图 5.1 所示，一个光子可以诱导一个能量匹配的激发态电子发射一个与该光子能量、动量、极化方向以及相位相同的光子，该过程称为受激发射. 激发态的电子通过发射一个光子回到基态的过程(如果损失的能量通过碰撞过程释放或声子发射释放，称为无辐射复合过程)，称为自发发射. 该过程是在电磁场的零点振动(或真空涨落)刺激下发生的. 考虑到量子理论的不确定性原理，能量守恒在微观过程可能被破坏，出现虚激发过程. 由于虚激发态的参与，发射光子的方向可能将不同于入射光子的方向，称为散射过程. 如果发射光子的能量和入射光子的能量相等，称为弹性散射，也叫做瑞利(Rayleigh)散射. 如果发射光子的同时，伴随声子的产生和发射，称为非弹性散射. 非弹性散射包括布里渊散射和拉曼散射(Raman scattering). 布里渊散射通常指伴随声子的能量较小，散射线接近瑞利散射线，参与的声子通常为声学声子. 拉曼散射通常指伴随声子的能量较大，散射线远离瑞利散射线，参与的声子为光学声子.

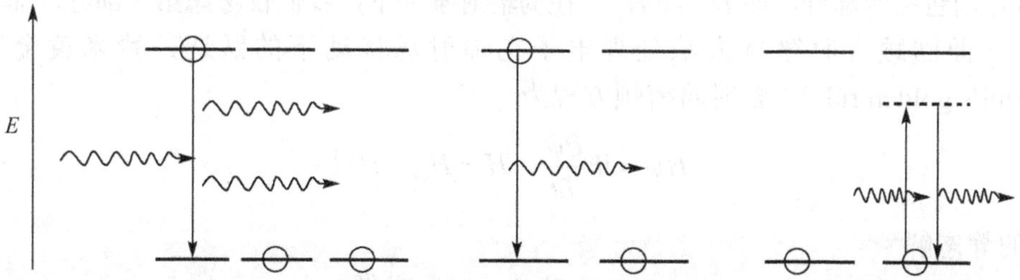

图 5.1　光与物质作用的几个典型过程示意图包括受激发射、自发发射和虚激发

5.1.1 辐射场与电子体系作用的微扰论方法

电磁场与物质构成的系统的哈密顿量由三部分构成. 由于目前考虑的电磁场的量子能量区间仅在电子跃迁区间，因此，物质部分的哈密顿量由体系中电子的哈密顿量构成第一部分；第二部分为电磁场(辐射场)的哈密顿量；第三部分为电子与辐射场的相互作用. 因此，哈密顿量可表示为

$$H = H_{\text{el}} + H_{\text{rad}} + H_{\text{interac}}$$

辐射场的哈密顿量可表示为

$$H_{\text{rad}} = \frac{1}{2}\sum_{k,s} p_{k,s}^2 + \omega_k^2 q_{k,s}^2$$

同时满足关系式

$$p_{k,s}q_{k,s} - q_{k,s}p_{k,s} = -\mathrm{i}\hbar, \quad E_k = (n_k + 1/2)\hbar\omega_k$$

考虑用半经典方法处理辐射场对电子运动的影响

$$p \to p + A$$

在辐射场作用下，单电子的哈密顿量为

$$H = \frac{1}{2m}\left(\frac{\hbar}{\mathrm{i}}\nabla - eA\right)^2 + V(r)$$

在这种半经典处理下，辐射场的作用可以看作是对电子哈密顿量的微扰

$$H = -\frac{\hbar^2}{2m}\nabla^2 + V(r) - \frac{e}{m}A\frac{\hbar}{\mathrm{i}}\nabla + \frac{e^2}{2m}A^2$$

哈密顿量可简写为

$$H = H_{\text{el}} + H^{(1)} + H^{(2)}$$

微扰作用包括两部分，即 $H^{(1)}$和 $H^{(2)}$. 在弱辐射条件下，我们仅考虑第一部分，即 $H^{(1)}$.

下面回顾含时微扰方法处理电子在辐射场扰动下的跃迁：费米黄金定则(Fermi's golden rule). 含时哈密顿方程为

$$H\psi = \mathrm{i}\hbar\frac{\partial\psi}{\partial t}, \quad H = H_{\text{el}} + H^{(1)}$$

H_{el} 的静态解

$$\psi_n(r,t) = \varphi(r)\mathrm{e}^{-\mathrm{i}E_n t/\hbar}$$

跃迁概率为

$$w_{i,j} = \frac{2\pi}{\hbar}\left|H_{i,j}^{(1)}\right|^2 D(E)$$

其中，$D(E)$ 为末态的态密度. 跃迁矩阵元可表示为

$$H_{i,j}^{(1)} = \langle \psi_j | H^{(1)} | \psi_i \rangle$$

现在利用费米黄金定则，电子由基态跃迁到激发态的跃迁概率可表示为

$$w_{\mathrm{g}\to\mathrm{ex}} = \frac{2\pi}{\hbar}\left|\frac{-e\hbar}{\mathrm{i}m}A_0\int \mathrm{d}\tau\varphi_{\mathrm{ex}}^*(r)\mathrm{e}^{\mathrm{i}E_{\mathrm{ex}}t/\hbar}\boldsymbol{e}_{\mathrm{A}}\mathrm{e}^{\mathrm{i}(kr-\omega t)/\hbar}\nabla\varphi_{\mathrm{g}}(r)\mathrm{e}^{\mathrm{i}E_{\mathrm{g}}t/\hbar}\right|^2 D(E_{\mathrm{g}}+\hbar\omega)$$

对跃迁概率公式作简化处理，利用能量守恒得

$$E_{\mathrm{ex}} - E_{\mathrm{g}} - \hbar\omega = 0$$

在固体中考虑φ_{g}和φ_{ex}中包含平面波部分，有动量守恒

$$\hbar k_{\mathrm{ex}} - \hbar k_{\mathrm{g}} - \hbar k = 0$$

采用近似

$$\mathrm{e}^{\mathrm{i}kr} = 1 + \frac{\mathrm{i}kr}{1!} + \frac{\mathrm{i}kr^2}{2!} + \cdots \approx 1$$

简单处理后，跃迁概率可正比于

$$w_{\mathrm{g}\to\mathrm{ex}} \propto A_0^2\left|\langle \varphi_{\mathrm{ex}} | \boldsymbol{e}_{\mathrm{A}} p | \varphi_{\mathrm{g}} \rangle\right|^2 D(E_{\mathrm{g}}+\hbar\omega)$$

由量子力学基本公式

$$\langle \varphi_i | p | \varphi_i \rangle = m\frac{\mathrm{i}}{\hbar}(E_j - E_i)\langle \varphi_i | r | \varphi_i \rangle = m\mathrm{i}\omega\langle \varphi_i | r | \varphi_i \rangle$$

可得跃迁概率正比于

$$w_{ij} \propto I\omega^2\left|\boldsymbol{e}_{\mathrm{A}}\langle \boldsymbol{e}\boldsymbol{r}_{ij}\rangle\right|^2 D(E)$$

因此，电子在电磁场的作用下的跃迁是一种电偶极跃迁.

5.1.2　二能级跃迁的速率方程

现在考虑一个二能级原子系统，系统由 N_{A} 个原子组成，处在基态的原子分数为 a_{g}，则处在激发态上的原子分数为 $1-a_{\mathrm{g}}$. 辐射场的量子数变化可表示为

$$\frac{\partial N_{\mathrm{ph}}}{\partial t} = -N_{\mathrm{A}}a_{\mathrm{g}}N_{\mathrm{ph}}\left|H_{\mathrm{g}\to\mathrm{e}}^{\mathrm{D}}\right|^2 + N_{\mathrm{A}}(1-a_{\mathrm{g}})(1+N_{\mathrm{ph}})\left|H_{\mathrm{e}\to\mathrm{g}}^{\mathrm{D}}\right|^2$$

注意下面的关系式：

$$\left|H_{\mathrm{g}\to\mathrm{e}}^{\mathrm{D}}\right|^2 = \left|H_{\mathrm{e}\to\mathrm{g}}^{\mathrm{D}}\right|^2 \equiv \left|H_{\mathrm{D}}\right|^2$$

简单处理后，得

$$\frac{1}{|H_{\mathrm{D}}|^2}\frac{\partial N_{\mathrm{ph}}}{\partial t}=N_{\mathrm{ph}}N_{\mathrm{A}}(1-2a_{\mathrm{g}})+N_{\mathrm{A}}(1-a_{\mathrm{g}})$$

等式右边第一部分为光吸收和受激发射的静速率，第二部分为自发发射速率. 因此，辐射场光子数的变化被两个电子能级间的吸收和发射过程控制.

考虑一个特殊的情况：初始时有吸收为

$$-\alpha(\omega)\sim N_{\mathrm{A}}(1-2a_{\mathrm{g}})$$

假设 $a_{\mathrm{g}}=1/2$, 此时吸收消失，材料变成透明的.

5.2　带间跃迁与光吸收

5.2.1　直接带边吸收

半导体材料由于存在带隙，通常吸收从带边开始，形成吸收带边. 吸收带边一般包括三部分：①强吸收区，吸收系数 $\alpha(\omega)$ 为 10^4～$10^6\ \mathrm{cm}^{-1}$，服从幂指数规律，指数一般为 1/2、3/2 等；②E 指数吸收区，吸收系数 $\alpha(\omega)$ 为 $10^2\ \mathrm{cm}^{-1}$ 左右；③弱吸收区，吸收系数 $\alpha(\omega)$ 低于 $10^2\ \mathrm{cm}^{-1}$. 弱吸收区通常为杂质吸收所致. 幂指数区通常为理论带边跃迁吸收(方容川，2003).

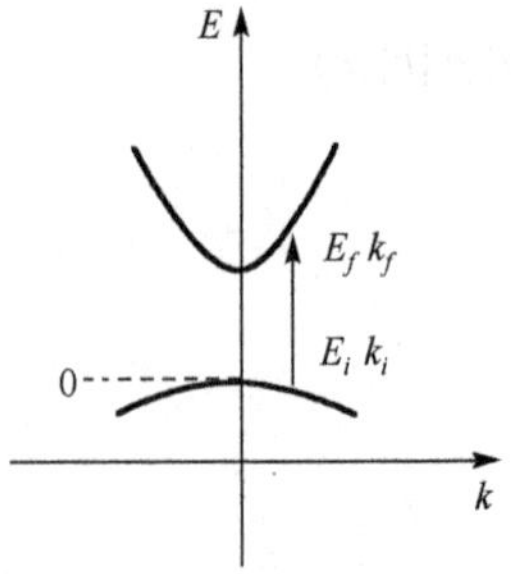

图 5.2　电子从价带到导带跃迁的示意图

现在考虑吸收的量子表达式. 如图 5.2 所示，电子吸收一个光子，从价带顶附近跃迁到导带底. 利用费米黄金定则，考虑能量守恒和动量守恒

$$\hbar\omega=E_f-E_i$$

$$k_f=k_i+k_0$$

注意：光子的波矢远小于电子的波矢，因此

$$k_f\approx k_i$$

故电子初态的波矢和末态的波矢近似相等，电子跃迁在倒空间形成竖直跃迁.

吸收系数可通过跃迁概率、初态的电子态密度和末态的电子态密度表示为

$$\alpha(\omega)=A\sum_{i,f}W_{i,f}^{\mathrm{ab}}N_i(E_i)f(E_i)N_f(E_f)[1-f(E_f)]$$

其中，A 为常数. 由于半导体带隙的存在，初态和末态的占据概率分别为

$$f(E_i)=1,\quad f(E_f)=0$$

假设跃迁概率与态密度关联较弱，吸收系数可表示为

$$\alpha(\omega) \approx AW_{i,f}^{\mathrm{ab}} \sum_{i,f} N_i(E_i) N_f(E_f)$$

引入联合态密度 J_{VC}

$$J_{\mathrm{VC}} = \sum_{i,f} N_i(E_i) N_f(E_f)$$

吸收系数可表示为

$$\alpha(\omega) \approx AW_{i,f}^{\mathrm{ab}} J_{\mathrm{VC}}$$

由于考虑的跃迁仅发生在价带顶和导带底，采用有效质量近似，初态和末态的能量可分别表示为

$$E_i(k_i) = -\frac{\hbar k_i^2}{2m_{\mathrm{h}}^*}, \quad E_f(k_f) = E_{\mathrm{g}} + \frac{\hbar k_f^2}{2m_{\mathrm{e}}^*}$$

末态和初态的能量差为

$$\hbar\omega = E_f(k_f) - E_i(k_i) = E_{\mathrm{g}} + \frac{\hbar k^2}{2\mu^*} \quad \left(k_f = k_i, \ \frac{1}{m_{\mathrm{e}}^*} + \frac{1}{m_{\mathrm{h}}^*} = \frac{1}{\mu^*}\right)$$

因此，吸收过程可被认为成一个具有有效质量 μ^*和联合态密度 J_{VC} 的电子空穴对的产生过程. 在有效质量近似下，J_{VC} 可表示为

$$J_{\mathrm{VC}}(E)\mathrm{d}E = \frac{2}{(2\pi)^3} 4\pi k^2 \mathrm{d}k$$

$$J_{\mathrm{VC}}(E) = \frac{2}{(2\pi)^3} 4\pi k^2 \left(\frac{\mathrm{d}E}{\mathrm{d}k}\right)^{-1}$$

考虑抛物线近似能带结构

$$J_{\mathrm{VC}}(E) = \frac{(2\mu^*)^{3/2}}{2\pi^2 \hbar^3} (E - E_{\mathrm{g}})^{1/2}$$

吸收系数可表示为

$$\alpha(E) = AW_{i,f}^{\mathrm{ab}} \frac{(2\mu^*)^{3/2}}{2\pi^2 \hbar^3} (E - E_{\mathrm{g}})^{1/2} = A^*(E - E_{\mathrm{g}})^{1/2}$$

因此，我们获得幂指数为 1/2 的带边直接跃迁的吸收规律. 通过后面关于吸收的详细微观分析可知，A^*可近似表示为

$$A^* \approx \frac{e^2(2\mu^*)^{3/2}}{2nchm_{\mathrm{e}}^*}$$

假设折射率 n=4，电子和空穴的有效质量 $m_e^* = m_h^* = m_e$，可得

$$\alpha(E) \approx 2\times10^4 (E-E_g)^{1/2} (\text{cm}^{-1})$$

因此，理论上可获得与实验结果一致的带边吸收规律.

5.2.2 禁止的直接吸收

由于固体结构的对称性，有时直接的带边跃迁被选择定则禁止，但 $k\neq0$ 的过程是允许的，称为禁止的带间跃迁，即

$$W_{i,f}(k=0)=0, \quad W_{i,f}(k\neq0)\neq0$$

在原子物理学中，电子的偶极跃迁由关于角动量量子数的变化的选择定则 $\Delta L=\pm1$ 决定. 固体中有类似选择定则，相同宇称的态间的偶极跃迁被禁止. 因此，k=0 时，s-p、p-d 带之间的跃迁是允许的，s-d、p-f 带之间的跃迁是禁止的.

对于 $k\neq0$ 的过程，跃迁概率与 k^2 成正比，

$$W_{i,f}(k\neq0) \propto k^2 \propto \hbar\omega - E_g$$

因此，吸收系数可表示为

$$\alpha(E) = A'(\hbar\omega - E_g)^{3/2}$$

我们获得幂指数为 3/2 的布里渊中心禁止跃迁的带边直接跃迁的吸收规律.

5.2.3 声子辅助的间接跃迁光吸收

现在考察间接带隙半导体的光吸收. 如图 5.3 所示，由于价带顶和导带底不在倒空间同一点，其跃迁过程需要声子参与. 由声子参与的间接跃迁，不但需满足能量守恒，也需满足动量守恒

$$k_i + q = k_f$$

电子在吸收光子跃迁的过程中，除了伴随声子的吸收，还可能伴随声子的发射.

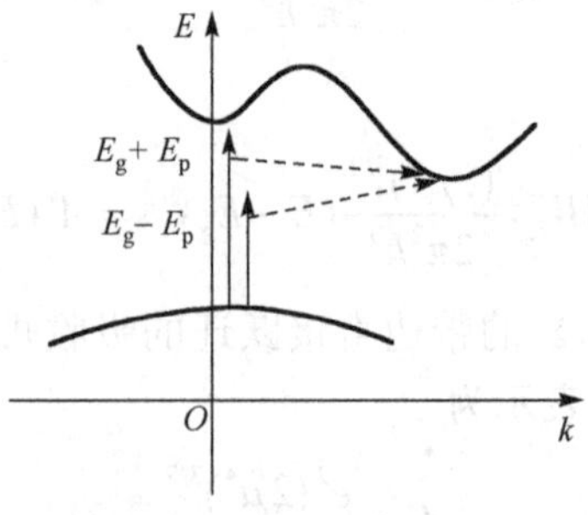

图 5.3　间接带隙半导体中声子辅助的带边跃迁示意图

对于声子吸收过程，吸收的光子能量和声子分布分别为

$$E_a = E_f - E_i - E_p = E_g - E_p + \frac{\hbar^2 k_C^2}{2m_e^*} + \frac{\hbar^2 k_V^2}{2m_h^*}$$

$$F_a(E_p) = \frac{1}{\exp(E_p / (k_B T)) - 1}$$

对于声子发射过程，吸收的光子能量和声子未被占据态分布分别为

$$E_e = E_f - E_i + E_p = E_g + E_p + \frac{\hbar^2 k_C^2}{2m_e^*} + \frac{\hbar^2 k_V^2}{2m_h^*}$$

$$F_e(E_p) = 1 - F_a(E_p) = \frac{1}{1 - \exp(-E_p / (k_B T))}$$

吸收系数可表示为

$$a(\omega) = A \sum_{i,f} W_{i,f}^{ab} n_i(E_i) n_f(E_f) F(E_p)$$

可近似表示为

$$\begin{aligned} a(\omega) &\approx A W_{i,f}^{ab} F(E_p) \sum_{i,f} n_i(E_i) n_f(E_f) \\ &\approx A W_{i,f}^{ab} F(E_p) \sum_{i,f} N_i(E_i) N_f(E_f) \quad (\text{因为} f(E_i) = 1; f(E_f) = 0) \end{aligned}$$

其中，$F(E_p)$ 包括声子吸收和声子发射过程.

在价带顶的电子态密度可表示为

$$N_i(E_i) = \frac{(2m_h^*)^{3/2}}{2\pi^2 \hbar^3} |E_i|^{1/2}$$

在导带底的电子态密度可表示为

$$N_f(E_f) = \frac{(2m_e^*)^{3/2}}{2\pi^2 \hbar^3} (E_f - E_g)^{1/2} = \frac{(2m_e^*)^{3/2}}{2\pi^2 \hbar^3} (\hbar\omega - E_g \mp E_p - |E_i|)^{1/2}$$

因此，联合态密度可表示为

$$\sum_{i,f} N_i(E_i) N_f(E_f) = A \int_0^{\hbar\omega - E_g \mp E_p} |E_i|^{1/2} (\hbar\omega - E_g \mp E_p - |E_i|)^{1/2} \mathrm{d}|E_i|$$

令 $y = \dfrac{\hbar\omega - E_g \mp E_p - |E_i|}{\hbar\omega - E_g \mp E_p}$，有

$$\sum_{i,f} N_i(E_i)N_f(E_f) = A\int_0^1 y^{1/2}(1-y)^{1/2}\mathrm{d}y(\hbar\omega - E_\mathrm{g} \mp E_\mathrm{p})^2$$
$$= B(\hbar\omega - E_\mathrm{g} \mp E_\mathrm{p})^2$$

考虑下面两种情况.

(1) 光子能量 $\hbar\omega$ 介于 $E_\mathrm{g}+E_\mathrm{p}$ 和 $E_\mathrm{g}-E_\mathrm{p}$ 之间，该过程仅伴随声子吸收，吸收系数为

$$\alpha_\mathrm{a}(\omega) = \frac{(\hbar\omega - E_\mathrm{g} + E_\mathrm{p})^2}{\exp(E_\mathrm{p}/(k_\mathrm{B}T)) - 1}$$

考虑近似

$$\left\{\frac{1}{\exp(E_\mathrm{p}/(k_\mathrm{B}T)) - 1}\right\}^{1/2} = C, \quad [\alpha_\mathrm{a}(\omega)]^{1/2} \sim \hbar\omega$$

因此，低温下

$$\hbar\omega_\mathrm{a} = E_\mathrm{g} - E_\mathrm{p}$$

(2) 光子能量大于 $E_\mathrm{g}+E_\mathrm{p}$，此时声子吸收和发射过程可同时发生

$$\alpha(\omega) = \alpha_\mathrm{a}(\omega) + \alpha_\mathrm{e}(\omega)$$

发射声子过程的吸收系数为

$$\alpha_\mathrm{e}(\omega) = \frac{\left(\hbar\omega - E_\mathrm{g} - E_\mathrm{p}\right)^2}{1 - \exp(-E_\mathrm{p}/(k_\mathrm{B}T))}$$

考虑近似

$$\left\{\frac{1}{1 - \exp(-E_\mathrm{p}/(k_\mathrm{B}T))}\right\}^{1/2} = C$$

低温下

$$\hbar\omega_\mathrm{e} = E_\mathrm{g} + E_\mathrm{p}$$

$$\alpha_\mathrm{a} = 0, \quad [\alpha_\mathrm{e}]^{1/2} \sim \mathrm{const}$$

如图 5.4 所示，由吸收系数的 1/2 次幂与光子能量的关系，以及利用上面的讨论可知，通过声子吸收参与和声子发射参与的低温下跃迁，可求参与声子的能量.

间接跃迁是在声子参与下才能完成的光跃迁，属于二级过程，因此其比直接跃迁概率低很多. 除间接带隙半导体价带顶与导带底之间的间接跃迁外，在直接带中也存在声子辅助的间接跃迁光吸收. 由于直接跃迁引起的吸收概率远大于这种间接跃迁，因此此间接跃迁通常不予考虑.

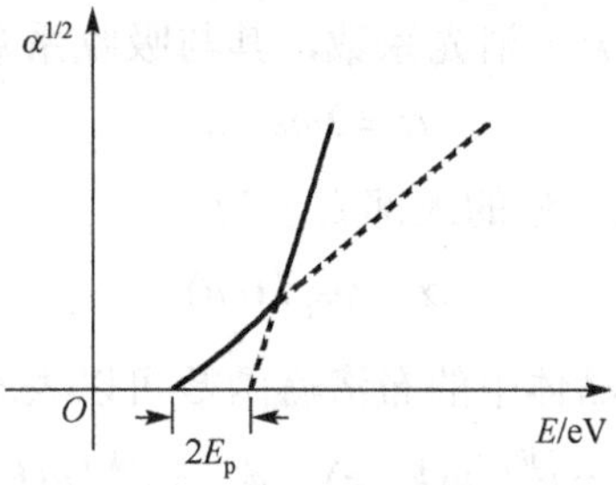

图 5.4　间接带隙半导体中声子辅助的吸收系数随光子能量变化的示意图

对于重掺杂的半导体，费米能级深入到能带中，掺杂引起吸收边蓝移，称为 Burstein-Moss 位移. 直接带隙半导体中，经常观测到此现象，在间接带隙半导体中，也可以观察到此情况. 但间接带隙半导体的 Burstein-Moss 位移情况要比直接带隙的情况复杂. 例如，对纯 Ge 进行掺杂，随掺杂浓度的提高，吸收边出现红移. 该吸收边红移现象是由于带隙随掺杂浓度提高而收缩引起.

5.2.4　带间跃迁吸收谱的理论分析

考虑单色波，其电场可以表示为

$$E = E_m \exp(-\mathrm{i}\omega t) + E_m^* \exp(\mathrm{i}\omega t), \quad |H_m|/|E_m| = c\varepsilon_0\sqrt{\varepsilon_\mathrm{r}}$$

能流密度(光强)可表示为

$$I = \langle |S| \rangle = \langle |E \times H| \rangle = \frac{1}{2}c\varepsilon_0 n |E_m|^2, \quad n = \sqrt{\varepsilon_\mathrm{r}}$$

经典电磁理论中，光功率密度被定义为

$$W = \langle \boldsymbol{J} \cdot \boldsymbol{E} \rangle = \langle JE\cos\Phi \rangle$$

电流密度和电极化强度可分别表示为

$$J = \partial P / \partial t = \mathrm{i}\omega P, \quad P = \varepsilon_0 \chi E = \varepsilon_0(\varepsilon - 1)E$$

因此光功率密度可表示为

$$W = \frac{1}{2}\varepsilon_0 \omega \varepsilon_i |E_m|^2$$

其中，ε_i 为介电函数 ε 的虚部.

光吸收率被定义为通过长度为 d 的介质光强度的相对变化. 考虑通过很薄的薄膜时，光的吸收率可表示为

$$A = Wd / I_0 = \frac{2\varepsilon_0 \omega \varepsilon_i d}{2c\varepsilon_0 n} |E_m|^2 / |E_0|^2 = \frac{\omega\varepsilon_i d}{cn}\exp(-2k_i x)$$

$$= \frac{\omega\varepsilon_i d}{cn}\exp(-2\omega\kappa d / c) \equiv \frac{\omega\varepsilon_i d}{cn}\exp(-\alpha d) \approx \frac{\omega\varepsilon_i}{cn} d$$

其中，k_i 为光波矢的虚部，κ 为消光系数，其与吸收系数的关系为

$$\alpha = 2\omega\kappa / c$$

因此，吸收系数可通过介电常量的虚部表示为

$$\alpha = \omega\varepsilon_i / (cn)$$

现在考察吸收的微观过程. 晶体中的布洛赫函数可以表示为

$$\phi_{f,k_f} = \mathrm{e}^{\mathrm{i}\boldsymbol{k}_f\cdot\boldsymbol{r}} u(\boldsymbol{k}_f, \boldsymbol{r}), \quad \phi_{i,k_i} = \mathrm{e}^{\mathrm{i}\boldsymbol{k}_i\cdot\boldsymbol{r}} u(\boldsymbol{k}_i, \boldsymbol{r})$$

晶体中，电偶极跃迁矩阵可以表示为

$$\hat{\boldsymbol{e}}_\mathrm{A} \cdot \boldsymbol{M}_{i,f} = \left\langle \phi_{f,K_f} \middle| \mathrm{e}^{\mathrm{i}\boldsymbol{k}\cdot\boldsymbol{r}} \hat{\boldsymbol{e}}_\mathrm{A} \cdot \boldsymbol{p} \middle| \phi_{i,K_i} \right\rangle$$

平移对称性导致动量守恒

$$\boldsymbol{k}_f = \boldsymbol{k}_i + \boldsymbol{k} \approx \boldsymbol{k}_i$$

因此，跃迁概率可以表示为

$$W = \frac{2\pi}{\hbar}\left(\frac{e}{m}A_0\right)^2 \left|\hat{\boldsymbol{e}}_\mathrm{A} \cdot \boldsymbol{M}_\mathrm{VC}\right|^2 \delta[E_\mathrm{C}(\boldsymbol{k}) - E_\mathrm{V}(\boldsymbol{k}) - \hbar\omega]$$

其中，A_0 为电磁辐射场的波函数振幅，$\boldsymbol{e}_\mathrm{A}$ 为电场方向矢量. 单位时间单位体积的跃迁数为

$$Z = \frac{2\pi}{\hbar}\left(\frac{e}{m}A_0\right)^2 \sum_{\mathrm{V,C}} \left\{ \int_{BZ} \frac{2\mathrm{d}k}{(2\pi)^3} \left|\hat{\boldsymbol{e}}_\mathrm{A} \cdot \boldsymbol{M}_\mathrm{VC}\right|^2 \delta[E_\mathrm{C}(\boldsymbol{k}) - E_\mathrm{V}(\boldsymbol{k}) - \hbar\omega] \right\}$$

通过分析光吸收的微观过程，光功率密度可通过跃迁数表示，$\hbar\omega Z=W$. 因此，可与宏观的光功率密度定义相联系为

$$\hbar\omega Z = 2\varepsilon_0\omega\varepsilon_i |E_m|^2 = 2\varepsilon_0\omega^3\varepsilon_i A_0^2$$

其中，E_m 和 A_0 都表示单色波的振幅. 介电系数的虚部可表示为

$$\varepsilon_i = \hbar\omega Z / (2\varepsilon_0\omega^3 A_0^2)$$

吸收系数可表示为

$$\alpha = \omega\hbar\omega Z / (cn2\varepsilon_0\omega^3 A_0^2)$$

最终，获得吸收系数的量子表达式

$$\alpha(\omega) = \frac{\pi}{\varepsilon_0}\frac{e^2}{ncm^2\omega} \sum_{\mathrm{V,C}} \left\{ \int_{BZ} \frac{2\mathrm{d}k}{(2\pi)^3} \left|\hat{\boldsymbol{e}}_\mathrm{A} \cdot \boldsymbol{M}_\mathrm{VC}\right|^2 \delta[E_\mathrm{C}(\boldsymbol{k}) - E_\mathrm{V}(\boldsymbol{k}) - \hbar\omega] \right\}$$

根据前面联合态密度的定义

$$J_{\mathrm{VC}}=\int_{BZ}\frac{2\mathrm{d}k^3}{(2\pi)^3}\delta[E_{\mathrm{C}}(k)-E_{\mathrm{V}}(k)-\hbar\omega]$$

吸收系数可通过联合态密度近似表示出来：

$$\alpha(\omega)\propto\frac{1}{n\omega}\left|M_{\mathrm{VC}}\right|^2 J_{\mathrm{VC}}$$

将布里渊区体积元转为面积元，并利用δ函数积分的性质得

$$\mathrm{d}\boldsymbol{k}=\mathrm{d}\boldsymbol{s}\cdot\mathrm{d}\boldsymbol{k}_{\perp}=\mathrm{d}\boldsymbol{s}\cdot\frac{\mathrm{d}\boldsymbol{k}_{\perp}}{\mathrm{d}E}\mathrm{d}E=\frac{\mathrm{d}\boldsymbol{s}\cdot\mathrm{d}\boldsymbol{E}}{\nabla_k\left|E_k\right|}$$

因此，联合态密度为

$$J_{\mathrm{VC}}=\frac{2}{(2\pi)^3}\iint_{E_{\mathrm{C}}-E_{\mathrm{V}}=\hbar\omega}\frac{\mathrm{d}s}{\nabla_k[E_{\mathrm{C}}(k)-E_{\mathrm{V}}(k)]}$$

在上面的联合态密度表达式中

$$\nabla_k[E_{\mathrm{C}}(k)-E_{\mathrm{V}}(k)]=0,\quad J_{\mathrm{VC}}\to\infty$$

我们把布里渊区中这样的 k 点称为范霍夫奇点. 实际中，可能存在两种范霍夫奇异点.

(1) $\nabla_k E_{\mathrm{C}}(K)=\nabla_k E_{\mathrm{V}}(K)=0$. 这些点通常位于 Γ、X、L 等高对称点上.

(2) $\nabla_k E_{\mathrm{C}}(K)-\nabla_k E_{\mathrm{V}}(K)=0$. 这些点通常位于 Δ、Σ、Λ 等高对称线上.

5.3　光发射与激子效应

5.3.1　激发态电子弛豫与复合

电子被激发到导带，具有一定的动能，处于非平衡态，需通过各种途径到达平衡态，此过程称为弛豫过程（relaxation process). 晶格中处于激发态的电子，会对晶格中的原子实有一定影响，此过程通过电子-声子耦合来实现. 这种依赖于电子态的晶格畸变现象称为晶格弛豫. 激发态电子弛豫到导带底，可通过两类不同的过程回到基态，包括无辐射复合和辐射复合过程.

对于激发态电子的无辐射跃迁，也叫热辐射(thermal radiation)，主要通过下面三类不同的过程：①热化(thermalization)过程. 激发到导带的过热电子通过与声子作用，到达热平衡态，此过程很快，约为晶格振动频率，即 10^{10}(声学声子)～$10^{13}\ \mathrm{s}^{-1}$(光学声子). ②过热电子通过级联声子过程回到基态，称为声子参与的无辐射跃迁. ③俄歇(Auger)过程，也称为三粒子过程. 导带中的过热电子与另一个电子碰撞，把能量传给该电子，同时与价带空穴无辐射复合. 价带空穴与另一个空穴碰

撞，把能量传给该空穴，同时与导带电子无辐射复合.

辐射复合指的是激发态的电子通过辐射复合回到基态. 该复合过程也称为发光(luminescence). 发光寿命一般大于 10^{-11} s. 我们知道电子反射和散射的过程，时间为 $\tau \sim 10^{-14}$ s. 因此，发光和散射在时域有明显区别. 发光按照激发方式不同，有不同的类型，包括光致发光(photoluminescence, PL)、电致发光(electroluminescence, EL)、阴极射线发光(cathode luminescence，CL)、摩擦发光(tribo-luminescence)、化学发光(chemi-luminescence)等. 发光也可以按照发光寿命进行分类，可分为荧光(fluorescence)和磷光(phosphorescence). 荧光指发光时间较短的发光. 磷光指发光持续时间较长的发光，通常和电子三重态有关. 例如，电子三重态和单态间跃迁是被禁止的，在晶体场扰动下，这种禁止变得不再严格，三重态和单态之间出现低概率密度的光跃迁，形成磷光.

5.3.2　发光与吸收的关系

我们知道，激发态的电子跃迁到基态，与基态中的空穴复合形成发光. 因此，辐射率可表示为

$$L = n_u n_l W_{em}$$

这里，n_u 为电子态密度，n_l 为空穴态密度，W_{em} 为单位体积辐射跃迁概率. 由细致平衡原理，平衡态下，产生率等于复合率. 因此，辐射率也可通过光子密度和跃迁概率表示为

$$L(\omega)\mathrm{d}\omega = W(\omega)\rho(\omega)\mathrm{d}\omega$$

这里，$W(\omega)$ 为单位时间吸收光子能量为 $\hbar\omega$的概率. 由普朗克辐射定律，光子密度可表示为

$$\rho(\omega)\mathrm{d}\omega = \frac{2\omega^2 n^3}{\pi c^3}\frac{\mathrm{d}\omega}{\exp\left(\frac{\hbar\omega}{k_B T}\right)-1}$$

吸收概率与光子寿命的关系为

$$W(\omega) = \frac{1}{\tau(\omega)}$$

光子的平均自由程可表示为

$$l = \upsilon\tau(\omega) = 1/\alpha(\omega)$$

因此

$$\tau(\omega) = \frac{1}{\upsilon\alpha(\omega)},\quad W(\omega) = \frac{\alpha(\omega)c}{n}$$

$$L(\omega)=\frac{2\alpha(\omega)\omega^2 n^2}{\pi c^2[\exp(\hbar\omega/(k_{\rm B}T))-1]}\approx\frac{2\omega^2 n^2}{\pi c^2}\alpha(\omega){\rm e}^{-\hbar\omega/(k_{\rm B}T)}$$

5.3.3 带间复合发光

光发射过程的跃迁概率可表示为

$$W_{\rm em}=\frac{2\pi}{\hbar}\left(\frac{eA_0^+}{m}\right)^2\sum_{\rm V,C}|e_{\rm A}\cdot M_{\rm VC}(k)|^2\delta[E_{\rm V}(k)-E_{\rm C}(k)+\hbar\omega]$$

因此，发光光谱可表示为

$$L(\omega)=\frac{2\pi}{\hbar}\left(\frac{eA_0^+}{m}\right)^2\sum_{\rm V,C}|\hat{\boldsymbol e}_{\rm A}\cdot \boldsymbol M_{\rm VC}(\boldsymbol k)|^2 n_{\rm C}n_{\rm V}\delta[E_{\rm V}(\boldsymbol k)-E_{\rm C}(\boldsymbol k)+\hbar\omega]$$

跃迁发生附近，导带和价带的电子态密度可近似分别表示为

$$n_{\rm C}(k)=\int_{BZ}\frac{2{\rm d}k^3}{(2\pi)^3}f(E_{\rm C})\approx\int_{BZ}\frac{2{\rm d}k^3}{(2\pi)^3}\exp\left(-\frac{\Delta E_{\rm C}-\xi_n}{k_{\rm B}T}\right)$$

$$n_{\rm V}(k)=\int_{BZ}\frac{2{\rm d}k^3}{(2\pi)^3}f(E_{\rm V})\approx\int_{BZ}\frac{2{\rm d}k^3}{(2\pi)^3}\exp\left(-\frac{\Delta E_{\rm V}-\xi_{\rm p}}{k_{\rm B}T}\right)$$

式中，$\Delta E_{\rm C}$ 和$\Delta E_{\rm V}$ 分别表示导带底和价带顶为起点的能带区，ξ_n 表示在跃迁非平衡态过程中对于电子费米能级与导带底的能差，$\xi_{\rm p}$ 表示跃迁非平衡态过程中对于空穴价带顶与费米能级的能差. 通过联合态密度，发光光谱近似为

$$L(\omega)\approx A|\hat{\boldsymbol e}_{\rm A}\cdot\boldsymbol M_{\rm VC}(\boldsymbol k)|^2 J_{\rm VC}\exp\left(-\frac{\Delta E_{\rm C}+\Delta E_{\rm V}-(\xi_{\rm p}+\xi_n)}{k_{\rm B}T}\right)$$

由联合态密度的带边近似有

$$J_{\rm VC}=C(\hbar\omega-E_{\rm g})^{1/2},\quad \Delta E_{\rm C}(k)+\Delta E_{\rm V}(k)-(\xi_{\rm p}+\xi_n)\approx\hbar\omega-E_{\rm g}$$

因此，发光光谱表示为

$$L(\omega)\approx A'(\hbar\omega-E_{\rm g})^{1/2}{\rm e}^{-(\hbar\omega-E_{\rm g})/(k_{\rm B}T)}=B\alpha(\omega){\rm e}^{-(\hbar\omega-E_{\rm g})/(k_{\rm B}T)}$$

发光峰宽一般几个 $k_{\rm B}T$，低能端出现截止边，高能端出现发光尾. 对于带间跃迁发光，重空穴的质量大于轻空穴的质量，因此，重空穴的跃迁概率比轻空穴的跃迁概率要高很多. 对于间接带隙材料，电子由导带底跃迁到价带顶与空穴复合，需要有声子伴随，以满足动量守恒. 间接复合的发光光谱可表示为

$$L(\omega)=B'(\hbar\omega-E_{\rm g}+\hbar\omega_{\rm p})^2{\rm e}^{-(\hbar\omega-E_{\rm g}+\hbar\omega_{\rm p})/(k_{\rm B}T)}$$

5.3.4　激子现象

被激发的电子可能与价带中的空穴形成电子空穴对复合辐射. 也有可能与空穴耦合，放出部分能量，形成一种新的能量较低的亚稳定的激发态形式，称为激子态.

电子和空穴都是准粒子，可用经典的波包来描述. 一个波包的群速度可表示为

$$\upsilon_{\mathrm{g}}=\frac{1}{\hbar}[\nabla_{k}E(k)]_{K_0}$$

在布里渊区的高对称点上，电子和空穴的群速度为零，在高对称线上，两者相等. 在这些特殊的点和线上，电子和空穴很容易形成新的低能激发态——激子态. 依据激子束缚能的大小，可分为两类激子——弗仑克尔(Frenkel)激子和万尼尔激子. 束缚能高、半径小的激子称为弗仑克尔激子；束缚能低、半径大的激子称为万尼尔激子. 表 5.1 列出了一些典型材料中激子的束缚能. 我们可以发现，在半导体中激子的束缚能较低，归结为万尼尔激子，在离子晶体中激子束缚能通常较大，称为弗仑克尔激子.

表 5.1　典型材料中激子的束缚能

材料	激子束缚能/meV	材料	激子束缚能/meV
Si	14.7	BaO	56
Ge	～4	KBr	400
GaAs	4.2	KCl	400
ZnS	37	RbCl	440
Cu_2O	10	LiF	～1000
InP	4.0	KI	480
InSb	0.4	MoS_2	50

1. 弗仑克尔激子

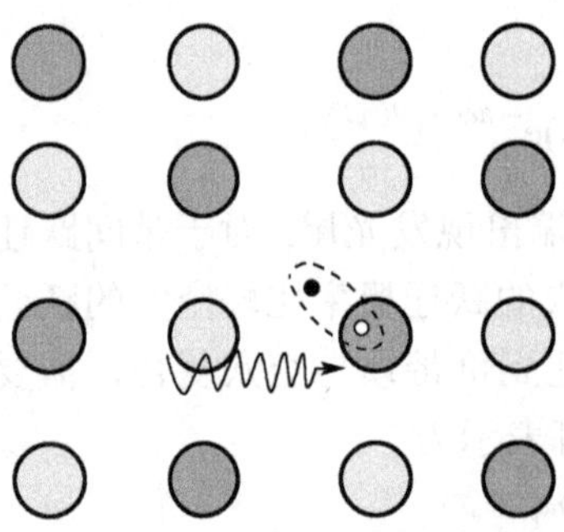

图 5.5　离子晶体中激子形成示意图

考虑离子晶体，如图 5.5 所示. 电负性较大的原子吸引电子形成离子晶体中的阴离子，阴离子的 p 轨道电子填充因此达到饱和，形成价带顶的电子组态. 在光激发下，电子被激发到激发态，在价带顶形成空穴，这样，激发的电子和空穴局域耦合，形成激子态.

考虑单原子链简单模型. 激子态发生在某个原子上，通过与近邻原子耦合而移动. 基态和激发态波函数可分别表示为

$$\psi_{\mathrm{g}} = u_1 u_2 \cdots u_i \cdots u_{N-1} u_N,$$

$$\psi_i = u_1 u_2 \cdots u_{i-1} v_i u_{i+1} \cdots u_{N-1} u_N$$

激发态的方程可表示为

$$H\psi_i = E_n \psi_i + I(\psi_{i-1} + \psi_{i+1})$$

由于周期性结构，波函数具有布洛赫态波函数形式

$$\psi_K = \sum_j \mathrm{e}^{\mathrm{i}K_j \cdot ja} \phi_j$$

在各格点上波矢量 K 应相等

$$K_j = K_{j-1} = K_{j+1} = K$$

$$\sum_j \mathrm{e}^{\mathrm{i}K \cdot ja} \phi_j = \sum_{j-1} \mathrm{e}^{\mathrm{i}K \cdot (j-1)a} \phi_{j-1} = \sum_{j+1} \mathrm{e}^{\mathrm{i}K \cdot (j+1)a} \phi_{j+1}$$

因此，方程可表示为

$$\begin{aligned} H\psi_K &= \sum_j \mathrm{e}^{\mathrm{i}K \cdot ja} H\phi_j = \sum_j \mathrm{e}^{\mathrm{i}K \cdot ja} [E_n \phi_j + I(\phi_{j-1} + \phi_{j+1})] \\ &= (E_n + 2I\cos K \cdot a)\psi_K \end{aligned}$$

我们可获得激子的色散关系为

$$E_K = E_n + 2I\cos K \cdot a$$

原胞中有 n 个原子，可能有 n 支 E_K-K 色散关系，从而有 n 支激子吸收谱. K=0 处的激子谱可能劈裂，这种劈裂称为 Davydov 劈裂. 在我们熟知的碱卤晶体中，负离子有相对较低的电子激发能级，激子会局域在负离子上. 以 NaBr 为例，据原子光谱理论，Br^-的基态 $1S_0$ 由电子组态 $4p^6$ 给出，第一激发态的电子组态为 $4p^5 5s^1$，称为弗仑克尔激子的基态. 由于自旋-轨道耦合，形成双重态劈裂 $^2P_{3/2}P_{3/2}$ 和 $^2P_{1/2}$，称为双峰结构.

2. *万尼尔激子*

在半导体中，电子从价带顶激发到导带底，价带中的空穴与导带中的电子由于库仑作用，形成新的弱束缚态——万尼尔激子态. 在这种激子态中，电子和空穴在晶格空间距离较远，可达 10～100 个晶格间距，如图 5.6 所示.

关于这种弱束缚的激子，其哈密顿量可通过电子的动能、空穴的动能、电子和空穴在介质中的库仑相互作用表示

$$H = \frac{P_{\mathrm{e}}^2}{2m_{\mathrm{e}}^*} + \frac{P_{\mathrm{h}}^2}{2m_{\mathrm{h}}^*} - \frac{e^2}{4\pi\varepsilon_0 \varepsilon |r_{\mathrm{e}} - r_{\mathrm{h}}|}$$

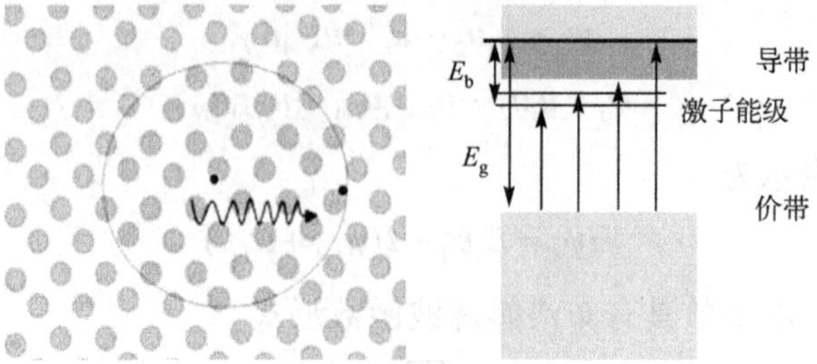

图 5.6　在半导体中万尼尔激子形成的示意图和在导带下禁带中形成激子能级的示意图

采用相对坐标和有效质量

$$r = r_e - r_h, \quad R = \frac{m_e^* r_e + m_h^* r_h}{m_e^* + m_h^*}, \quad \frac{1}{\mu^*} = \frac{1}{m_e^*} + \frac{1}{m_h^*}$$

上面的哈密顿量 H 可表示为

$$H = \frac{P_R^2}{2(m_e^* + m_h^*)} + \left(\frac{p^2}{2\mu^*} - \frac{e^2}{4\pi\varepsilon_0 \varepsilon r} \right)$$

通过分离变量法可解方程. 本征波函数可表示为

$$\psi = \phi(r)\exp(\mathrm{i}K \cdot R)$$

代入上面的方程，得关于相对坐标的方程为

$$\left(\frac{p^2}{2\mu^*} - \frac{e^2}{4\pi\varepsilon_0 \varepsilon r} \right)\phi(r) = E_n \phi(r)$$

相对坐标的本征值方程可以看作类氢原子方程. 其解为

$$E_b = R^* = \frac{\mu^*}{m_0 \varepsilon^2} 13.6\,(\mathrm{eV})$$

其中，激子的半径可表示为

$$a_{ex} = \frac{m_0}{\mu^*} \varepsilon n^2 a_B = 0.053 \frac{\varepsilon m_0}{\mu^*} n^2 (\mathrm{nm})$$

因此，激子态能量可表示为

$$E_{ex} = E_g - \frac{R^*}{n^2} + \frac{\hbar^2 K^2}{2(m_e^* + m_h^*)}$$

5.3.5　激子跃迁理论

对于紧束缚激子，由动量守恒，光子通常只激发布里渊区中心的激子模式. 在直接跃迁的情况下，其跃迁为竖直跃迁. 对于弱束缚激子，直接跃迁和声子伴随的间接跃迁都可能发生.

1. 零声子激子

直接跃迁的激子又叫零声子激子，表现为吸收边低能方向一系列分立的吸收峰. 因为万尼尔激子具有确定的能级，跃迁选择定则为 $\Delta n=1$. 第一类跃迁为 $\Delta n=1$ 允许的跃迁，在临界点附近，电偶极跃迁允许. $K=0$，跃迁矩阵为 $\boldsymbol{M}_{\text{VC}}=$常数. 第二类跃迁为 $\Delta n=1$ 禁止的跃迁，$K=0, \boldsymbol{M}_{\text{VC}}=0; K\neq 0, \boldsymbol{M}_{\text{VC}}=CK$.

激子波函数可表示为

$$\psi_{\text{ex}}=\sum_{K}A(K)\phi_{\text{C},K_{\text{e}}}(r_{\text{e}})\phi_{\text{V},K_{\text{h}}}(r_{\text{h}})$$

引入新的波包函数 $F(\boldsymbol{r})$

$$F(\boldsymbol{r})=\sum_{K}A(\boldsymbol{K})\text{e}^{\text{i}\boldsymbol{K}\cdot\boldsymbol{r}}$$

关于激子的薛定谔方程可表示为

$$\left[\left(-\frac{\hbar^2}{2\mu}\nabla^2-\frac{e^2}{4\pi\varepsilon_0\varepsilon r}\right)+J_{\text{VC}}(\boldsymbol{K}_{\text{ex}}=0)\delta_M\delta(\boldsymbol{r})\right]F(\boldsymbol{r})=(E_{\text{ex}}-E_{\text{g}})F(\boldsymbol{r})$$

其中，$J_{\text{VC}}(\boldsymbol{K}_{\text{ex}}=0)$ 表示电子空穴对的短长交换作用，在弱束缚条件下，可忽略. 激子的薛定谔方程变为关于波包的方程，和类氢原子方程一致.

激子跃迁概率可表示为

$$W_{\psi_0\to\psi_{\text{ex}}^{(M)}}=\frac{2\pi}{\hbar}\left(\frac{eA_0}{m}\right)^2\delta_{K_{\text{ex}}}\delta_M\left|\sum_{K}A(\boldsymbol{K})\hat{\boldsymbol{e}}_{\text{A}}\cdot\boldsymbol{M}_{\text{VC}}(\boldsymbol{K})\right|^2\delta(E_{\text{ex}}-E_{V_0}-\hbar\omega)$$

跃迁矩阵元可表示为

$$\hat{\boldsymbol{e}}_{\text{A}}\cdot\boldsymbol{M}_{\text{VC}}(\boldsymbol{K})=\hat{\boldsymbol{e}}_{\text{A}}\cdot\int\text{d}r\phi_{\text{C}}(\boldsymbol{K},\boldsymbol{r})\boldsymbol{p}\phi_{\text{V}}(\boldsymbol{K},\boldsymbol{r})$$

$$\sum_{K}A(\boldsymbol{K})=F(0)$$

下面讨论两类跃迁的条件.

(1) 第一类跃迁满足下面两个条件：

$$\hat{\boldsymbol{e}}_{\text{A}}\cdot\boldsymbol{M}_{\text{VC}}(\boldsymbol{K}=0)\neq 0,\quad F_{nlm}(0)\neq 0$$

跃迁概率可表示为

$$W_{\psi_0\to\psi_{\text{ex}}^{(M)}}=\frac{2\pi}{\hbar}\left(\frac{eA_0}{m}\right)^2\delta_{K_{\text{ex}}}\delta_M\left|\hat{\boldsymbol{e}}_{\text{A}}\cdot\boldsymbol{M}_{\text{VC}}(0)\right|^2\left|F_{nlm}(0)\right|^2\delta(E_{\text{ex}}-E_{V_0}-\hbar\omega)$$

只有激子 s 态的跃迁才有 $F_{nlm}(0)\neq 0$，因此，激子吸收谱线是由价带到主量子数 n=1, 2, 3, …的激子 s 能级的跃迁，因此要求价带具有类 p 态对称特性. 因为波包函数可表示为

$$F_{n00}=1/\sqrt{\pi a_{\mathrm{ex}}^3 n^3}$$

吸收光谱的强度正比于$|F_{nlm}|^2$，因此，激子吸收强度将以 $1/n^3$ 规律降低.

(2) 对于第二类跃迁

$$\hat{\boldsymbol{e}}_{\mathrm{A}}\cdot\boldsymbol{M}_{\mathrm{VC}}(\boldsymbol{K}=0)=0,\quad \hat{\boldsymbol{e}}_{\mathrm{A}}\cdot\boldsymbol{M}_{\mathrm{VC}}(\boldsymbol{K}\neq 0)=CK$$

因此要求满足条件

$$\sum_K KA(K)=\left[\frac{\partial}{\partial r}F_{nlm}(r)\right]_{r=0}\neq 0$$

跃迁概率可表示为

$$W_{\psi_0\to\psi_{\mathrm{ex}}^{(M)}}=\frac{2\pi}{\hbar}\left(\frac{eA_0}{m}\right)^2\delta_{K_{\mathrm{ex}}}\delta_M|C|^2\left|\left[\frac{\partial}{\partial r}F_{nlm}(r)\right]_{r=0}\right|^2\delta(E_{\mathrm{ex}}-E_{V_0}-\hbar\omega)$$

s 态跃迁被禁止，激子的吸收谱线来自于价带到主量子数 n=2, 3, 4, …的 p 态能级的跃迁，因此要求价带可为类 s 态特性.

2. 声子伴随的激子间接跃迁

伴随声子发射与吸收的激子跃迁，包括激子吸收和激子发射，满足能量守恒和动量守恒，即满足条件

$$\hbar\omega_{\mathrm{a}}=E_{\mathrm{ex}}-E_{\mathrm{p}},\quad \hbar\omega_{\mathrm{e}}=E_{\mathrm{ex}}+E_{\mathrm{p}}$$

$$\boldsymbol{K}_m=\boldsymbol{k}\pm\boldsymbol{q}\approx\pm\boldsymbol{q}$$

3. 半导体中的激子复合发光

在半导体中存在自由激子，其复合形成发光. 在直接带结构半导体中，形成的是直接的激子复合发光. 在间接带结构的半导体中，形成声子伴随的激子复合发光. 关于声子伴随的激子发光，通常情况下，激子复合伴随声子发射，但在共振情况下，会伴随声子吸收. 如图 5.7 所示，在 CdS 晶体中，用高于 2.6 eV 的激光激发，其电子跃迁形成激子发光，会出现单声子和双声子伴随的激子发光.

在半导体中，除形成自由激子外，在低温下由于杂质和缺陷态的存在，会形成束缚激子. 因此，光谱中也会出现束缚激子的复合发光. 束缚激子可分为以下 4 类：①束缚在中性施主上的激子称为 D^0X；②束缚在离化施主上的激子称为 D^+X；③束缚在中性受主上的激子称为 A^0X；④束缚在离化受主上的激子称为 A^-X.

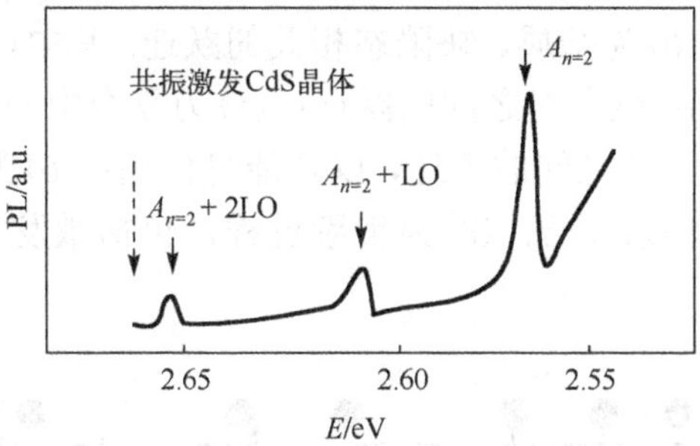

图 5.7　CdS 晶体共振激发下形成的声子伴随的激子发光示意图

4. 激子分子和电子-空穴液滴

两个激子态的激子放出一定能量束缚在一起可形成激子分子. 激子分子发光机制为通过发射一个激子，而另外一个激子复合形成发光. 发射光子的能量可表示为

$$\begin{aligned}\hbar\omega &= \left[2(E_{\mathrm{g}}-R^{*})+\frac{\hbar^2K^2}{4M}-E_m\right]-\left(E_{\mathrm{g}}-R^{*}+\frac{\hbar^2K^2}{2M}\right)\\ &= E_{\mathrm{g}}-R^{*}-E_m-\frac{\hbar^2K^2}{4M}\end{aligned}$$

发光强度可表示为

$$I_{\mathrm{L}}(\omega)=A(E_{\mathrm{g}}-R^{*}-E_m-\hbar\omega)^{1/2}\exp\left(-\frac{E_{\mathrm{g}}-R^{*}-E_m-\hbar\omega}{k_{\mathrm{B}}T_{\mathrm{eff}}}\right)$$

激子的发光强度与激发强度成正比. 激子分子的发光强度与激发强度的平方成正比. 因此，两者随激发光强度变化具有明显不同的规律. 在低温和强激发下，电子和空穴的密度增加到一定程度，会产生相互吸引的交换作用和关联效应，使电子构成一个子系，空穴构成另一个子系，保持电中性. 这样的体系称为电子-空穴液滴(EHD).

5.4　杂质和缺陷发光

5.4.1　固体中可能的光学跃迁

前面我们主要讨论了带边的发光，由于固体中存在杂质和缺陷，还存在许多其他的光跃迁过程. 下面介绍固体中主要的电子跃迁过程.

如图 5.8 所示，在导带底可能存在施主能级，在价带顶可能存在受主能级，此外，在禁带中还可能存在深杂质能级. (1)～(2)过程为带间吸收和发射(包括声子参与的间接跃迁). (3)～(6)为杂质、缺陷态相关的跃迁. 其中, (3)为施主(受主)与带之间的跃迁; (4)为施主-受主对之间的跃迁; (5)为复合中心之间的跃迁, 包括电子陷阱、发光中心、敏化中心之间的跃迁, 以及能量传递; (6)为分立中心内部的跃迁. (7)为多声子弛豫的无辐射复合. (8)为俄歇过程, 包括激发能交给电子和激发能交给空穴两种情况.

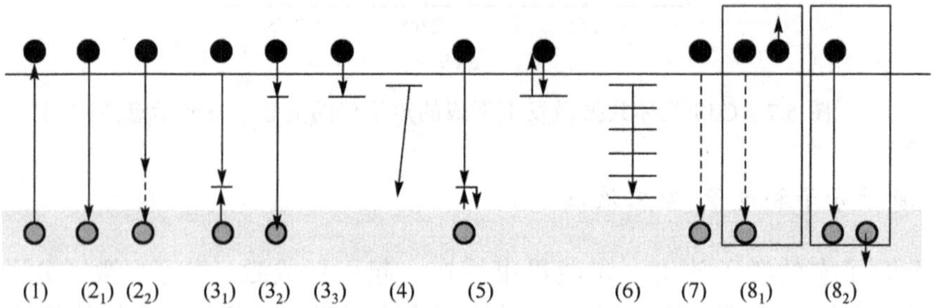

图 5.8　固体中主要的电子跃迁过程

5.4.2　发光中心和位形坐标

在离子晶体中, 阳离子过量或阴离子缺位, 等效为一个正点中心, 称为 F 中心. 如图 5.9 所示为阴离子缺位形成的 F 中心. F 中心会吸引一个电子, 在光激发下, 会跃迁到某个激子态, 形成特征吸收光谱. 例如: 在 NaCl 晶体中, F 中心吸收蓝紫光, 使 NaCl 晶体体色为黄色. 在 KCl 晶体中, F 中心吸收黄红光, 使 KCl 晶体体色为蓝色.

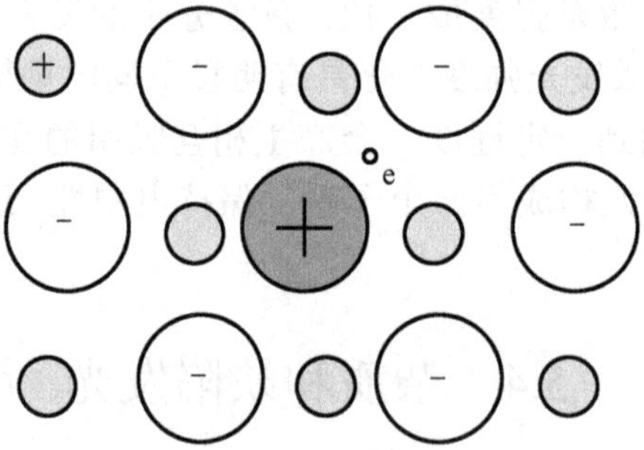

图 5.9　阴离子缺位形成的 F 中心示意图

1. 位形坐标模型

像 F 中心这样的局域电子跃迁形成的发光和吸收, 以及小分子体系的发光和吸收, 与空间局域的电子和原子的位形密切相关. 我们可以在位形坐标下来理解这样的局域电子跃迁现象.

位形坐标被定义为离子振动和电子的总能与离子平均位置的关系. 在某个电子状态下，离子的势能(离子晶格的振动能)与位形坐标的关系，如图 5.10 所示. 可采用简谐近似，势能表示为

$$E=\frac{1}{2}k(R-R_0)^2$$

电子的状态发生改变，由于电子-声子相互作用，会导致晶格弛豫. 一般地，电子从基态跃迁到激发态，运动轨道增大,激发态的化学键会比基态的弱,因此，激发态的平衡位置和力常数与基态的不同. 如图 5.10 所示电子基态和电子激发态的位形坐标，相对于基态电子的位形,电子激发态的位形的平衡位置较远，力常数较小.

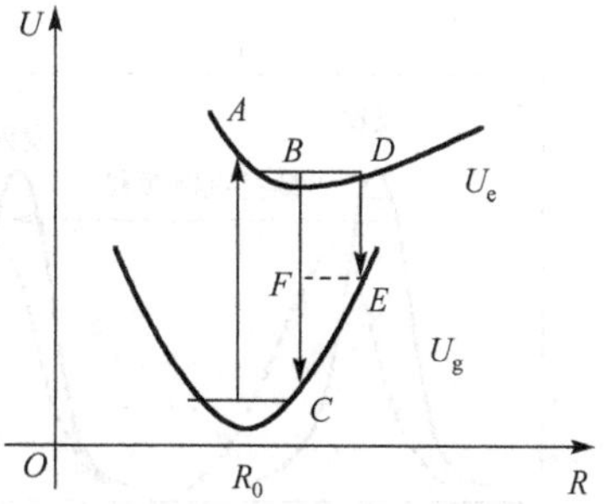

图 5.10　位形坐标模型示意图

激发态和基态平衡位置的差 ΔR 可用来衡量电子-声子作用的大小. 电子-声子耦合能，也称为晶格弛豫能，可表示为

$$E_{\text{e-p}}=\frac{1}{2}m\omega_{\text{q}}^2(\Delta R)^2$$

利用晶格弛豫能与声子能量的比值，可定义黄昆因子 s 有

$$s=\frac{1}{2}m\omega_{\text{q}}^2(\Delta R)^2/(\hbar\omega_{\text{p}})$$

绝热近似下声子伴随的跃迁概率为

$$W\propto|\langle f|\boldsymbol{r}|i\rangle\langle\chi_{\upsilon'}|\chi_0\rangle|^2$$

如果在上面的跃迁公式中

$$\upsilon'=0,\ \langle\chi_{\upsilon'=0}|\chi_0\rangle=1$$

我们称为零声子跃迁. 如果 $\upsilon'\neq0$，需要对声子态 υ' 积分. 值得注意的是，偶极跃迁选择定则要求：相同宇称态间跃迁禁止；不同自旋态间跃迁禁止. 在上面的跃迁公式中，重叠积分越大，电子-声子耦合 ΔR 越大. 我们称 $\Delta R=0$ 为弱耦合，$\Delta R>0$ 为中耦合，$\Delta R\gg0$ 为强耦合.

2. 弗兰克-康登原理

下面我们考察电子在基态和激发态之间的跃迁. 从基态到激发态为光吸收过程，从激发态到基态为光发射过程. 如图 5.11 所示，这种与局域坐标相关的吸收谱和发射谱之间存在斯托克斯(Stokes)频移. 解释这种频移，我们需要用弗兰克-康登

(Franck-Condon) 原理. 弗兰克-康登原理指的是，电子的质量远小于离子的质量，电子跃迁的瞬间，晶体的位形不变，电子是在两个静止的位形曲线之间进行跃迁，我们称为竖直跃迁.

现在考虑局域发光的发光谱特性. 如图 5.12 所示，在电子激发态，离子位形距离平衡位置的变化为$\varDelta_{em}=r-r_0$.

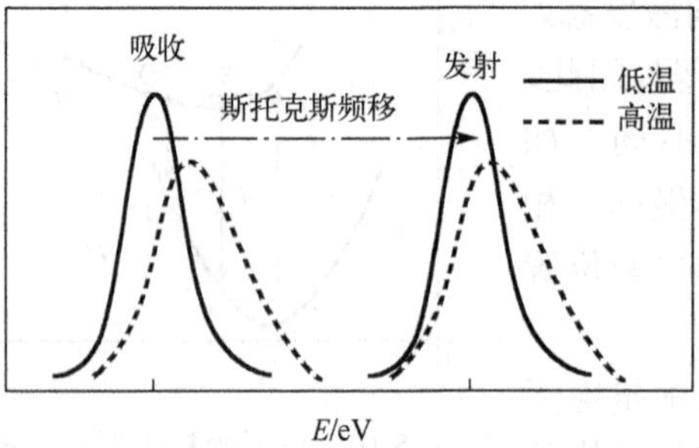

图 5.11　光吸收和发射之间的斯托克斯频移示意图

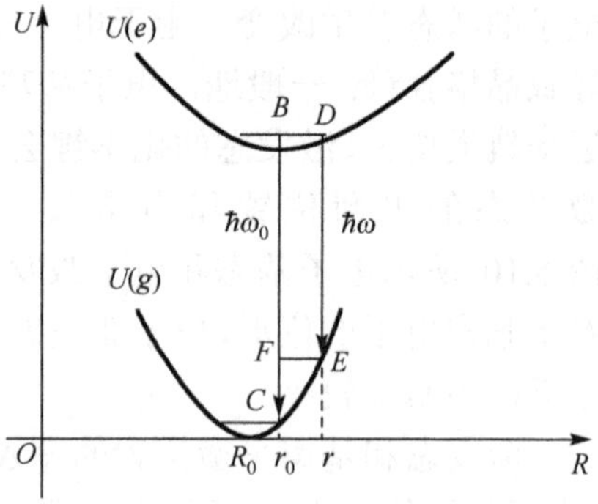

图 5.12　局域发光的位形变化原理图

对于基态的电子位形，其势能为

$$U(g)=\frac{1}{2}k_g(R-R_0)^2$$

电子跃迁发射光子，在发射谱中心位置的光子能量和发射谱边的光子能量的差为

$$\hbar\omega_0-\hbar\omega=\varDelta_{em}\left(\frac{dU(g)}{dR}\right)_{R=r_0}=\varDelta_{em}k_g r_0$$

$$\varDelta_{em}=\hbar(\omega_0-\omega)/(k_g r_0)$$

跃迁概率与末态的波函数的模的平方近似成比例

$$W\propto\left|\phi_{\upsilon}^{e}(r-r_0)\right|^2=C\exp\left[-((r-r_0)/a)^2\right]$$

因此，发光谱强度比例于

$$I(\hbar\omega_0)\propto\exp\left[-\frac{\hbar(\omega-\omega_0)^2}{k_g^2 r_0^2 a^2}\right]$$

下面考虑吸收谱与温度依赖关系：温度升高，体系处于基态的较高的振动态，跃迁发生的范围大，谱峰变宽；基态到激发态的距离变短，能量向低能移动；温度升高导致更多的声子发射，跃迁概率降低，光强减弱. 如图 5.11 所示，低温 (LT) 和高温 (HT) 下的吸收谱和发射光谱. 发射光谱与吸收谱随温度变化的现象相似，机理

相同. 因为位形差平方$(\varDelta_{em})^2$与振子的能量成比例，故其与温度 T 成比例. 谱带的宽度为

$$\Delta\omega = (\omega_0 - \omega) \propto \varDelta_{em}$$

因此

$$\Delta\omega \propto T^{1/2}$$

谱带的宽度随温度升高而增大.

在实际情况中，基态与激发态位形曲线可能在某处相交. 这样，处于激发态的电子，由于温度升高，可能到达交叉处，从而导致无辐射地到达基态. 这种随温度升高而出现的发光消逝的现象称为发光的温度猝灭.

5.4.3　分立中心的吸收与发光

局域发光的一个典型例子就是人造发光中心. 例如，发光粉 Y_2O_3:Eu^{3+}. 以 Y_2O_3 为基质，人为地掺杂 Eu 为发光中心，发光颜色为红色.

一般地，杂质形成的发光中心分两类. ①分立发光中心. 杂质中心与基质晶格的耦合较弱，光发射基本是中心内部的跃迁. ②复合发光中心. 杂质中心与基质晶格的耦合较强，吸收依靠能量传递和碰撞，在整个晶体中发生，发光一般为导带与发光中心之间的复合.

实际研究中，分立发光中心主要出现在两类材料中. ①三价稀土元素作为发光中心. 三价稀土元素最外层电子 $5s^25p^6$ 为满壳层，对 4f 电子有屏蔽，使其受晶体场影响较小. ②过渡族金属元素作为发光中心. 一般地，3d 电子受周围晶体场的影响较大.

由电子跃迁选择定则，同宇称态间偶极跃迁禁止. 虽然电四极和磁偶极跃迁可行，但跃迁概率很低. 只有在晶体场的扰动下，导致宇称选择定则放松，4f 电子态之间或 3d 电子态之间偶极跃迁才变为可能. 稀土元素从 La 到 Lu，共 15 种元素，4f 轨道电子填充从 0 到 14，而外层电子态为 $5d^16s^2$. 因此，$6s^2$、$5d^1$(或 $4f^1$)电子容易电离，成三价稀土离子. 例如：Eu 电子组态为$(4f^7, 6s^2)$，在基质晶格中形成 Eu^{3+}，其电子组态为 $4f^6$，可得电子组态基态为 $^7F_0$. 由于晶体场作用，其与其他的电子组态 $4f^6$ 形成的激发态之间可形成偶极跃迁，形成发光中心.

过渡族金属离子，由于晶格的作用，允许 d^n 组态内的偶极跃迁. 例如：Cr 的电子组态为 $3d^54s^1$，三价铬的电子组态为 Cr^{3+}: $3d^3$. Cr_2O_3 体色为绿色，主要是在 Cr_2O_3 晶格中，$3d^3$ 组态中的基态到激发态跃迁，形成长波光吸收，表现为绿光透射. 而对于 Al_2O_3:Cr^{3+}，Cr^{3+}占据半径小的 Al^{3+}晶格位置，受到较强的晶场作用，导致吸收短波段光，使晶体呈现红色.

5.4.4 带与杂质中心间的跃迁

在半导体中，人为或自发地在带隙中引入杂质或缺陷能级，典型的有施主能级和受主能级. 对于施主杂质形成的浅施主能级和受主杂质形成的浅受主能级的分析，可采用紧束缚方法，利用有效质量近似下的准氢原子模型可得

$$E_n = \frac{R^*}{n^2}, \quad R^* = \frac{m^* e^4}{(4\pi\varepsilon_0)^2 2\hbar^2 \varepsilon^2} = \frac{m^*}{m_0 \varepsilon^2} R, \quad R = 13.6\ \text{eV}$$

$$r^* = \frac{4\pi\varepsilon_0 \hbar^2}{m^* e^2} n^2 = \frac{m_0 \varepsilon}{m^*} n^2 a_{\text{B}}, \quad a_{\text{B}} = 0.053\ \text{nm}$$

对于杂质能级，吸收强度很弱. 对于浅能级，常湮没于带尾态中；对于深能级，可能出现低能台阶.

对于杂质中心与带之间的光发射，存在以下四种情况，如图 5.13 所示，导带到空穴的施主能级的跃迁，受主能级的电子与价带中的空穴复合，施主能级上的电子与价带空穴的复合，以及导带电子到受主能级的跃迁.

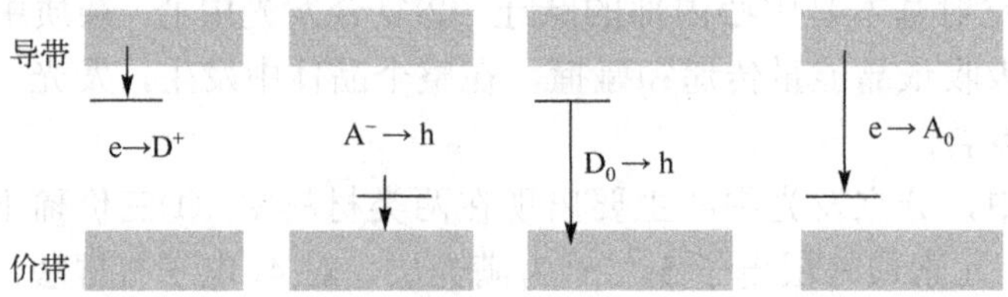

图 5.13　杂质中心与带之间的光发射示意图

杂质中心与带之间除光发射跃迁外，还可能存在级联声子发射无辐射复合. 如图 5.14 所示，导带底到施主能级的电子跃迁，对于级联声子发射无辐射复合过程，俘获截面 $\sigma_n \sim 10^{-12}\ \text{cm}^{-1}$. 红外光发射复合过程，俘获截面 $\sigma_t \sim 10^{-19}\ \text{cm}^{-1}$，远小于无辐射复合的俘获截面. 因此，级联声子发射无辐射复合过程为(价)导带与杂质中心之间电子跃迁的主要过程.

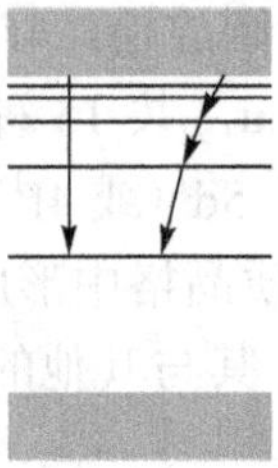

图 5.14　导带底到施主能级的级联声子发射和光发射示意图

随着掺杂浓度的提高，通常半导体的带隙开始收缩，同时由于杂质中心之间的耦合，杂质能级转化杂质带. 当掺杂浓度达到临界浓度时，杂质带与主带重叠，导致宽的发光带.

5.4.5 施主-受主联合中心的跃迁

在禁带中同时存在施主能级和受主能级时，施主能级上的电子会与受主能级上

的空穴通过库仑作用耦合，形成 D-A 对联合中心. D-A 对联合中心相当于 D-A 对上束缚一个激子，如图 5.15 所示. D-A 对联合中心，简称 D-A 对，其能量可表示为

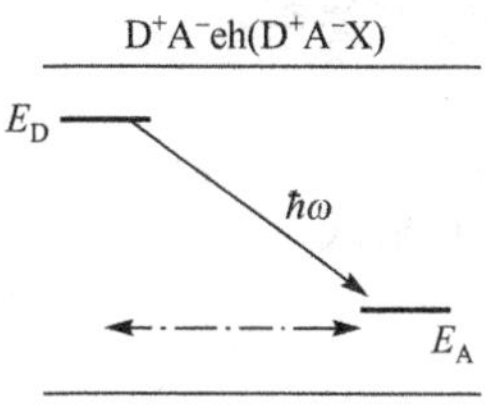

图 5.15　D-A 对联合中心示意图

$$\hbar\omega = E_g - \left(E_A + E_D - \frac{e^2}{4\pi\varepsilon_0\varepsilon r}\right)$$

$$= \hbar\omega(\infty) + \frac{e^2}{4\pi\varepsilon_0\varepsilon r}$$

近距离 D-A 对，库仑作用量子化导致分立谱；远距离 D-A 对，则出现连续带谱. 对于光致光发射，随激发光强度增强，D-A 对发光蓝移，主要原因是远距离 D-A 对复合速率较慢. D-A 对发光，存在高能截止边，主要原因是，超过临界距离，载流子会从 D-A 对束缚中离化掉.

5.4.6　等电子杂质中心的跃迁

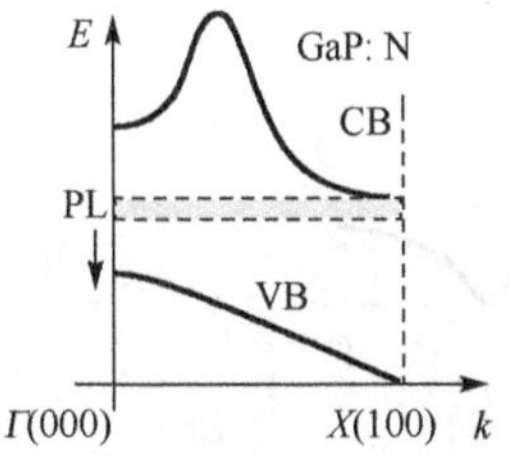

图 5.16　等电子中心形成的杂质态在倒空间的展示

PL：光致荧光发射；VB：价带；CB：导带

用电负性较强的元素替代等电子的电负性较弱的元素，例如 N 替代 P，会形成等电子中心. 因 N 的电负性较高，形成一个短程的、局域化的势阱，其可束缚一个电子，成负电中心，从而易于再吸收一个空穴，形成一个束缚激子. 等电子陷阱之间距离变小时，可形成联合等电子陷阱，距离越小，束缚能越大. 等电子陷阱依靠短长作用束缚电子，因此，束缚电子的波函数在实空间是局域化的，从而导致在 k 空间的弥散化，如图 5.16 所示.

GaP 为间接带隙半导体. 其室温下的电子带隙为 2.25 eV. 掺杂 N 原子替代 P 原子，形成等电子中心. 该等电子陷阱的束缚能约为 10 meV，在导体底形成缺陷态能带. 利用缺陷态能带与价带的电子跃迁，可形成绿色的激子发光.

5.5　晶格振动与光的红外吸收

5.5.1　离子晶体振动的色散关系与红外吸收

对于理想离子晶体，其介电函数为

$$\varepsilon(\omega) = \varepsilon(\infty)\frac{\omega_{LO}^2 - \omega^2}{\omega_{TO}^2 - \omega^2}$$

利用以下关系：

$$\varepsilon_{\mathrm{r}}=\varepsilon/\varepsilon_0=\varepsilon_{\mathrm{r}}'+\mathrm{i}\varepsilon_{\mathrm{r}}'',\quad \varepsilon_{\mathrm{r}}''=0,\ \varepsilon_{\mathrm{r}}=\varepsilon_{\mathrm{r}}'$$

可得关系式

$$n^2-\kappa^2=\varepsilon_{\mathrm{r}},\quad 2n\kappa=\varepsilon_{\mathrm{r}}''=0$$

$$n=\sqrt{\varepsilon_{\mathrm{r}}},\quad \kappa=0$$

在区间$[\omega_{\mathrm{TO}},\omega_{\mathrm{LO}}]$，反射率为$R$=1. 在区间$[0,\omega_{\mathrm{TO}}]$和区间$[\omega_{\mathrm{LO}},\infty]$，反射率为

$$R=\left|\frac{\sqrt{\varepsilon_{\mathrm{r}}(\omega)}-1}{\sqrt{\varepsilon_{\mathrm{r}}(\omega)}+1}\right|^2$$

因此，理想离子晶体的折射率、消光系数以及反射率随频率的变化如图 5.17 所示. 而实际的离子晶体中，会出现吸收现象，导致全反射区不再是全反射. 如图 5.18 所示，离子晶体 NaCl 在 100 K 温度下的光反射谱表明，在全反射区存在明显的声子吸收.

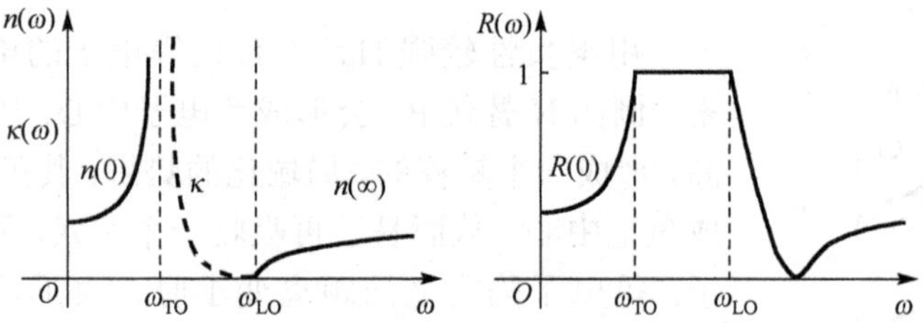

图 5.17　理想离子晶体的光学性质

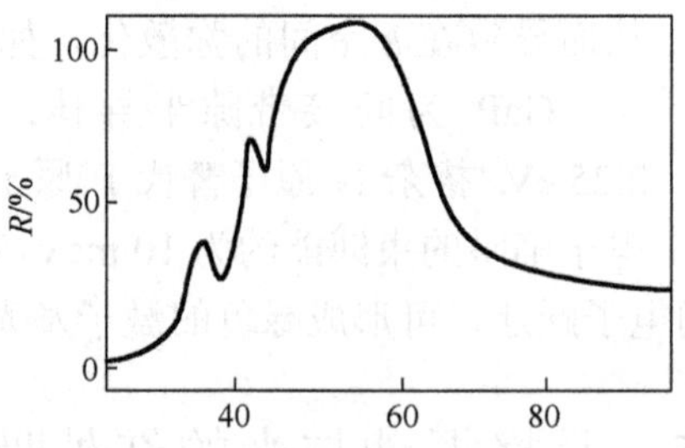

图 5.18　NaCl 在 100 K 时的光反射谱

考虑经典理论处理材料体系对辐射场的响应. 简谐近似下，体系的介电函数 ε 的虚部为零，体系没有功率损耗，吸收是由于非简谐作用导致. 非简谐项可引入阻尼系数，采用共振原理，电磁波驱动阻尼谐振子受迫振荡. 阻尼振子模型下，介电函数可以写为

$$\varepsilon(\omega)=\varepsilon(\infty)+\frac{[\varepsilon(0)-\varepsilon(\infty)]\omega_{\mathrm{TO}}^2}{\omega_{\mathrm{TO}}^2-\omega^2-\mathrm{i}\gamma\omega}$$

现在考虑量子理论处理电子与辐射场的耦合. 对于那些有固定偶极矩的极性分子或晶体，在原子振动时，正负电荷中心不可能重叠，导致偶极矩阵元不为零，从而能够观测到一级声子红外吸收. 对于非极性晶体，由对称原理，偶极矩阵元为零，则不能观测到一级声子红外吸收. 因此，单声子红外吸收与非简谐作用无本质关系. 但非简谐项可引起多声子红外吸收.

下面考虑尺寸效应. 理论上纵光学(LO)声子的基频模，由于在体材料晶体中无法与电磁波场进行有效的耦合而引起红外吸收. 但在特殊情况下，也可能发生吸收激活. ①在无序体系中，晶格的对称性遭到破坏，LO 声子的吸收可能被激活. ②在多声子过程中，LO 声子与其他模式组合，形成多声子吸收. ③小尺寸效应引入表面模概念，出现表面 LO 模式，引起红外吸收. 在纳米尺寸，晶粒远小于激发光波长，极化激元简单地转化为单纯的声子问题. 表面可能导致横模和纵模双重性. 如图 5.19 所示，表面模频率存在在纵光学模和横光学模之间的禁带中.

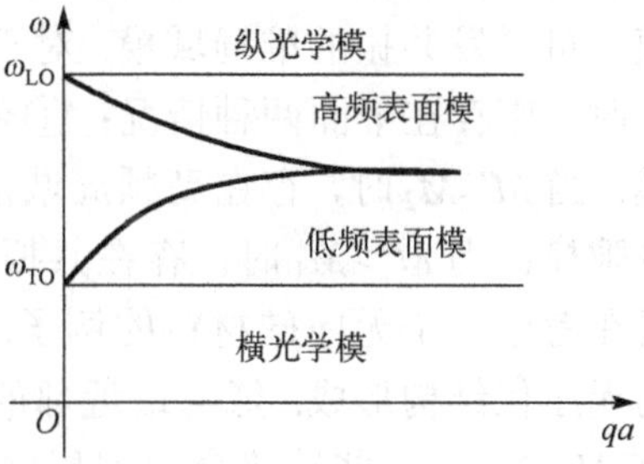

图 5.19　纳米尺寸结构存在表面模的声子谱示意图

5.5.2　局域振动的红外吸收

前面提到的无序结构以及晶体中的点缺陷，会引起不同于晶体的新的振动模式. 这些和缺陷相关的振动模式，按振动特征可分为两类：①共振模；②局域模和带隙模.

点缺陷对完整晶格振动产生调制作用，如果这种调制发生在晶格振动的基频频带里，晶格模在缺陷附近受到扰动，振幅可能变化. 这种被调制的模是一种非局域模. 我们把这种在缺陷附近晶格模得到加强的缺陷模称为共振模. 局域模则是被杂质和缺陷调制的一种振动模，其频率高于或低于晶格的基频模，也可能处于频模之间，但不传播，在缺陷附近高度局域化. 通常将频率比母晶格的基频高的局域模称为局域模；而频率处于频带之间的局域模叫带隙模.

下面我们给出一维原子链的局域模和带隙模的一个简单理论模型. 在一维原子链上，存在某个杂质原子. 当杂质原子的质量 M' 大于链原子的质量 M 时，力常数没有明显变化，则杂质原子附近形成共振模. 如果杂质原子的质量小于链原子质量，则在杂质原子附近形成高频的局域模. 一维单原子链的声子振动色散关系为

$$\omega = 2\sqrt{\frac{g}{M}}\left|\sin\left(\frac{1}{2}aq\right)\right|$$

因此，其频带在$[0, \omega_m]$区间，最大基频模频率为$\omega_m=2(g/M)^{1/2}$. 杂质原子引起的质量缺陷参数为$\delta=(M-M')/M$. 局域模的频率为

$$\omega_1 = \frac{\omega_m}{\sqrt{1-\delta^2}}$$

现在考虑三维单原子晶格，杂质原子与晶格原子间的力常数较弱. 当杂质原子质量M'大于晶格原子质量时，杂质与近邻晶格的力常数较弱，形成非局域化的共振模，由于在杂质原子附近振幅被加强，又称准局域模. 当杂质原子质量M'小于晶格原子质量时，杂质原子与母晶格的力常数较弱，杂质模的频率不足以成为局域模或带隙模，可诱发共振的准局域模. 对于三维双原子晶格，原子质量$M_1>M_2$，存在杂质缺陷时，则存在下面两种情况：①杂质原子M'代替原子M_2，当$M'>M_2$时，产生带隙模；当$M'<M_2$时，存在高频局域模. ②杂质原子M'代替原子M_1，当$M'<M_1$时，产生带隙模；当$M'>M_1$时，存在共振模.

现在考虑一个无序硅材料的例子. 实验中，通常在硅材料中引入氢原子导致晶体硅的无序化结构形成. 氢与最近邻的硅结合，在硅晶格中形成点缺陷，包括SiH、SiH_2、SiH_3缺陷. 这些缺陷会引起局域的缺陷振动模. 同时，这些缺陷本身具有内在结构，因此会形成多个缺陷局域模. 以SiH为例，可形成拉伸局域模和摇摆局域模. 拉伸局域模的波数大约为2000 cm^{-1}，摇摆局域模的波数大约为610 cm^{-1}.

5.5.3　晶格振动光吸收的理论基础

基于光与物质作用的微扰理论，我们可以获得跃迁概率为

$$W = \frac{2\pi}{\hbar}\left|\langle m|H_1^{(1)}|0\rangle\right|^2 g(E)$$

$$H_1^{(1)} = -\sum_i \frac{e_i}{m_i}\boldsymbol{A}(\boldsymbol{r}_i)\cdot\boldsymbol{P}_i$$

其中，相互作用为局域辐射场与电偶极矩的作用，初态波函数和末态波函数中包含晶格原子振动波函数、电子波函数和光子波函数，可写为

$$\psi_0 = \chi_0\phi_0 R_0,\quad \psi_m = \chi_m\phi_m R_m$$

对于光吸收过程，跃迁概率可表示为

$$W \propto \left(\frac{e}{m}A_0\right)^2 \left|\langle \chi_m\phi_m|\mathrm{e}^{\mathrm{i}\boldsymbol{k}\cdot\boldsymbol{r}}\hat{\boldsymbol{e}}_{\mathrm{A}}\cdot\boldsymbol{P}|\chi_0\phi_0\rangle\right|^2$$

对于光发射过程，跃迁概率可表示为

$$W \propto \left(\frac{e}{m}A_0^+\right)^2 \left|\left\langle \chi_m\phi_m \middle| \mathrm{e}^{-\mathrm{i}\boldsymbol{k}\cdot\boldsymbol{r}}\hat{\boldsymbol{e}}_\mathrm{A}\cdot\boldsymbol{P} \middle| \chi_0\phi_0 \right\rangle\right|^2$$

利用光子波函数的振幅 A_0 或电场强度 E_0，光子能量密度可表示为

$$\bar{U} = 2\varepsilon_0\varepsilon(\omega)E_0^2 = 2\varepsilon_0\varepsilon(\omega)\omega^2 A_0^2$$

利用辐射场的光子态密度 $g(\omega)$，光子能量密度可表示为

$$\bar{U} = \frac{n\hbar\omega g(\omega)}{V}$$

因此，对于光吸收过程

$$A_0^2 = \frac{n\hbar g(\omega)}{2\varepsilon_0\varepsilon(\omega)\omega V}$$

对于光发射过程，包括受激辐射和自发辐射

$$A_0^{+2} = \frac{(n+1)\hbar g(\omega)}{2\varepsilon_0\varepsilon(\omega)\omega V}$$

由量子理论公式

$$\langle b|\boldsymbol{p}|a\rangle = \mathrm{i}\omega\mu\langle b|\boldsymbol{r}|a\rangle$$

关于动量算符的跃迁矩阵元可转换为偶极跃迁矩阵元

$$\frac{\mathrm{e}}{\mu}\left|\left\langle \chi_m\phi_m \middle| \mathrm{e}^{\mathrm{i}\boldsymbol{k}\cdot\boldsymbol{r}}\hat{\boldsymbol{e}}_\mathrm{A}\cdot\boldsymbol{P} \middle| \chi_0\phi_0 \right\rangle\right| = \mathrm{i}\omega_{m0}\left|\left\langle \chi_m\phi_m \middle| \mathrm{e}^{\mathrm{i}\boldsymbol{k}\cdot\boldsymbol{r}}\hat{\boldsymbol{e}}_\mathrm{A}\cdot\boldsymbol{M}(\boldsymbol{r},l) \middle| \chi_0\phi_0 \right\rangle\right|$$

实际上，光既对外层电子运动产生扰动，也对晶格中的原子实产生扰动. 关于原子核与电子的坐标函数可写为

$$\boldsymbol{M}(l) = e\left[-\sum_i \boldsymbol{r}_i + Z_l\boldsymbol{X}(l)\right]$$

考虑绝热近似，相互作用哈密顿量可表示为

$$H_\mathrm{I}^{(1)} = -\frac{e}{m_\mathrm{e}}\sum_i A(\boldsymbol{r}_i)\cdot\boldsymbol{P}_i + \sum_l \frac{Z_l e}{\mu_l}A[\boldsymbol{X}(l)]\cdot\boldsymbol{P}(l)$$

对于光吸收过程，跃迁概率可表示为

$$W_\mathrm{a} = \frac{2\pi}{\hbar^2}A_0^2\omega^2\left|\left\langle \chi_m\phi_m \middle| \sum_l \mathrm{e}^{\mathrm{i}\boldsymbol{k}\cdot\boldsymbol{x}(l)}\hat{\boldsymbol{e}}_\mathrm{A}\cdot\boldsymbol{M}(l) \middle| \chi_0\phi_0 \right\rangle\right|^2$$

对于光发射过程，跃迁概率可表示为

$$W_\mathrm{e} = \frac{2\pi}{\hbar^2}A_0^{+2}\omega^2\left|\left\langle \chi_m\phi_m \middle| \sum_l \mathrm{e}^{-\mathrm{i}\boldsymbol{k}\cdot\boldsymbol{x}(l)}\hat{\boldsymbol{e}}_\mathrm{A}\cdot\boldsymbol{M}(l) \middle| \chi_0\phi_0 \right\rangle\right|^2$$

对于振动引起的红外吸收和发射过程，电子停留在基态不变，$\phi_m=\phi_0$，引入推迟偶极矩算符

$$\boldsymbol{M}(\pm\boldsymbol{k},\boldsymbol{x})=\sum_l \mathrm{e}^{\pm \mathrm{i}\boldsymbol{k}\cdot\boldsymbol{x}(l)}\langle\phi_0|\boldsymbol{M}(l)|\phi_0\rangle$$

其中，电子分为两部分，包括与原子核一起运动的电子 $X(l)$ 和其他不随原子核运动的电子密度$\rho(l,i)$，设有 n 个电子与原子核一起，$M(l)$ 可表示为

$$\begin{aligned}\boldsymbol{M}(l)&=e\left[-\sum_i \boldsymbol{r}(l,i)+Z_l\boldsymbol{X}(l)\right]\\&=e\left\{-\sum_i\left[\rho(l,i)+\boldsymbol{X}(l)\right]+Z_l\boldsymbol{X}(l)\right\}\\&=e\left[-\sum_i\rho(l,i)+Z_l'\boldsymbol{X}(l)\right]\end{aligned}$$

$$Z_l'=n+Z_l$$

下面分两类情况讨论. ①对于刚性原子，电子波函数与原子核的运动无关，是全对称的，具有偶宇称，电子的相对坐标在原子振动过程中是反对称的，因此，$\rho(l,i)$ 在电子基态中的贡献为零. 推迟偶极矩算符可表示为

$$\boldsymbol{M}(\pm\boldsymbol{k},\boldsymbol{x})=\sum_l \mathrm{e}^{\pm \mathrm{i}\boldsymbol{k}\cdot\boldsymbol{x}(l)}eZ_l'[\boldsymbol{x}(l)+\boldsymbol{u}]$$

考虑原子实位移，电子的贡献体现在晶体形成的固有偶极矩上. ②一般情况下，芯电子可以认为是刚性的，但外壳层电子的波函数由于原子核振动，会混合进激发态，此时

$$\langle\varphi_0(\rho,\boldsymbol{X})|\sum_i\rho(l,i)|\varphi_0(\rho,\boldsymbol{X})\rangle\neq 0$$

与原子位移 $\boldsymbol{u}$ 有关. 推迟偶极矩算符通过原子位移 $\boldsymbol{u}$ 进行展开如下：

$$\boldsymbol{M}_\alpha(\pm\boldsymbol{k},\boldsymbol{u})=\sum_l \mathrm{e}^{\pm \mathrm{i}\boldsymbol{k}\cdot\boldsymbol{x}(l)}\left\{Z_l'e\boldsymbol{x}(l)+\sum_\beta M_{\alpha\beta}u_\beta(l)+\frac{1}{2}\sum_{l',\beta\gamma}M_{\alpha\beta}(l,l')u_\beta(l)u_\gamma(l')+\cdots\right\}$$

其中，与位移 $\boldsymbol{u}$ 的一阶成正比的系数矩阵为

$$M_{\alpha\beta}(l)=\left[\frac{\partial M_\alpha(\pm k,u)}{\partial u_\beta(l)}\right]_0$$

推迟偶极矩算符一阶可表示为

$$M_\alpha^{(1)}(\pm\boldsymbol{k},\boldsymbol{u})=\sum_l\sum_\beta \mathrm{e}^{\pm \mathrm{i}\boldsymbol{k}\cdot\boldsymbol{x}(l)}M_{\alpha\beta}(l)\mu_\beta(l)$$

因此，对于单光子吸收、单声子发射过程，跃迁概率可表示为

$$W_{\mathrm{a}}=\frac{2\pi}{\hbar^{2}}A_{0}^{2}\omega^{2}\left|\left\langle\upsilon+1\left|\sum_{l}\hat{\boldsymbol{e}}_{\mathrm{A}}\cdot\boldsymbol{M}^{(1)}(\boldsymbol{k},\boldsymbol{u})\right|\upsilon\right\rangle\right|^{2}$$

对于单光子发射、单声子吸收过程，跃迁概率可表示为

$$W_{\mathrm{e}}=\frac{2\pi}{\hbar^{2}}A_{0}^{+2}\omega^{2}\left|\left\langle\upsilon-1\left|\sum_{l}\hat{\boldsymbol{e}}_{\mathrm{A}}\cdot\boldsymbol{M}^{(1)}(-\boldsymbol{k},\boldsymbol{u})\right|\upsilon\right\rangle\right|^{2}$$

原子位移可通过简正坐标表示，因此，可通过声子产生和湮灭算符表示出来

$$u_{\beta}(m,j)=(Nm_{j})^{-1/2}\sum_{q,r}d(j,qr)\mathrm{e}^{-\boldsymbol{q}\cdot\boldsymbol{x}(m,j)}Q_{r}(q)$$

$$Q_{r}(q)=\left(\frac{\hbar}{2\omega_{r}(q)}\right)^{1/2}(a_{qr}^{+}+a_{qr})$$

声子产生和湮灭算符有下面的性质：

$$\langle\upsilon+1|a^{+}|\upsilon\rangle=(\upsilon+1)^{1/2}$$
$$\langle\upsilon-1|a|\upsilon\rangle=(\upsilon)^{1/2}$$

因此，我们获得了光吸收声子发射和光发射声子吸收的量子表达式. 晶体在振动态ν吸收的光功率密度为

$$U=\hbar\omega Wf(\omega_{q},T)$$

其中，净吸收概率 W 为总吸收概率减去受激辐射概率

$$W=W_{\mathrm{a}}-W_{\mathrm{e}}^{\mathrm{ST}}$$

在温度 T，声子在振动态ν的占据概率为

$$f(\omega_{q},T)=\frac{\exp(-\hbar\omega_{q}/(k_{\mathrm{B}}T))}{\sum_{\upsilon}\exp(-\upsilon\hbar\omega_{q}/(k_{\mathrm{B}}T))}$$

光子进入晶体的通量密度为

$$I=2\varepsilon_{0}nc\,|\,E_{0}\,|^{2}$$

因此，吸收系数可表示为

$$\alpha\equiv\frac{\hbar\omega\sum_{\upsilon}Wf(\omega_{q},T)}{2\varepsilon_{0}nc\,|\,E_{0}\,|^{2}}\propto\sum_{\upsilon}[W_{\mathrm{a}}-W_{\mathrm{e}}^{\mathrm{ST}}]f(\omega_{q},T)$$

光吸收的微观表达式为

$$\alpha\propto\sum_{\upsilon}\left\{f(\omega_{q},T)\left|\langle\upsilon+1|\hat{\boldsymbol{e}}_{\mathrm{A}}\cdot\boldsymbol{M}^{(1)}(\boldsymbol{k},\boldsymbol{u})|\upsilon\rangle\right|^{2}-f(\omega_{q},T)\left|\langle\upsilon-1|\hat{\boldsymbol{e}}_{\mathrm{A}}\cdot\boldsymbol{M}^{(1)}(-\boldsymbol{k},\boldsymbol{u})|\upsilon\rangle\right|^{2}\right\}$$

对于单电子红外吸收过程，吸收α应与温度无关. 考虑晶体的周期性，原子l的位置可以表示为

$$\boldsymbol{x}(l)=\boldsymbol{x}(m,j)=\boldsymbol{x}(m)+\boldsymbol{x}(j)$$

在简正坐标下，推迟偶极矩算符一阶可表示为

$$\boldsymbol{M}^{(1)}(\boldsymbol{k},\boldsymbol{u})=N^{-1/2}\sum_{m,j}(m_j)^{-1/2}M_{\alpha\beta}(m,j)\sum_{qr}d(j,qr)\mathrm{e}^{\mathrm{i}(\boldsymbol{k}-\boldsymbol{q})\cdot\boldsymbol{x}(m)}\mathrm{e}^{\mathrm{i}\boldsymbol{k}\cdot\boldsymbol{x}(j)}Q_r(q)$$

由上式可知，对于光吸收过程k=q，因此动量守恒. 同理，对于光发射过程，k=$-q$. 吸收系数的表达式中，$f(\omega_q,T)$随振动量子数υ的变化缓慢变化，可从求和中提出. 因此，吸收系数可近似为

$$\alpha\propto\frac{\pi\omega}{\varepsilon_0 nc\hbar}\left|\left\langle\chi_f\left|M_{\mathrm{a}}^{(1)}\right|\chi_i\right\rangle\right|^2(n_i-n_f)\approx\frac{\pi\omega}{\varepsilon_0 nc\hbar}\left|\left\langle\chi_f\left|M_{\mathrm{a}}^{(1)}\right|\chi_i\right\rangle\right|^2 n_i$$

其中，推迟偶极矩算符简单表示为

$$M_\alpha=\sum_k\left(\frac{\partial M_\alpha}{\partial Q_k}\right)_0 Q_k+\frac{1}{2}\sum_k\left(\frac{\partial M_\alpha}{\partial Q_k}\right)_0^2 Q_k^2+\cdots$$

其中一阶近似下的矩阵为

$$\left\langle\chi_f\left|M_\alpha^{(1)}\right|\chi_i\right\rangle=\left\langle\chi_f\left|Q_k\right|\chi_i\right\rangle\left(\frac{\partial M_\alpha}{\partial Q_k}\right)=\left(\frac{\hbar}{2\omega_q}\right)^{1/2}\left(\frac{\partial M_\alpha}{\partial Q_k}\right)$$

因此，吸收系数可近似为

$$\alpha(\omega)\propto\frac{\pi\omega}{\varepsilon_0 nc\hbar}\left(\frac{\hbar}{2\omega_q}\right)n_i\left(\frac{\partial M_\alpha}{\partial Q_k}\right)^2$$

考虑离子晶体的情况，利用经典的介电函数模型：离子晶体单位体积中N对离子，约化质量μ，有效电荷e^*，由宏观理论和长波近似$q\approx 0$，有效位移可表示为

$$u=Q(q)/\sqrt{\mu}$$

有效偶极距为

$$M=P/N=e^*u$$

因此

$$\frac{\partial M}{\partial Q}=e^*\frac{\partial u}{\partial Q}=e^*/\sqrt{\mu}$$

介电函数模型为

$$\varepsilon(\omega)=\varepsilon(\infty)+\frac{Ne^{*2}}{\mu\varepsilon_0}\frac{1}{\omega_0^2-\omega^2}$$

因此，吸收系数可表示为

$$\alpha(\omega) \propto \left(\frac{\partial M_{\mathrm{a}}}{\partial Q_k}\right)^2 = [\varepsilon(\omega) - \varepsilon(\infty)]\frac{\varepsilon_0(\omega_0^2 - \omega^2)}{N}$$

$$\propto (\omega_{\mathrm{L}}^2 - \omega_{\mathrm{T}}^2)\frac{\varepsilon_0 \varepsilon(\infty)}{N}$$

红外反射光谱 $R(\omega)$ 的半高宽为 $\omega_{\mathrm{L}}-\omega_{\mathrm{T}}$，由上式可知，其可用来衡量红外吸收强度. 反射谱的半高宽越大，红外吸收越强.

5.5.4　极化激元和多声子过程

前面我们已经详细地研究了长波光学模与电磁波的耦合. 电磁波与横光学模式耦合，形成极化激元(图 5.20)，极化激元与多声子的红外吸收过程存在竞争. 极化激元是光与声子的耦合，如图 5.20 所示，在晶体中通过光子和声子之间不断交换能量而传播. 如果非简谐效应导致的声子-声子之间的相互作用很强，结果就产生和频或差频吸收带，而不是基频吸收，形成多声子吸收的复杂性. 例如，单声子过程对应基频模式，双声子过程则会出现泛频、和频和差频的情况. 多声子吸收不限于极性晶体，非极性晶体也可能发生，多声子过程对温度有强烈的依赖.

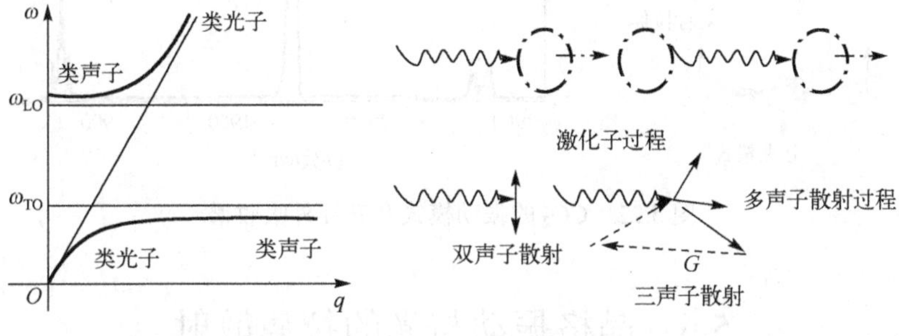

图 5.20　极化激元色散关系以及晶体中激化子过程和多声子散射过程示意图

5.5.5　分子的红外吸收

对于一个分子系统，其能量由以下几部分组成，包括电子的能量、振动的能量、转动的能量和平动的能量. 在红外区激发，如在固体中一样，电子不能从基态被激发，因此电子自由度被冻结. 分子体系由 N 个原子构成，对于线型分子结构，转动有 2 个自由度，因此振动的自由度为 $3N-5$，对于非线型分子结构，振动自由度有 $3N-6$ 个. 以水分子为例，振动自由度为 $3\times3-6=3$. 因此，水分子有 3 个振动模式，如图 5.21 所示，3 个振动模式分别为对称拉伸模式、反对称拉伸模式和扭曲模式.

图 5.21　H_2O 的振动模式

并非所有的振动模式都能引起红外吸收. 如前面讨论，在振动形变中引起电偶极矩，才能出现红外吸收. 如图 5.22 所示，CO_2 分子的自由度为 4，有 4 个振动模式，分别为 1 个对称拉伸模式、1 个反对称拉伸模式、2 个简并的扭曲模式. 理论计算，对称拉伸模式的频率为 1537 cm^{-1}，反对称拉伸模式的频率为 2640 cm^{-1}，扭曲模式的频率为 546 cm^{-1}. 如图 5.22 所示，我们在红外吸收谱中观测到两个吸收峰，在 2345 cm^{-1} 的吸收峰应为反对称拉伸模式. 对于对称拉伸模式，不产生偶极距，红外不激活，因此不存在对应的吸收峰.

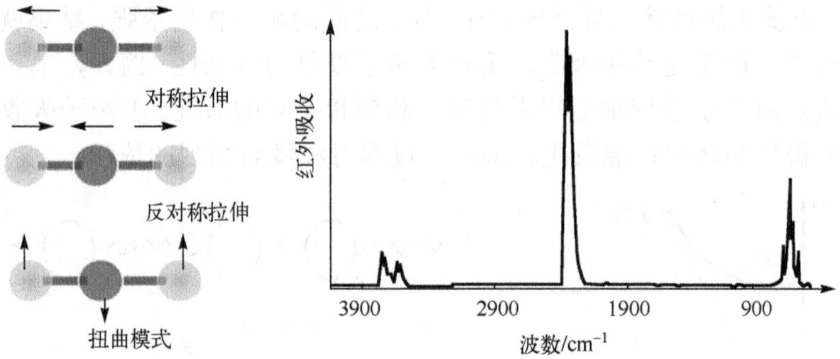

图 5.22　CO_2 的振动模式及其红外吸收谱

5.6　晶格振动与光的拉曼散射

5.6.1　拉曼散射及其基本原理

拉曼散射是印度物理学家拉曼在 1928 年发现的一种非弹性光散射现象. 在 1960 年左右，该散射测量技术由于激光技术的发展而得到快速发展. 目前该技术被广泛应用在科学研究和工业生产中. 拉曼散射作为一种典型的非弹性散射，与瑞利弹性散射明显不同.

对于弹性散射，电子被激发到虚激发态后又回到基态，因此无实际能量交换，但可改变光子的方向. 对于非弹性散射，包括斯托克斯进程和反斯托克斯进程. 如图 5.23 所示，对于斯托克斯进程，电子由基态激发到虚激发态，再回到与基态相差很小能量的激发态上；对于反斯托克斯进程，电子从一个与基态能量差很小的激发态上被激发到虚激发态上，再返回到基态上. 当基态和激发态的能量差为一个声子的能量时，需要声子吸收或声子发射，才能实现散射进程. 当能量差为一个光学声子时，我们称该非弹性散射为拉曼散射.

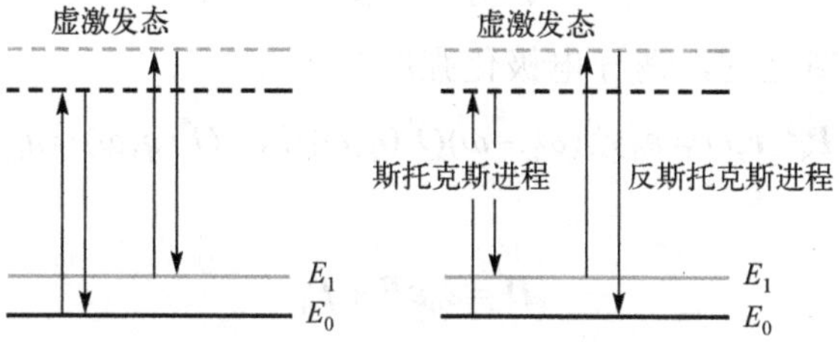

图 5.23　瑞利散射和斯托克斯散射进程原理图

E_0 为基态，E_1 为振动激发态

5.6.2　拉曼散射的经典理论

对于各向同性固体，电极化率(electric susceptibility)为χ，极化(polarization)强度为 $P=\varepsilon_0\chi E$. 对于单色电磁波

$$\boldsymbol{E}(\boldsymbol{r},t)=\boldsymbol{E}_i^0\cos(\boldsymbol{k}_i\cdot\boldsymbol{r}-\omega_i t)$$

$$\boldsymbol{P}(\boldsymbol{r},t)=\varepsilon_0\chi\boldsymbol{E}_i^0\cos(\boldsymbol{k}_i\cdot\boldsymbol{r}-\omega_i t)$$

晶格振动可引起极化率张量变化，其在平衡位置做泰勒展开为

$$\chi=\chi_0+\frac{\partial\chi}{\partial u}u(r,t)+\cdots$$

极化强度可表示为

$$P(r,t)=\varepsilon_0\chi_0 E(r,t)+\frac{\partial\chi}{\partial u}\varepsilon_0 u(r,t)E(r,t)$$

晶格振动通过位移矢量展现

$$u(\boldsymbol{r},t)=u_0\cos(\boldsymbol{q}\cdot\boldsymbol{r}-\omega_0 t)$$

因此，电极化强度为

$$\begin{aligned}\boldsymbol{P}_{\text{in}}(\boldsymbol{r},t)&=\frac{\partial\chi}{\partial u}\varepsilon_0 u_0\boldsymbol{E}_i^0\cos(\boldsymbol{q}\cdot\boldsymbol{r}-\omega_0 t)\cos(\boldsymbol{k}_i\cdot\boldsymbol{r}-\omega_i t)\\&=\frac{1}{2}\frac{\partial\chi}{\partial u}\varepsilon_0 u_0\boldsymbol{E}_i^0[\cos((\boldsymbol{k}_i+\boldsymbol{q})\cdot\boldsymbol{r}-(\omega_i+\omega_0)t)+\cos((\boldsymbol{k}_i-\boldsymbol{q})\cdot\boldsymbol{r}-(\omega_i-\omega_0)t)]\\&=\frac{1}{2}\frac{\partial\chi}{\partial u}\varepsilon_0 u_0\boldsymbol{E}_i^0[\cos(\boldsymbol{k}_{\text{AS}}\cdot\boldsymbol{r}-\omega_{\text{AS}}t)+\cos(\boldsymbol{k}_{\text{S}}\cdot\boldsymbol{r}-\omega_{\text{S}}t)]\end{aligned}$$

上式中，对于斯托克斯进程，伴随声子产生

$$\boldsymbol{k}_{\mathrm{S}}=\boldsymbol{k}_i-\boldsymbol{q}, \quad \omega_{\mathrm{S}}=\omega_i-\omega_0$$

对于反斯托克斯进程，伴随声子吸收

$$\boldsymbol{k}_{\mathrm{AS}}=\boldsymbol{k}_i+\boldsymbol{q}, \quad \omega_{\mathrm{AS}}=\omega_i+\omega_0$$

因此，对于斯托克斯进程，诱导电极化强度为

$$\boldsymbol{P}_{\mathrm{S}}^{\mathrm{in}}(\boldsymbol{r},t)=\varepsilon_0\chi^{ij}(\omega_{\mathrm{I}},-\omega)Q^*(\boldsymbol{q},\omega)\boldsymbol{E}_i, \quad Q^*(\boldsymbol{q},\omega)=u_0$$

电位移矢量为

$$\boldsymbol{D}=\varepsilon_0\varepsilon\boldsymbol{E}+\boldsymbol{P}_{\mathrm{S}}$$

电磁方程可表示为

$$\nabla\times\nabla\times\boldsymbol{E}-\frac{n_{\mathrm{S}}^2\omega_{\mathrm{S}}^2}{c^2}\boldsymbol{E}=\frac{\omega_{\mathrm{S}}^2}{\varepsilon_0c^2}\boldsymbol{P}_{\mathrm{S}}\exp(\mathrm{i}\boldsymbol{K}_{\mathrm{S}}\cdot\boldsymbol{r})$$

上面方程的齐次解为

$$\boldsymbol{E}=\boldsymbol{E}_{\mathrm{h}}\exp(\mathrm{i}\boldsymbol{k}_{\mathrm{S}}\cdot\boldsymbol{r})$$

该解为弹性散射波，是一种横波，没有斯托克斯极化

$$\boldsymbol{E}_{\mathrm{h}}\cdot\boldsymbol{k}_{\mathrm{S}}=0, \quad k_{\mathrm{S}}c=n_{\mathrm{S}}\omega_{\mathrm{S}}$$

考虑非奇次解

$$\boldsymbol{E}=\boldsymbol{E}_i\exp(\mathrm{i}\boldsymbol{K}_{\mathrm{S}}\cdot\boldsymbol{r})$$

则由条件

$$\nabla\cdot\boldsymbol{D}=\mathrm{i}\boldsymbol{K}_{\mathrm{S}}\cdot(\varepsilon_0n_{\mathrm{S}}^2\boldsymbol{E}_i+\boldsymbol{P}_{\mathrm{S}})=0$$

代入方程可得关系式

$$\boldsymbol{E}_i=\frac{k_{\mathrm{S}}^2\boldsymbol{P}_{\mathrm{S}}-(\boldsymbol{K}_{\mathrm{S}}\cdot\boldsymbol{P}_{\mathrm{S}})\boldsymbol{K}_{\mathrm{S}}}{\varepsilon_0n_{\mathrm{S}}^2(K_{\mathrm{S}}^2-k_{\mathrm{S}}^2)}$$

考虑入射光由真空掠入射材料，如图 5.24 所示，考虑边界处电场矢量切分量连续，在 $z=0$ 处

$$E_{\mathrm{h}}^x+E_i^x=0$$

在 $z=L$ 处

$$E_{\mathrm{h}}^x\exp(\mathrm{i}k_{\mathrm{S}}L)+E_i^x(\mathrm{i}K_{\mathrm{S}}L)=E_{\mathrm{S}}^x\exp(\mathrm{i}k_{\mathrm{S}}L)$$

因此，可得散射波电矢量与入射波电矢量的关系为

$$E_{\mathrm{S}}^x=E_i^x\{\exp[\mathrm{i}(K_{\mathrm{S}}-k_{\mathrm{S}})L]-1\}$$

入射波电矢量在 x 方向的分量为

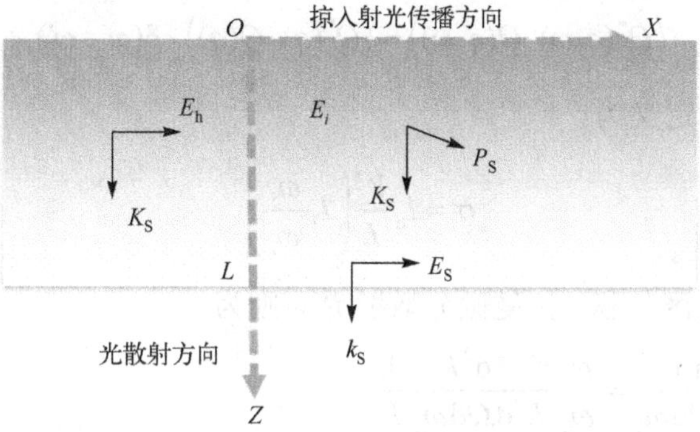

图 5.24　光掠入射材料引起的散射模型示意图

$$\boldsymbol{E}_i^x=\frac{k_S^2\boldsymbol{P}_S^x-(\boldsymbol{K}_S\cdot\boldsymbol{P}_S^x)\boldsymbol{K}_S}{\varepsilon_0 n_S^2(K_S^2-k_S^2)}=\frac{k_S^2\boldsymbol{P}_S^x}{\varepsilon_0 n_S^2(K_S^2-k_S^2)}$$

我们获得散射波的电矢量为

$$\boldsymbol{E}_S=\frac{k_S^2\hat{\boldsymbol{e}}_S\cdot\boldsymbol{P}_S}{\varepsilon_0 n_S^2(K_S^2-k_S^2)}\{\exp[\mathrm{i}(K_S-k_S)L]-1\}_\omega$$

散射光强度可表示为

$$I_S=2\varepsilon_0 n_S c\,|E_S|^2=\sum_{K_S}\int \mathrm{d}\omega_S\frac{2ck_S^4\left\langle\hat{\boldsymbol{e}}_S\cdot\boldsymbol{P}_S^*\cdot\hat{\boldsymbol{e}}_S\cdot\boldsymbol{P}_S\right\rangle_{\omega_S}}{\varepsilon_0 n_S^3(K_S^2-k_S^2)^2}\left|\mathrm{e}^{\mathrm{i}(K_S-k_S)L}-1\right|^2$$

当厚度 L 趋近无穷大时，

$$\frac{|\exp[\mathrm{i}(K_S-k_S)L]-1|^2}{(K_S-k_S)^2}=2\pi L\delta(K_S-k_S)$$

$$\sum_{K_S}\to\frac{V}{(2\pi)^3}\iint \mathrm{d}K_S\mathrm{d}\Omega K_S^2$$

因此，散射光强度为

$$\begin{aligned}I_S&=\frac{VL}{8\pi^2\varepsilon_0 c^3}\int\mathrm{d}\Omega\int\mathrm{d}\omega_S n_S\omega_S^4\left\langle e_S\cdot P_S^*\cdot e_S\cdot P_S\right\rangle_{\omega_S}\\&=\frac{VL}{8\pi^2\varepsilon_0 c^3}\int\mathrm{d}\Omega\int\mathrm{d}\omega_S n_S\omega_S^4\left|\varepsilon_0 e_S\cdot e_I\chi^{ij}(\omega_I,-\omega)\right|^2\left|E_I^j\right|^2\left\langle Q^*(q)Q(q)\right\rangle_\omega\end{aligned}$$

极化正比于激发振幅 $Q(q,t)$ 的傅里叶分量 $Q(\omega,t)$，$Q(\omega,t)$ 的统计平均为

$$\left\langle Q^*(q,\omega)\cdot Q(q,\omega)\right\rangle$$

是无规分布的函数，因此

$$\left\langle Q^*(q,\omega)\cdot Q(q,\omega)\right\rangle=\left\langle Q^*(q)\cdot Q(q)\right\rangle_\omega \delta(\omega-\omega')$$

拉曼散射界面定义为

$$\sigma=I_\mathrm{S}\frac{V'}{L}\left(I_\mathrm{I}\frac{\omega_\mathrm{S}}{\omega_\mathrm{I}}\right)^{-1}$$

其中，V' 为激发光区体积. 拉曼微分散射界面则为

$$\frac{\mathrm{d}^2\sigma}{\mathrm{d}\Omega\mathrm{d}\omega_\mathrm{S}}=\frac{\omega_\mathrm{I}}{\omega_\mathrm{S}}\frac{V'}{L}\frac{\mathrm{d}^2 I_\mathrm{S}}{\mathrm{d}\Omega\mathrm{d}\omega_\mathrm{S}}\frac{1}{I_\mathrm{I}}$$
$$=\frac{\omega_\mathrm{I}\omega_\mathrm{S}^3 V'Vn_\mathrm{S}}{(4\pi\varepsilon_0)^2 c^4 n_\mathrm{I}}\left|\varepsilon_0 e_\mathrm{S}^i\cdot e_\mathrm{I}^j\chi^{ij}(\omega_\mathrm{I},-\omega)\right|^2\left\langle Q(q)Q^*(q)\right\rangle_\omega$$

由耗散涨落理论可知

$$1/2\left\langle Q^*(q)Q(q)+Q(q)Q^*(q)\right\rangle_\omega=\frac{\hbar}{\pi}[n(\omega)+1/2]\mathrm{Im}T(q,\omega)$$

其中，$n(\omega)$ 为玻色-爱因斯坦分布函数，即平均声子数. $\mathrm{Im}T(q,\ \omega)$ 为介电响应函数的虚部. 量子修正为把相关物理量变为算符的形式，可表示为

$$Q(q,t)=\hat{Q}(q,t),\quad Q^*(q,t)=\hat{Q}^+(q,t)$$

$$\left\langle\hat{Q}(q)\hat{Q}^+(q)\right\rangle_\omega=\sum_{i,f}n_i\langle i|\hat{Q}|f\rangle\langle f|\hat{Q}|i\rangle\delta(\omega-\omega_f-\omega_i)$$

声子态密度分布函数为

$$n_i=\frac{\exp\left(-\dfrac{\upsilon_i\hbar\omega}{k_\mathrm{B}T}\right)}{\sum\limits_{\upsilon}\exp\left(-\dfrac{\upsilon_i\hbar\omega}{k_\mathrm{B}T}\right)}$$

对于斯托克斯进程

$$\left\langle\hat{Q}(q)\hat{Q}^+(q)\right\rangle_\omega\propto\sum_{\upsilon}n_i\langle\upsilon|\hat{Q}(q)|\upsilon+1\rangle\langle\upsilon+1|\hat{Q}^+(q)|\upsilon\rangle\delta(\omega-\omega_\mathrm{I}+\omega_\mathrm{S})$$

因此，关于振动幅度的频域关联函数为

$$\left\langle\hat{Q}(q)\hat{Q}^+(q)\right\rangle_\omega\propto\sum_{\upsilon}n_i\upsilon+1=n(\omega,T)+1=\frac{1}{1-\exp(-\hbar\omega/(k_\mathrm{B}T))}$$

对于反斯托克斯进程，其表示为

$$\left\langle\hat{Q}^+(q)\hat{Q}(q)\right\rangle_\omega\propto\sum_{\upsilon}n_i\langle\upsilon|\hat{Q}^+(q)|\upsilon+1\rangle\langle\upsilon+1|\hat{Q}(q)|\upsilon\rangle\delta(\omega-\omega_\mathrm{AS}+\omega_\mathrm{I})$$

因此

$$\left\langle \hat{Q}^{+}(q)\hat{Q}(q)\right\rangle_{\omega} \propto \sum_{\upsilon} n_i \upsilon = n(\omega,T) = \frac{1}{\exp(\hbar\omega/(k_{\rm B}T))-1}$$

因此，对于斯托克斯进程，拉曼散射微分界面为

$$\frac{{\rm d}^2\sigma}{{\rm d}\Omega{\rm d}\omega_{\rm S}} = \frac{\hbar\omega_{\rm I}\omega_{\rm S}^3 V'Vn_{\rm S}}{(4\pi\varepsilon_0)^2 2c^4 n_{\rm I}\omega N}\left|\varepsilon_0 e_{\rm S}^i e_{\rm I}^j \chi^{ij}(\omega_{\rm I},-\omega)\right|^2 [n(\omega,T)+1]g(\omega)$$

对于反斯托克斯进程，拉曼散射微分界面为

$$\frac{{\rm d}^2\sigma}{{\rm d}\Omega{\rm d}\omega_{\rm AS}} = \frac{\hbar\omega_{\rm I}\omega_{\rm AS}^3 V'Vn_{\rm S}}{(4\pi\varepsilon_0)^2 2c^4 n_{\rm I}\omega N}\left|\varepsilon_0 e_{\rm S}^i e_{\rm I}^j \chi^{ij}(\omega_{\rm I},\omega)\right|^2 [n(\omega,T)]g(\omega)$$

反斯托克斯进程光强与斯托克斯进程光强比为

$$\frac{I_{\rm AS}}{I_{\rm S}} \approx \frac{(\omega_{\rm I}+\omega)^4}{(\omega_{\rm I}-\omega)^4}{\rm e}^{-\hbar\omega/(k_{\rm B}T)}$$

可见，反斯托克斯光强度小于斯托克斯光强度. 随温度升高，反斯托克斯光强度增大.

考虑介电响应函数的虚部时域 ${\rm Im}T(t)$ 的经典处理，以获得散射强度的谱形结构 $g(\omega)$. 考虑作用力和位移之间遵从线性关系 $u(t)=T(t)F(t)$，其中 $T(t)$ 为响应函数. 傅里叶转化后也满足线性关系 $Q(q,\omega)=T(q,\omega)F(\omega)$. 考虑 N 个阻尼谐振子，其之间相互作用忽略不计，作用力 $F(t)=F(\omega){\rm e}^{-{\rm i}\omega t}$，平均施加到每个振子上，依据洛伦兹耗散振子色散理论，谐振子的运动方程为

$$\ddot{u}+\gamma\dot{u}+\omega_q^2 u = f(\omega){\rm e}^{-{\rm i}\omega t}, \quad f(\omega)=F(\omega)/N$$

转化到频域，方程为

$$(\omega_q^2-\omega^2-{\rm i}\gamma\omega)Q(q,\omega)=f(\omega)$$

频域的振幅为

$$Q(q,\omega)=\frac{f(\omega)}{\omega_q^2-\omega^2-{\rm i}\gamma\omega}$$

因此可得频域的响应函数

$$T(q,\omega)=\frac{1}{N(\omega_q^2-\omega^2-{\rm i}\gamma\omega)}$$

其虚部可表示为

$$\begin{aligned}{\rm Im}T(q,\omega) &= \frac{\gamma\omega}{N[(\omega_q^2-\omega^2)^2+\gamma^2\omega^2]}\\ &\approx \frac{\pi g(\omega)}{2N\omega_q}, \quad \leftarrow \gamma \ll \omega, \omega\approx\omega_q\end{aligned}$$

因此，响应函数的虚部展现了谱形结构 $g(\omega)$. 散射光的谱峰的半高宽为γ，结构为洛伦兹线型，即

$$g(\omega)=\frac{\gamma/(2\pi)}{(\omega_q-\omega)^2+(\gamma/2)^2}$$

谱形结构 $g(\omega)$ 特征为

$$\lim_{\gamma\to0}\frac{\gamma/(2\pi)}{(\omega_q-\omega)^2+(\gamma/2)^2}=\delta(\omega-\omega_q),\quad \int_{-\infty}^{\infty}\mathrm{d}\omega g(\omega)=1$$

5.6.3 拉曼张量

前面，我们看到极化率在辐射场的诱导下，随原子位移变化，从而获得诱导偶极距，其强度 P_{ind} 可表示为

$$P_{\text{ind}}\propto(\partial\chi/\partial Q_0)Q(\omega_0)$$

因此，斯托克斯散射光强

$$I_{\text{S}}\propto\left|e_i\cdot(\partial\chi/\partial Q)_0 Q(\omega_0)\cdot e_{\text{S}}\right|^2$$

其中，Q 为声子所诱导的原子的位移. 通过定义单位位移矢量

$$\hat{Q}=\boldsymbol{Q}/Q$$

应用于拉曼散射，可获得拉曼张量为

$$\mathfrak{R}=\left(\partial\chi/\partial Q\right)_0\hat{Q}(\omega_0)$$

散射光强可表示为

$$I_{\text{S}}\propto\left|\hat{\boldsymbol{e}}_i\cdot\mathfrak{R}\cdot\hat{\boldsymbol{e}}_{\text{S}}\right|^2$$

可见，拉曼张量连接入射光的电极化方向和散射光的电极化方向. 在实验中，我们可以检查拉曼张量的矩阵元，来判断散射光的情况. 拉曼张量的矩阵元和晶体结构的对称性密切相关. 如图 5.25 所示，入射光沿$-y$ 方向入射晶体，其电场极化方向为 z 方向，我们在 x-y 平面内移动探测器检测散射光，由于光的横波特性，散射光的电极化矢量垂直于散射方向，我们可以转动检偏器，使其平行于 z 方向，这样我们在 zz 配置下，可探索拉曼张量的矩阵元 R_{zz}，如果其为零，我们则看不到散射光.

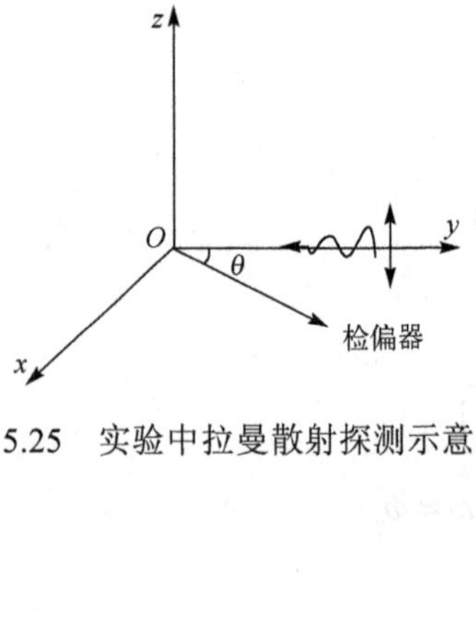

图 5.25 实验中拉曼散射探测示意图

5.6.4　拉曼散射的微观理论

下面，我们检查拉曼散射的微观散射进程. 拉曼散射进程包含下面三个微观过程：①入射光子激发半导体中的电子进入中间态(intermediate state)，这一过程通过电子与辐射场耦合，创造出电子空穴对；②电子空穴对通过电子-声子耦合发射声子后进入另外一个中间态；③电子空穴对辐射复合，发射一个光子(Yu and Cardona, 2010).

拉曼散射微观机制可以理解为：以电子为媒介调制的关于声子的拉曼散射，过程结束后电子的状态不变. 在跃迁过程中，电子的跃迁是虚跃迁，因此，微观上能量守恒被破坏，同时，波矢量守恒仍然满足. 在拉曼散射进程中，所有的相互作用都是弱作用，散射概率可以通过三阶微扰来计算. 要列举出所有可能的微扰进程，可以用费曼图辅助来进行三阶微扰计算.

下面用费曼图表示单声子斯托克斯拉曼散射进程：对于单声子散射，有六个散射进程的贡献，如图 5.26 所示. 按时间轴顺序，产生电子空穴对(e-h pair)、电子空穴对复合以及产生声子，这三个过程被认为是虚的中间过程，因此时间顺序可颠倒. 在图中，入射光子通过电子-辐射场耦合(H_{eR})产生电子空穴对，电子空穴对也可通过 H_{eR} 复合产生光子. 电子空穴对通过电子-声子耦合($H_{e\text{-}ion}$)发射一个声子，转化到其他中间态上.

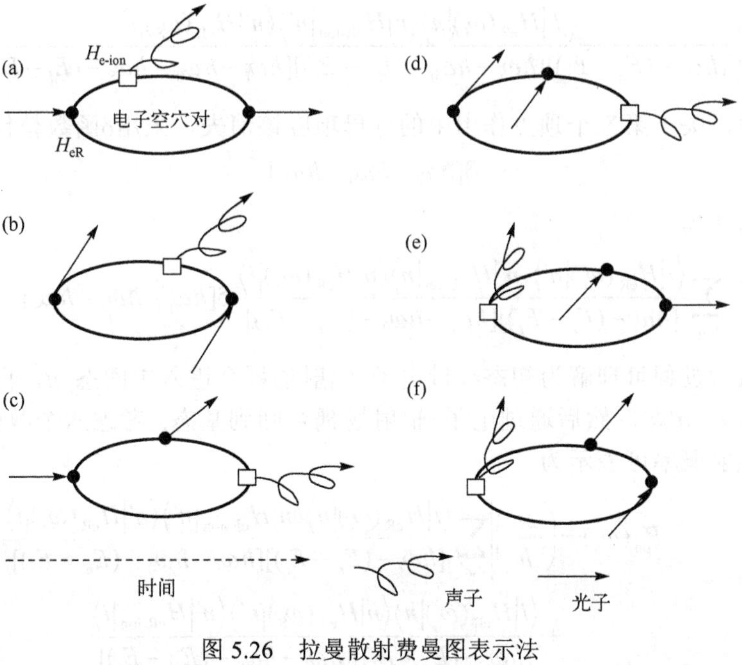

图 5.26　拉曼散射费曼图表示法

考虑一个具体的散射过程的例子，如图 5.26(a)所示，来理解费曼图所表示的拉曼散射意义. 该过程的表达式可以通过如下步骤建立. 利用费米黄金定则，分母是前一进程的变化参量减去末态与初态的能差，其反映共振概率. 对于图中的第一个顶点作用——H_{eR}(其表示电子与辐射场光子的虚跃迁)，可表示为

$$\sum_n \frac{\langle n|H_{eR}(\omega_i)|i\rangle}{[\hbar\omega_i-(E_n-E_i)]}$$

第二个顶点贡献于电子-声子耦合 $H_{e\text{-}ion}$，可表示为

$$\sum_{n,n'} \frac{\langle n'|H_{e\text{-}ion}(\omega_0)|n\rangle\langle n|H_{eR}(\omega_i)|i\rangle}{[\hbar\omega_i-(E_n-E_i)-\hbar\omega_0-(E_{n'}-E_n)][\hbar\omega_i-(E_n-E_i)]}$$

分母整理后可得

$$\sum_{n,n'} \frac{\langle n'|H_{e\text{-}ion}(\omega_0)|n\rangle\langle n|H_{eR}(\omega_i)|i\rangle}{[\hbar\omega_i-\hbar\omega_0-(E_{n'}-E_i)][\hbar\omega_i-(E_n-E_i)]}$$

第三个顶点贡献于辐射场与电子作用发射一个散射光子，分母项为

$$\begin{aligned}&\hbar\omega_i-(E_n-E_i)-\hbar\omega_0-(E_{n'}-E_n)-\hbar\omega_S-(E_f-E_{n'})\\&\quad=\hbar\omega_i-\hbar\omega_0-\hbar\omega_S-(E_i-E_f)\end{aligned}$$

三个过程后总表达式为

$$\sum_{f,n,n'} \frac{\langle f|H_{eR}(\omega_i)|n\rangle\langle n|H_{eR\text{-}ion}|n'\rangle\langle n'|H_{eR}(\omega_S)|i\rangle}{[\hbar\omega_i-(E_n-E_i)][\hbar\omega_i-\hbar\omega_0-(E_{n'}-E_i)][\hbar\omega_i-\hbar\omega_0-\hbar\omega_S-(E_i-E_f)]}$$

由能量守恒，关于第三个顶点作用中的分母项应该消失，采用δ函数替代

$$\delta[\hbar\omega_i-\hbar\omega_0-\hbar\omega_S]$$

因此，表达式为

$$\sum_{n,n'} \frac{\langle i|H_{eR}(\omega_i)|n'\rangle\langle n'|H_{eR\text{-}ion}|n\rangle\langle n|H_{eR}(\omega_S)|i\rangle}{[\hbar\omega_i-(E_n-E_i)][\hbar\omega_i-\hbar\omega_0-(E_{n'}-E_i)]}\delta[\hbar\omega_i-\hbar\omega_0-\hbar\omega_S]$$

因此，该散射过程可理解为初态经过电子-辐射场耦合进入中间态 n，再通过电子-声子耦合进入 n'态，然后通过电子-辐射场耦合回到基态. 考虑六个散射进程的贡献，总的散射概率可表示为

$$\begin{aligned}P_{ph}(\omega_S)=\left(\frac{2\pi}{\hbar}\right)\Bigg|\sum_{n,n'}&\frac{\langle i|H_{eR}(\omega_i)|n\rangle\langle n|H_{eR\text{-}ion}|n'\rangle\langle n'|H_{eR}(\omega_S)|i\rangle}{[\hbar\omega_i-(E_n-E_i)][\hbar\omega_i-\hbar\omega_0-(E_{n'}-E_i)]}\\&+\frac{\langle i|H_{eR}(\omega_i)|n\rangle\langle n|H_{eR}(\omega_S)|n'\rangle\langle n'|H_{eR\text{-}ion}|i\rangle}{[\hbar\omega_i-(E_n-E_i)][\hbar\omega_i-\hbar\omega_S-(E_{n'}-E_i)]}\end{aligned}$$

$$+\frac{\langle i|H_{\mathrm{eR}}(\omega_{\mathrm{S}})|n\rangle\langle n|H_{\mathrm{eR\text{-}ion}}|n'\rangle\langle n'|H_{\mathrm{eR}}(\omega_i)|i\rangle}{[-\hbar\omega_{\mathrm{S}}-(E_n-E_i)][-\hbar\omega_{\mathrm{S}}-\hbar\omega_0-(E_{n'}-E_i)]}$$

$$+\frac{\langle i|H_{\mathrm{eR}}(\omega_{\mathrm{S}})|n\rangle\langle n|H_{\mathrm{eR}}(\omega_i)|n'\rangle\langle n'|H_{\mathrm{eR\text{-}ion}}|i\rangle}{[-\hbar\omega_{\mathrm{S}}-(E_n-E_i)][-\hbar\omega_{\mathrm{S}}-\hbar\omega_i-(E_{n'}-E_i)]}$$

$$+\frac{\langle i|H_{\mathrm{eR\text{-}ion}}|n\rangle\langle n|H_{\mathrm{eR}}(\omega_i)|n'\rangle\langle n'|H_{\mathrm{eR}}(\omega_{\mathrm{S}})|i\rangle}{[-\hbar\omega_0-(E_n-E_i)][-\hbar\omega_0+\hbar\omega_i-(E_{n'}-E_i)]}$$

$$+\left.\frac{\langle i|H_{\mathrm{eR\text{-}ion}}|n\rangle\langle n|H_{\mathrm{eR}}(\omega_{\mathrm{S}})|n'\rangle\langle n'|H_{\mathrm{eR}}(\omega_i)|i\rangle}{[-\hbar\omega_0-(E_n-E_i)][-\hbar\omega_0-\hbar\omega_{\mathrm{S}}-(E_{n'}-E_i)]}\right|^2$$

$$\times\delta(\hbar\omega_i-\hbar\omega_{\mathrm{S}}-\hbar\omega_0)$$

上面的散射概率可以通过图 5.27 所示的电子能级简单理解如下，入射光子诱导电子虚激发到某个中间能级，虚激发态能级间通过电子-声子耦合导致声子的参与，最后发射一个散射态光子，同时伴随声子的产生或湮灭，同时，电子回到基态.

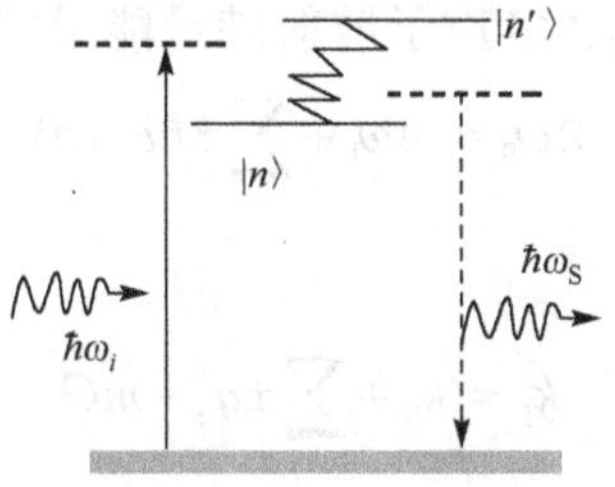

图 5.27　拉曼散射电子能级示意图

5.6.5　共振拉曼散射和多声子拉曼散射

共振拉曼散射是一种典型的提高拉曼散射的方法. 当入射光子或散射光子的能量接近某个真实的电子能级与基态的能量差时，如图 5.28 所示，出现电子共振，导致拉曼散射界面增大.

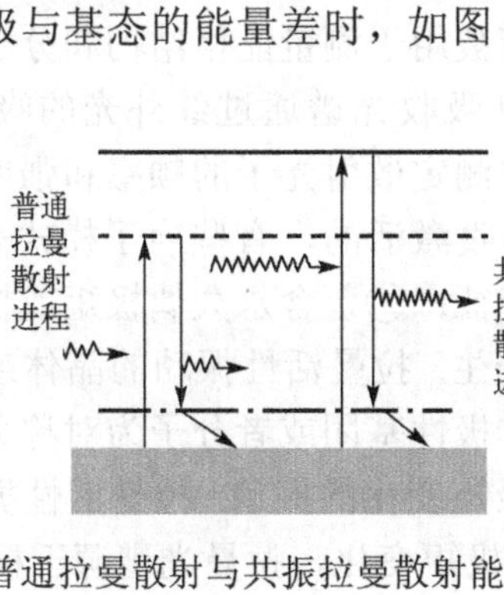

图 5.28　普通拉曼散射与共振拉曼散射能级对比示意图

共振拉曼散射时，其他虚过程的散射概率远小于激发电子对应真实能级的散射过程的概率，因此，散射概率表达式可以写为

$$P_{\mathrm{ph}}(\omega_i) \approx \left(\frac{2\pi}{\hbar}\right)\left|\frac{\langle 0|H_{\mathrm{eR}}(\omega_{\mathrm{S}})|a\rangle\langle a|H_{\mathrm{e\text{-}ion}}|a\rangle\langle a|H_{\mathrm{eR}}(\omega_i)|0\rangle}{(E_{\mathrm{a}}-\hbar\omega_i)(E_{\mathrm{a}}-\hbar\omega_{\mathrm{S}})}+C\right|^2$$

引入复能量 $E_{\mathrm{a}}-\mathrm{i}\Gamma_{\mathrm{a}}$，其中 Γ_{a} 表示衰减常数，代表在该能态的寿命 τ_{a}，通过表达式 $\Gamma_{\mathrm{a}}=1/\tau_{\mathrm{a}}$，共振拉曼散射的散射概率可以表示为

$$P_{\mathrm{ph}}(\omega_i) \approx \left(\frac{2\pi}{\hbar}\right)\left|\frac{\langle 0|H_{\mathrm{eR}}(\omega_{\mathrm{S}})|a\rangle\langle a|H_{\mathrm{e\text{-}ion}}|a\rangle\langle a|H_{\mathrm{eR}}(\omega_i)|0\rangle}{(E_{\mathrm{a}}-\hbar\omega_i-\mathrm{i}\Gamma_{\mathrm{a}})(E_{\mathrm{a}}-\hbar\omega_{\mathrm{S}}-\Gamma_{\mathrm{a}})}\right|^2$$

除了前面讲到的单声子拉曼散射，我们在很多材料中也观测到了多声子拉曼散射. 多声子散射过程起源于非简谐作用或高阶极化率项. 极化率以位移矢量为小量作泰勒展开，可表示为

$$\chi(\omega_i,u)=\chi^{(0)}(\omega_i)+\chi^{(1)}(\omega_i)u+\chi^{(2)}(\omega_i)u^2+\cdots$$

其中，零阶极化率为弹性散射，一阶极化率为单声子散射，二阶极化率为双声子散射. 其他高阶代表多声子散射. 多声子散射满足能量守恒

$$\hbar\omega_{\mathrm{S}}=\hbar\omega_{\mathrm{I}}+\sum_n \pm\hbar\omega_n(q)$$

同时满足动量守恒

$$k_{\mathrm{I}}=k_{\mathrm{S}}+\sum_n \pm q_n+mG$$

光子的波矢量很小，因此

$$\sum_n \pm q_n=-mG,\quad k_{\mathrm{I}}=k_{\mathrm{S}}\approx 0$$

5.6.6 振动拉曼活性和红外活性

红外光谱和拉曼光谱都可被用于测量晶格结构和分子结构，都是通过理解声子模式来了解材料的性质. 红外吸收光谱通过红外光的吸收来了解材料的声子带结构，斯托克斯拉曼散射则通过测定散射光子的频率和强度变化来理解材料的声子带结构. 有些声子模式是红外吸收激活的，有些声子模式是拉曼散射激活的. 红外活性振动的晶体或分子具有的特征：①包含永久偶极矩或极性基团；②对于非对称分子，振动可导致瞬间偶极矩产生. 拉曼活性振动的晶体或分子具有的特征：①存在诱导偶极矩；②结构中存在非极性基团或者分子为对称分子.

红外活性振动是伴有偶极矩变化的振动. 拉曼活性振动则是伴随极化率变化的振动. 因此，红外光谱源于偶极矩变化，拉曼光谱源于极化率变化. 对于红外吸收，

跃迁矩阵元可表示为

$$M_{\mathrm{IR}} \propto \left\langle \upsilon_f \middle| \boldsymbol{M}^{(1)} \middle| \upsilon_i \right\rangle \sim \left\langle \upsilon_f \middle| \boldsymbol{r} \middle| \upsilon_i \right\rangle$$

对于拉曼散射，跃迁矩阵元可表示为

$$M_{\mathrm{Rm}} \propto \left\langle \upsilon_f \middle| M_\alpha \middle| \upsilon' \right\rangle \left\langle \upsilon' \middle| M_\beta \middle| \upsilon_i \right\rangle \sim \left\langle \upsilon_f \middle| \boldsymbol{r} \cdot \boldsymbol{r} \middle| \upsilon_i \right\rangle$$

对具有反演中心的晶体或分子，红外吸收和拉曼散射存在互斥定理. 因为具有反演中心体系，其基态通常是完全对称的，因此振动基态波函数具有偶宇称. 如上面所示，决定红外活性的矩阵具有坐标一次项特性，其在反演操作下变号；决定拉曼活性的矩阵具有坐标二次项特性，其在反演操作下不变号. 因此，如果终态具有奇宇称，红外吸收允许；如果终态具有偶宇称，则拉曼散射允许.

对于具有对称中心的分子，如 CO_2 和 CS_2，有 4 个振动模式，如前面所讨论，1 个对称拉伸模型，1 个反对称拉伸模式，2 个简并的扭曲模式. 对称拉伸模式为拉曼散射激活，其他三个模式为红外吸收激活，如图 5.22 所示，CO_2 红外吸收谱. 对于无对称中心的分子，如 SO_2 等，其是非线型分子结构，有 3 个振动模式. 这 3 个振动模式既是红外活性振动又是拉曼活性振动. 在硅晶体中，其结构有对称中心. 对于 TO 声子，振动频率为 520 cm^{-1}，其是拉曼激活的，同时是红外吸收非激活的. NaCl 晶体，其 TO 声子振动频率为 162 cm^{-1}. 该声子模式是红外吸收激活的，同时是拉曼非激活的.

第 6 章　固体铁磁理论

6.1　磁性的基本特征

物质在磁场强度 H 的作用下，都有一定的磁化强度 M 与之响应，我们称这种性质为物质的磁性. 磁化强度 M 是指单位体积中物质的总磁矩. 我们定义磁化率 χ 为磁化强度与磁场强度 H 的比值，$\chi=M/H$. 磁感应强度 B 则为外磁场强度与磁化强度的总和，$B=\mu_0(H+M)$. 其中参数 μ_0 为真空磁导率. 定义磁导率为 $\mu=1+\chi$. 磁感应强度 B 可表示为

$$B=\mu_0\mu H$$

磁通量为通过单位面积 (ΔA) 的磁感应强度，可表示为

$$\Delta\Phi=B\cdot\Delta A$$

考察磁化强度与磁场的关系，以及磁化率与温度的关系，我们可以对磁性材料进行分类，如图 6.1(a)～(e)所示，分别为抗磁性材料、顺磁性材料、铁磁性材料、反铁磁性材料和亚铁磁性材料.

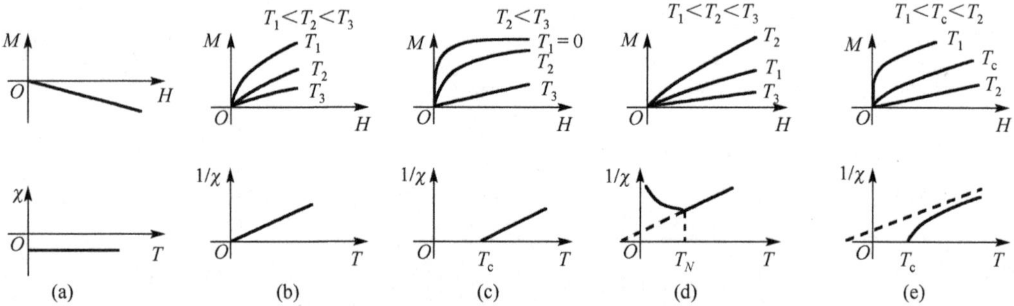

图 6.1　各种磁性材料的磁化强度随磁场的变化以及磁化率随温度的变化示意图

T_c：临界温度；T_N：奈尔温度

对于抗磁性材料，磁化强度和磁场强度方向相反，随磁场强度增加，磁化强度随磁场线性增加，因此磁化率 $\chi<0$，且为常数. 通常，材料的抗磁性很弱，磁化率数值仅为 -10^{-7}～-10^{-6}. 对于顺磁性材料，磁化强度和磁场强度方向一致，随磁场强度增大而增大，且随温度降低，增大的幅度有所提高. 磁化率 $\chi>0$，磁化率的倒数 $1/\chi$ 与温度成正比. 通常，其数值大小为 10^{-6}～10^{-5}.

对于铁磁性材料，磁化强度随磁场强度增大而迅速增大，在温度不太高的情况下，很容易达到饱和. 其存在一个临界温度 T_c，当温度低于临界温度时，即使没有外磁场，其也存在非零的磁化强度，当温度超过临界温度时，磁化强度消逝. 因此，在低于临界温度的情况下，存在自发磁化现象. 对于铁磁性材料，磁矩对外磁场响应的一个典型特征就是存在磁滞回线. 铁磁性材料的磁化率$\chi>0$，在温度超过 T_c 时，其倒数 $1/\chi$与温度呈线性关系. 通常，铁磁性材料的磁化率大小为 10^{-1}～10^6.

对于反铁磁性材料，发现其结构原胞里存在方向相反的两个磁矩，因此，无外磁场，其磁矩不能显现出来. 其磁化强度随磁场增大而增大. 在其磁化率倒数 $1/\chi$ 随温度变化的曲线上，存在一个临界温度——奈尔(Néel)温度. 超过奈尔温度，其表现为顺磁性. 通常，其磁化率较小，大约 10^{-4}. 对于亚铁磁性材料，其结构原胞里也发现存在相反的两个磁矩，但两个磁矩的数值大小不等，因此存在一个临界温度，低于临界温度，如铁磁材料一样存在自发磁化. 当温度高于临界温度时，$1/\chi$随温度升高而增大，但不呈线性关系. 通常，亚铁磁性材料的磁化率大小为 10^{-1}～10^4.

6.2　局域磁矩理论

6.2.1　拉莫尔进动

磁性从本质上讲是由电子轨道运动形成的磁矩和电子自旋运动形成的磁矩引起的. 下面我们考察原子中的电子在磁场下的运动行为. 在磁场中，一个磁矩会受到一个扭矩(torque)作用

$$\boldsymbol{\tau} = \boldsymbol{\mu} \times \boldsymbol{B}$$

电子的轨道磁矩与角动量的关系为

$$\boldsymbol{\mu}_L = [-e/(2m_e)]\boldsymbol{L}$$

其中，角动量量子化后为

$$|L| = \sqrt{l(l+1)}\hbar$$

式中，l 为轨道量子数. 力矩引起的角动量 L 的变化为ΔL，则

$$\tau = \Delta L/\Delta t = L\sin\theta\Delta\varphi/\Delta t = |\mu B\sin\theta| = eLB\sin\theta/(2m_e)$$

注意，磁场 $\boldsymbol{B}$ 的方向为 z，矢量$\boldsymbol{\mu}$和 $\boldsymbol{L}$ 以 z 为轴进动，如图 6.2 所示，称为拉莫尔进动(Larmor precession). 拉莫尔进动的频率为

$$\omega_{\text{Larmor}} = \mathrm{d}\varphi/\mathrm{d}t = (e/(2m_e))B$$

电子具有本征自旋，由乌伦贝克(Uhlenbeck)和古德斯密特(Goudsmit)所发现. 自旋必然产生磁矩，我们将其称为电子的固有磁矩或自旋磁矩. 电子的自旋磁矩为

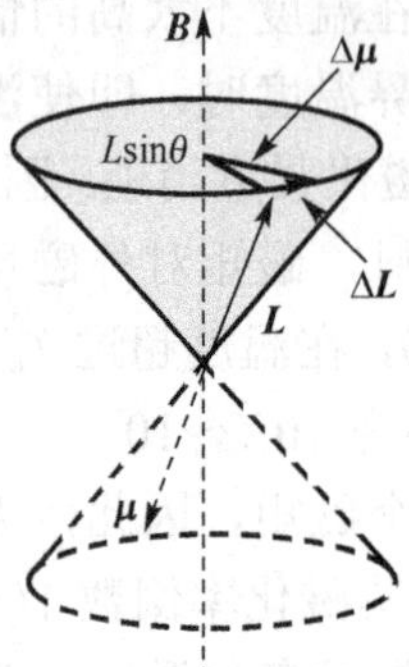

图 6.2　拉莫尔进动示意图

$$\boldsymbol{\mu}_S = -\frac{e}{m}\boldsymbol{S}$$

同理，核子也存在本征自旋，其固有自旋磁矩为

$$\boldsymbol{\mu} = g\frac{e}{2m_{\mathrm{p}}}\boldsymbol{I}$$

这里引入角动量和磁矩之间耦合的 g 因子. 对于电子自旋和核自旋，拉莫尔进动频率可通过自旋反转(spin flipping)理解. 自旋反转引起能量变化为 $2\mu_{\mathrm{e}}B$. 因此，

$$\omega_{\mathrm{electronspin}} = 2\mu_{\mathrm{e}}B/\hbar$$

我们引入玻尔磁子(Bohr magneton)，即磁矩量子化的单位，

$$\mu_{\mathrm{B}} = e\hbar/(2m_{\mathrm{e}})$$

$\mu_{\mathrm{B}}=5.7883826\times10^{-5}$ eV/T，一个电子的自旋磁矩 μ_S 大小为一个玻尔磁子.

6.2.2　自旋-轨道耦合

在外磁场中，磁偶极子(magnetic dipole)受到力矩的作用，导致其势能发生变化. 势能变化可表示为

$$\Delta E = -\boldsymbol{\mu}\cdot\boldsymbol{B}$$

对于电子的轨道运动，其磁矩(即轨道磁矩)可表示为

$$\boldsymbol{\mu}_L = -\frac{e}{2m}\boldsymbol{L}$$

对应电子自旋，其自旋磁矩为

$$\boldsymbol{\mu}_S = -g\frac{e}{2m}\boldsymbol{S}$$

通常，电子自旋的 g 因子为 $g_S=2.0023\approx2$.

总磁矩可表示为

$$\boldsymbol{\mu}_J = -g\frac{e}{2m}\boldsymbol{J}$$

在外磁场中，由于自旋-轨道耦合(spin-orbit coupling)，其能量变化为

$$\begin{aligned}\Delta E &= \frac{e}{2m}(\boldsymbol{L}+2\boldsymbol{S})\cdot\boldsymbol{B} = \frac{e}{2m}\frac{(\boldsymbol{L}+2\boldsymbol{S})\cdot\boldsymbol{J}}{J}\frac{\boldsymbol{J}\cdot\boldsymbol{B}}{J} \\ &= \frac{e}{2m}\frac{(\boldsymbol{L}+2\boldsymbol{S})\cdot(\boldsymbol{L}+\boldsymbol{S})J_zB}{J^2} = \frac{e}{2m}\frac{(L^2+2S^2+3\boldsymbol{L}\cdot\boldsymbol{S})m_j\hbar B}{J^2} \\ &= \frac{e\hbar}{2m}\frac{(3J^2-L^2+S^2)m_jB}{2J^2} = g_L m_j \mu_{\mathrm{B}} B\end{aligned}$$

其中，朗德(Lande) g 因子为

$$g_L = 1 + \frac{j(j+1)+s(s+1)+l(l+1)}{2j(j+1)}$$

对于满壳层，J=0, 原子的磁矩为零. 对于只有未满的电子壳层，可能有不为零的原子磁矩. 对于含有未满壳层的原子，基态的量子数 L、S、J 的取值由洪德(Hund)定则决定. ①在泡利原理允许的条件下，总自旋量子数 S 取最大. ②总的轨道量子数 L 也取最大. ③电子壳层内的电子数不到一半，$J=|L-S|$；超过一半，$J=L+S$；正好一半时，$L=0, J=S$.

6.2.3　晶体场效应

上面我们考察了单个原子对外磁场的响应. 而处在晶格中的原子，会受到周围其他原子的库仑作用，我们称之为晶体场作用. 晶体场的作用可产生两种效应：①原子中原来简并的电子态可能发生劈裂；②外层电子的轨道角动量可能被冻结.

对于含 3d 电子的离子，晶体场效应要小于电子间库仑作用，但强于电子的自旋-轨道耦合效应. 忽略电子自旋-轨道耦合效应，考虑晶体场效应作为微扰，3d 电子组态光谱项基态将劈裂. 考虑正八面体(O_h 群)晶体场，将导致 t_{2g}(3 重简并)和 e_g(2 重简并)态. 对于 R^{3+}稀土离子的 4f 电子，晶体场被 5s(2) 5p(6) 电子屏蔽，此时，自旋-轨道耦合效应比晶体场效应更明显.

下面以钙钛矿结构 $LaMnO_3$ 为例. 锰离子在晶格中为 Mn^{3+}，3d 轨道有 4 个电子，其分布为：①洪德定则决定 4 个电子占据不同轨道且自旋平行；②因存在晶体场劈裂效应，形成 t_{2g} 和 e_g 态. 电子占据低能轨道，如图 6.3 所示.

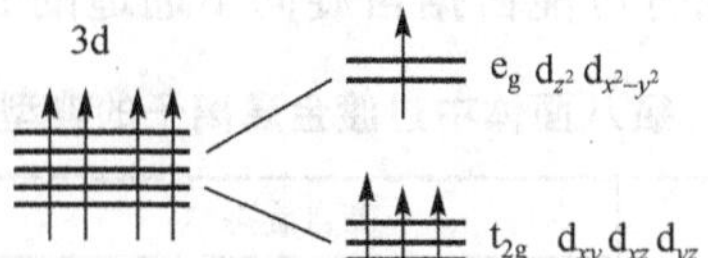

图 6.3　正八面体(O_h 群)晶体场下 3d 轨道的劈裂

在正八面体晶体场下 3d 轨道劈裂为两个 e_g 和三个 t_{2g}，分别可通过 3d 原子轨道组态表示. 两个 e_g 可表示为

$$d_{z^2} \propto \psi_{n20}, \quad d_{x^2-y^2} \propto \psi_{n22} + \psi_{n2\bar{2}}$$

三个 t_{2g} 分别表示为

$$d_{xy} \propto \psi_{n22} - \psi_{n2\bar{2}}, \quad d_{xz} \propto \psi_{n21} + \psi_{n2\bar{1}}, \quad d_{yz} \propto \psi_{n21} - \psi_{n2\bar{1}}$$

扬-特勒(Jahn-Teller)效应首先在分子材料中被发现. 它是一种几何畸变引起的电子结构变化，目的是降低非线型分子的对称性和能量. 后来在很多无机材料中也

观测到该效应. 例如，标准的正八面体或正四面体等高对称晶体场结构在自身结构调制下、在外场下或化学组分调制下对称性降低，导致扬-特勒效应. 以正八面体场为例，形成扬-特勒畸变有两种可能，或某个方向被伸长或某个方向被压缩. 如图 6.4 所示，对称性从 O_h 降低为 D_{4h}，导致 e_g 和 t_{2g} 的简并劈裂. 考虑压缩的情况，z 方向轨道被压缩，库仑排斥增大，d_{z^2}、d_{xz}、d_{yz} 三个态的能量相应地升高，$d_{x^2-y^2}$ 和 d_{xy} 两个轨道的能量降低. 对于拉伸情况，z 方向轨道被伸长，与压缩情况刚好相反.

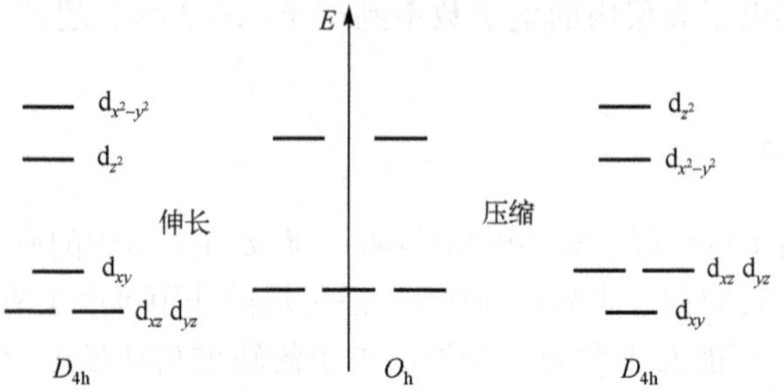

图 6.4　正八面体晶体场扬-特勒畸变导致 e_g 和 t_{2g} 的简并劈裂

在很多具有正八面体(O_h 群)晶体场的氧化物材料中，O 占据正八面体的 6 个顶点，过渡元素占据正八面体中心的位置，前面讲到的 $LaMnO_3$ 就是这种占据方式，典型地形成 $ATmO_3$ 结构单元，Tm 为过渡元素. 表 6.1 中列出了在氧八面体中过渡金属离子的典型自旋态，分为低自旋态和高自旋态. 例如 Ti^{3+}，d 轨道仅 1 个电子，占据 t_{2g} 态. Mn^{3+}，d 轨道有 4 个电子，3 个电子占据自旋向上的 t_{2g} 轨道，对于第 4 个电子，则需比较电子间的库仑排斥和晶体场劈裂两个效应的相对强弱，有可能占据能量较高的 e_g 轨道形成高自旋态，也有可能占据自旋向下通道的 t_{2g} 轨道，形成低自旋态.

表 6.1　氧八面体中过渡金属离子的典型自旋态

$3d^n$	离子	高自旋态		低自旋态	
		t_{2g}	e_g	t_{2g}	e_g
$3d^1$	Ti^{3+}	↑		↑	
$3d^2$	Ti^{2+},V^{3+}	↑↑		↑↑	
$3d^3$	V^{2+},Cr^{3+},Mn^{4+}	↑↑↑		↑↑↑	
$3d^4$	Cr^{2+},Mn^{3+}	↑↑↑	↑	↑↓↑↑	
$3d^5$	Mn^{2+},Fe^{3+}	↑↑↑	↑↑	↑↓↑↓↑	
$3d^6$	Fe^{2+},Co^{3+},Ni^{4+}	↑↓↑↑	↑↑	↑↓↑↓↑↓	
$3d^7$	Co^{2+},Ni^{3+}	↑↓↑↓↑	↑↑	↑↓↑↓↑↓	↑
$3d^8$	Ni^{2+}	↑↓↑↓↑↓	↑↑	↑↓↑↓↑↓	↑↑
$3d^9$	Cu^{2+}	↑↓↑↓↑↓	↑↓↑	↑↓↑↓↑↓	↑↓↑

6.2.4　束缚电子的抗磁性

考虑电子轨道运动，磁矩μ_l，在磁场 B 中受力矩作用

$$\mathrm{d}\boldsymbol{l} / \mathrm{d}t = \boldsymbol{\mu}_l \times \boldsymbol{B}$$

前面提到，拉莫尔进动频率为

$$\omega = eB/(2m)$$

轨道角动量 l 的进动产生附加的角动量为

$$|\Delta l| = m\omega\bar{\rho}^2, \quad \bar{\rho}^2 = \bar{x}^2 + \bar{y}^2$$

如图 6.5 所示，电子轨道角动量产生进动，引起轨道磁矩变化. 由此产生一个附加的磁矩

$$\Delta\mu_l = -e\Delta l / (2m) = -\frac{e^2}{4m}(\bar{x}^2 + \bar{y}^2)B$$

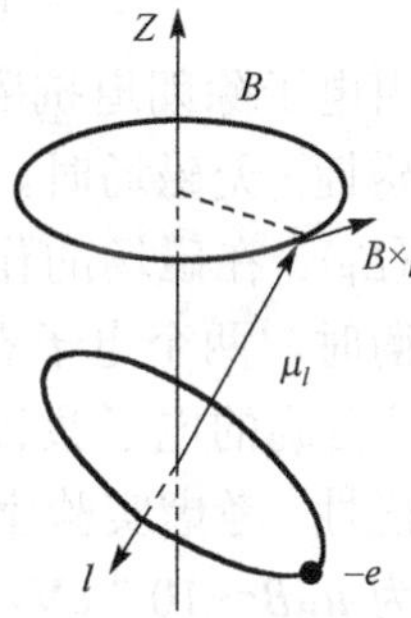

图 6.5　束缚电子轨道运动在磁场中的变化及引起的磁矩变化

假设单位体积内有 N 个原子，每个原子有 Z 个电子，单位体积内附加的总磁矩为

$$\Delta M = -\frac{Ne^2B}{4m}\sum_i(\bar{x}_i^2 + \bar{y}_i^2)$$

因此，磁化率可表示为

$$\chi = \frac{\Delta M}{H} = -\mu_0\frac{Ne^2}{4m}\sum_i(\bar{x}_i^2 + \bar{y}_i^2)$$

可见，原子所含电子数越多，电子轨道的平均半径越大，抗磁磁化率也就越大. 既然任何原子都有电子的轨道运动，抗磁性是普遍存在的. 由于附加磁矩很小，因此抗磁性通常在原子固有磁矩为零时才能显现出来. 惰性元素的电子排布为闭壳层，所以惰性气体表现为抗磁性. 满壳层的原子或离子构成的晶体，原子或离子磁矩为零，在没有传导电子时，也可表现出抗磁性. 一个典型的材料——水，其分子中氧和氢成键后，电子都形成闭壳层，因此水是一种抗磁性材料.

6.2.5　自由电子的磁性

在磁场的作用下，自由电子在磁场的方向上运动不受影响，在垂直磁场的方向上，轨道的能量被量子化. 电子的能量可表示为

$$E = \frac{\hbar^2k_z^2}{2m} + (n + 1/2)\hbar\omega_c$$

其中，回旋频率由谐振子模型求得，可表示为

$$\omega_c = eB / m$$

电子的能量随磁场的增加而增大，这是自由电子具有抗磁性的表现，引入有效磁化强度μ_{eff}，能量可表示为

$$E = \frac{\hbar 2k_z^2}{2m} - \mu_{eff} B, \quad \mu_{eff} = -(2n+1)\mu_B$$

其中，μ_B是玻尔磁子. 自由电子的这种抗磁性是朗道提出的，其来源于电子回旋运动的量子化，是一种量子效应. 对于金属，其自由电子在外磁场下的抗磁性，通过其磁化率表示为

$$\chi_L = -\mu_0 \frac{n\mu_B^2}{2E_F}, \quad n = N/V, \quad E_F = \hbar^2 k_F^2 / (2m), \quad k_F = (3\pi^2 n)^{1/3}$$

自由电子除朗道抗磁性外，还有电子自旋磁矩所引起的顺磁性，这种磁性称为泡利顺磁性. 无磁场时，两种自旋态的电子数目相等地填充两个子带，填充达到同一高度(E_F). 在磁场的作用下，自旋平行于磁场的能量降低，反平行的能量升高，达到平衡时，两个电子态的电子填充再度达到同一费米能级 E_F，如图 6.6 所示. 此时，两种自旋的电子数目不再相等，产生静磁矩，此磁矩的方向与外磁场方向一致，呈现顺磁性. 考虑实验室提供的磁场，B 约为 10 T，因此，一个玻尔磁子在磁场中的能量为 $\mu_B B \sim 10^{-4}$ eV，该数值远小于费米能级的能量 E_F. 因此磁场对电子分布的影响可以看作是一种微扰.

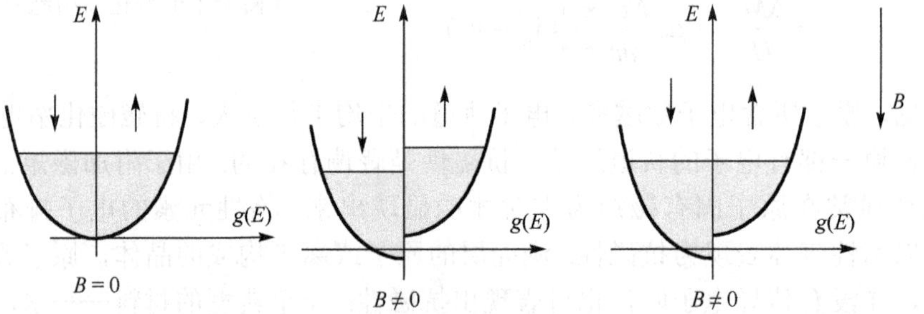

图 6.6　在磁场下金属中自由电子分布的变化

对于自旋向上的电子，电子数可表示为

$$N_+ = \frac{1}{2}\int_{-\mu_B B}^{E_F} f(E) g(E - \mu_B B) \mathrm{d}E$$
$$\approx \frac{1}{2}\int_{-\mu_B B}^{E_F} f(E) g(E) \mathrm{d}E + \frac{1}{2}\mu_B B g(E_F)$$

对于自旋向下的电子，电子数可表示为

$$N_- = \frac{1}{2}\int_{\mu_B B}^{E_F} f(E)g(E+\mu_B B)\mathrm{d}E$$
$$\approx \frac{1}{2}\int_{-\mu_B B}^{E_F} f(E)g(E)\mathrm{d}E - \frac{1}{2}\mu_B B g(E_F)$$

磁化强度 M 被定义为

$$M = (N_+ - N_-)/V$$

电子在费米面处的态密度可表示为

$$g(E_F) = 3nV/(2k_B T_F)$$

因此，磁化强度为

$$M = \frac{3n\mu_B^2}{2k_B T_F}B$$

顺磁性磁化率为

$$\chi_P = \mu_0 \frac{3n\mu_B^2}{2E_F}$$

自由电子总的磁化率为

$$\chi_e = \chi_L + \chi_P = \mu_0 \frac{n\mu_B^2}{E_F}$$

在金属中，价电子并非自由电子，应考虑有效质量修正. 总的磁化率为

$$\chi_e = \mu_0 \frac{n\mu_B^2}{E_F}\left[1 - \frac{1}{3}\left(\frac{m}{m^*}\right)^2\right]$$

由上式可见，当 $m^* < m/\sqrt{3}$ 时，电子呈现反常抗磁性，当 $m^* > m/\sqrt{3}$ 时，电子呈现顺磁性. 因此，有的金属体系呈现顺磁性，有的金属体系呈现反常抗磁性. 在半导体中，导带中的电子有效质量很容易满足条件 $m^* < m/\sqrt{3}$，因此，掺杂引入的载流子的贡献通常为抗磁性.

6.2.6　朗之万顺磁理论

在磁场中，带磁矩的原子的能量为

$$E = -\boldsymbol{\mu}_J \cdot \boldsymbol{B} = m_J g \mu_B B, \quad m_J = 0, \pm 1, \pm 2, \cdots, \pm J$$

依据统计原理，体系的配分函数为

$$Z = \left(\sum_{m_J=-J}^{J} \mathrm{e}^{-m_J g \mu_B B/(k_B T)}\right)^N$$

通过体系的配分函数，可求解磁化强度 M 为

$$M = k_B T \frac{d}{dB} \ln Z = NgJ\mu_B \frac{d}{d\alpha}\left(\sum_{-J}^{J} e^{-m_J \alpha / J}\right)$$

$$\alpha = \frac{gJ\mu_B B}{k_B T}$$

因此，磁化强度 M 可表示为

$$M = NgJ\mu_B B_J(\alpha)$$

其中，$B_J(\alpha)$ 为布里渊函数，表示为

$$B_J(\alpha) = \frac{2J+1}{2J}\coth\frac{2J+1}{2J}\alpha - \frac{1}{2J}\coth\frac{1}{2J}\alpha$$

考虑高温情况

$$\coth x = \frac{1}{x} + \frac{x}{3} - \frac{x^3}{45} + \cdots, \quad B_J(\alpha) \approx \frac{J+1}{3J}\alpha$$

因此，磁化率为

$$\chi = \frac{M}{H} = \frac{Ng^2 J(J+1)\mu_B^2 \mu_0}{3k_B T} = \frac{C}{T}, \quad C = \frac{Ng^2 J(J+1)\mu_B^2 \mu_0}{3k_B T}$$

由上式可知，我们得到顺磁性的居里(Curie)定律.

考虑低温强磁场的情况，即

$$\alpha \gg 1, \quad B_J(\alpha) \approx 1$$

因此，磁化强度为

$$M = NgJ\mu_B$$

我们在低温强磁场下获得饱和磁化，与实验结果一致. 上面我们推导的结果是基于原子磁矩的取向是相互独立的，这是关于自由原子磁矩的顺磁性理论，其适用于具有固有磁矩的原子或分子组成的气体，也适用于含过渡元素或稀土元素离子的化合物或合金. 这些材料中，其中的磁性原子相距较远，可近似看成是孤立的.

我们定义参量 $PP=g[J(J+1)]^{1/2}$，来检查轨道角动量在晶格中被冻结的情况. 对于过渡元素，如表 6.2 所示，我们发现 $J=S$ 时，PP 的计算值与实验较符合，说明离子的磁矩主要来源于电子自旋的贡献，轨道角动量的贡献被晶体场所冻结.

对于稀土离子，对孤立的离子的 PP 进行计算，如表 6.3 所示其理论值与实验值基本符合. 这是由于磁矩来源于未满的 4f 壳层，晶体场效应被 $5s^2 5p^6$ 闭壳层电子屏蔽. 注意：其中 Sm^{3+}、Eu^{3+}例外，它们的计算需考虑激发态的影响.

表 6.2　过渡金属离子在晶格中轨道角动量被冻结情况

离子	电子组态	基态	$PP=g[J(J+1)]^{1/2}$	$PP=g[S(S+1)]^{1/2}$	$PP_{exp.}$
Ti^{3+}, V^{4+}	$3d^1$	$^2D_{3/2}$	1.55	1.73	1.8
V^{3+}	$3d^2$	$^3F_2$	1.63	2.83	2.8
V^{2+}, Cr^{3+}	$3d^3$	$^4F_{3/2}$	0.77	2.87	3.8
Cr^{2+}, Mn^{3+}	$3d^4$	$^5D_0$	0.0	4.90	4.9
Mn^{2+}, Fe^{3+}	$3d^5$	$^6S_{5/2}$	5.92	5.92	5.9
Fe^{2+}	$3d^6$	$^5D_4$	6.70	4.90	5.4
Co^{2+}	$3d^7$	$^4F_{9/2}$	6.54	3.87	4.8
Ni^{2+}	$3d^8$	$^3F_4$	5.59	2.83	3.2
Cu^{2+}	$3d^9$	$^2D_{5/2}$	3.55	1.73	1.9

上述的顺磁性理论，对于过渡金属离子，我们仅考虑自旋在磁场中的响应；对于稀土离子，我们需要考虑自旋-轨道耦合形成的总角动量引起的磁矩对磁场的响应. 上述顺磁性的半经典理论，只考虑了基态原子磁矩对顺磁性的贡献，要真正地解决问题，需利用量子理论考虑激发态的贡献. 1930 年范弗莱克(van Vleck)提出顺磁性的量子理论. 对于量子化离散能级，激发态和基态的能差为 Δ. ①当 $\Delta \ll k_BT$ 时，激发态与基态很接近，原子具有不同能态的概率很大，可证明磁化率仍然具有居里定律的形式. 过渡元素的顺磁性属于该情况. ②当 $\Delta \gg k_BT$ 时，激发态离基态较远，可证明激发态的影响将导致一项与温度无关的顺磁磁化率. ③当 $\Delta \approx k_BT$ 时，激发态离基态不太远，磁化率与温度的关系比较复杂，其中 Sm^{3+}、Eu^{3+} 就属于此种情况.

表 6.3　稀土离子在晶格中角动量的磁响应

离子	电子组态	基态	$PP=g[J(J+1)]^{1/2}$	$PP_{exp.}$
Ce^{3+}	$4f^1$	$^2F_{5/2}$	2.54	2.4
Pr^{3+}	$4f^2$	$^3H_4$	3.58	3.5
Nd^{3+}	$4f^3$	$^4I_{9/2}$	3.62	3.5
Pm^{3+}	$4f^4$	$^5I_4$	2.68	—
Sm^{3+}	$4f^5$	$^6H_{5/2}$	0.84	1.5
Eu^{3+}	$4f^6$	$^7F_0$	0	3.4
Gd^{3+}	$4f^7$	$^8S_{7/2}$	7.94	8.0
Tb^{3+}	$4f^8$	$^7F_6$	9.72	9.5
Dy^{3+}	$4f^9$	$^6H_{15/2}$	10.63	10.6
Ho^{3+}	$4f^{10}$	$^5I_8$	10.60	10.4
Er^{3+}	$4f^{11}$	$^4I_{15/2}$	9.59	9.5
Tm^{3+}	$4f^{12}$	$^3H_6$	7.57	7.3
Yb^{3+}	$4f^{13}$	$^2F_{7/2}$	4.54	4.5

6.3　巡游电子和铁磁能带理论

6.3.1　分子场理论

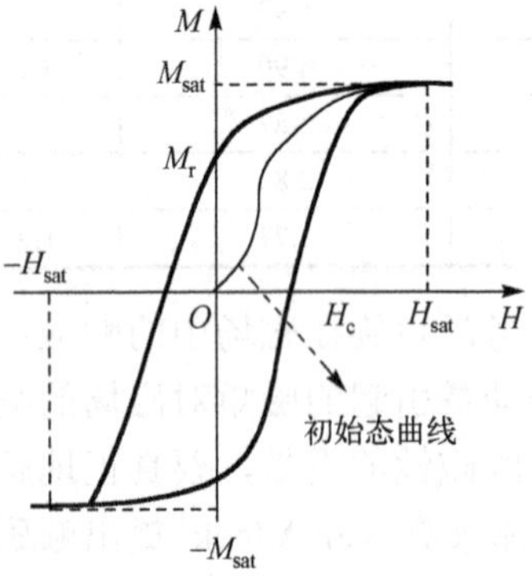

图 6.7　铁磁性材料磁滞回线示意图

铁磁材料特征：①有很高的饱和磁化强度；②存在临界温度 T_c，当温度超过临界温度时，进入顺磁态；③其顺磁磁化率与温度的关系满足居里-外斯(Curie-Weiss)定律，$\chi=C/(T-\theta)$；④存在磁滞回线，如图 6.7 所示. 具有铁磁性的材料，如过渡元素金属 Fe、Co、Ni，以及稀土元素金属 Gd、Tb、Dy、Ho、Er 和 Tm.

不同铁磁性材料的居里温度完全不同，有的铁磁性材料的居里温度很高，如表 6.4 所示. 为了理解这种低于居里温度而出现自发磁化的现象，1907 年外斯(P. Weiss) 提出两个基本假设，从而形成经典理解铁磁性的基本原理.

表 6.4　典型铁磁性金属的居里温度

元素晶体	Fe	Co	Ni	Gd
T_c/K	1043	1395	631	293

外斯的两个基本假设如下：①铁磁物质内部存在一个很强的分子场，会产生自发磁化分子场，该场强度正比于磁场强度；②铁磁物质内部分为许多小区域，称为磁畴，磁畴的自发磁化方向不同，导致无外磁场作用时，不显示宏观的磁性. 基于这两条假设，形成了铁磁性的分子场理论. 有效场为外场和分子场之和，即

$$B_{eff}=\mu_0(H+\lambda M)$$

利用朗之万(Langevin)理论的结果，磁矩可表示为

$$M=NgJ\mu_B B_J(\alpha),\quad \alpha=\frac{gJ\mu_B\mu_0}{k_B T}(H+\lambda M)$$

在磁场 H=0 时，有

$$M_s(T)=NgJ\mu_B B_J(\alpha),\quad \alpha=\frac{gJ\mu_B\mu_0}{k_B T}\lambda M_s(T)$$

(1) 考虑温度 T=0 的极限

$$\alpha \to \infty, \quad B_J(\infty) = 1$$

因此，磁化强度达到饱和磁化强度

$$M_s(0) = NgJ\mu_B$$

该饱和磁化强度为分子场的强度.

(2) 当温度 $T \neq 0$ 时，解上面关于 $M_s(T)$ 的超方程，如图 6.8 所示，由在原点处相切的条件得

$$\frac{k_B T_c}{\lambda g J \mu_B \mu_0} = NJ\mu_B \left(\frac{dB_J(\alpha)}{d\alpha} \right)_0 = \frac{1}{3} Ng(J+1)\mu_B$$

因此，我们求得临界温度

$$T_c = \frac{Ng^2 J(J+1)\mu_B^2 \mu_0}{3k_B} \lambda = C\lambda$$

此时的磁化强度 $M_s(T_c)$=0. 当温度小于临界温度 T_c 时，随温度降低，磁化强度增大，如图 6.8 所示.

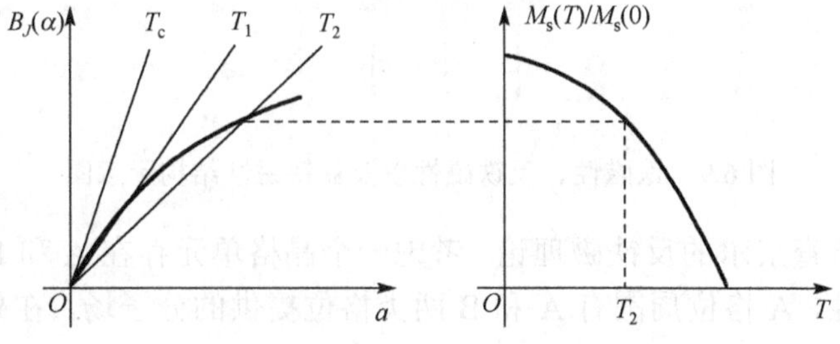

图 6.8　当温度小于临界温度时 $M_s(T)$ 方程有解展示及磁化强度随温度的变化曲线

(3) 当温度大于临界温度时，M_s=0. 系统在外磁场的作用下才产生磁化强度，呈现顺磁性特征. 高温下有磁场的情况，$\alpha \ll 1$. 因此，得到关于磁化强度的方程

$$M = \frac{Ng^2 J(J+1)\mu_B^2 \mu_0}{3k_B T}(H + \lambda M)$$

因此，我们得到磁化率表达式为

$$\chi = \frac{C}{T - T_c}, \quad T_c = \frac{Ng^2 J(J+1)_B^2 \mu_0}{3k_B} \lambda = C\lambda$$

上面的理论成功地获得了铁磁性材料的居里定律，与实验结果一致. 然而理论计算的 T_c 与实验并不一致. 如果两者要保持一致，耦合参数λ必须很大，这意味着铁磁性材料中存在很强的有效分子场，这一点仅从磁矩-磁矩耦合的角度考虑，很难

理解. 此外，在略高于 T_c 的温度下，自发磁化消失，也与实验不符. 此时，磁矩的长程有序被破坏，但应保留短长序.

对于反铁磁体，具有以下几个特征. ①存在临界温度 T_N(奈尔温度). 当温度 $T<T_N$ 时，磁化率随温度降低而减小，单晶样品的磁化率各向异性. ②当温度 $T>T_N$ 时，满足居里-外斯定律，$\chi=C/(T+\theta)$. 过渡元素金属中，Cr 和 Mn 是反铁磁的. 化合物中含过渡元素的很多材料也是反铁磁体，如 MnO、FeO、CoO、NiO 和 MnS 等.

外斯分子场理论在当时是非常成功的，虽然我们并不清楚铁磁分子场的本质. 1932 年，奈尔受到外斯分子场理论的启发，提出晶格中磁矩的反平行有序排列，用来解释反铁磁体和亚铁磁体现象. 他认为，铁磁性的存在是每个微小单元中磁矩沿某方向有效排列引起的. 假设每个单元现在有两个磁矩，大小相等，方向相反，这样每个小单元的磁矩和为零，并不能体现出铁磁性，称为反铁磁性，如图 6.9 所示. 当每个单元中两个相反方向的磁矩不等时，可部分体现出铁磁性，称为亚铁磁性.

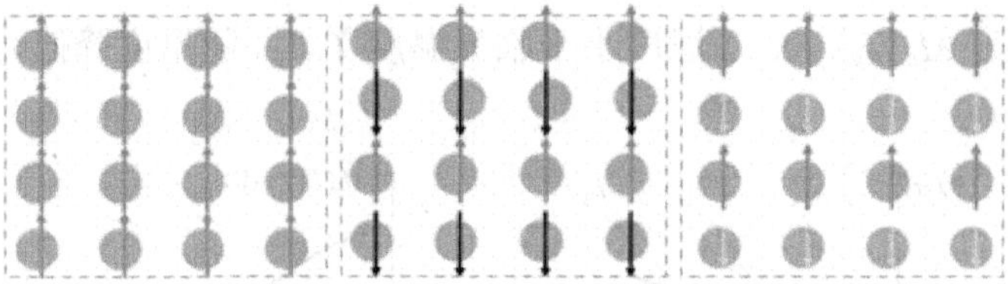

图 6.9　铁磁性、反铁磁性以及亚铁磁性结构示意图

下面我们检查奈尔的反铁磁理论. 考虑一个晶格单元存在 A 和 B 两个格位，考虑晶格的周期性，A 格位周围有 A 和 B 两类格位提供的分子场，在外场下，其感受到的磁场为

$$B_A = \mu_0(H - \alpha M_A - \beta M_B)$$

同理，B 格位周围有 A 和 B 两类格位提供的分子场，在外场下，其感受到的磁场为

$$B_B = \mu_0(H - \alpha M_B - \beta M_A)$$

因此，A 格位贡献的磁化强度为

$$M_A = \frac{1}{2} NgJ\mu_B B_J(\alpha_A), \quad \alpha_A = \frac{gJ\mu_B\mu_0}{k_B T}(H - \alpha M_A - \beta M_B)$$

B 格位贡献的磁化强度为

$$M_B = \frac{1}{2} NgJ\mu_B B_J(\alpha_B), \quad \alpha_B = \frac{gJ\mu_B\mu_0}{k_B T}(H - \alpha M_B - \beta M_A)$$

下面考虑两种极限情况.

(1) 考虑高温条件下，$T>T_N$，有

$$\alpha_A \ll 1,\quad \alpha_B \ll 1,\quad B_J(\alpha) \approx \frac{J+1}{3J}\alpha$$

因此，A 格位磁化强度和 B 格位磁化强度分别为

$$M_A = \frac{C}{2T}(H - \alpha M_A - \beta M_B),\quad M_B = \frac{C}{2T}(H - \alpha M_B - \beta M_A)$$

总的磁化强度方程为

$$M = M_A + M_B = \frac{C}{T}\left[H - \frac{1}{2}(\alpha + \beta)M\right]$$

因此，可得到磁化率方程为

$$\chi = \frac{C}{T+\theta},\quad \theta = \frac{C}{2}(\alpha + \beta)$$

与实验结果一致，可得到居里-外斯定律.

(2) 当外磁场强度为 $H=0$ 时，有

$$M_A = \frac{C}{2T}(-\alpha M_A - \beta M_B),\quad M_B = \frac{C}{2T}(-\alpha M_B - \beta M_A)$$

两个子晶格的磁化强度大小相等，方向相反 $M_A=-M_B$，我们可得奈尔温度为

$$T_N = \frac{C}{2}(\beta - \alpha)$$

6.3.2　局域磁性——海森伯模型

1928 年，海森伯(Heisenberg)提出电子间的交换作用导致材料的铁磁性，为铁磁性奠定了微观理论基础. 下面我们简单介绍电子交换作用引起的电子自旋有序排列机制. 考虑双原子模型，每个原子有一个电子，其哈密顿量 H 可表示为

$$H = H_a(1) + H_b(2) + W(1,2)$$

其中，H_a 和 H_b 分别为原子 a 和 b 的哈密顿量，可表示为

$$H_a(1) = p^2/(2m) - e^2/r_{a1},\quad H_b(2) = p^2/(2m) - e^2/r_{b2}$$

$W(1,2)$ 为两个原子间的相互作用，有

$$W(1,2) = e^2\left(-\frac{1}{r_{b1}} - \frac{1}{r_{a2}} + \frac{1}{r_{12}} + 1/R\right) = V(1,2) + e^2/R$$

利用单电子的波函数，构造双电子的单重态和三重态轨道：

$$\psi_s = c[\phi_a(1)\phi_b(2) + \phi_a(2)\phi_b(1)]\chi_s$$

$$\psi_t = c[\phi_a(1)\phi_b(2) - \phi_a(2)\phi_b(1)]\chi_t$$

其中

$$H_{\mathrm{a}}\phi_{\mathrm{a}} = E_0\phi_{\mathrm{a}}, \quad H_{\mathrm{b}}\phi_{\mathrm{b}} = E_0\phi_{\mathrm{b}}$$

计算单重态的能量，可表示为

$$E_{\mathrm{s}} = \langle\psi_{\mathrm{s}}|H|\psi_{\mathrm{s}}\rangle = 2E_0 + \frac{e^2}{R} + \frac{K+A}{1+\varDelta^2}$$

计算三重态的能量，可表示为

$$E_{\mathrm{t}} = \langle\psi_{\mathrm{t}}|H|\psi_{\mathrm{t}}\rangle = 2E_0 + \frac{e^2}{R} + \frac{K-A}{1-\varDelta^2}$$

其中，$\varDelta$为重叠积分

$$\varDelta = \langle\phi_{\mathrm{a}}|\phi_{\mathrm{b}}\rangle$$

K 为库仑积分，有

$$K = \langle\phi_{\mathrm{a}}(1)\phi_{\mathrm{b}}(2)|V(1,2)|\phi_{\mathrm{a}}(1)\phi_{\mathrm{b}}(2)\rangle$$

A 为交换积分(exchange integral)，有

$$A = \langle\phi_{\mathrm{a}}(1)\phi_{\mathrm{b}}(2)|V(1,2)|\phi_{\mathrm{a}}(2)\phi_{\mathrm{b}}(1)\rangle$$

单重态和三重态的能量差由 J 表示为

$$J = \frac{1}{2}(E_{\mathrm{s}} - E_{\mathrm{t}}) = \frac{A - \varDelta^2 K}{1-\varDelta^4}$$

当两者的原子距离较远时，$\varDelta \ll 1$，因此，$J \approx A$.

引入参量η，能量可表示为

$$E = \frac{1}{2}(E_{\mathrm{s}} + E_{\mathrm{t}}) - \eta J$$

其中

$$\eta = 1, \quad E = E_{\mathrm{t}}; \quad \eta = -1, \quad E = E_{\mathrm{s}}$$

η取值为±1，因此可引入自旋算符

$$\eta = S^2 - 1, \quad S^2 = S_1^2 + S_2^2 + 2\boldsymbol{S}_1\cdot\boldsymbol{S}_2$$

从而，能量表示为

$$E = \frac{1}{4}(E_{\mathrm{s}} + 3E_{\mathrm{t}}) - 2J\langle\chi|\boldsymbol{S}_1\cdot\boldsymbol{S}_2|\chi\rangle$$

其中，关于自旋的部分，构成交换能，可表示为

$$H_{\mathrm{ex}} = -2J\boldsymbol{S}_1\cdot\boldsymbol{S}_2$$

把上面的关于分子的结果应用到晶体中. 考虑每个晶体格位上的原子都提供一个电子自旋. 考虑每个自旋仅与其最近邻相互作用，两个近邻原子电子自旋对之间的相互作用可表示为

$$E_{ex} = -2J_{ex}\boldsymbol{S}_1 \cdot \boldsymbol{S}_2$$

其中，J_{ex}为交换积分. 如果 $J_{ex}> 0$, 电子自旋平行排列，系统能量较低，形成铁磁基态. 如果 $J_{ex}< 0$, 自旋反平行排列，系统能量较低，形成反铁磁基态. 从上面的推导可知，J_{ex}具有量子本质，与两个原子电荷分布重叠程度有关，可作为 r/r_d 的函数，其中 r 为原子间距，r_d为原子 d 电子轨道半径. 可见，两个电子是平行排列还是反平行排列不是因为两者之间的直接的磁相互作用，而是泡利不相容原理引起的电子静电能导致的.

如图 6.10 所示，在 r/r_d数值较小时，交换积分 J_{ex}为负值，Mn 和 Cr 落在这一区间，其基态为反铁磁性，r/r_d数值增大，交换积分变为正值，其基态为铁磁性. Fe、Co、Ni 和 Gd 都落在这一区域. 我们还发现，随 r/r_d数值进一步增大，交换积分数值迅速减小，这意味着铁磁态的临界温度将减小，由此得出 Gd 在 4 个铁磁材料中的居里温度最低，与实验结果一致.

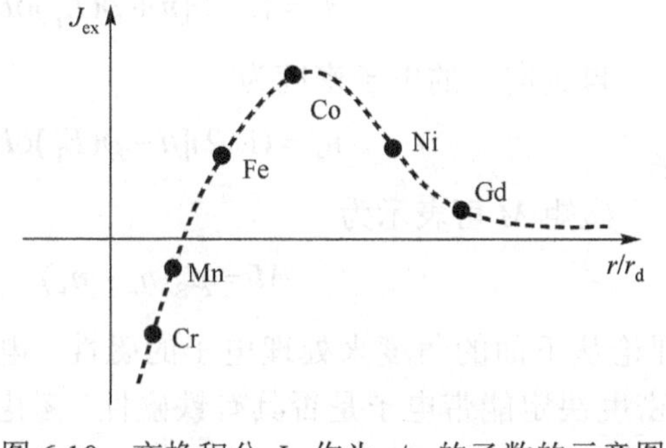

图 6.10　交换积分 J_{ex} 作为 r/r_d 的函数的示意图

6.3.3　非局域磁性——哈伯德模型和斯托纳理论

海森伯模型考虑了局域磁矩间由于电子交换而引起的磁性，而在实际的很多磁性金属中，d 电子并不一定一直停留在原来的原子附近，存在离域的特性. 下面我们考虑电子在晶格位置迁移的哈伯德模型. 哈伯德哈密顿量可以表示为

$$H = \sum_{ij\sigma} T_{ij} C^{+}{}_{j\sigma} C_{j\sigma} + \frac{1}{2} U \sum_{i\sigma} n_{i\sigma} n_{i\bar{\sigma}}$$

其中，T_{ij}为格位间跳跃积分(hopping integral)，是近邻原子间距离和夹角的函数. U 为格点排斥能，来自于同一格点上电子间的库仑排斥. 采用平均场近似，即

$$\hat{n}_{j,\sigma}\hat{n}_{j,-\sigma} \approx \langle n_\sigma \rangle \hat{n}_{j,-\sigma} + \langle n_{-\sigma} \rangle \hat{n}_{j,\sigma} - \langle n_\sigma \rangle \langle n_{-\sigma} \rangle$$

哈密顿量可表示为

$$H = \sum_{jl\sigma} T_{jl} \hat{C}^{+}_{j\sigma} \hat{C}_{l\sigma} + U \sum_{j\sigma} \langle n_{-\sigma} \rangle \hat{C}^{+}_{j\sigma} \hat{C}_{j\sigma}$$

转换到布洛赫表象，有

$$\begin{aligned} H &= \sum_{k\sigma} \left[\varepsilon_k + U \langle n_{-\sigma} \rangle \right] \hat{n}_{k\sigma} \\ &= \sum_{k} \left[\varepsilon_k + U \langle 1/2 + m/2 \rangle \right] \hat{n}_{k+} + \sum_{k} \left[\varepsilon_k + U \langle 1/2 - m/2 \rangle \right] \hat{n}_{k-} \end{aligned}$$

其中

$$1 = \langle n_- \rangle + \langle n_+ \rangle, \quad m = \langle n_- \rangle - \langle n_+ \rangle$$

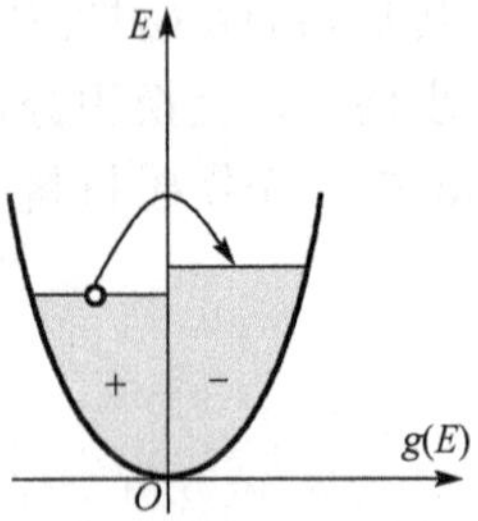

图 6.11　费米面附近电子不等能排列引起的电子极化示意图

由哈伯德模型，利用平均场近似，可推导出参数 U 与磁性有关. 考虑自旋向上和向下的电子通过费米面附近极化电子密度不同. 如图 6.11 所示，自旋向下的电子密度为

$$n_- = (1/2)[n + \rho(E_\mathrm{F})\delta E]$$

自旋向上的电子密度为

$$n_+ = (1/2)[n - \rho(E_\mathrm{F})\delta E]$$

磁矩 M 可表示为

$$M = \mu_\mathrm{B}(n_- - n_+)$$

斯托纳(Stoner)理论从下面的角度来处理电子的磁性：电子间强的库仑排斥和费米能级处高的电子密度决定能带电子是否具有铁磁性. 考虑费米面附近电子极化引起的动能增加为

$$\Delta E_K = (1/2)\rho(E_\mathrm{F})(\delta E)^2$$

电子极化(费米面附近电子平行排列导致磁性)引起的电子关联能的减少为

$$\Delta E_{\mathrm{ex}} = -\int \mu_0 (\lambda M')\mathrm{d}M' = (-1/2)\mu_0 \lambda M^2 = (-1/2)\mu_0 \mu_\mathrm{B}^2 \lambda (n_- - n_+)^2$$

引入参量 $U = \mu_0 \mu_\mathrm{B}^2 \lambda$，交换能的变化可表示为

$$\Delta E_{\mathrm{ex}} = (-1/2)U(\rho(E_\mathrm{F})\delta E)^2$$

U 是交换积分的体现，代表磁矩耦合的强弱. 总能变化可表示为

$$\Delta E = (1/2)\rho(E_\mathrm{F})\delta E^2[1 - U\rho(E_\mathrm{F})]$$

可见，费米面附近要出现电极化，$\Delta E<0$, 则 $U\rho(E_F)>1$. 因此，费米面处的电子密度足够高，关联作用足够强，这是铁磁稳定的必要条件.

6.3.4　RKKY 模型

Vonsovskii 和 Zener 分别在 1946 年和 1951 年为解释过渡金属铁磁性，提出 s-d 交换模型，认为局域的电子通常与 s 电子交换而形成铁磁序，该见解当时没有引起重视. 1954 年 Ruderman 和 Kittel 提出核磁矩可通过 s 电子为媒介产生交换作用，1956 年 Kasuya 和 Yosida 扩展该模型来解释稀土金属的磁性. 对于稀土元素(如 Gd、Tb、Nd、Ce、Ho 等)，其 4f 态电子动量被强烈地局域化，4f 电子波函数仅扩展到内原子距离，因此，它们之间并不能通过直接交换作用(direct exchange interaction)来理解. 如何理解 4f 电子磁矩间电作用，猜测可能通过导带电子如 5s、5p、6s、6p 作为媒介，在 4f 电子附近导带电子被极化(磁化)，这些极化的电子与其附近的其他电子进行交换作用，这样通过导带电子把磁信号传递给附近的 4f 电子.

这种通过导带电子携带的自旋密度是振荡的. 4f 电子磁矩间作用的正负依赖于原子间的距离和自旋波的极化幅度以及 4f 电子磁矩. 因此，RKKY(Ruderman-Kittel-Kasuya-Yosida)哈密顿量可表示为

$$H_{\mathrm{RKKY}}(x)=\boldsymbol{S}_i\cdot\boldsymbol{S}_j\frac{4J2m^{*}K_{\mathrm{F}}}{(2\pi)^3}F(2k_{\mathrm{F}}r)$$

自旋极化可表示为

$$\rho^{\uparrow}-\rho^{\downarrow}\approx\frac{8n^2}{E_{\mathrm{F}}}J\left\langle S^2\right\rangle T(2k_{\mathrm{F}}r)$$

其中

$$T(x)=\cos(x)/x^3$$

$$F(x)=\frac{\sin(x)-x\cos(x)}{x^4}$$

$T(x)$ 和 $F(x)$ 都是随 x 变化而振荡的函数. 因此，在 RKKY 作用机制下，电子格位间作用随距离变化，有时自旋为平行排列，有时为反平行排序，形成电子自旋密度随空间的变化.

6.3.5　超交换作用

很多具有磁性的过渡金属氧化物中，过渡金属原子之间并没有相互作用. 这些材料中，通过 Tm-O-Tm 形成相互作用. 我们通过 MnO 来介绍这种间接相互作用.

MnO 具有 NaCl 型结构，1 个 Mn 周围有 6 个 O 最近邻，1 个 O 周围有 6 个 Mn 最近邻. MnO 是反铁磁材料. 在 1949 年，中子衍射证实了氧离子的前后、左右、上下的两个锰离子磁矩反平行，而 Mn-O-Mn 之间夹角为 90°的两个 Mn 原子磁矩有平行的，也有反平行的.

下面我们考察 Mn-O-Mn 之间夹角为 180°的情况. O 的 p_x 和 Mn 的 $d_{x^2-y^2}$ 轨道重叠，电子可在两者间跳跃，跳跃规则如图 6.12 所示，跳跃需满足自旋守恒. 左边的锰离子 5 个电子自旋平行排列(自旋向上排列)，O 的 p_x 电子仅自旋向下的可跳跃到锰离子的自旋向下的激发态，同理，右边的锰离子自旋平行排列且向下，O 的 p_x 电子仅自旋向上的可通过激发态跳跃到锰离子自旋向上的激发态上. 因此，构成锰离子间反铁磁耦合. 我们把这种间接交换作用称为超交换作用.

因为 O^{2-} 外层电子为 $2p^6$，p 电子的概率密度分布呈哑铃状，易于与成 180° 的近邻过渡金属离子的 d 轨道重叠，如图 6.12 所示，对于 MnO，两个 Mn^{2+} 呈反平行排列. 而成 90° 相邻锰离子的交换作用很弱，离子磁矩有平行的，也有反平行的. 这由晶格结构决定. 因此，超交换作用模型可以正确地解释 MnO 的磁结构.

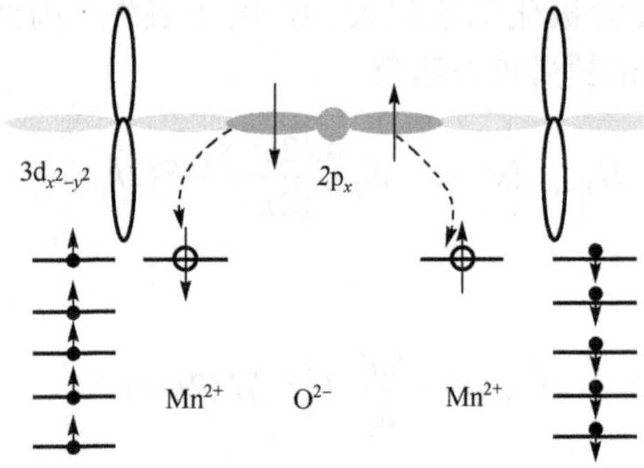

图 6.12　通过 O 的 2p 形成的超交换作用

很显然，上面的理论可以推广到其他过渡金属氧化物中，也可以应用到过渡金属硫化物、过渡金属氯化物及过渡金属氟化物等材料的磁性解释中. 这种超交换作用，以阴离子为媒介，阳离子之间电子磁矩形成相互作用. 阳离子 M_1 的 d 电子数小于 5 时，处于 d 激发态的 p 电子自旋将平行于 M_1 的 3d 电子自旋. 反之，如 M_1 的 3d 电子数大于或等于 5，则反平行. 由于 p 成对电子自旋是反平行的，剩下一个 p 电子将与 M_2 上的 d 电子产生负的直接交换作用.

因此，离子未满壳层电子数达到或超过半数时，超交换作用有利于阳离子间磁矩反平行排列. 阳离子未满壳层电子数未达一半时，阴离子 p 带中的电子由于 p-d 交换作用扩散，间接交换作用可能为正，形成两个阳离子自旋平行排列.

6.3.6　磁性的能带理论

现在真实材料的电子结构可以通过密度泛函理论准确获得. 前面提到的斯托纳理论就是从电子带的角度理解电子自旋极化的分布. 也就是说，我们可以把态密度分为两个能带通道——自旋向上的子带和自旋向下的子带. 考察两个子带的电子分布，可以详细地理解材料的磁性.

下面以 Fe、Co 和 Ni 的电子自旋极化态密度分布为例来理解这三种材料的磁性，如图 6.13 所示. Fe 的外层电子分布为 $3d^6 4s^2$，被称为弱铁磁体，费米能级处电子被部分极化. 理论计算可知，0.95 个自由电子占据 4s 态，7.05 个电子局域化在 3d 带. 约 4.62 个电子占据 3d 带自旋向上的通道，剩下的 2.42 个电子占据自旋向下的通道，因此，磁矩约为 2.2 μ_B/Fe. Co 的外层电子分布为 $3d^7 4s^2$，费米能级处电子被部分极化. 磁矩比铁的稍大. Ni 的外层电子分布为 $3d^8 4s^2$，被称为强铁磁体，费米能级处电子完全极化. 理论计算结果为，0.6 个电子在 4s 带，9.4 个电子局域化在 3d 轨道. 其中自旋向下的电子数约为 N_{-d}= 5，自旋向上的电子数约为 N_{+d}= 4.4，磁矩为 0.6 μ_B/Ni.

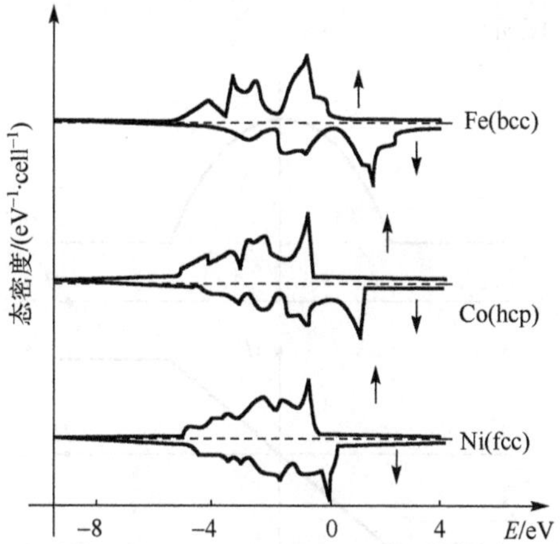

图 6.13　Fe(bcc)、Co(hcp)和 Ni(fcc)的自旋极化态密度

6.4　巨磁电阻和庞磁电阻效应

6.4.1　巨磁电阻效应

磁电阻的变化率通常被定义为在磁场作用下电阻的变化相对于无磁场时的电阻的比值，可表示为

$$\mathrm{MR}=\frac{\rho(H)-\rho(0)}{\rho(0)}$$

也可以定义为，磁场下电阻的变化相对于磁场下的电阻的比值，可表示为

$$\mathrm{MR_H}=\frac{\rho(H)-\rho(0)}{\rho(H)}$$

磁阻材料的研究，主要集中在以下几个方面. ①在非磁性金属中，由于磁场的作用传导电子的回旋会使散射概率增大，从而引起电阻增加，MR>0, 且各向异性，一般数值很小，约为 1%. ②在铁磁材料中，除正常的磁阻效应外，外磁场引起磁化状态的变化也会产生磁阻效应. 它与交换作用、磁畴结构、温度等因素有关，较为复杂，数值一般在 10%以内. 这种效应应用于传感器和磁头. 在 1988 年, 在铁磁金属和非磁性金属组成的多层膜材料中发现巨磁阻(GMR)效应.

巨磁阻效应的基本物质单元结构很简单，两个铁磁性薄膜通过非磁性金属薄膜反铁磁耦合. 在外磁场强度为零或很小时，电子电阻较大，随着外磁场强度增大到一定程度，两个磁化强度相反的铁磁层在外场诱导下磁矩方向与磁场方向一致，电子电阻变小，如图 6.14 所示.

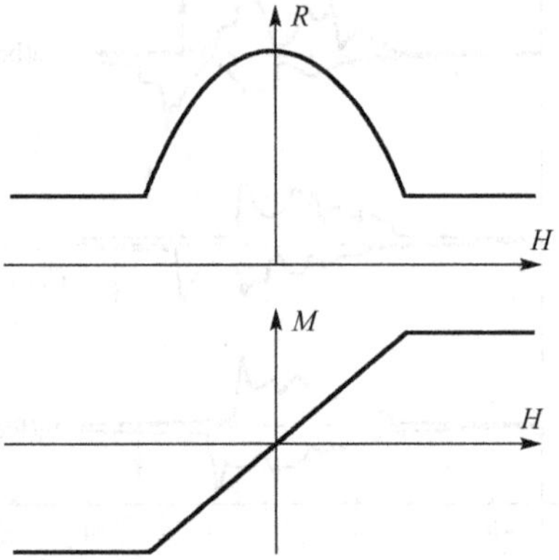

图 6.14　巨磁阻效应示意图

下面简单介绍下 1988 年 Albert Fert 等的工作. 他们发现在 Fe/Cr 多层膜中 MR 超过 50%，这样巨大的磁阻不同于以前的磁阻现象，称为巨磁阻效应. 如图 6.15 所示 Fe/Cr 多层膜，在温度 $T=4.2$ K 下对其 MR 进行测量. Fe 层为 3 nm, Cr 层为 1.8 nm, 结构周期为 30 时，测得的磁阻变化率为 MR ≈ 15%. Fe 层为 3 nm, Cr 层为 1.2 nm, 结构周期为 35 时，测得的磁阻变化率为 MR ≈ 35%. Fe 层为 3 nm, Cr 层为 0.9 nm, 结构周期为 60 时，测得的磁阻变化率为 MR ≈ 45%.

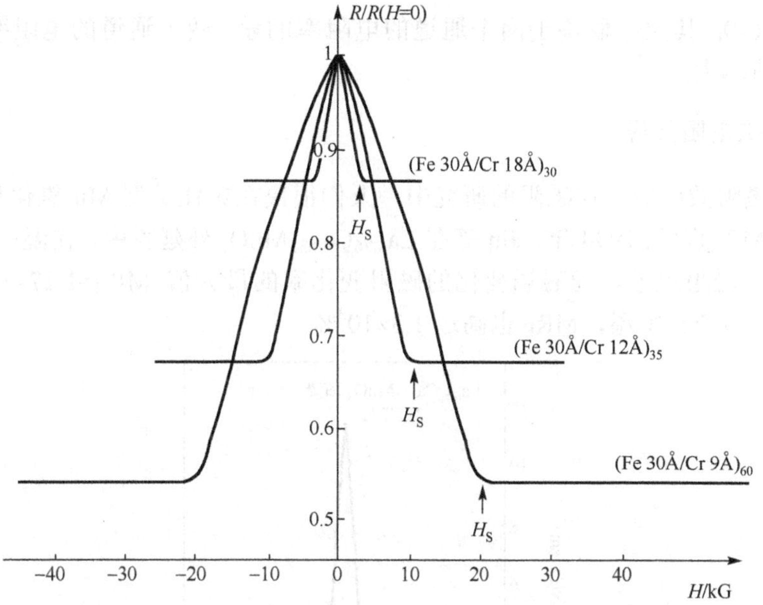

图 6.15　Fe/Cr 多层膜巨磁阻效应(Baibich, 1988)

理论上可采用双电流模型解释. 自旋向上和自旋向下的电子通道相互独立，可看作并联，电阻为

$$\rho=\frac{\rho_{\uparrow}\rho_{\downarrow}}{\rho_{\uparrow}+\rho_{\downarrow}}$$

对于铁磁层反平行耦合，两个通道的电阻率平均值相等

$$\overline{\rho}_{\uparrow}=\overline{\rho}_{\downarrow}=\frac{1}{2}(\rho_{\uparrow}+\rho_{\downarrow})$$

因此，无外磁场时，电阻为

$$\rho_{\mathrm{AF}}=\frac{1}{4}(\rho_{\uparrow}+\rho_{\downarrow})$$

在外磁场下，铁磁层平行耦合，两个通道的电阻率不再相等，电阻可表示为

$$\rho_{\mathrm{F}}=\frac{\rho_{\uparrow}\rho_{\downarrow}}{\rho_{\uparrow}+\rho_{\downarrow}}$$

所以，磁阻的变化率为

$$\mathrm{MR}=\frac{\rho_{\mathrm{F}}-\rho_{\mathrm{AF}}}{\rho_{\mathrm{AF}}}=-\frac{(\rho_{\uparrow}-\rho_{\downarrow})^{2}}{(\rho_{\uparrow}+\rho_{\downarrow})^{2}}$$

因此，MR<0, 其大小取决于两个通道的电阻率的差. 两个通道的电阻率差越大，MR 的数值越大.

6.4.2　庞磁电阻效应

随巨磁阻效应后，在磁阻的研究中，人们很快在钙钛矿型 Mn 氧化物中观测到庞磁阻(CMR)现象. 1994 年，Jin 等在 $La_{0.76}Ca_{0.33}MnO_3$ 外延膜中，在温度为 77 K 时观测到特大磁阻现象，随磁场变化的磁阻变化率的最大值 $MR_H=1.27\times10^5\%$，如图 6.16 所示. 即使在室温，MR_H 也高达 $1.3\times10^3\%$.

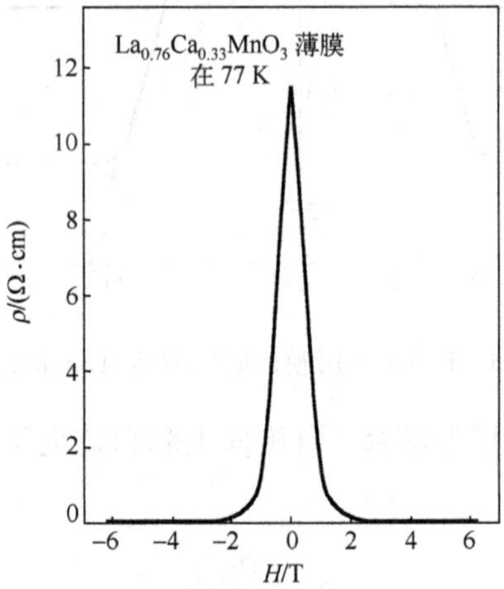

图 6.16　$La_{0.76}Ca_{0.33}MnO_3$ 薄膜在 77 K 电阻随磁场强度的变化曲线(Jin et al., 1994)

对于此类锰氧化物，分子式为 $R_{1-x}A_xMnO_3$，其中 R 为三价稀土离子，如 La^{3+}、Pr^{3+}等，A 为二价碱金属离子，如 Sr^{2+}、Ca^{2+}等. 该类材料具有以下磁阻性质：①MR 很大且 MR<0，基本各向同性；②MR 与温度有关，且其极大值出现在临界温度 T_c 以下，接近 T_c，不同成分的最大 MR 随 T_c 的增加而降低；③这些氧化物是铁磁性导体，电阻率低，随温度升高而增大，但在顺磁性时电导率属于半导体，电阻高，随温度升高而降低. 从顺磁性转变为铁磁性的同时，导电性从半导体转变为导体. 电导转变温度不等于但接近 T_c.

以 $La_{1-x}Ca_xMnO_3$ 为例，如图 6.17 所示，其具有典型的钙钛矿结构. 锰离子 3d 轨道电子由于电子交换作用导致自旋向上和自旋向下的两个通道劈裂. 同时，每个子带中的电子受到晶体场作用，5 个轨道分成两组 t_{2g} 态和 e_g 态，同时由于结构的扬-特勒畸变效应，二重简并的 e_g 轨道被劈裂. 在 $LaMnO_3$ 中，仅有+3 价锰离子，电子分布为 $d^4:t_{2g}^3e_g^1$. 在 $CaMnO_3$ 中，仅有+4 价锰离子，电子分布为 $d^3:t_{2g}^3e_g^0$. 当浓度 x 为 $0<x<1$ 时，化合物中 Mn^{3+}和 Mn^{4+}混合，e_g 轨道电子填充情况为空穴掺杂状态.

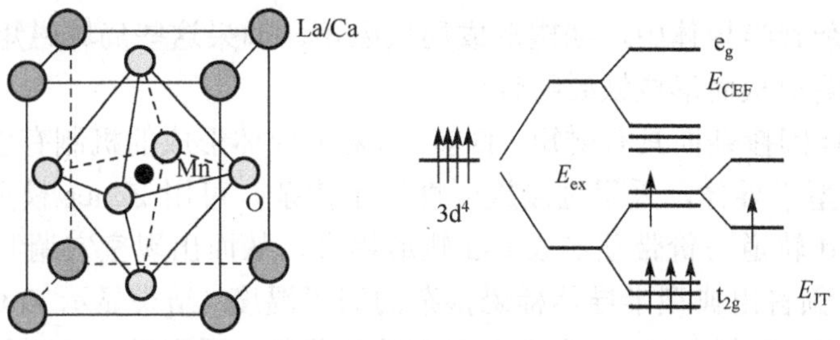

图 6.17　$R_{1-x}Ca_xMnO_3$ 原子结构和 3d 轨道能量劈裂示意图

下面我们采用双交换模型解释其电导情况. 双交换模型由 Zener 在 1951 年提出. 考虑锰氧化物中锰离子间的相互作用：对于 Mn^{4+}-O^{2-}-Mn^{4+}，应用超交换作用，两个 Mn^{4+}反铁磁排列；对于 Mn^{3+}-O^{2-}-Mn^{3+}，两个 Mn^{3+}也是反铁磁排列；对于 Mn^{3+}-O^{2-}-Mn^{4+}，如图 6.18 所示，氧原子的一个 p 电子进入 Mn^{4+}中，该 Mn^{4+}变为 Mn^{3+}，而氧原子另外一边的 Mn^{3+}中的一个电子交换到氧原子的 p 电子轨道，这样 Mn^{3+}变为 Mn^{4+}，这样通过双交换机制，+3 价 Mn 和+4 价 Mn 相互交换，形成自旋平行排列.

从上面的分析可知，t_{2g} 电子被局域化，e_g 轨道中电子或空穴可看作载流子. Mn^{3+}-Mn^{4+}晶格网络中，电子自旋平行排列，e_g 电子可以在锰离子间形成自旋守恒跳跃，这样，铁磁态具有较低的电阻. 温度在 T_c 附近，受到热运动的干扰，离子的磁矩有序排列被破坏，e_g 电子的转移受到限制，电阻率很高，这时加入强磁场，磁矩有序排列，e_g 电子的巡游性得以体现，电阻率急剧降低，出现庞磁阻现象.

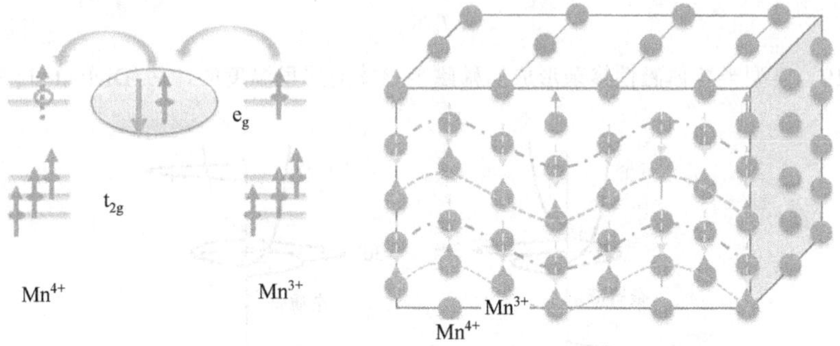

图 6.18　Mn^{3+}-O^{2-}-Mn^{4+}双交换模型电子结构图和 Mn^{3+}-Mn^{4+}在晶格中的有序排列

6.4.3　稀磁半导体

对半导体进行磁性元素掺杂，期望获得电子自旋极化. 这样，我们可以通过稀磁半导体，负载电子自旋信息，利用电子自旋进行信息传输. 3d 和 4f 态轨道具有很强的局域化特性，因此这些轨道未完全填充的原子在晶格中容易形成局域自旋极化，作为掺杂剂掺杂到半导体中，期望形成局域磁矩，如果这些局域磁矩耦合，形成局域磁矩关联，期望从而形成铁磁特性.

稀磁半导体因掺杂而具有磁矩. 目前，稀磁半导体形成的机制有以下几种. 机制之一：对于 p 型半导体，采用过渡族磁性原子掺杂，可用 Zener 模型给出解释. 磁性掺杂原子的 d 轨道与价带顶形成 p-d 轨道耦合，从而出现空穴调制的铁磁性，如图 6.19 所示，预言出典型半导体稀磁掺杂的居里温度. 结果显示 ZnO 和 GaN 的居里温度达到室温. 机制之二：n 型高介电常数氧化物，采用过渡族磁性原子掺杂. 采用浅施主电子杂质带交换模型：通过准 s-d 轨道耦合，形成浅施主电子调制的铁磁性，如图 6.20 所示. 机制之三：高介电常数氧化物中空位形成的磁性. 局域的 sp 态空位缺陷形成局域磁矩，通过缺陷态波函数的耦合，形成长程铁磁作用(Dev et al., 2008).

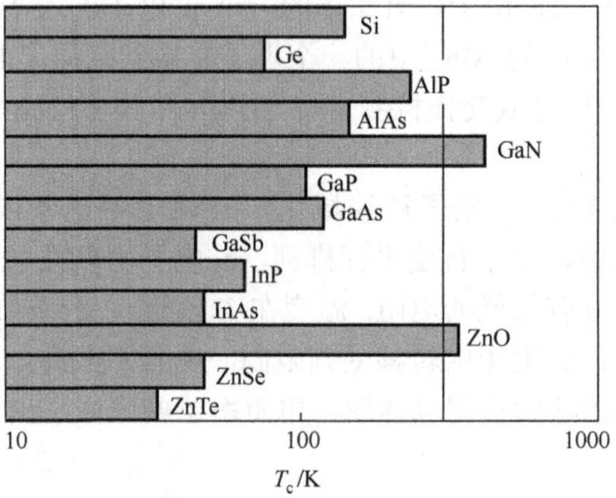

图 6.19　典型半导体磁性掺杂形成的稀磁半导体的居里温度的评估(Dietl et al., 2000)

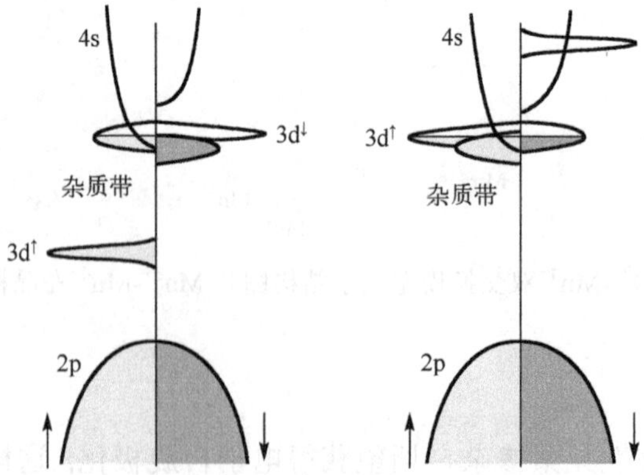

图 6.20　浅施主电子杂质带交换模型示意图(Coey et al., 2005)

稀磁半导体的探索从 2000 年左右开始，已有 20 余年，实验研究还处于探索阶段，稀磁半导体相关的器件目前还没有相关的报道. 表 6.5 列出了相关实验研究的一些典型半导体体系以及在这些体系上进行磁性元素掺杂形成的典型结果，室温居里温度还有待于进一步确定. 是否能形成负载自旋信息的稳定通道，仍需深入研究.

表 6.5　实验研究典型稀磁半导体体系展示

高掺杂浓度 Eu 硫属化合物	Ⅱ-Ⅵ族半导体	Ⅲ-Ⅴ族半导体	Ⅳ族半导体	氧化物半导体
$Eu_{1-x}Gd_xS$	$Be_{1-x}Mn_xTe$ $Cd_{1-x}Mn_xTe$ $Zn_{1-x}Mn_xS$	$Ga_{1-x}Mn_xAs$ $In_{1-x}Mn_xAs$ $Ga_{1-x}Mn_xN$	$Ge_{1-x}Mn_x$	$Zn_{1-x}Co_xO$
n 型	等价态	p 型	p 型	等价态/n 型
T_c~80 K	2.5 K	160 K 333 K？ > 750 K？	116 K	> 300 K？
载流子不可调	掺杂可调	补偿效应	强的绝缘性	
常规自旋阵列	无序的自旋位置			

注：“？”表示数值目前不能确认.

第 7 章　纳米结构物理

7.1　晶格的缺陷

7.1.1　晶体中的点缺陷

晶体中偏离晶格周期性的现象仅局限在格点附近一个或几个晶格常数范围内，这样的缺陷称为点缺陷. 点缺陷通常包括空位缺陷和杂质原子缺陷. 对于空位缺陷，通常有肖特基(Schottky)缺陷和弗仑克尔缺陷，如图 7.1 所示. 肖特基缺陷为热涨落导致原子脱离平衡位置后迁移到表面使晶体中仅形成的空位. 弗仑克尔缺陷为热涨落导致的空位-间隙原子对. 弗仑克尔缺陷在材料准备过程中比较普遍存在，热平衡时弗仑克尔缺陷的数目 n 可由体系的自由能极小值条件确定. 杂质原子缺陷为在基晶格中由于引入杂质所导致的缺陷，通常包括替位式杂质缺陷和填隙式杂质缺陷.

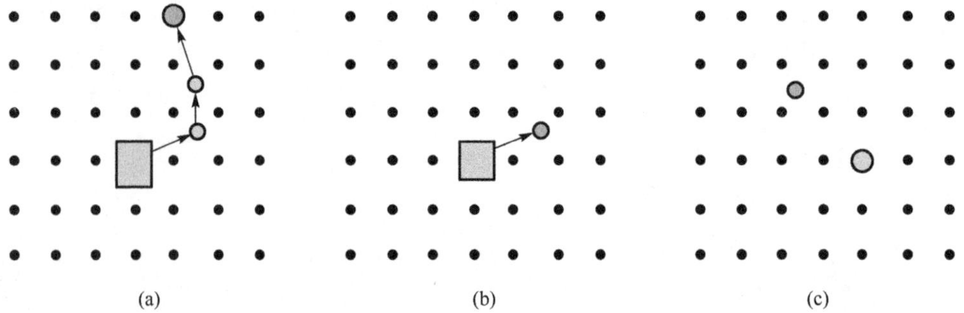

图 7.1　(a) 肖特基缺陷；(b) 弗仑克尔缺陷；(c) 杂质原子缺陷

热平衡态弗仑克尔缺陷的数目评估可通过自由能变分求得. 考虑共有 N 个格点可被空位占据，N'个空隙可被间隙原子占据. 形成 n 个弗仑克尔缺陷的可能性为

$$p = C_N^n C_{N'}^n = \frac{N!}{n!(N-n)!}\frac{N!}{n!(N'-n)!}$$

因此熵的变化为

$$\Delta S = k_B \ln p$$

体系因含 n 个弗仑克尔缺陷导致自由能的变化为

$$\Delta F = nu - T\Delta S$$

自由能变化对 n 求变分可得方程

$$\frac{\delta\Delta F}{\delta n}=u-k_{\mathrm{B}}T\frac{\delta}{\delta n}\ln p=0$$

由上面的方程，可得 n 的表达式为

$$n=(NN')^{1/2}\mathrm{e}^{-u/(2k_{\mathrm{B}}T)}$$

缺陷导致周围结构的改变，引起晶格振动频率的变化从而导致晶格振动熵的变化为 $n\Delta S'$，则自由能变化为

$$\Delta F=nu-T(\Delta S+n\Delta S')$$

弗仑克尔缺陷的平衡数目修正为

$$n=(NN')^{1/2}\mathrm{e}^{\Delta S'/(2k_{\mathrm{B}})}\mathrm{e}^{-u/(2k_{\mathrm{B}}T)}=A\mathrm{e}^{-u/(2k_{\mathrm{B}}T)}$$

1. 离子晶体中一种典型的点缺陷——色心

离子晶体的点缺陷是带电的，但整个晶体保持电中性. 间隙离子本身带电；空位的形成破坏局域的电荷平衡，从而带正的或负的有效电荷. 正离子空位的周围负电荷过多，产生负电空位；负离子空位的周围正电荷过多，产生正电空位. 带电的点缺陷捕获与其电荷相反的电子或空穴，可引起可见光的吸收，使晶体出现颜色，因此该类点缺陷被称为色心.

色心的产生：①如将 NaCl 晶体放在 Na 金属蒸气中加热，再骤冷至室温，就可在 NaCl 晶体中产生色心，为黄色；KCl 在 K 蒸气中加热骤冷，产生色心，为紫色. ②用 X 射线或 γ 射线辐照晶体、用中子或电子轰击晶体，也可产生色心.

NaCl 晶体在碱金属蒸气中加热冷却，碱金属进入晶体，以一价的形式占据格点位置且多余一个电子，同时晶格的破坏且成分比例的失衡，导致晶格中通常会出现负离子空位，负离子空位是带正电荷的缺陷，它会对多余的电子有一定的束缚力，构成 F 中心. 该类体系可通过类氢模型处理，系统可吸收光子，从基态跃迁到激发态，由于晶格振动，吸收线变成吸收带，称为 F 带.

NaCl 晶体在卤族元素的蒸气中加热，会造成负离子过多，在晶体中形成正离子空位过多. 正离子空位带负电，其可俘获带正电的空穴，形成束缚态，称为 V 心. 由于晶格振动，其吸收形成吸收带，通常在紫外区.

热缺陷是热平衡态下的点缺陷，在晶格中必然存在，其浓度取决于缺陷的形成能和温度，一般情况下浓度很小. 在纯金属中，熔点附近点缺陷归一化浓度可达 10^{-3}，室温下通常只有 10^{-12}. 在高质量的 Si 和 Ge 单晶中，浓度更低.

2. 非平衡点缺陷的扩散

非平衡点缺陷可通过下面几种方式或方法获得：①高温淬火；②高能辐照，如

中子、α 粒子、电子、γ 光子等辐照；③离子注入；④非化学配比. 这些方法下形成的非平衡态点缺陷会在晶格中形成扩散. 晶体中原子扩散的本质是一种原子无规的布朗(Brown)运动，满足下面两个扩散定律.

菲克(Fick)第一定律：扩散流密度与缺陷浓度梯度成正比

$$\boldsymbol{j}_a = -D\nabla n$$

其中，D 为扩散系数. 负号表示扩散方向与浓度梯度方向相反，即扩散总是从浓度高的地方向浓度低的地方扩散. 扩散过程必须满足连续性方程

$$\frac{\partial n}{\partial t} = -\nabla \cdot \boldsymbol{j}_a = \nabla \cdot (D\nabla n)$$

如果假定扩散系数与浓度无关，因此，获得菲克第二定律

$$\frac{\partial n}{\partial t} = D\nabla^2 n$$

上面的扩散定律中，扩散系数与材料结构和性质密切相关，同时扩散系数与温度有密切关系. 温度越高，扩散就越快，因此温度越高，扩散系数越大. 在温度变化范围不太大时，实验获得扩散系数与温度的关系为

$$D(T) = D_0 \exp\left(-\frac{Q}{RT}\right)$$

其中，D_0 为常数，R 为气体常数，参数 Q 被称为扩散激活能.

3. 扩散的微观机制

下面我们检查扩散的微观过程，在理论上获得扩散系数与温度的关系. 晶格中的扩散一般有以下几种. ①空位机制：扩散原子通过与周围的空位交换位置进行扩散；②间隙原子机制：扩散原子通过从一个间隙位置跳到另一个间隙位置进行扩散；③易位机制：扩散原子通过与周围几个原子同时交换位置进行扩散. 这几种扩散机制如图 7.2 所示.

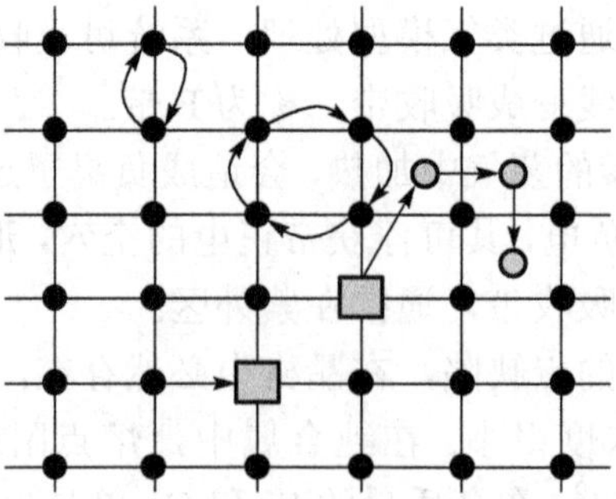

图 7.2　点缺陷在晶格中扩散的微观机制

空位机制是点缺陷在晶格中扩散的不同机制中最容易发生的机制. 下面分析空位点缺陷的运动. 空位扩散原子机制如图 7.3 所示，空位振动很容易引起与周围晶

格原子的位置交换，从而形成空位迁移. 空位越过势垒向邻近位置运动的频率 ν_1 为

$$\nu_1 = \nu_{10}\exp\left(-\frac{E_1}{k_{\mathrm{B}}T}\right)$$

其中，ν_{10} 为空位可能越过势垒的频率，约等于原子振动频率.

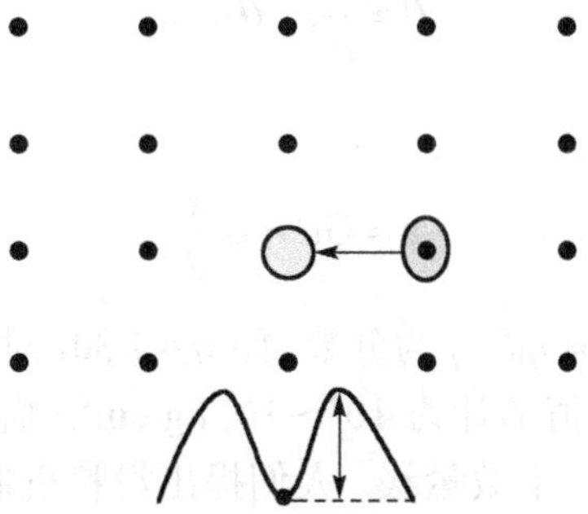

图 7.3　空位扩散原子机制

无论是哪一种微观机制，原子的扩散在本质上是一种无规则的布朗运动. 扩散系数 D 可表示为

$$D = \frac{L^2}{6\tau}$$

其中，L 为布朗运动的各个独立行程的平均长度. τ 为平均每走一步所需的时间. 在空位扩散机制中，L 等于晶格常数 a，扩散每一步的时间 τ 可表示为

$$\tau = \tau_1 \cdot \frac{N}{n_1}$$

其中，τ_1 为原子每跳一步所需等待的时间，因此，$\tau_1=1/\nu_1$. n_1/N 为在扩散原子周围出现空位的概率. 热平衡态空穴的浓度为

$$n_1 = A\mathrm{e}^{-u_1/(k_{\mathrm{B}}T)}$$

因此，扩散系数的表达式为

$$D = \frac{1}{6}\frac{a^2}{\tau_1}\frac{n_1}{N} = \frac{1}{6}a^2\nu_0\exp\left(-\frac{u_1+E_1}{k_{\mathrm{B}}T}\right)$$

与实验结果一致. 其中，扩散激活能为空位形成的激活能与扩散势垒之和.

7.1.2　晶体中的位错

位错是一种线缺陷，为解释晶体的塑性形变提出的一种模型，被实验证实存在. 实际材料中，通常存在大量位错. 其存在对材料的力学性能有重要影响.

1. 解释位错的存在

以金属的塑性形变为例子，如图 7.4 所示. 金属在剪切外力的作用下存在形变，形变可通过切变角表示，利用剪切模量可得切应力. 切变角为

$$\theta \approx \frac{x}{d}, \quad \theta \ll 1$$

因此，切应力可表示为

$$\tau = G\theta \approx G\frac{x}{d}$$

其中，G 为切变模量. 假设 $x \approx \eta d$，η 为分数，如 $\eta = 1/30$，对于一般金属，$G \sim 10^5\ \mathrm{kg/cm^2}$，因此，金属临界切应力 τ 的值估计为 $10^3 \sim 10^4\ \mathrm{kg/cm^2}$. 临界切应力的实验值 $\tau_{\exp}$ 约为 $1\ \mathrm{kg/cm^2}$，比理论值低 3～4 个数量级. 人们提出滑移机制来解释这种低临界切应力的现象. 滑移机制假说的解释为: 滑移不是在整个晶面同时发生的，而是先在某个局部区域发生滑移，然后滑移区域逐渐扩大，直至整个晶面出现宏观滑移.

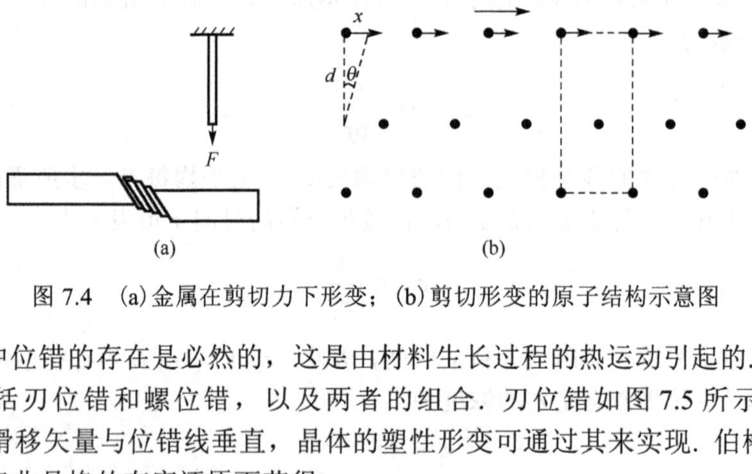

图 7.4　(a) 金属在剪切力下形变；(b) 剪切形变的原子结构示意图

材料中位错的存在是必然的，这是由材料生长过程的热运动引起的. 材料中位错一般包括刃位错和螺位错，以及两者的组合. 刃位错如图 7.5 所示，伯格斯(Burgers)滑移矢量与位错线垂直，晶体的塑性形变可通过其来实现. 伯格斯滑移矢量可通过扭曲晶格的有序还原而获得.

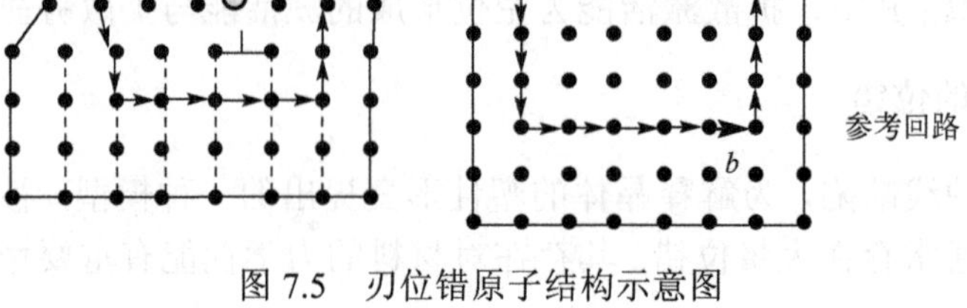

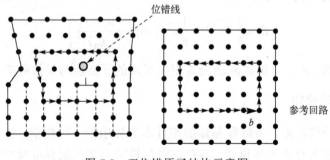

图 7.5　刃位错原子结构示意图

螺位错如图 7.6 所示，伯格斯滑移矢量与位错线基本平行，晶体的塑性形变可通过其来实现.

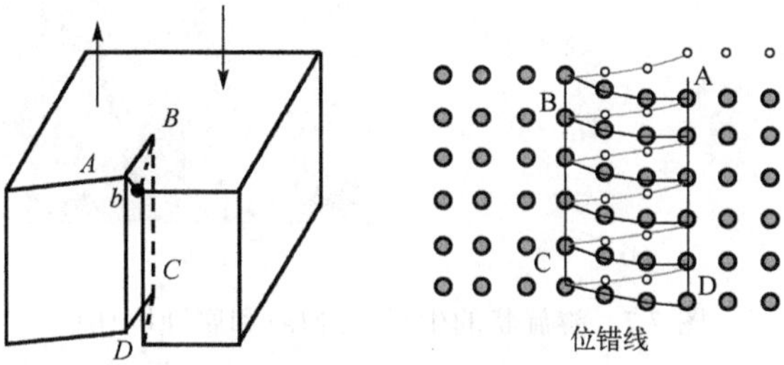

图 7.6　螺位错示意图及其原子结构示意图

2. 滑移机制的假说

滑移过程是滑移区不断扩大的过程，而位错线正是滑移区的边界线，所以滑移过程就表现为位错在滑移面上的运动过程. 由于位错本身是动力学的非稳定平衡，因此在外力的作用下非常容易发生运动. 几乎所有晶体中都存在位错，正是这些位错的运动导致金属在很低的外加切应力的作用下就出现滑移. 因此，晶体中位错的存在是造成金属强度大大低于理论值的最主要原因.

位错的滑移指的是在外加切应力的作用下，位错线在滑移面内的运动. 对于刃位错，滑移面唯一确定，因此，要使刃位错滑移，外加切应力必须垂直于位错线. 对于螺位错，其滑移面不唯一确定，而与外加切应力有关. 要使螺位错滑移，外加切应力则应平行于位错线.

3. 位错的产生

材料中的位错可能在各种热和机械相关的过程中产生. 主要包括如下：①在晶体生长过程中，由籽晶引入位错；②由晶体中的热应力而引起的位错；③晶体中杂质的不均匀偏析，使局部晶格发生畸变产生位错；④高温下生长的晶体，在降温过程中，空位的凝聚形成位错；⑤晶体机械加工时，晶体局部受机械应力的作用而引起结构变化产生位错；⑥晶体薄膜外延生长时，与衬底晶格不匹配引起位错.

4. 位错线的探测

1950 年后，电子显微实验技术的发展，使人们很容易观测到材料表面的细微结构. 实验观测到晶体晶面上有螺旋状的生长台阶，位错的存在被证实. 如图 7.7 所示，在 SiC 单晶表面观测到螺旋状的生长台阶. 位错线为已滑移区和未滑移区的边界线，因此，位错线不能在晶体内部中断，只能中断于晶面(包括晶界)，或者连接于其他位错，也可能形成封闭的位错环.

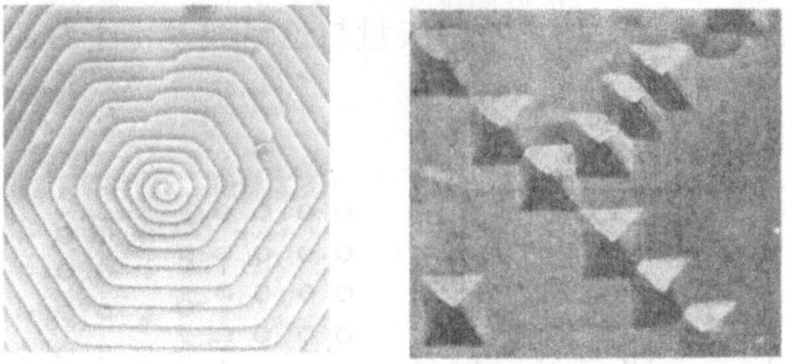

(a)　(b)

图 7.7　螺旋状的生长台阶(a)和腐蚀坑(b)

通常探测位错线的方法以下几种. ①化学腐蚀法：选用适当的腐蚀液，晶体表面位错露头处最容易被腐蚀，形成锥形的腐蚀坑，如图 7.7 所示. ②缀饰法：如将 Na 在高温下扩散到 NaCl 晶体中，Na 原子就会沿位错线聚集而显出颜色. ③X 射线形貌照相可直接照出晶体薄片中的位错线. ④高分辨电子显微镜可照出晶体中原子的排列情况.

7.1.3　面位错

面位错是一种二维位错，一般在一个方向的尺寸很小，在另外两个方向的尺寸较大. 如晶界、晶体表面、相界、层错等都是面位错.

层错：晶体中的某个原子层发生堆积错误，出现层错. 例如：在 fcc 晶体中，沿[111]方向，正常堆积次序为 …ABCABCABC…. 当 fcc 晶体中出现层错时，其排列方式可能为…ABCABABC….

晶界: 多晶体由许多晶粒组成，其中每个晶粒是一个小单晶. 相邻的晶粒位向不同，其交界面叫晶粒界，简称晶界. 晶界处，原子排列紊乱，使系统能量增高，即晶界的出现产生晶界能，使晶界的性质有别于晶体内部其他位置. 晶界的结构与性质与相邻晶粒的取向差异有关，当取向差异小于 10° 时，叫小角度晶界，当取向差异大于 10° 时，叫大角度晶界，如图 7.8 所示. 在小角度晶界中，有一种特殊的晶界，称为扭转晶界. 将一晶体在垂直于晶轴 Y 的某处晶面切开，绕晶轴 Y 转过一个小角 θ，再与下半晶体合在一起. 两晶粒间形成扭转晶界.

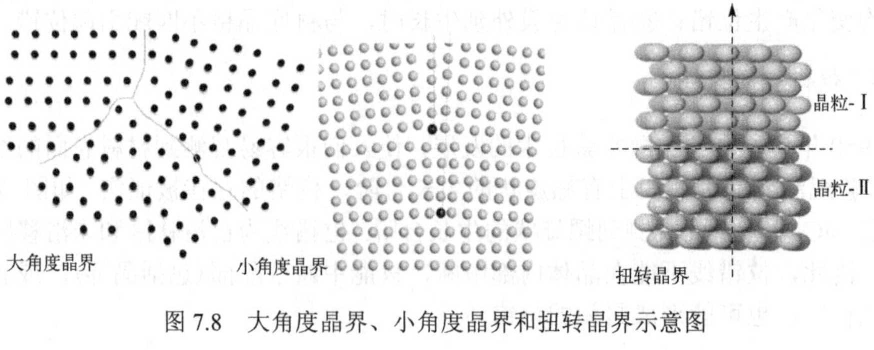

图 7.8　大角度晶界、小角度晶界和扭转晶界示意图

晶界的结构与晶内不同，使晶界具有一系列不同于晶粒内部的特性. ①由于界面能的存在，当晶体中存在能降低界面能的异类原子时，这些原子将向晶界偏聚，这种现象称为内吸附. ②晶界上原子具有较高的能量，且存在较多的晶体缺陷，从而使原子的扩散速度比晶粒内部快得多. ③常温下，晶界对位错运动起阻碍作用，故金属材料的晶粒越细，因此单位体积晶界面积越多，其强度、硬度越高. ④晶界比晶内更容易发生氧化和腐蚀. ⑤大角度晶界界面能很高，故其晶界迁移速率很大. 晶粒的长大及晶界平直化可减少晶界总面积，使晶界能总量下降，故晶粒长大是能量降低的过程，由于晶界迁移依靠原子扩散，故只有在较高温度下才能进行. ⑥由于晶界具有较高能量且原子排列紊乱，因此固态相变时优先在母相晶界上形核.

7.2　晶体的表面和界面物理

晶体表面的结构与晶体内部不同，由于表面是原子排列的终止面，另一侧没有固体原子的键合，其配位数少于晶体内部，导致表面原子偏离正常位置，并影响了邻近的几层原子，造成点阵畸变，使其能量高于晶内. 晶体的表面和界面是晶态固体组成的重要部分，也可称为二维晶格缺陷. 晶体的生长、摩擦、润滑、磨蚀、表面钝化、催化、吸附、扩散、表面的热黏附、光吸收和发射、热电子和光电子的吸收、晶体中的界面迁移、异类原子在晶界的偏聚、界面的扩散率等过程都与材料的表面和界面相关. 材料的力学和各种物理化学性质等都与表、界面结构密切关联. 有关表、界面的研究是近代材料物理研究中的一个重要领域.

一些目前研究中与表、界面相关的研究方向列举如下：①薄膜生长(在衬底上外延生长，通常使用的方法有分子束外延(MBE)、化学气相沉积(CVD))；②纳米技术，例如自组装、原子操控；③表面磁性应用于磁存储器；④光学性质，例如光/激发态应用于飞秒激光(fs-laser)；⑤碳纳米管与石墨烯为例的一维纳米和二维纳米材料；⑥固体-液体界面应用于电化学；⑦表面上的生物分子；⑧表面上的催化与化学反应(Duke, 2002).

7.2.1　晶体表面的 Wood 命名

Wood 命名法采用的式子为(许振嘉，2002)

$$H(hkl)-M-A$$

H 表示衬底，$H(hkl)$ 表示平行于表面的衬底晶面的米勒指数，M 表示表面层的原子排列，A 表示表面层覆盖物的化学符号. 例如：表面二维原胞的基矢量为 $\boldsymbol{b}_1$ 和 $\boldsymbol{b}_2$，衬底的米勒指数为 (hkl)，对应的二维面上原胞的基本矢量为 $\boldsymbol{a}_1$ 和 $\boldsymbol{a}_2$，它们的关系为

$$\boldsymbol{b}_1 // \boldsymbol{a}_1,\quad \boldsymbol{b}_2 // \boldsymbol{a}_2,\quad \boldsymbol{b}_1 = p\boldsymbol{a}_1,\quad \boldsymbol{b}_2 = q\boldsymbol{a}_2$$

该表面表示为

$$H(hkl)P(p\times q)-A$$

如果衬底原胞的(*hkl*)面的基矢与表面原胞的基矢差一个α角，该表面表示为

$$H(hkl)\frac{|b_1|}{|a_1|}\frac{|b_2|}{|a_2|}R\alpha-A$$

实际中，常用简化的 Wood 法命名表面. 式子$P(p\times q)$ 表示表面原胞是简单原胞. 式子$C(p\times q)$ 表示表面原胞为非简单原胞，中心有一个格点. 如图 7.9 所示，我们列举了 fcc(100)面和 hcp(0001)面上各种可能的表面层或表面吸附层的原胞结构及其命名. 此外，我们列举一个真实材料表面吸附的例子. 如图 7.9(c)所示，GaAs(110)表面上，衬底为 GaAs 双层，其二维原胞包含两个原子，一个为 Ga，一个为 As. 表面上吸附的 Cs 原子有序排列，形成表面吸附层，形成一个 4×4 的非简单原胞. 这样的表面被命名为 GaAs(110)-C(4×4)-Cs.

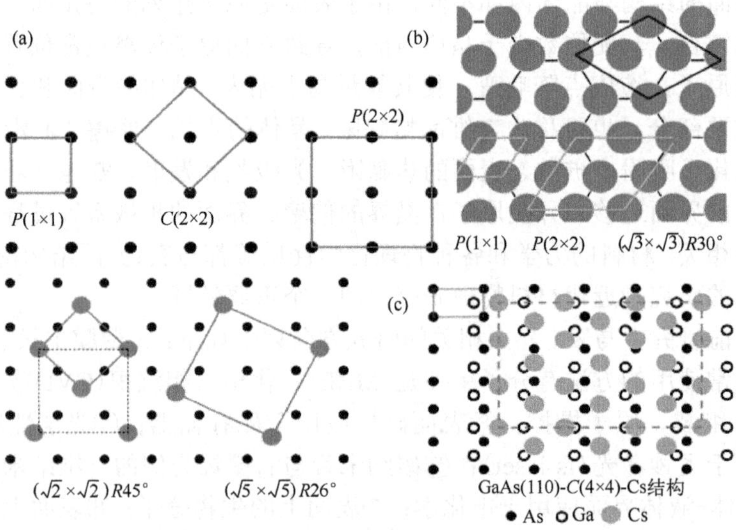

图 7.9 fcc(100)(a)和 hcp(0001)(b)面上的表面层原胞，GaAs(110)面上 Cs 吸附(c)

表面能是指建立一个新的表面所需消耗的额外能量. 例如，沿一定晶向解理一块晶体，产生两个表面，此过程需切断晶面间的化学键，需要额外能量破坏. 在平衡条件(恒定温度、恒压、恒化学势、定体积)下，对于一个单元系统，若表面面积增加 dA 所需的可逆功为 $W_s(T, p, V, \mu)$，则表面能为

$$\gamma=\frac{\mathrm{d}W_s}{\mathrm{d}A}$$

表面能是一个热力学函数. 只有两相平衡，形成稳定的界面时，表面能才有意义. 由于表面能来源于形成表面时破坏的结合键，不同的晶面为外表面时，所破坏的结合

键数目不等，故表面能具有各向异性. 外表面通常为表面能低的密排面. 对于体心立方{100}表面能最低，对于面心立方{111}表面能最低. 杂质的吸附会显著改变表面能，所以外表面会吸附外来杂质，与之形成各种化学键，其中物理吸附依靠分子键，化学吸附依靠离子键或共价键.

下面以一个金刚石结构为例子，检查各表面的表面能大小. 我们可以通过计算表面的悬挂键来判断表面能，表面能正比于单位面积上的悬键数. 如图 7.10 所示，由(111)、(110)和(100)三个面上的悬挂键数可判断三个表面的表面能关系为 $\gamma_{110}>\gamma_{100}>\gamma_{111}$.

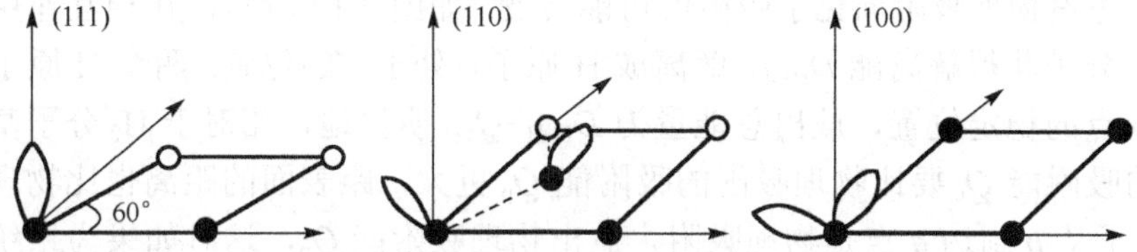

图 7.10　金刚石结构各表面的悬挂键示意图

7.2.2　表面缺陷

实际的固体表面结构非常复杂. 如图 7.11 所示，表面并非理想的单一的单层平整结构，表面上通常会存在大量的表面台阶和随机的吸附原子，因此导致表面上有各种不同类型的原子，如平台附加原子、平台空位、单原子台阶、台阶附加原子、扭结原子等.

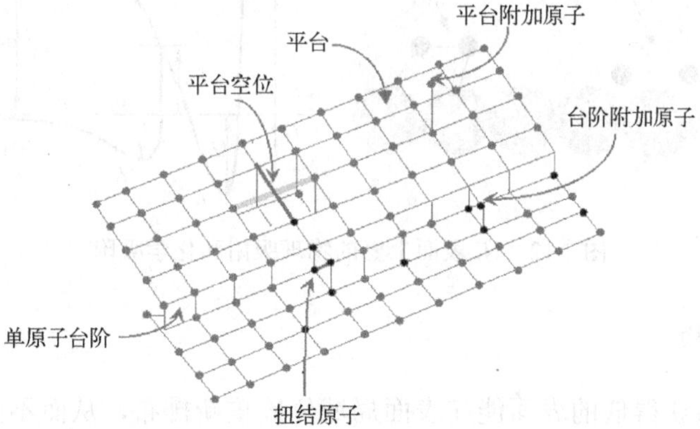

图 7.11　实际固体表面原子结构示意图

固体表面上的原子或分子与液体一样，受力也是不均匀的，所以固体表面也有表面张力和表面能. 固体表面分子(原子)移动困难，只能靠吸附来降低表面能. 固体表面是不均匀的，不同类型原子的化学行为、吸附热、催化活性和表面态能级的分布都是不均匀的.

1. 表面上的物理吸附和化学吸附

H_2分子在金属镍表面上发生物理吸附. 在相互作用的位能曲线上，随着H_2分子向 Ni 表面靠近，相互作用位能下降. 到达 a 点，位能最低，这是物理吸附的稳定状态. 这时氢没有解离，两原子核间距等于 Ni 和 H 的原子半径加上两者的范德瓦耳斯半径. 放出的能量等于物理吸附能 Q_p，这个数值相当于氢气的液化热. H 原子在 Ni 表面上形成化学吸附. 随着 H 原子向 Ni 表面靠近，位能不断下降，到达 b 点，这是化学吸附的稳定状态.

现在考察物理吸附向化学吸附的可能转变. 如图 7.12 所示，在相互作用的位能线上，H_2分子获得解离能 $D_{H\text{-}H}$，解离成 H 原子，处于 c'的位置. 两个 H 原子沿位能线到达 b 点的稳定位置，放出总能量为 $D_{H\text{-}H}+Q_c$. 明显地，相对于H_2分子基态，化学吸附的吸附能 Q_c 要比物理吸附的吸附能 Q_p 更大，距表面的距离也比物理吸附的小. H_2分子从 p'到达 a 点是物理吸附，放出物理吸附能 Q_p，这时如果为系统提供活化能 E_a，氢分子可能越过 p 点，解离为氢原子，接下来发生化学吸附. 我们看到活化能 E_a 远小于H_2分子的解离能，这就是 Ni 为什么是一个好的加氢脱氢催化剂的原因. 这个例子给出了表面催化的基本原理.

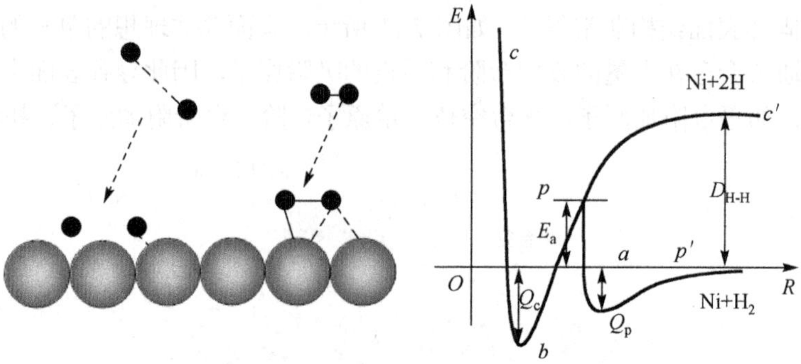

图 7.12　Ni 表面上氢的物理吸附和化学吸附

2. 表面重构

表面原子为获得低的表面能在表面局域位置重新排布，从而不同于体结构的表面，称为表面重构. 下面通过举例来详细理解表面重构现象.

例子 1：Pt(100)表面重构. 图 7.13 为 Pt fcc(100)表面的准六角重构(hexagonal reconstruction). 试验结果来自里茨(Ritz)等的研究. 我们看到表面构型复杂，表面的一个典型特征是出现很多明亮的单原子链，如图 7.13 所示，放大后可以看到明亮的单原子链实际上是这个原子链沿[010]方向的一个整体平移. 因为在(100)表面上有两个低能吸附位点——a 位点和 b 位点. 位点 a 的吸附更强，该点是体结构的正常排列位置. 位点 b 是一个亚平衡吸附位点. 在表面上，由于原子间的库仑排斥，很容易引起某列原子整体迁移到 b 位点，b 位点的吸附位置离表面较远，因此，在扫描隧道显微镜(scanning tunneling microscope，STM)图片中会看到明亮的原子链结构.

图 7.13　Pt fcc(100)准六角重构的 STM 图(Ritz, 1997)和结构图

例子 2：Pt(110)表面重构. 图 7.14 展示了 Pt fcc(110)表面重构. 表面通过有序地失去一列原子实现重构，构成 Pt(110)-(1×2)表面. 实验结果来自 Besenbacher 等的工作(Besenbacher et al., 2005). 我们看到在 fcc(110)表面上，表面二维单胞中两个基本矢量不相等. 因此，原子排列在两个方向上的原子间距不等，由于表面原子间的库仑排斥，原子间距较小的方向上，原子很容易被挤压出去而形成缺行(missing-row)结构. 缺行结构的有序性导致表面重构.

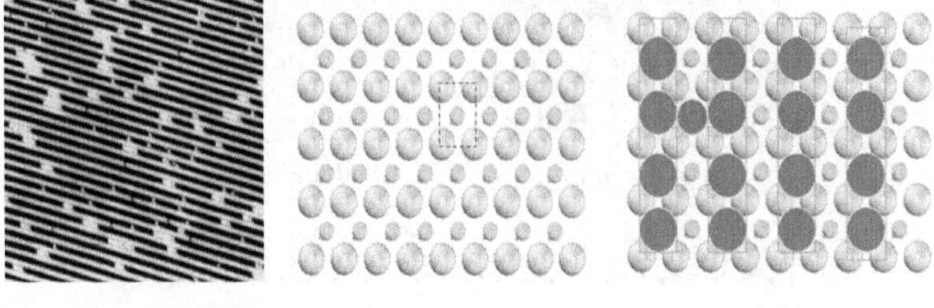

图 7.14　Pt fcc(110)的缺行重构的 STM 图和结构图

例子 3：共价键 GaAs 结构类型(100)表面重构. 图 7.15 给出了 Si(001)表面的表面重构. STM 实验结果(Randall et al., 2018)清楚地展示了(001)表面的二聚体链(buckled dimer row)重构，主要原因是(001)表面的每个原子都有两个悬浮键，通过原子间的两两聚合，每个原子消灭一个悬挂键，以降低表面能，同时，在聚合过程中表面原子位移形成形变能，导致表面能增加，因此在表面形成稳定的二聚体链重构.

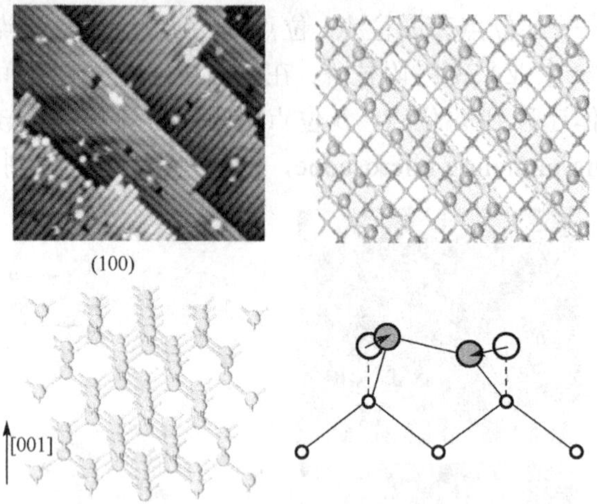

图 7.15　Si(001)的二聚体链重构的 STM 图和结构图

例子 4：共价键 Si 结构(111)表面重构. 图 7.16 给出了 Si(111)表面的重构. 实验结果来自 Takayanagi 等的工作(Takayanagi et al., 1985). 在 Si(111)表面上，每个 Si 原子具有一个悬挂键，但(111)表面是个双层结构，表面上的 Si 原子希望通过表面原子吸附来消灭悬挂键，降低表面能，吸附原子导致表面收缩，从而引起双层原子丢失，表面双层通过这种丢失-吸附的方式形成原子表面迁移和重排，以降低表面能，从而形成表面 7×7 重构的特征.

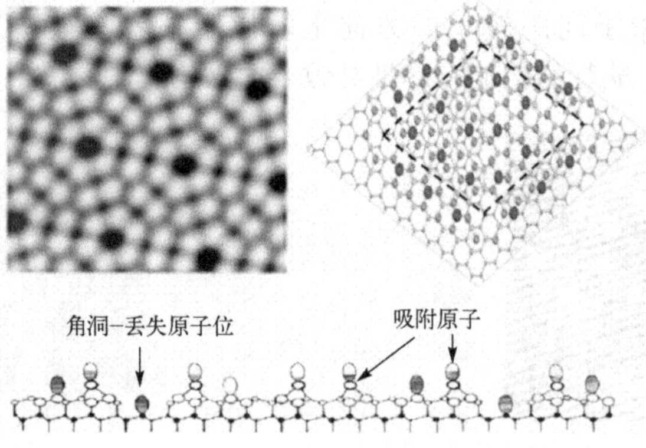

图 7.16　Si(111)的 7×7 重构的 STM 图和结构图

7.2.3　表面电子结构

我们考虑金属表面的电子结构. 在表面的晶格中，离子实可假设在空间分布均匀，故正电荷可被认为在空间均匀分布，且在表面处被限制. 因此，电子电荷也被限制在由离子实构成的半无限空间里.

在此假设下，N. D. Lang 和 W. Kohn 获得了金属表面电子分布的重要结论(Lang and Kohn, 1970)．①如图 7.17 所示，自由电子在表面处形成电子溢出(spillover)，从而与表面正电荷构成偶极双层(dipole layer)．这样的双层结构，具有有限的功函数(finite work function)．②形成弗里德(Friedel)振动．③振荡导致多层弛豫．④可定性描述简单金属(如 Na、Rb 等)的性质，如功函数、表面能．理论不足之处在于：①指数势代替了幂次投影势(局域电子近似问题)；②对于过渡族元素，存在局域 d 电子，理论失效．

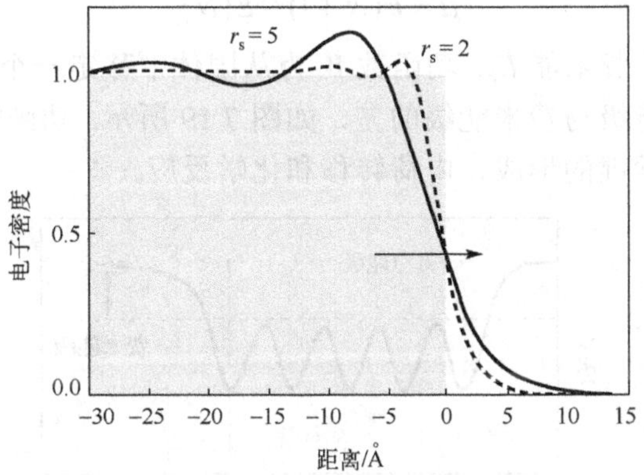

图 7.17　金属表面电子分布图

考虑表面原子结构，例如 fcc 晶格的不同表面，如图 7.18 所示的(111)、(110)和(100)表面．这些理想的表面形成二维结构，图中分别给出了其二维原胞．其对应的二维布里渊区也在图中给出．不考虑悬挂键，二维表面的存在终止了体结构在垂直表面方向的周期性排列，因此对于该方向，倒空间的点被无限压缩，因此，表面的理想能带为体结构的电子能带在垂直表面方向对应的倒空间方向的投影．这些投影并不改

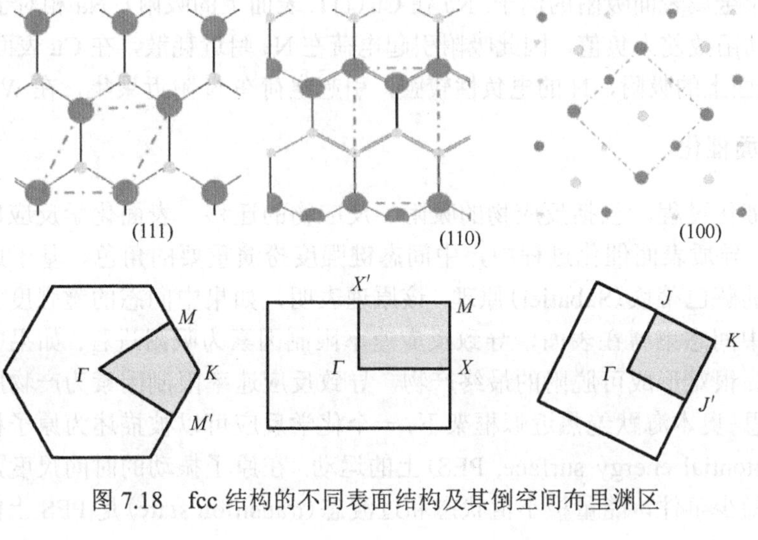

图 7.18　fcc 结构的不同表面结构及其倒空间布里渊区

变电子带隙，然而由于表面悬挂键的存在，形成表面态结构，表面态结构在体电子带隙中形成新的色散关系，导致电子带隙减小或为零. 表面层中表面电子态的电子，其波函数在垂直表面方向上迅速衰减收敛，形成表面层二维电子结构特征.

7.2.4 表面功函数和表面吸附

电子的化学势定义为

$$\mu = E(N+1) - E(N)$$

因此，化学势 μ 等于费米能 E_F. 功函数 W 为从固体中移走一个电子需要的能量. 因此，功函数为真空能级与费米能级的差，如图 7.19 所示. 功函数差的概念可以用来解释表面吸附、化学键的形成、电荷转移和化学反应.

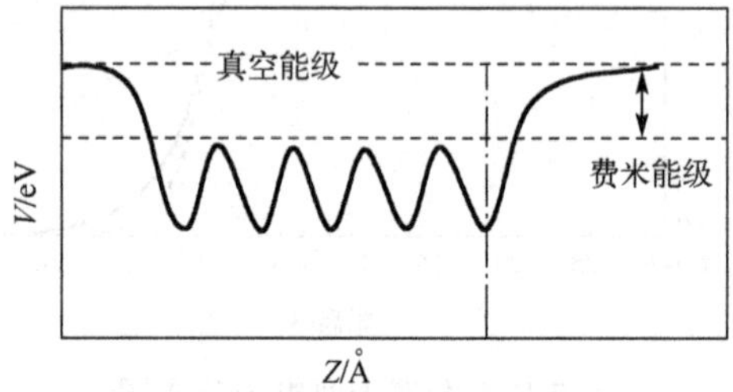

图 7.19 表面层与表面功函数

下面考察表面吸附与功函数差的关系. 对于电正性吸附物，其功函数小于表面的功函数，电子将从吸附物转移到吸附表面，吸附表面诱导一个极化向下的偶极矩. 对于电负性吸附物，其功函数大于表面的功函数，电子将从吸附表面转移到吸附物，在吸附表面诱导一个极化向上的偶极矩.

举两个金属表面吸附的例子. Na 在 Cu(111)表面上的吸附，Na 相对于 Cu，电负性较弱，功函数差为负值，因此吸附引起电荷在 Na 附近耗散，在 Cu 表面聚集. N 在 W(100)表面上的吸附，N 的电负性较强，引起电荷在 N 附近聚集，在 W 表面耗散.

7.2.5 表面催化

异质催化过程，包括反应物的吸附、反应物的迁移、表面化学反应以及产物脱附等过程. 异质表面催化过程中，中间态键强度扮演重要的角色，基于此概念形成表面催化的萨巴蒂埃(Sabatier)原理. 该原理表明，如果中间态的键强度太弱，不能有效地把中间态束缚在表面，导致反应速率限制因素为吸附进程. 如果中间态的键强度太强，很难形成可脱附的最终产物，导致反应速率限制因素为产物脱附进程.

在玻恩-奥本海默绝热近似框架下，一个化学反应可以被描述为原子核在多维度势能面(potential energy surface, PES)上的运动. 在原子振动的时间尺度，化学反应是有趣的稀少事件，能量极小值状态和过渡态(transition state)是 PES 上的驻点，能量关于位移的某个方向一阶偏导数为零. 过渡态是一阶鞍点(saddle point)，能量仅在一个方向上降低.

反应坐标(reaction coordinate) q 并不是简单的几何坐标(例如：键长、键角)，而是一个多维度坐标的抽象描述. 最小能量反应路径指的是沿着内在的反应坐标，能量降低最快的反应路径. 如图 7.20 所示，化学反应 H+OH═H_2O 在催化剂表面上进行，在过渡态，H 和 O 与表面形成的化学键断裂，同时 H 和 OH 中的 O 形成新的化学键，末态为 H_2O 在表面上的脱附.

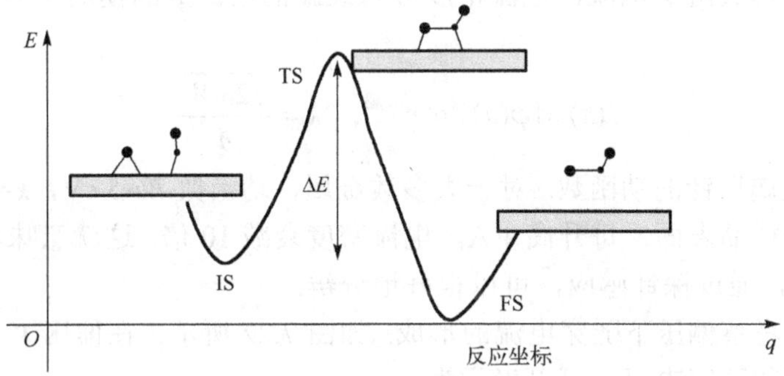

图 7.20　反应坐标表示下的反应路径示意图

IS：初始态；TS：过渡态；FS：末态

7.2.6　表面扫描探测技术

扫描探针显微术是机械探针显微技术的一种，可以测量表面结构及形态，分辨率达到原子尺度. 扫描探针显微术起源于扫面隧道显微镜(STM)，通过探针和样品表面间的电子隧穿产生电流，其作为反馈参数，来控制两者之间的距离，如图 7.21 所示. 目前典型的技术为扫描隧道显微镜、扫描力学显微镜和近场扫描光学显微镜. 除了探针技术，也有其他的表面及近表面结构探测技术，如电子扫描显微镜和透射电子显微镜.

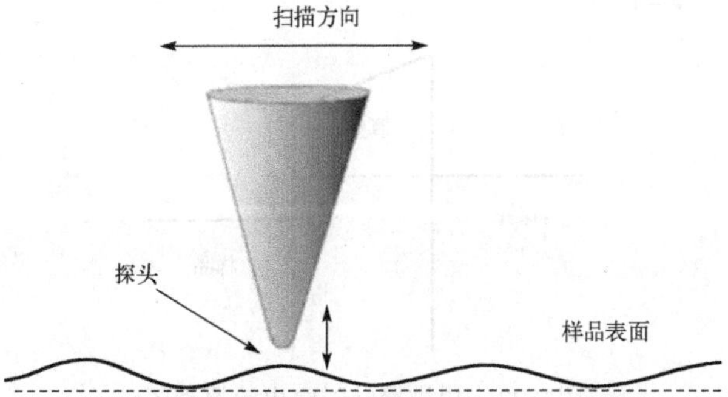

图 7.21　扫描探针显微术探针在表面上扫描示意图

1. 电子隧道显微技术原理

隧穿电流是电子通过隧穿效应，从探针的头部通过真空层到样品的表面. 这是一个典型的量子效应，在温策尔-克拉默斯-布里渊(Wenzel-Kramers-Brillouin，WKB)近似下，粒子通过一个厚度为 a、势能为 $V(x)$ 的势垒层，波函数衰减为

$$\varphi(a)=\varphi(0)\mathrm{e}^{-\frac{1}{\hbar}\int_0^a |p(z)|\mathrm{d}z},\quad p(z)=\sqrt{2mV(x)-E}$$

对于电子隧穿形成隧穿电流，电流密度应与衰减的波函数的模的平方成正比. 电流 $I(z)$ 可表示为

$$I(z)\propto|\varphi(a)|^2\propto \mathrm{e}^{-2ka},\quad k=\frac{\sqrt{2mW}}{\hbar}$$

其中，W 为金属探针的功函数. 对于大多数金属，功函数 $W\approx 5$ eV，$k=11.4$ nm^{-1}. 因此，探针离开样品表面，每升高 1 Å，电流密度衰减 10 倍. 这就意味着表面上原子间距超过 1 Å，通过探针感应，可以很好地分辨.

下面我们考察偏压下隧穿电流的形成. 如图 7.22 所示，在偏压 V 下，形成从探头到样品表面的隧穿电流，可以表示为

$$I_{\mathrm{T\to S}}=\frac{2\pi e}{\hbar}\sum_{\mu,\nu} f(E_\mu)(1-f(E_\nu+eV)|H_{\mu,\nu}|^2\,\delta(E_\mu-E_\nu-eV)$$

其中，$H_{\mu,\nu}$为隧穿矩阵，可表示为

$$H_{\mu,\nu}=\frac{\hbar^2}{2m}\int \mathrm{d}z(\varphi_\mu^*\nabla\varphi_\nu-\varphi_\nu\nabla\varphi_\mu^*)$$

因此，总隧穿电流为

$$\begin{aligned}I&=I_{\mathrm{T\to S}}-I_{\mathrm{S\to T}}\\&=A\int_{-\infty}^{\infty}\rho_{\mathrm{T}}(E)\rho_{\mathrm{S}}(E+eV)|H_{\mu,\nu}|^2[f(E)-f(E+eV)]\mathrm{d}E\\&\approx A\int_{-eV}^{0}\rho_{\mathrm{T}}(E)\rho_{\mathrm{S}}(E+eV)|H_{\mu,\nu}|^2\,\mathrm{d}E\end{aligned}$$

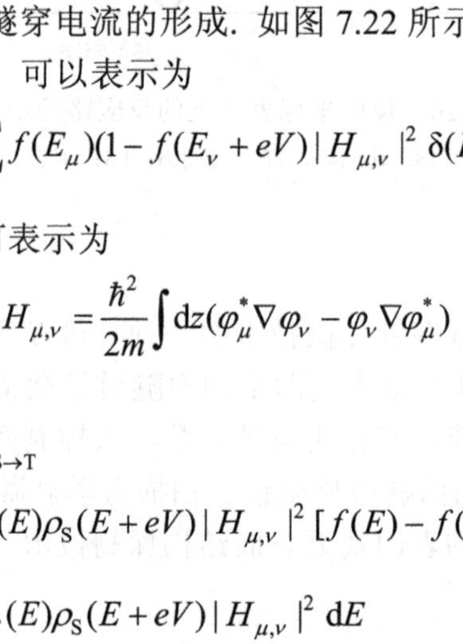

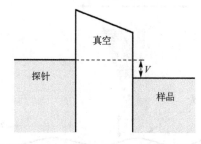

图 7.22 扫描探针隧穿电流原理图

因为探针探头是金属的，在费米能级附近电子密度基本是常数，隧穿电流近似为

$$I \approx \rho_S(E_F)V$$

因此，电流密度随电压的变化

$$\frac{dI}{dV} \propto \rho_S(E_F)$$

我们通过电子扫描隧穿显微技术，探测的是样品表面的费米面附近的电子态密度. 我们通过调节电压可以探索不同的电子态，甚至探测到原子间的键合.

2. STM 原子操控的一个例子

如图 7.23 所示，由 48 个 Fe 原子在 Cu(111) 表面上形成的一个圆环，目的是包围住表面电子态，迫使它们进入圆结构的量子态. 在环原子上的波纹结构(ripple)是围栏的一组特殊量子态的电子密度分布. 这样的一个结构通过一个有趣的模型，可供求解一些在量子力学中有趣的经典的本征值问题，例如，硬壁盒子里的粒子问题. 注意：围栏中的波纹结构可被归结为是表面态电子引起的. 表面态电子可以在表面上传播，但不渗入固体内部. 当一个表面电子态遇到一个障碍，如一个原子台阶或缺陷，会被部分反射，因此在围栏的限制下形成驻波(standing wave).

图 7.23　在 Cu 表面上构建的 Fe 原子围栏(Binnig and Rohrer, 1999)

7.3　半导体量子阱与超晶格

7.3.1　半导体介绍

通常，一般半导体可依据其元素来自的主族进行划分，主要为Ⅳ-Ⅳ族半导体、Ⅲ-Ⅴ族半导体和Ⅱ-Ⅵ族半导体. 这三类半导体主要应用于各种微电子和光电子器件. 具体的主要材料如表 7.1 所示.

表 7.1 通用半导体材料列表

Ⅳ-Ⅳ族半导体	Ⅲ-Ⅴ族半导体	Ⅱ-Ⅵ族半导体
C、Si、Ge、Sn SiC、GeSi	AlN、AlP、AlAs、AlSb GaN、GaP、GaAs、GaSb InN、InP、InAs、InSb	BeO、ZnO、CdO、MgO、CuO、ZnS、 ZnSe、ZnTe、CdS、CdSe、CdTe、HgS、 HgSe、HgTe

半导体材料的电子结构不同于金属，主要在于其有适当的电子带隙. 作为微电子核心材料，如 Ge、Si、GaAs，要求其载流子具有高的迁移率. 作为光电子材料，应用于光电子器件，如发光二极管和激光二极管，其带隙通常要求在可见光区. 此外，半导体还应用于光探测器(如红外探测器和紫外探测器)和气体传感器等方面. 表 7.2 列出了常用半导体在室温下的晶格结构和电子带隙. 有些半导体是直接带隙半导体，如 GaAs、GaN 等. 有些半导体是间接带隙半导体，如 Si、Ge 等.

表 7.2 典型半导体电子带隙和晶格结构

晶体材料	带隙 300K/eV	晶格类型
Ge	0.67(i)	金刚石
Si	1.11(i)	金刚石
GaAs	1.43(d)	金刚石
GaN	3.39(d)	闪锌矿
ZnO	3.37(d)	纤锌矿
C	5.4 (i)	金刚石

半导体在零温下可被认为是绝缘体. 通常，半导体的带隙较小，热激发下，电子可从价带跃迁到导带，形成可传导电流的载流子. 20 世纪 20 年代，派尔斯(R. Peierls)分析了半导体的电导基本性质. 在导带底的电子，类似于自由电子导电. 一个满带对电导没有贡献. 在价带顶附近的电子，假设一个波矢量为 k_e 的电子被丢失，则总电导为 $\sum k = -k_e$，这样，电导可看做一个带正电的空穴导电.

7.3.2 半导体能带与有效质量近似

我们对半导体的关注主要集中在其电子性质上，而电子性质主要体现在其在费米能级附近的电子能带结构特征上. 如图 7.24 所示，直接带隙的半导体，其价带顶和导带底在 k 空间的同一个点. 对于间接带隙半导体，其价带顶和导带底不在同一个点. 通常，大多数半导体的价带顶在布里渊区中心位置. 我们主要考虑价带顶和导带底附近的能带结构，其一般具有抛物线型的色散关系，因此我们可以采用有效质量近似来处理带边电子态问题.

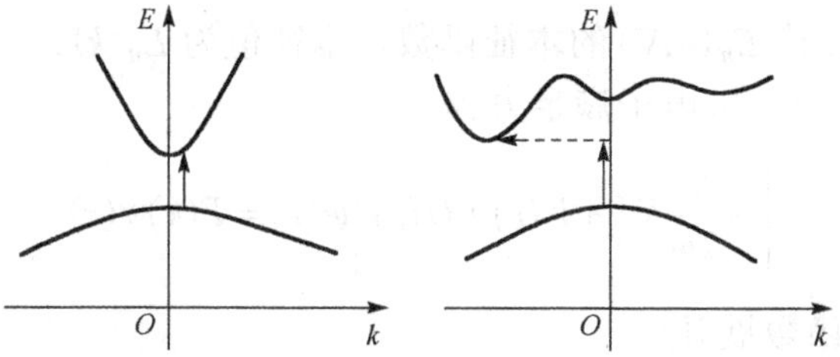

图 7.24　直接带隙和间接带隙半导体带隙附近能带结构示意图

在导带底附近，能量色散关系可近似表示为

$$E(k) = E_0 + \frac{1}{2}\sum_{i,j}\frac{\partial^2 E(k)}{\partial k_i \partial k_j}k_i k_j + O(k^3)$$
$$\approx E_0 + \frac{1}{2}\sum_{i,j}\left(\frac{1}{m^*}\right)_{ij} p_i p_j$$

有效质量倒数矩阵为

$$\left(\frac{1}{m^*}\right)_{ij} = \frac{1}{\hbar^2}\frac{\partial^2 E(k)}{\partial k_i \partial k_j}$$

因此，获得有效质量需要带边的色散关系. 单电子近似下薛定谔方程为

$$\left[-\frac{\hbar^2}{2m}\nabla^2 + V(r)\right]\psi_{nk}(r) = E_n(k)\psi_{nk}(r)$$

根据晶体结构的周期性，能量本征值在倒空间也具有相应的周期性

$$E_n(k) = E_n(G+k)$$

因此，根据傅里叶变换，能量本征值可表示为

$$E_n(k) = \sum_l \varepsilon_{nl} \mathrm{e}^{\mathrm{i}k\cdot R_l}$$

把波矢量 k 换成算符 $-\mathrm{i}\nabla$，上面的表达式泰勒展开为

$$E_n(-\mathrm{i}\nabla) = \sum_l \varepsilon_{nl} \mathrm{e}^{R_l\cdot\nabla}$$
$$= \sum_l \varepsilon_{nl}\left[1 + R_l\cdot\nabla + \frac{1}{2}(R_l\cdot\nabla)^2 + \cdots\right]$$

把上面的能量算符作用在本征波函数 $\psi_{nk}(r)$ 上，可得下面方程：

$$E_n(-\mathrm{i}\nabla)\psi_{nk}(r) = \sum_l \varepsilon_{nl}\left[1 + R_l\cdot\nabla + \frac{1}{2}(R_l\cdot\nabla)^2 + \cdots\right]\psi_{nk}(r)$$
$$= \sum_l \varepsilon_{nl}\psi_{nk}(r+R_l) = \sum_l \varepsilon_{nl}\mathrm{e}^{\mathrm{i}k\cdot R_l}\psi_{nk}(r) = E_n(k)\psi_{nk}(r)$$

因此，$\psi_{nk}(r)$ 也是算符 $E_n(-\mathrm{i}\nabla)$ 的本征函数，本征值为 $E_n(k)$.

在外电场 $U(r)$ 中，单电子满足方程

$$\left[-\frac{\hbar^2}{2m}\nabla^2+V(r)+U(r)\right]\psi(r)=E(k)\psi(r)$$

利用无外场的本征函数展开

$$\psi(r)=\sum_k c(k)\psi_{nk}(r)$$

可得外场下算符 $E_n(-\mathrm{i}\nabla)$ 的方程

$$\begin{aligned}E\psi(r)&=\sum_k c(k)\left[-\frac{\hbar^2}{2m}\nabla^2+V(r)+U(r)\right]\psi_{nk}(r)=\sum_k c(k)\left[E_n(k)+U(r)\right]\psi(r)\\&=\sum_k c(k)\left[E_n(-\mathrm{i}\nabla)+U(r)\right]\psi_{nk}(r)=\left[E_n(-\mathrm{i}\nabla)+U(r)\right]\psi(r)\end{aligned}$$

因此，我们获得的有效哈密顿量为

$$H_{\mathrm{eff}}=E_n(-\mathrm{i}\nabla)+U(r)$$

将 $V(r)$ 和 $U(r)$ 的作用分开处理，可利用能带理论求出的 $E_n(k)$ 构造有效哈密顿量. 对于半导体，能带极值附近的能量，在有效质量近似下采用抛物线模型：

$$E_n(k)=\frac{\hbar^2{k_x}^2}{2m_x}+\frac{\hbar^2{k_y}^2}{2m_y}+\frac{\hbar^2{k_z}^2}{2m_z}$$

在外场 $U(r)$ 下，有效哈密顿量表示的薛定谔方程为

$$\left[-\left(\frac{\hbar^2}{2m_x}\frac{\partial^2}{\partial x^2}+\frac{\hbar^2}{2m_y}\frac{\partial^2}{\partial y^2}+\frac{\hbar^2}{2m_z}\frac{\partial^2}{\partial z^2}\right)+U(r)\right]\psi=E\psi$$

图 7.25 所示为 Ge、Si 和 GaAs 导带底的能带情况. Ge 的导带底在 $\langle 111\rangle$ 晶向族方向上，有 8 个等价的方向. Si 的导带底在 $\langle 100\rangle$ 晶向族方向上，有 6 个等价的方向. GaAs 的导带底在 (0, 0, 0) 点. Ge 和 Si 具有各向异性的有效质量，GaAs 具有各向同性的有效质量. 可见，抛物线模型在三种材料中成立.

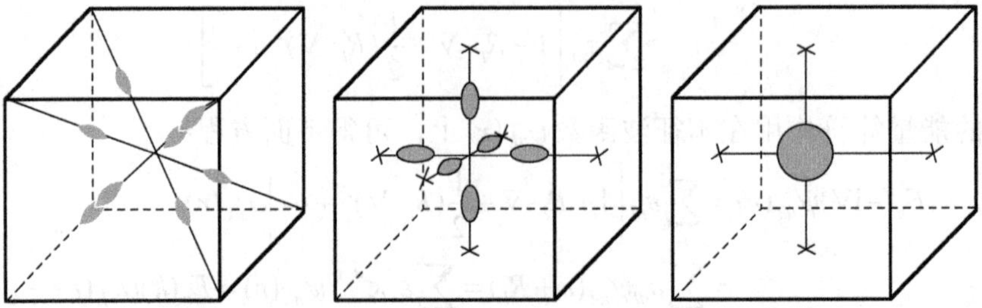

图 7.25　Ge、Si 和 GaAs 导带底附近等能面示意图

采用有效质量近似，需知道 $E_n(k)$ 的函数形式，可采用 $k\cdot p$ 微扰法获得. 把晶格波函数代入薛定谔方程

$$\left[\frac{p^2}{2m}+V(r)\right]\psi_{nk}(r)=E_n(k)\psi_{nk}(r), \quad \psi_{nk}(r)=\mathrm{e}^{\mathrm{i}k\cdot r}u_{nk}(r)$$

可得关于调幅函数 $u_{nk}(r)$ 的薛定谔方程

$$\left[\frac{p^2}{2m}+\frac{\hbar^2k^2}{2m}+\frac{\hbar}{m}k\cdot p+V(r)\right]u_{nk}(r)=E_n(k)u_{nk}(r)$$

假定 $k=0$ 处极值的能量为 $E_n(0)$，调幅波函数为 $u_{nk}(r)$，相应的方程为

$$\left[\frac{p^2}{2m}+V(r)\right]u_{n0}(r)=E_n(0)u_{n0}(r)$$

我们可以求得上面 $k=0$ 时方程的本征函数和本征值. 利用这些本征值和本征函数，按照非简并微扰理论，可得 $k=0$ 附近的调幅函数

$$u_{nk}(r)=u_{n0}(r)+\frac{\hbar}{m}\sum_{n'}{}'\frac{\langle u_{n'0}|k\cdot p|u_{n0}\rangle}{E_n(0)-E_{n'}(0)}u_{n'0}(r)$$

及能量本征值

$$\begin{aligned}E_n(k)&=E_n(0)+\frac{\hbar^2k^2}{2m}+\frac{\hbar^2}{m^2}\sum_{n'}\frac{\langle u_{n0}|k\cdot p|u_{n'0}\rangle\langle u_{n'0}|k\cdot p|u_{n0}\rangle}{E_n(0)-E_{n'}(0)}\\&=E_n(0)+\frac{\hbar^2k^2}{2m}+\frac{\hbar^2}{m^2}\sum_{n'}\sum_{\alpha}\frac{\left|\langle u_{n0}|p_\alpha|u_{n'0}\rangle\right|^2}{E_n(0)-E_{n'}(0)}k_\alpha^2\end{aligned}$$

因此，有效质量可表示为

$$\frac{1}{m_\alpha^*}=\frac{1}{\hbar^2}\frac{\partial^2E_n(k)}{k_\alpha^2}=\frac{1}{m}+\frac{1}{m^2}\sum_{n'}\frac{\left|\langle u_{n0}|p_\alpha|u_{n'0}\rangle\right|^2}{E_n(0)-E_{n'}(0)}$$

7.3.3 半导体导电

本征半导体中载流子可由热激发产生，按照费米分布，热平衡时导带中的电子数 N 和价带中的空穴数 P 分布分别为

$$N=\int_{E_\mathrm{C}}^{\infty}f(E,T)g_\mathrm{C}(E)\mathrm{d}E$$

$$P=\int_{\infty}^{E_\mathrm{V}}\left[1-f(E,T)\right]g_\mathrm{V}(E)\mathrm{d}E$$

本征半导体化学势 μ 位于禁带中，因此满足条件

$$E_\mathrm{C}-\mu\gg k_\mathrm{B}T, \quad \mu-E_\mathrm{V}\gg k_\mathrm{B}T$$

对于导带中的态

$$E > E_{\mathrm{C}}, \quad f(E,T) \approx \mathrm{e}^{-(E-\mu)/(k_{\mathrm{B}}T)}$$

对于价带中的态

$$E < E_{\mathrm{V}}, \quad 1 - f(E,T) \approx \mathrm{e}^{-(\mu-E)/(k_{\mathrm{B}}T)}$$

考虑导带底和价带顶有效质量抛物线模型

$$E_{\mathrm{C}}(k) = E_{\mathrm{C}} + \frac{\hbar^2 k^2}{2m_{\mathrm{e}}}, \quad E_{\mathrm{V}}(k) = E_{\mathrm{V}} - \frac{\hbar^2 k^2}{2m_{\mathrm{h}}}$$

导带底附近的态密度为

$$g_{\mathrm{C}}(E) = \frac{V}{2\pi^2}\left(\frac{2m_{\mathrm{e}}}{\hbar^2}\right)^{3/2}(E - E_{\mathrm{C}})^{1/2}$$

价带顶附近的态密度为

$$g_{\mathrm{V}}(E) = \frac{V}{2\pi^2}\left(\frac{2m_{\mathrm{h}}}{\hbar^2}\right)^{3/2}(E_{\mathrm{V}} - E)^{1/2}$$

因此，电子密度可表示为

$$n = N / V = 1/V\int_{E_{\mathrm{C}}}^{\infty}\mathrm{e}^{-(E-\mu)/(k_{\mathrm{B}}T)}g_{\mathrm{C}}(E)\mathrm{d}E = N_{\mathrm{C}}\mathrm{e}^{-(E_{\mathrm{C}}-\mu)/(k_{\mathrm{B}}T)}$$

其中 $N_{\mathrm{C}} = 2\left(\frac{m_{\mathrm{e}}k_{\mathrm{B}}T}{2\pi\hbar^2}\right)^{3/2}$. 空穴密度可表示为

$$p = P / V = 1/V\int_{-\infty}^{E_{\mathrm{V}}}\mathrm{e}^{-(\mu-E)/(k_{\mathrm{B}}T)}g_{\mathrm{V}}(E)\mathrm{d}E = N_{\mathrm{V}}\mathrm{e}^{-(\mu-E_{\mathrm{V}})/(k_{\mathrm{B}}T)}$$

其中 $N_{\mathrm{V}} = 2\left(\frac{m_{\mathrm{h}}k_{\mathrm{B}}T}{2\pi\hbar^2}\right)^{3/2}$. 因此我们得到主要结论，电子密度和空穴密度的乘积与化学势无关. 其积可表示为

$$np = N_{\mathrm{C}}N_{\mathrm{V}}\mathrm{e}^{-E_{\mathrm{g}}/(k_{\mathrm{B}}T)}$$

对于本征半导体，电子密度等于空穴密度，因此

$$n_i = (np)^{1/2} = (N_{\mathrm{C}}N_{\mathrm{V}})^{1/2}\mathrm{e}^{-E_{\mathrm{g}}/(2k_{\mathrm{B}}T)}$$

代入前面的式子，我们也可获得化学势的表达式为

$$\mu_i(T) = \frac{1}{2}(E_{\mathrm{C}} + E_{\mathrm{V}}) + \frac{3}{4}k_{\mathrm{B}}T\ln\left(\frac{m_{\mathrm{h}}}{m_{\mathrm{e}}}\right)$$

在温度为零时，化学势等于费米能级，位于带隙中间

$$E_F = \mu_i(0) = \frac{1}{2}(E_C + E_V)$$

载流子浓度随温度升高而增大，其变化趋势由带隙决定. 对于 Ge、Si 和 GaAs 三种材料，Ge 的电子带隙最小，其本征载流子浓度随温度变化是三者中最缓慢的. 在 300 K 温度下，Ge 的 n_i 值为 $2.5\times10^{13}\text{cm}^{-3}$; Si 的 n_i 值为 $1.5\times10^{10}\text{cm}^{-3}$；而 GaAs 的 n_i 值仅为 $2\times10^6\ \text{cm}^{-3}$.

对于掺杂半导体，其电子浓度可表示为

$$n = n_i e^{(\mu-\mu_i)/(k_B T)}$$

空穴浓度可表示为

$$p = n_i e^{-(\mu-\mu_i)/(k_B T)}$$

其中引入新的化学势参量 μ，需另行决定.

考虑只有一种施主杂质存在引起的 n 型掺杂，电中性条件为

$$n = p + N_d - n_d = p + \Delta n$$

其中，n_d 为中性施主杂质的浓度. 假设杂质的基态只能束缚一个电子，但有两种自旋状态，不能同时束缚两个电子，热平衡时单个杂质的平均电子数为

$$\bar{n} = \frac{\sum_j n_j e^{-(E_j - n_j\mu)/(k_B T)}}{\sum_j e^{-(E_j - n_j\mu)/(k_B T)}} = \frac{1}{1 + \frac{1}{2}e^{-(E_d-\mu)/(k_B T)}}$$

因此，相对于空穴浓度，电子浓度的增量为

$$\Delta n = N_d - n_d = N_d - \bar{n}N_d = \frac{N_d}{1 + 2e^{(\mu-E_d)/(k_B T)}}$$

当温度较低时，由于较大的带隙，电子从价带到导带跃迁的概率很小. 考虑弱电离情况，导带中的电子主要来自施主，且仅少部分施主发生电离. 因此

$$n = \Delta n, \quad N_C e^{-(E_C-\mu)/(k_B T)} = \frac{N_d}{1 + 2e^{(\mu-E_d)/(k_B T)}}$$

考虑近似

$$\mu - E_d \gg k_B T, \quad \mu \approx \frac{1}{2}(E_C + E_d) + \frac{1}{2}k_B T \ln\frac{N_d}{2N_c}$$

此时，n 型掺杂的半导体载流子主要是电子，其浓度为

$$n = \left(\frac{N_d N_C}{2}\right)^{1/2} e^{-E_I/(k_B T)}, \quad E_I = E_C - E_d$$

考虑强电离情况，当温度上升到一定范围时，施主杂质大部分或全部电离

$$\mu - E_d \ll k_B T, \quad N_C e^{-(E_C-\mu)/(k_B T)} \approx N_d$$

此时，化学势为

$$\mu \approx E_C + k_B T \ln \frac{N_d}{N_C}$$

因此，电子浓度约为施主杂质的浓度.

考虑过强电离区，此时处于本征激发区. 施主已全部电离，$n_d = 0$，导带中的电子主要由价带热激发产生，电中性条件为

$$n = p + N_d$$

因此，化学势为

$$\mu = \mu_i + k_B T \operatorname{arsinh}\left(\frac{N_d}{2n_i}\right)$$

随着温度上升

$$n_i \gg N_d, \quad \mu \approx \mu_i; \quad np = n_i^2$$

此时，电子浓度可表示为

$$n = \frac{1}{2}(N_d^2 + 4n_i^2)^{1/2} + \frac{1}{2}N_d$$

空穴浓度可表示为

$$p = \frac{1}{2}(N_d^2 + 4n_i^2)^{1/2} - \frac{1}{2}N_d$$

通过上面的分析，定性结果如图 7.26 所示. 在温度较低时，电子浓度曲线处在 a 区——弱电离区，此时，随温度升高，施主杂质不断被电离，电子浓度迅速提高. 当温度进一步提高时，曲线处在 b 区——强电离区，此时施主杂质全部电离，但由于价带-导带带隙的存在，电子跃迁概率很低，因此在 b 区电子浓度随温度变化缓慢. 最后进入强电离区——c 区，此时在高温下，电子从价带跃迁到导带的概率随温度迅速增大，电子浓度迅速增大.

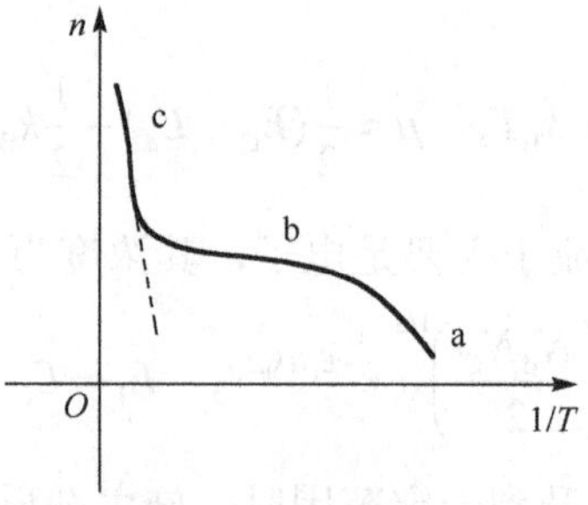

图 7.26　n 型半导体电子浓度随温度的变化示意图

对于半导体掺杂，根据掺杂原子和晶格原子的电负性及外层电子分布，基本可定性判定掺杂剂形成替代掺杂时是 n 型或是 p 型掺杂. 例如，对于 Si 和 Ge 晶格，三族元素 B、Al、Ga、In 掺入晶格，通常为 p 型掺杂. 五族元素 N、P、As、Sb 掺入晶格，通常为 n 型掺杂.

7.3.4　半导体量子阱与超晶格

我们在衬底上外延薄膜，总希望找到晶格匹配的衬底以获得高质量的外延薄膜. 很多半导体具有闪锌矿或纤锌矿结构，因此很容易找到晶格匹配但电子结构明显不同的半导体材料. 在垂直于外延方向，晶格常数相差不大的情况下，理论上可以在一种薄膜上外延另外一种薄膜，在两层薄膜中间插入另外一层薄膜，如果中间层薄膜带隙较小，这样就制造出量子阱结构，如图 7.27 所示.

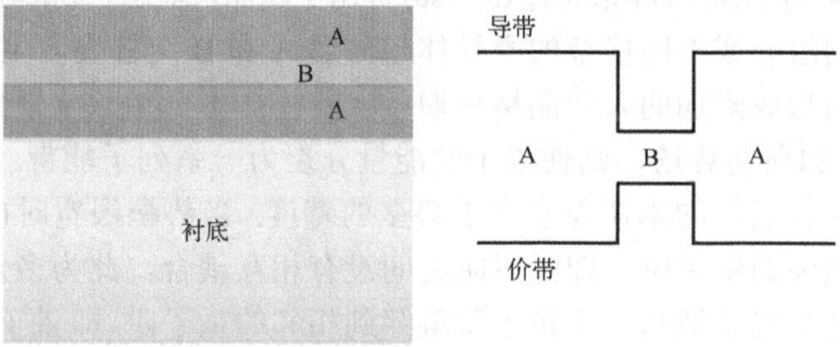

图 7.27　量子阱结构及其能带示意图

我们假设外延生长方向为 z 方向，中间阱层 B 的厚度为 W, 垒层的厚度远大于 W. 如图 7.27 所示，我们看到对于导带，B 层形成关于电子的量子阱. 对于价带，B 层形成空穴的量子阱. 下面以导带中的电子为例，进行讨论. 对于 B 层的导带底，我们采用有效质量抛物线型模型，假设各向同性，电子质量为 m^*. 如果没有垒层，这些导带中的电子自由运动. 现在 B 层的厚度为 W, 假设该阱宽度 W 小于电子的布洛赫波长，电子的运动在 z 方向将受到量子限域效应，形成一系列分裂的能级. 考虑 A 和 B 两种材料的导带底的带边能差为 V, 在阱层运动的电子满足的方程为

$$\left[\frac{-\hbar^2}{2m^*}(\nabla_x^2+\nabla_y^2)-\frac{\hbar^2}{2m^*}\nabla_z^2+V(z)\right]\psi(x,y,z)=E\psi(x,y,z)$$

因为在 x-y 平面内电子自由运动，电子波函数可写为

$$\psi(x,y,z)=\mathrm{e}^{\mathrm{i}k(x+y)}\varphi(z)$$

代入上面的方程，得到关于 z 方向运动的方程为

$$\left[-\frac{\hbar^2}{2m^*}\nabla_z^2+V(z)\right]\varphi(z)=E_z\varphi(z),\quad E_z=E-\frac{\hbar^2(k_x^2+k_y^2)}{2m^*}$$

因此，x-y 平面中的运动是有效质量为 m^* 的自由电子的运动，而 z 方向上的运动是在一维量子阱中的运动，通常具有量子化的束缚能. 假设阱深为无穷大，得无限深势阱模型，

$$V(z)=\begin{cases}0, & 0<z<W\\ \infty, & z\leqslant 0\,;\, z\geqslant W\end{cases}$$

代入上面一维薛定谔方程，解为

$$E_z=\frac{n^2\pi^2\hbar^2W^2}{2m^*},\quad n=1,2,3,\cdots$$

实际情况为有限深势阱，基态能量也比无限深势阱的要小一点，电子波函数在边界处也不能完全衰减为零，会渗透到势垒层 A 中去.

1969 年，江崎(L. Esaki)和朱兆祥(R. Tsu)提出了超晶格概念(黄和鸾和郭丽伟，1992). 设想将两种不同组分或不同掺杂的半导体超薄层 A 和 B 交替叠合生长在衬底上，使在外延生长方向形成附加的人造晶格周期. 导带中的电子，在 x-y 平面内的动能是连续的，z 方向附加周期势场，则使电子的能量分裂为一系列子能带.

多量子阱和超晶格的本质差别在于势垒的宽度. 当势垒很宽时电子不能从一个量子阱隧穿到相邻的量子阱，即量子阱之间没有相互耦合，此为多量子阱的情况；当势垒足够薄使得电子能从一个量子阱隧穿到相邻的量子阱，即量子阱相互耦合时，此为超晶格的情况. 如图 7.28 所示能带图，对于多量子阱，各个量子阱分别形成离散的能级. 对于超晶格，各阱中对应的能级相互耦合，形成一系列的子能带.

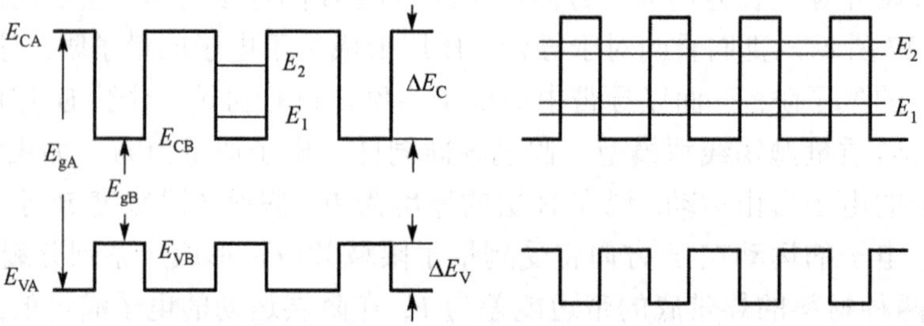

图 7.28　多量子阱能带和超晶格能带图

超晶格按照设计方法不同有不同的类型，包括：①组分调制超晶格；②掺杂调制超晶格；③应变超晶格；④多维超晶格；⑤非晶态半导体超晶格；⑥渐变能隙超晶格(锯齿状).

江崎把异质组分超晶格分为三类. ① I 型异质结超晶格. 窄带材料的禁带完全落在宽带材料的禁带中，ΔE_C 和 ΔE_V 的符号相反. 不论对电子还是空穴，窄带材料都是势阱，宽带材料都是势垒，即电子和空穴被约束在同一材料中. 载流子复合发

生在窄带材料一侧. 典型的 Ⅰ 型异质结超晶格材料体系有 GaAlAs/GaAs 和 InGaAsP/InP. ② Ⅱ 型异质结超晶格. ΔE_C 和 ΔE_V 的符号相同，分为两种. ⅡA 类超晶格：材料 1 的导带和价带都比材料 2 的低，禁带是错开的. 材料 1 是电子的势阱，材料 2 是空穴的势阱. 电子和空穴分别约束在两材料中. 超晶格具有间接带隙的特点，跃迁概率小，如 GaAs/AlAs 超晶格. ⅡB 类超晶格：禁带错开更大，窄带材料的导带底和价带顶都位于宽带材料的价带中，有金属化现象，如 InAs/GaSb 超晶格. ③ Ⅲ 型超晶格. 其中一种材料具有零带隙. 组成超晶格后，由于它的电子有效质量为负，将形成界面态. 如 HgTe/CdTe 体系.

掺杂调制超晶格指的是，在同一种半导体中，用交替地改变掺杂类型的方法做成的新型人造周期性半导体结构的材料. 如图 7.29 所示，n 型 Si 和 p 型 Si 交替周期性变化，形成的能带，电子被局域在 n 型层，空穴被局域在 p 型层. 也可以利用电离杂质中心产生的静电势在晶体中形成周期性变化的势，例如 n-i-n-i 结构超晶格.

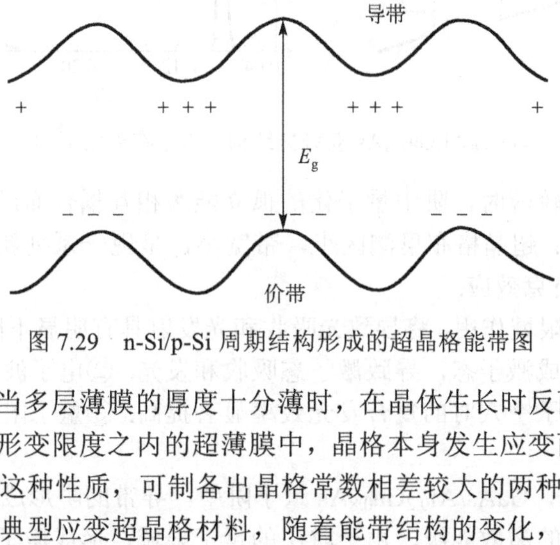

图 7.29　n-Si/p-Si 周期结构形成的超晶格能带图

应变超晶格：当多层薄膜的厚度十分薄时，在晶体生长时反而不容易产生位错. 即指的是，在弹性形变限度之内的超薄膜中，晶格本身发生应变而阻止缺陷的产生. 因此，巧妙地利用这种性质，可制备出晶格常数相差较大的两种材料所形成的应变超晶格. SiGe/Si 是典型应变超晶格材料，随着能带结构的变化，载流子的有效质量可能变小，可提高载流子的迁移率. 多维超晶格：一维超晶格与体单晶比较具有许多不同的性质，这些特点来源于它把电子和空穴限制在二维平面内而产生量子效应. 进一步发展这种思想，把载流子限制在更低维的空间中，可能会出现更多的新的光电特性. 用分子束外延的生长方法生长多量子阱结构或单量子阱结构，通过光刻技术和化学腐蚀制成量子线和量子点结构.

7.3.5　半导体量子阱与超晶格的各种物理效应

前面提到，电子和空穴在某个运动方向受限，形成量子限制效应. 考虑三个阱层中间加两层很薄的势垒层，构成量子器件，有电流通过该器件时，会形成量子共振隧穿效应. 当外加电压使量子阱中能级与外电极费米能级或邻近阱中的电子态一致时，电子可穿过势垒到邻近阱中所对应的能级，隧穿概率几乎为 1. 而与相近邻阱中的能级不一致时隧穿概率为零.

张立纲等构造 GaAs/$Al_xGa_{1-x}As$ 双势垒结构，中间的阱层厚度为 5 nm，垒层的厚度为 2 nm，并在这种双势垒结构中观察到共振隧穿现象. 如图 7.30 所示，通过外加电压，调节外阱和内阱中的能级匹配，形成共振隧穿峰.

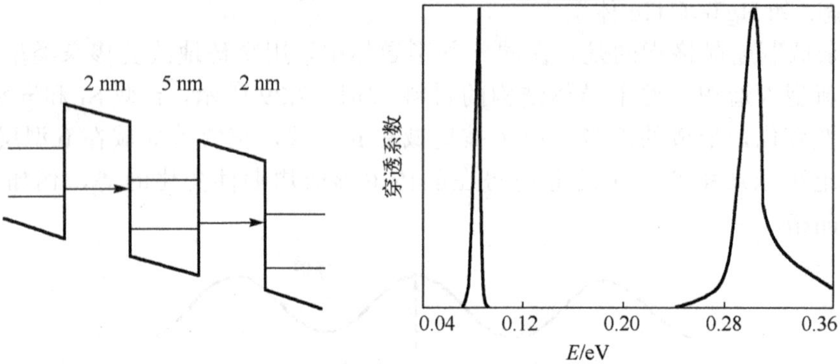

图 7.30 GaAs/$Al_xGa_{1-x}As$ 双势垒结构中电子在外场下的量子隧穿

超晶格势垒区较薄时，阱中量子化的孤立能级相互耦合而成微带结构. 微带有载流子公有化运动. 超晶格布里渊区小，带宽小，呈现一系列新现象. 例如布洛赫振荡和万尼尔-斯塔克效应.

量子阱的量子限域作用，将导致光吸收和光发射具有明显不同于体材料的特性. ①电子空穴对易形成激子态，导致激子态吸收和发光. ②电子波函数和空穴波函数都束缚在阱层，电子空穴对的复合发光效率显著提高. ③量子限域导致吸附边蓝移和发光峰蓝移.

如图 7.31 所示，GaAs/$Al_{0.2}Ga_{0.8}As$ 量子阱中，导带的阱形成电子的离散能级，价带的阱形成空穴的离散能级，由于阱层的量子限域，形成激子吸附峰. 图的右边展示了不同阱宽下激子吸收光谱. 谱在温度为 2 K 时获得，l 表示 GaAs 阱宽. 随阱宽的减小呈现台阶形的吸收谱，阱宽为 400 nm 时台阶消失. 通常的材料中室温下的发光谱中由于温度展宽效应，电子-轻空穴对 (e-lh) 发光和电子-重空穴对 (e-hh) 发光很难区别，但在量子阱中，室温下两个峰可以明显区分出来. 例如，在 GaAs/$Ga_{0.67}Al_{0.33}As$ 多量子阱中，室温下的发光光谱中，在 809.2 nm 和 819.4 nm 处两个峰明显区别开来. 我们还可以用 InGaN 和 GaN 构造 InGaN/GaN 多量子阱蓝色发光激光器，利用超晶格中子带的形成构造量子级联激光器.

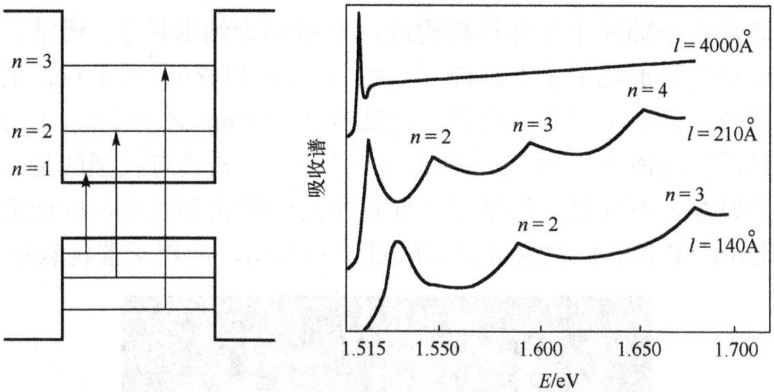

图 7.31　GaAs/$Al_{0.2}Ga_{0.8}As$ 多量子阱结构能带光吸收原理及吸收谱

7.4　量子点和量子线

7.4.1　量子点和量子线材料介绍

我们前面提到，当材料的尺寸小于布洛赫电子的热波长时，电子的运动将会受到量子限域效应的作用. 如图 7.32 所示，电子在三维体材料中，态密度与能量的二分之一次幂成正比，$g(E) \propto E^{1/2}$，当一个维度受到限制时，态密度形成量子台阶图. 我们前面提到的量子阱结构就是一种二维结构，除量子阱外，目前还发现利用真空层作为势垒，产生许多新的二维材料，如单原子层材料，包括石墨烯、硅烯、锗烯、MoS_2、WS_2 等. 对于二维受限，只有一个维度可以自由运动，典型的结构是纳米线和纳米管结构材料，其态密度进一步离散化，存在某些奇异的能量点的态密度无穷大. 对于三维受限，则构成人造原子，我们称为量子点. 其态密度类似于原子能级，随能量变化形成一系列离散的线结构.

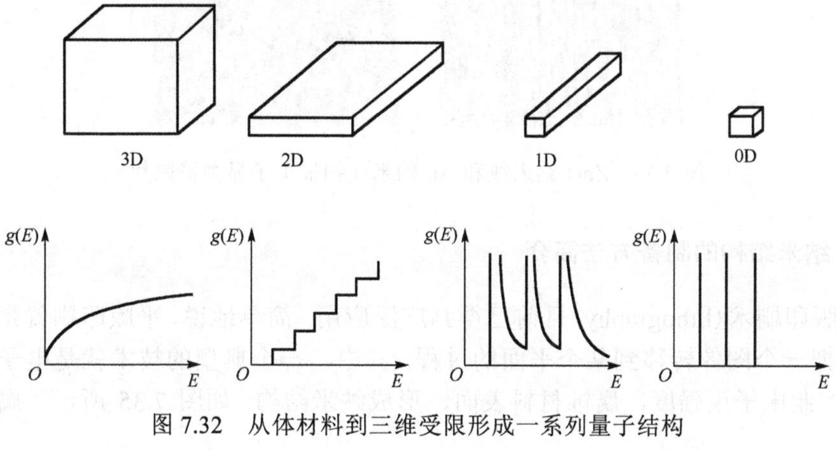

图 7.32　从体材料到三维受限形成一系列量子结构

量子点通常由小颗粒半导体材料构成，又被称为纳米粒子. 通常，镉、锌等金属的硫属化合物容易形成量子点结构. 例如，CdSe 和 ZnS 量子点，通过控制化学合成进程，很容易调制量子点的直径，使其在 2～10 nm 之间变化. 由于尺寸较小，量子点通常悬浮在溶液中，如图 7.33 所示. 量子点结构具有很强的量子限域，可形成激子吸收和发光，不同尺度的量子点导致不同的吸收和发光，因此会出现不同的发光颜色. 此外，很多贵金属也可以形成量子点结构，应用于催化领域.

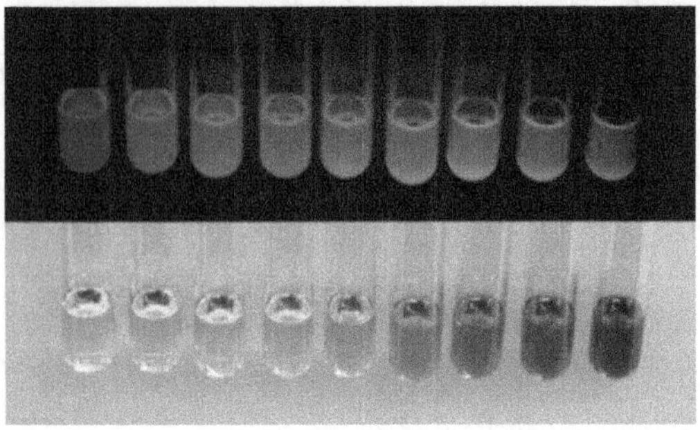

图 7.33 CdSe 量子点颜色随尺寸的变化

有两个维度的尺寸受限在 2 nm 到几百纳米之间的材料，称为量子线，又被称为纳米线，直径较大的也叫纳米柱. 纳米线代表着能有效传输电子和激子的最小维度，可作为微纳电子器件的连接线，应用于纳米微电子及纳米光子学中. 图 7.34 所示为 ZnO 纳米线. ZnO 属于六角结构，具有择优生长的倾向，控制生长条件很容易从薄膜生长模式转化为一维的纳米线生长模式. 除了很多半导体材料能形成纳米线外，金属材料在适当的条件下也可以形成纳米线结构，图 7.34 所示为 Au 纳米线结构.

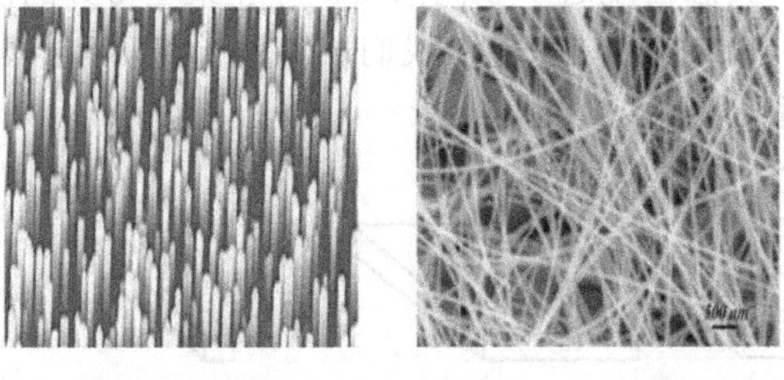

图 7.34 ZnO 纳米线和 Au 纳米线扫描电子显微镜照片

7.4.2 纳米结构的制备方法简介

平版印刷术(lithography)目前已得到广泛应用. 简单地说，平版印刷就是利用某种技术把一个图像转移到某个平面的过程. 其中，一个典型的技术就是电子平版印刷术. 控制电子束强度，腐蚀材料表面，形成纳米结构. 如图 7.35 所示，腐蚀材料表面，形成纳米柱阵列，并在纳米柱阵列中形成一个量子点. 右边的图中，显示了纳米尺寸的量子器件结构. 电子或离子平版印刷术可以精确控制纳米结构，形成纳米结构阵列. 缺点是进程速度慢、有残留污染物、表面存在大量缺陷.

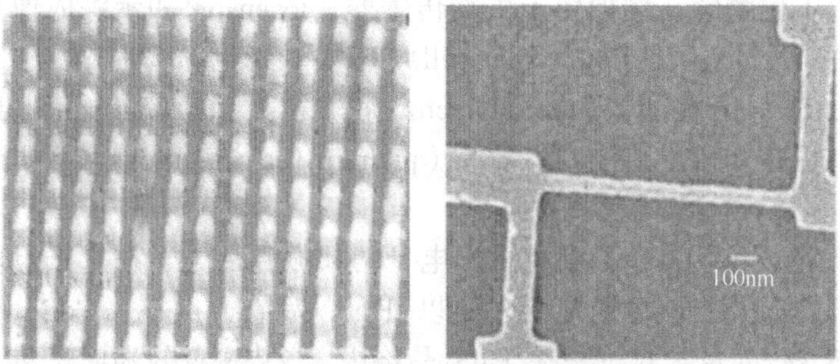

图 7.35　纳米柱阵列及纳米线器件的扫描电子图片

我们还可以通过外延的办法生长纳米结构. 例如，图像化生长，就是在图像化的衬底上生长量子点阵列. 也可以在表面上图像化分布催化剂，形成催化生长的高有序纳米阵列. 我们也可以在衬底表面利用晶格不匹配，形成岛状生长模式. 该方法称为自组装生长. 也可以在衬底表面构造梯状的台阶，利用台阶处的活性，进行纳米线或纳米点自组装生长. 自组装生长的缺点是，纳米结构的大小和形状难于控制，存在大的热涨落，纳米结构阵列的排布难于控制.

化学法制备纳米结构的典型方法为胶体合成(colloidal synthesis). 在溶液中形成胶体粒子，形成胶体粒子的化学反应必须具有适当的反应速率，且其容易受到反应物浓度和温度及压强的控制. 控制这些反应条件，使晶核可以在短时间内迅速生长，随后不再形成新的晶核，同时使已有晶核以相同速率长大. 这就是关于纳米颗粒在溶液中形成的拉默(LaMer)生长模型，如图 7.36 所示. 在成核时间段里，溶液浓度要高于饱和浓度，介于最高成核浓度和最低成核浓度之间，形成核后，应控制浓度低于最低成核浓度，但大于饱和浓度，使晶粒稳定生长，形成纳米颗粒，尺寸一般在 1～100 nm 之间. 依据这样的原理，也可以把大块材料通过机械设备粉碎，分散到溶液中，形成胶体体系.

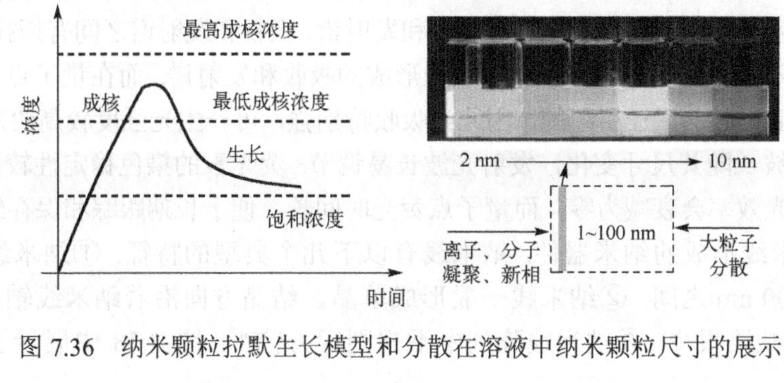

图 7.36　纳米颗粒拉默生长模型和分散在溶液中纳米颗粒尺寸的展示

7.4.3 纳米结构的应用介绍

纳米结构因其独特的电子结构、表面活性以及发光特性，可应用于很多不同的领域. 可应用于生物学，例如用于生物传感器(biosensor)和示踪成像(imaging). 应用于光伏器件，例如太阳能电池(solar cell). 应用于光电领域，如发光二极管(LED)、激光二极管(LD)、光探测器(photodetector)和平板显示器(flat panel display). 应用于催化领域. 也在初始应用于量子计算(quantum computation). 下面列举几个具体的应用.

(1) 核-壳量子结构. 量子点可看作电子的共振腔，电子在量子点内会有类似电磁波在一般共振腔中的共振现象. 如以 HgS 为量子点核，CdS 为壳，形成的 HgS/CdS/HgS 核-壳量子点沉积在 HgS 晶格中. 当势垒壁较薄时，量子点中的电子可因为隧穿效应而逃离，称为开放式量子点. 此时电子能级不再是稳态，而是一种准稳态，电子停留在准稳态约一个生命周期后，就会逃离量子点.

(2) 量子点激光器. 1999 年，Shernyakov 等报道了世界上第一个在室温(低于 40℃)下，同时具有高特征温度 T_0(160 K)和低阈值电流密度(J_{th}=65 A/cm^2)、三层量子点阵列的 GaAs 基量子点激光器，工作波长为 1.3 μm. 而目前工作在同波段的 InP 基量子阱激光器，最高的特征温度 T_0 为 60～70 K，最低的阈值电流密度 J_{th} 为 300～400 A/cm^2. 可见量子点激光器有其潜在的应用. 同时，量子点激光器的研究存在其瓶颈问题.

当电子被注入势垒区的高能级上时，它必须依靠与声子的散射作用，才能弛豫到量子阱或量子点中的低能级上. 声子散射要求能量守恒和动量守恒. 对于量子阱来说，由于子能带的存在，这两个条件很容易同时满足. 但对于量子点而言，由于电子能级都是分离的，很难使两个能级的能量差恰好等于一个光学声子的能量.

实验证明，在量子点中存在其他的响应很快的捕获和弛豫机制，例如：弛豫机制为俄歇过程. 这一关于电子弛豫的理论问题可以被忽略. 此外，从制造工艺上，量子点的尺寸大小均匀性不好控制，使它的发展受到了阻碍.

(3) 量子点在生物上的应用. 通常，在生物的光学方法研究中，利用荧光素对研究对象进行标记示踪. 图 7.37 展示了其光吸收和发射谱，吸收和发射谱之间有斯托克斯位移，其线型差别不大，是典型的电子能级跃迁形成的吸收和发射谱. 而在量子点材料中，吸收是由价带到导带的跃迁引起的，因此光吸收特别强，可产生光强度较高的发光. 此外，量子点发光波长随其尺寸变化，发射光波长易调节. 荧光素的染色稳定性较差，在很短时间内其发光效率会衰减为零，而量子点荧光时间长，便于长期跟踪和保存结果.

(4) 纳米线形成的纳米器件. 纳米线有以下几个典型的特征. ①纳米线的直径一般在 10～100 nm 之间. ②纳米线一般形成单晶，结晶方向沿着纳米线轴向. 因此，纳米线内部缺陷很少. ③纳米线阵列中不规则行为较少. 图 7.38 中展示了硅纳米线场效应管结构图. 在源极和漏极之间连接一个纳米线，如硅纳米线，在硅纳米线上镀上氧化物，或直接对硅表面氧化，然后在其上镀金属电极作为栅控制电压值.

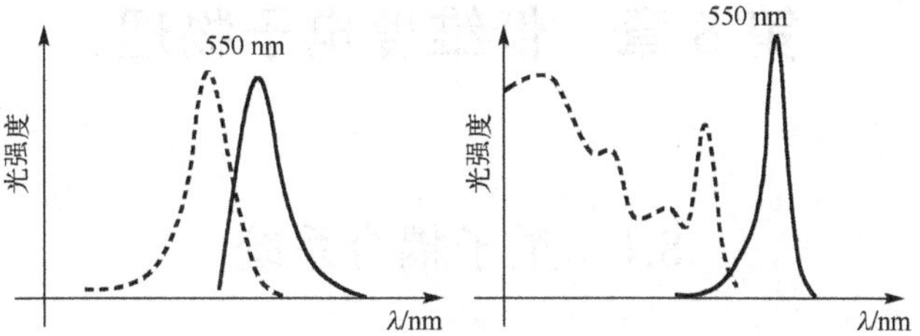

图 7.37　传统荧光素和量子点的光吸收和发射谱示意图

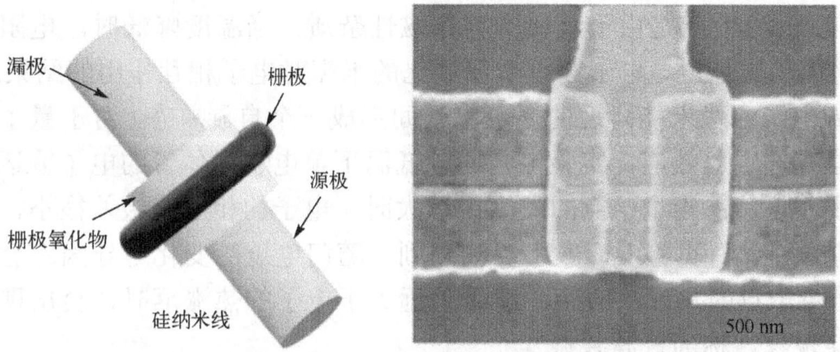

图 7.38　硅纳米线场效应管结构示意图和电子扫描照片

电子在量子线中的传导不同于通常在导线中的传导. ①在量子线中会形成量子化电导. 在点接触和窄通道中的电导，特征维度达到电子波长. ②在纳米线这种低维度系统中，很容易出现局域化现象. ③在二维和三维中，大多数的散射是小角散射，这些散射在量子线中被期望减少. 如图 7.39 所示，电子在量子线中传输形成大角散射. ④在量子线中的电导，是一种弹道电导，其中量子线的横向尺寸小于电子的自由程，电导被量子化，出现以 $2e^2/h$ 为单位的台阶.

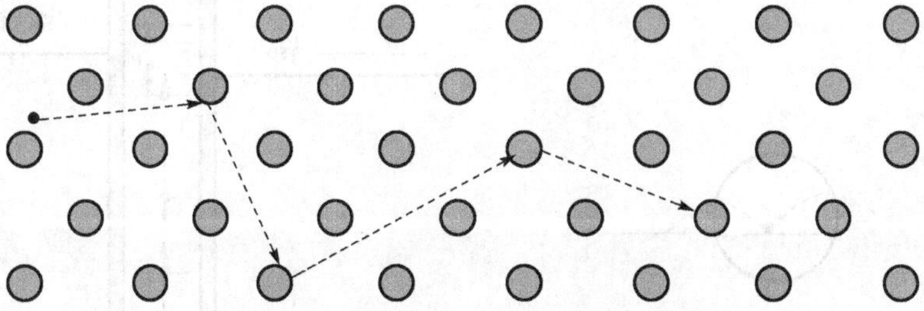

图 7.39　量子线中电子传输及散射示意图

第 8 章　低维度电子物理

8.1　量子耦合系统

8.1.1　近藤效应

近藤(Kondo)效应是由于金属中存在磁性杂质，当温度降低时，电阻率有一个极小值. 物理实质是传导电子和单个局域化的未配对电子相互作用的结果. 低温时，未配对局域电子和费米能附近的巡游电子间形成一个自旋单态. 对于量子点结构，理论上预言存在近藤效应，实验上则通过低温下单电子晶体管的电子输运来实现.

库仑阻塞振荡：当量子点的尺度比较大时，电子的相邻能级差很小，单电子静电能将起重要作用. 实验上一般主要观测到，随门电压的变化电导因库仑阻塞而出现振荡. 当量子点的尺度足够小，能级差远大于电子的热涨落时，会出现另一种新的共振隧穿现象，称为近藤共振.

低温下，量子点中的电子数 N 是整数. 通过栅极电压 V_g 控制量子点中的电子能量，使其低于电极引线中的能量，从而控制量子点中的电子数 N. 分析近藤效应，除了考虑电子-电子作用外，还需考虑电子的自旋. 像库仑阻塞一样，加入一个电子的能量为 E_1，加入第二个电子的能量为 E_1+U，其中 U 为电子间的库仑排斥能，也等价于电容模型中的电荷能 $E_c = e^2/C$. 第三个电子占据 E_2，需要的能量为 E_2+2U，以此类推，占据的能级为 E_1、E_1+U、E_2+2U、E_2+3U 等. 当 N 为偶数时，量子点自旋为零；当 N 为奇数时，量子点自旋为 1/2，如图 8.1 所示.

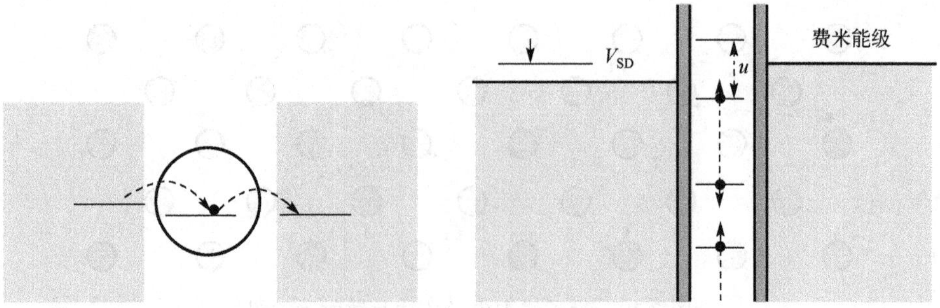

图 8.1　电子在两电极间量子点的隧穿示意图及能级示意图

决定量子点输运性质的因素有：① 量子点中的相邻能级能差ΔE，单电子静电能为 $U=E_c=e^2/C$；② 另一个重要的能量是由于量子点与电子库的耦合而导致的能级的展宽Γ，它正比于耦合强度的平方和电子库的导带电子在费米面处的态密度.

当量子点的能级差和单电子静电能远大于电子的热涨落时，且 $E_c \gg k_BT$，量子点的电导由最接近电子库的化学势 μ 的能级 E_0 决定，这里 E_0 表示电子相对于电子库中的导带电子的费米能 μ 的能量. 当能级差和单电子静电能远大于电子的热涨落时，量子点中其余电子对电导没有贡献，我们只需考虑该能级上的电子，而量子点简化为一个单能级系统. 依赖于E_0的位置，将出现两种振荡情况：库仑阻塞振荡和近藤共振. 当$|E_0|<\Gamma$时，电子库的导带电子可以自由地隧穿到量子点，这时电导出现库仑阻塞振荡的振荡峰. 当$-E_0>\Gamma$且$E_0+E_c>\Gamma$时，电导出现近藤共振峰.

在量子点中，近藤效应的实质是周围自由电子对量子点自旋的屏蔽，导致在近藤温度下，量子点处未配对的电子和引线中的电子态杂化，使量子点成为与导线耦合的准量子点，杂化导致在 $E=E_F$ 处的定域态出现尖峰，从而使电导 G 增加. 对于一个恰当的栅极电压 V_g，一级隧穿被阻塞，这时，左右电子源的化学势介于 E_0 和 E_0+U 之间，如图 8.2 所示，电子不能隧穿过量子点，量子点中的电子能量 E_0 也小于两个化学势，被局限在量子点中，出现库仑阻塞. 然而，对于高阶隧穿过程，可通过自旋反转，利用中间态的虚过程，如图 8.2 所示，实现电子的隧穿，这就是近藤共振.

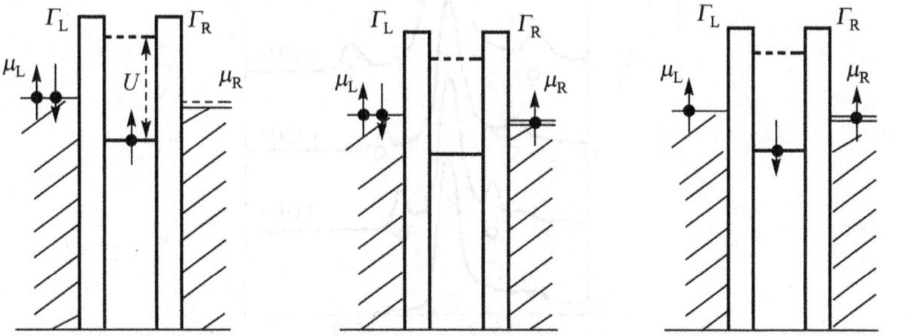

图 8.2　近藤共振中电子隧穿的虚过程

前面提到，电极引线中电子的态密度会在费米能级处因与量子点耦合而出现尖峰，这可以看作是近藤共振峰的来源，当源极和漏极之间存在一个偏压时，在左边电极的化学势μ_L和右边μ_R处(图 8.2)态密度的近藤峰会分裂为两个，分别钉扎在两个化学势位置上.

8.1.2　双量子点隧穿

两个量子点之间可以耦合，弱耦合使电子局限在各自的量级上且可隧穿，强的耦合使电子在两个量子点间巡游，且两个量子点由于耦合而出现成键态和反键态.

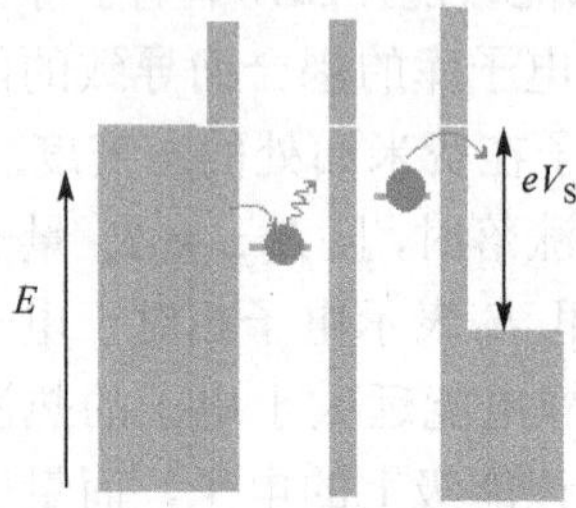

图 8.3　通过吸收光子来补偿能量差实现共振隧穿的示意图

实验中可以通过调整两个量子点上的栅电压来控制两个量子点的耦合强度. 在弱隧穿区，两个点处的电子数 N_1 和 N_2 是量子化的；在强耦合区，N_1 和 N_2 不再独立，但总电子数 $N=N_1+N_2$ 仍然保持量子化.

如图 8.3 所示，在弱耦合下，两个电子点能级相对独立，通过栅电压可以调解最高占据态的能级位置. 在源极(source electrode)和漏极(drain electrode)电压差下，调解栅电压，当两个量子点的能级一致时形成共振隧穿电流，如图 8.4 最下面的曲线所示. 我们看到当在体系中附加一个交变电场时

$$V = V_{\text{ac}} \cos(\omega t)$$

在主共振峰左右两边出现两个新的卫星峰，且其位置随附加交变电场的频率变化而变化(图 8.4). 这展现了电子可通过吸收或发射光子来实现两个量子点间隧穿.

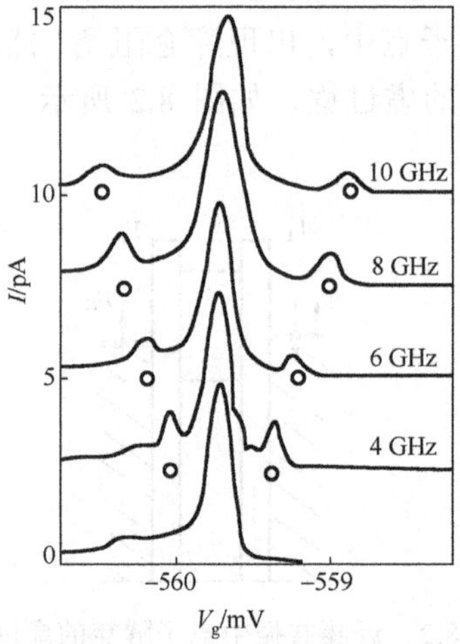

图 8.4　不同微波频率下光子吸收引起的共振隧穿电流(Oosterkamp, 1998)

假设电子在两个量子点间的隧穿概率为 $T(E)$，在两者间的势垒处附加交变电场 $V(t)$ 后，电子在经典振荡场中吸收光子，导致电子通过势垒的隧穿概率变化为

$$\tilde{T}(E) = \sum_{n=-\infty}^{+\infty} J_n^2(\alpha) T(E + n\hbar\omega)$$

其中，$J_n(\alpha)$ 是第一类 n 阶贝塞尔(Bessel)函数，参量 $\alpha = eV_{\text{ac}} / (\hbar\omega)$. 因此，附加交变电场后，不但出现单光子吸收或发射形成的隧穿电流，还存在多光子吸收形成的隧穿电流.

现在考察强相互作用的两个量子点. 如前所述，强相互作用的两个量子点像分

子一样，形成成键态和反键态. 通过调节栅极电压，同时考虑两个量子点间的隧穿耦合强度Γ，左右两个量子点同一能级波函数的叠加引起的能级劈裂，如图 8.5 中的虚线所示，可表示为

$$\Delta E^{*}=\left[(\Delta E)^{2}+(2\Gamma)^{2}\right]^{1/2}$$

栅极电压可调节左右量子点的能级位置，如图 8.5 中灰色方块所示，其差为$\Delta E = E_L-E_R$. 如果调节栅电压使左右量子点电子最高填充态能级一致，通过隧穿耦合，形成成键态和反键态. 考虑源极-漏极电压为零. 这样成键态的能级位置低于电极化学势，反键态的能级位置高于电极化学势，因此电流为零.

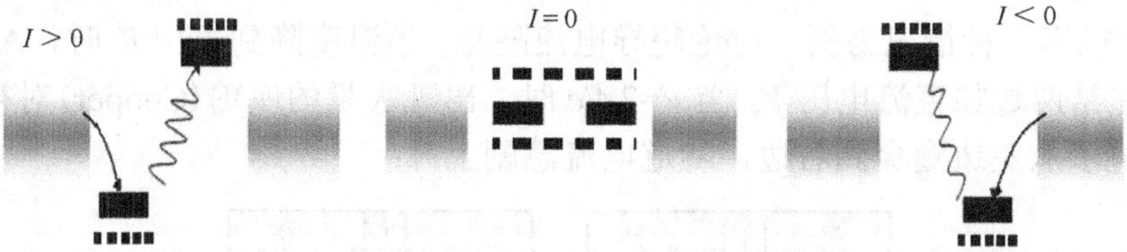

图 8.5　双量子点在电极化学势附近的电子态因耦合形成的能级劈裂示意图

在双量子点中间的势垒层附加交变电场，可使电子吸收光子从成键态跳跃到反键态，形成电流. 吸收光子的能量应为 $\hbar\omega=\Delta E^{*}$，因此栅电压调节的两能级能量差可表示为

$$\Delta E=\left[(\hbar\omega)^{2}-(2\Gamma)^{2}\right]^{1/2}$$

因此，可通过改变微波的频率来测定能级的劈裂，如图 8.6 所示. 抽运电流峰之间的距离正比于 $2\Delta E$.

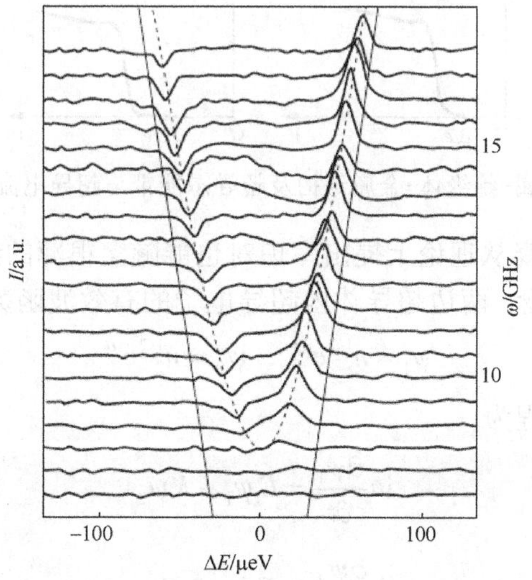

图 8.6　源极-漏极电压为零时光吸收导致的光电流(Oosterkamp et al., 1998)

8.1.3　约瑟夫森效应

超导体中有超导电子和正常电子，同普通金属和半导体一样，也存在隧道效应. 一种是单电子隧道效应(1960 年 Giaever 发现)；另一种是 1962 年约瑟夫森(B. Josephson)从理论上预言随后被实验证实的超导电子的隧道效应.

金属-绝缘体-金属组成的三层结构中，当绝缘层足够薄时，电子有一定概率穿过绝缘层，电流与电压呈现线性关系，这是正常金属的隧道效应. Giaever 曾用 $Al\text{-}Al_2O_3\text{-}Al$ 作为隧道结，Al_2O_3 厚度为 2 nm，来探索隧穿电流. 如图 8.7 所示，可考虑两种情况的隧穿电流：一种是左边超导态和右边正常态；一种是两边都是超导态. 下面以第二种情况为例，讨论超导电流隧穿. 当温度降到 1.14 K 时，Al 变为超导体，在结两边加直流电压 V，当 $V=2\Delta/e$ 时，出现大量的库珀(Cooper)对被拆散而产生单电子从左边隧穿到右边，隧道电流急剧上升.

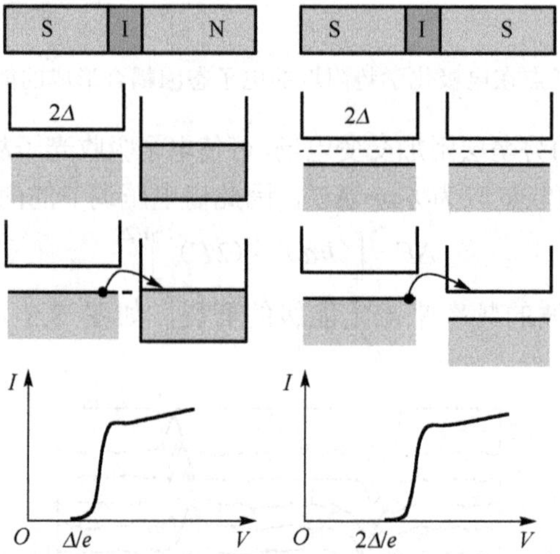

图 8.7　金属-绝缘体-金属结构及超导态能带与超导电流曲线示意图

1962 年，约瑟夫森从理论上提出库珀对也能隧穿很薄的绝缘体，突破只有单电子才能隧穿的传统观念. 两边超导体内超导电子的有效波函数为

$$\psi_1 = n_1^{1/2}\mathrm{e}^{\mathrm{i}\theta_1},\quad \psi_2 = n_2^{1/2}\mathrm{e}^{\mathrm{i}\theta_2}$$

它们满足的薛定谔方程为

$$\mathrm{i}\hbar\frac{\partial\psi_1}{\partial t} = E_1\psi_1 + K\psi_2$$

$$\mathrm{i}\hbar\frac{\partial\psi_2}{\partial t} = E_2\psi_2 + K\psi_1$$

把有效超导波函数代入上面的方程，可得约瑟夫森第一方程

$$\frac{\partial n_1}{\partial t}=-\frac{\partial n_2}{\partial t}=\frac{2K(n_1n_2)^{1/2}}{\hbar}\sin(\theta_1-\theta_2)$$

由上面的波函数方程，还可得关于相角θ_1和θ_2随时间变化的方程，可表示为

$$\hbar\frac{\partial\theta_1}{\partial t}=-E_1-K\left(\frac{n_1}{n_2}\right)^{1/2}\cos(\theta_2-\theta_1)$$

$$\hbar\frac{\partial\theta_2}{\partial t}=-E_2-K\left(\frac{n_2}{n_1}\right)^{1/2}\cos(\theta_2-\theta_1)$$

考虑两边的超导体的超导电子近似相等$n_1\approx n_2$，可得约瑟夫森第二方程

$$\hbar\frac{\partial\ (\theta_2-\theta_1)}{\partial t}=-\ (E_2-E_1)$$

下面讨论基于约瑟夫森方程的三个基本效应.

(1) 直流约瑟夫森效应：若没有电场，则两边的超导体的能级位置相同$E_1=E_2$，波函数的相位差$\theta_1-\theta_2$不随时间变化. 但是$\theta_1\neq\theta_2$. 由约瑟夫森第一方程可知

$$\frac{\partial n_1}{\partial t}=-\frac{\partial n_2}{\partial t}\neq 0$$

$$I\sim\frac{\partial n_1}{\partial t},\quad I=I_0\sin(\theta_2-\theta_1)$$

因此，由于两个超导波函数通过薄的绝缘层相互渗透和耦合，电流I可以在$\pm I_0$之间变动. 绝缘层应有电流流过，好像整个结构成一块超导体，I_0为结所能负载的最大电流. 只要电流小于I_0，结表现为无阻的电导性，两端电压为零.

(2) 交流约瑟夫森效应：当隧道结有直流电压 V 作用时，两边的超导体的能级差为

$$E_2-E_1=2eV$$

代入约瑟夫森第二方程可得

$$\frac{\partial}{\partial t}(\theta_2-\theta_1)=-\frac{2eV}{\hbar}$$

定义参数$\alpha(t)=\theta_2-\theta_1$，解上面的方程可得

$$\alpha(t)=\alpha(0)-\frac{2eV}{\hbar}t$$

因此，我们可获得交变电流

$$I=I_0\sin[\alpha(0)-\omega t],\quad \omega=\frac{2eV}{\hbar}$$

(3) 量子干涉效应：考虑两个约瑟夫森结形成中空的环，如图 8.8 所示，环中间通过磁场 B，由于环处于超导状态，通过环的磁通量是量子化的. 量子化的磁通量表示为

$$\Phi = \frac{h}{2e}n = \frac{\hbar\pi}{e}n$$

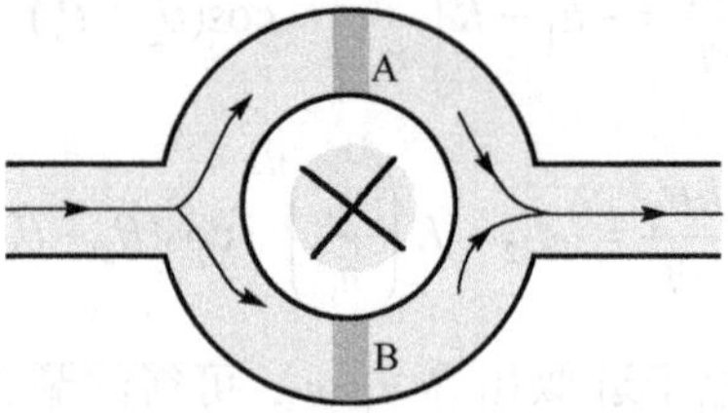

图 8.8　双约瑟夫森结形成量子干涉效应的结构示意图

环中磁通量的存在，导致两边的环中电子感受到矢势的存在，导致环两边超导电子波函数的相角发生变化. 其变化可表示为

$$\delta_{\mathrm{A}} = \delta_0 - \frac{e}{\hbar}\Phi, \quad \delta_{\mathrm{B}} = \delta_0 + \frac{e}{\hbar}\Phi$$

相角变化导致总电流与通过环的磁通量相关，可表示为

$$I = I_0\left[\sin\left(\delta_0 - \frac{e}{\hbar}\Phi\right) + \sin\left(\delta_0 + \frac{e}{\hbar}\Phi\right)\right] = 2I_0 \sin\delta_0 \cos\frac{\pi}{\Phi_0}\Phi$$

因此，改变通过环的磁通量，总电流形成振荡电流. 反之，通过测定电流，可以求得通过环的磁场. 利用这种效应可以制作超导量子干涉器件(SQUID)，用来探测微弱的磁场信号.

8.2　整数量子霍尔效应

8.2.1　二维电子体系

目前有很多种办法可以获得二维电子系统. 下面我们简单介绍三种典型的获得二维电子的办法.

(1) 束缚于液氦表面的电子. 对于电子，液氦表面存在一个超过 1 eV 的势垒，阻止其透射进液氦中去，镜像势又吸引其于表面上，从而形成二维电子系统. 电子密度为 $10^9\ \mathrm{cm}^{-2}$，低的浓度使电子的量子效应不明显，可以用玻尔兹曼统计很好地描述.

(2) 金属-氧化物-半导体(MOS)场效应管的反型层. 控制栅电压，以 SiO_2 为介

电层形成电容，在 SiO_2 下表面形成电子层. 电子层形成通电沟道，在源极-漏极电压下形成电流. 随栅电压增大，电子层电子密度增大到一定程度，导致 p-Si 靠近 SiO_2 端能带弯曲，费米能级进入导带，电子开始在导带中填充，如图 8.9 所示. 一般地，反型层厚度大约 10 nm，电子浓度可达 $10^{13}\,cm^{-2}$.

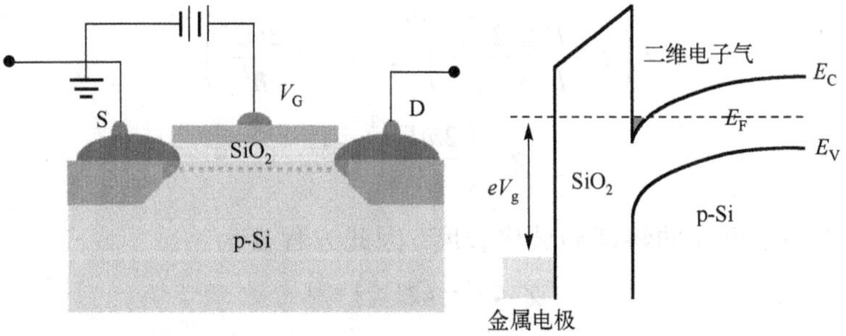

图 8.9　MOS 场效应管结构及反型层电子结构

(3) 存在于两种半导体的异质界面. 由于分子束外延技术，两种不同的半导体材料可以以厚度为几个纳米到几十个纳米，交替排列. 考虑 n 型的宽带隙材料和本征的窄带隙半导体材料形成异质结，例如 n-AlGaAs/i-GaAs 形成异质结. n-AlGaAs 层的导带底高于 i-GaAs 层的导带底，电子很容易从 n-GaAlAs 层迁移到界面附近的 i-GaAs 层. 由于导带电子迁移，n-AlGaAs 的能带在结附近向上弯曲，i-GaAs 的能带在结附近向下弯曲，形成结后两个材料的费米能级一致，因此费米能级进入 i-GaAs 导带底，如图 8.10 所示. 这样在其导带底形成二维电子气，电子浓度可达 $10^{11}\,cm^{-2}$.

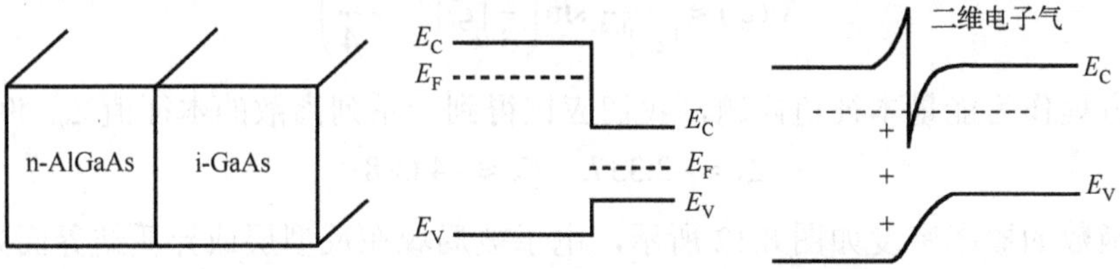

图 8.10　n-AlGaAs / i-GaAs 异质结结构及能带结构

在前面提到的金属-氧化物-半导体反型层和两种半导体的异质界面处形成的二维电子系统，在 x-y 平面可以自由运动，在 z 方向受到一个限制势. 对于界面处的限制势，可以适当地用一个三角势模型近似，如图 8.11 所示.

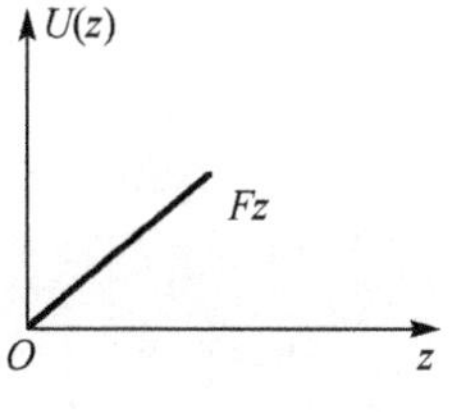

图 8.11　三角势模型

对于导带中的电子，采用有效质量近似，在三角势模型下有

$$U(z)=\begin{cases}\infty & (z<0)\\ Fz & (z\geqslant 0)\end{cases}$$

求解薛定谔方程

$$\frac{\partial^2 f}{\partial z^2}+\frac{2m}{\hbar^2}(E-Fz)f=0$$

引入无维度变量 ζ

$$\zeta=\left(z-\frac{E}{F}\right)\left(\frac{2mF}{\hbar^2}\right)^{1/3},\quad l_{\mathrm{F}}=\left(\frac{2mF}{\hbar^2}\right)^{-1/3}$$

$$\chi=\left(\frac{2mF}{\hbar^2}\right)^{2/3}f$$

其中，l_{F} 代表在 z 方向的特征局域化长度. 因此方程变为

$$\chi(\zeta)''-\zeta\chi(\zeta)=0$$

其解为艾里(Airy)函数 $\mathrm{Ai}(\zeta)$

$$\chi(\zeta)=A\mathrm{Ai}(\zeta),\quad \mathrm{Ai}(\zeta)=\frac{1}{\sqrt{\pi}}\int_0^{\infty}\cos(u^3/3+u\zeta)\mathrm{d}u$$

对于正的、大的 ζ，艾里函数近似表示为

$$\mathrm{Ai}(\zeta)\approx\frac{1}{2\zeta^{1/4}}\mathrm{e}^{-(2/3)\zeta^{3/2}}$$

可见，在大的 z 值区，电子波函数 f 随 z 值增大而 e 指数衰减. 对于负的 ζ，艾里函数近似表示为

$$\mathrm{Ai}(\zeta)\approx\frac{1}{|\zeta|^{1/4}}\sin\left(\frac{2}{3}|\zeta|^{3/2}+\frac{\pi}{4}\right)$$

上面的方程作为能量本征值问题，我们应该得到一系列离散的本征值 ζ_n. 例如

$$\zeta_1\approx-2.337,\quad \zeta_2\approx-4.088$$

对应波函数的概率密度如图 8.12 所示，电子被局域在反型层或异质结界面处.

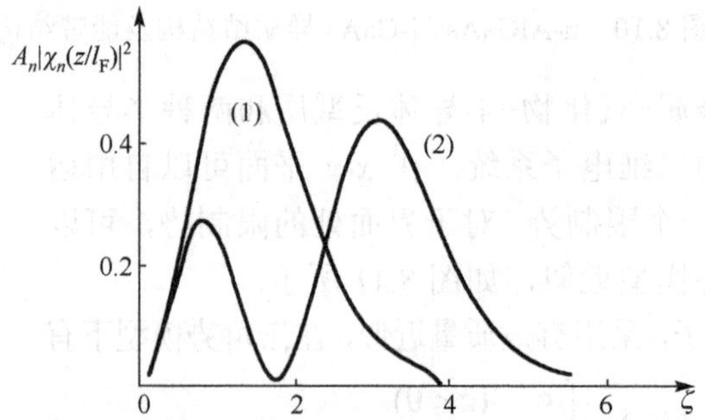

图 8.12　基态和第一激发态对应的本征函数的概率密度分布

能谱 E_n 通过本征值 ζ_n 可表示为

$$E_n = -E_0\zeta_n,\quad E_0 = \left(\frac{\hbar^2 F^2}{2m}\right)^{1/3}$$

考虑 x-y 平面的自由运动，束缚在三角形势阱中的导带电子的各能级的能量为

$$E_{n,k} = E_n + E(k) = -E_0\zeta_n + \frac{\hbar^2 k^2}{2m}$$

假设电子填充到第二个能级，且没填满，其态密度函数如图 8.13 所示，对应的费米波矢可表示为

$$k_{\mathrm{F}} = \frac{1}{\hbar}\sqrt{2m(E_{\mathrm{F}} - E_2)}$$

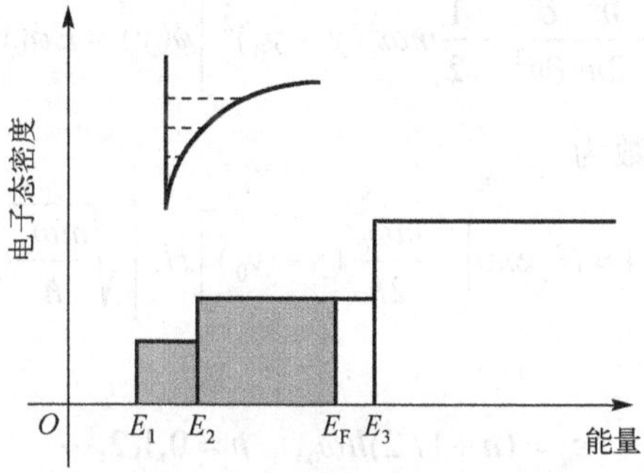

图 8.13　导带底二维电子模型态密度及电子填充

8.2.2　二维电子气在磁场中的运动

有磁场存在时，由电子运动的量子理论可知其哈密顿量为

$$H = \frac{1}{2m}(p + eA)^2$$

其中，A 为磁场的矢势，与磁场 B 的关系为 $\boldsymbol{B}=\nabla\times\boldsymbol{A}$. 考虑磁场 B 沿 z 方向，可取矢势 A 为 $A=(-By, 0, 0)$. 哈密顿量可表示为

$$H = \frac{1}{2m}\left[(p_x - eBy)^2 + {p_y}^2\right]$$

H 与 $P_x = -\hbar\partial_x$ 对易. H 与 P_x 有共同的本征态

$$\hat{P}_x\psi = \hbar k_x \psi$$

对于方程 $H\psi(r) = E\psi(r)$，假设波函数可写为

$$\psi(r) = \mathrm{e}^{\mathrm{i}(k_x x)}\phi(y)$$

可得关于$\phi(y)$的方程

$$\frac{1}{2m}\left[(\hbar k_x - eBy)^2 + p_y{}^2\right]\phi(y) = E\phi(y)$$

因此，获得谐振子微分方程为

$$\left[-\frac{\hbar^2}{2m}\frac{\partial^2}{\partial y^2} + \frac{1}{2m}(\hbar k_x - eBy)^2\right]\phi(y) = E\phi(y)$$

可得谐振子基本频率ω_0和谐振子原点坐标y_0分别为

$$\omega_0 = \frac{eB}{m}, \quad y_0 = \frac{\hbar}{eB}k_x$$

代入上面的方程可得

$$\left[-\frac{\hbar^2}{2m}\frac{\partial^2}{\partial y^2} + \frac{1}{2}m\omega_0^2(y - y_0)^2\right]\phi(y) = E\phi(y)$$

解方程可得本征解波函数为

$$\phi_n(y - y_0) \approx N_n \exp\left[-\frac{m\omega_0}{2\hbar}(y - y_0)\right] H_n\left[\sqrt{\frac{m\omega_0}{\hbar}}(y - y_0)\right]$$

相应的能量本征值为

$$\varepsilon_n = (n + 1/2)\hbar\omega_0, \quad n = 0,1,2,\cdots$$

因此，二维电子的本征函数及本征能量为

$$\varPsi_{n,k}(r) = \mathrm{e}^{\mathrm{i}(k_x x)}\phi_n(y - y_0)$$

$$E_n(k) = \left(n + \frac{1}{2}\right)\hbar\omega_0$$

每个能级的简并度为

$$p = 2\frac{L}{2\pi}(k_y)_{\max} = 2\frac{L^2}{2\pi\hbar}m\omega_{\mathrm{c}} = 2\frac{eB}{h}L^2$$

因此，电子在垂直于磁场平面内的匀速圆周运动对应于一种简谐振动，其能量是量子化的. 我们将这种量子化的能级称为朗道能级. 把前面的三角势阱模型中的导带电子代入磁场中的二维电子模型，考虑电子仅填充第一条艾里能级形成二维电子气，仅需把电子的质量改写为电子有效质量m^*即可. 在强磁场下，自旋简并解除，朗道轨道的简并度为

$$p = \frac{eB}{h}A$$

其中，面积$A=L^2$，磁通量子$\varPhi_0 = h/e$，因此每个电子轨道相当于一个磁通量子，简

并度为

$$p = \Phi / \Phi_0$$

在低温和强磁场下，二维电子气对朗道能级的填充为

$$\nu = \frac{n_s A}{p} = \frac{n_s h}{eB}$$

因此，霍尔电阻为

$$\rho_{xy} = \frac{V_H}{I_x} = \frac{-B}{n_s e} = -\left(\frac{h}{e^2}\right)\frac{1}{\nu}$$

8.2.3　霍尔效应实验设计及结果讨论

如图 8.14 所示，在 GaAs 衬底上外延生长未掺杂的 GaAs 薄膜，厚度大约为 1～4 μm，然后在其上面外延生长 10～100 nm 厚的 n 型 AlGaAs 薄膜. 通过刻蚀、电镀等技术制备成霍尔测试器件，通过源极-漏极形成 x 方向的电流，在垂直于薄膜平面的方向施加磁场，在二维电子气平面内，垂直于 x 方向的界面上形成霍尔电压. 在 I_x 和 B_z 固定的情况下，霍尔电压正比于 $1/n_s$，n_s 比例于栅电压 V_g，因此，$V_H(V_g)$ 随 V_g 增大而下降.

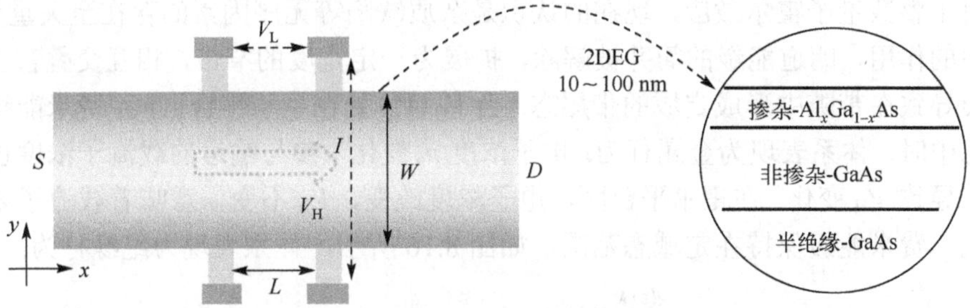

图 8.14　n-AlGaAs / i-GaAs 形成的二维电子气及霍尔测试器件结构示意图

2 DEG 指二维电子气

图 8.15 所示是 MOS 场效应管中形成的二维电子系统，和图 8.14 中的异质结二维电子系统相似. 该器件长 L=400 μm，宽 W=50 μm，体系温度 1.5 K，磁场强度 18 T，x 方向电流 I_x=1 μA. 控制栅电压，从而改变二维电子系统的电子密度. 我们在图 8.15 中可以发现在 x 方向的电极加电压 U_{pp} 为零时，霍尔电压 U_H 出现常数平台，称为量子霍尔平台. 霍尔平台的出现被认为与整数填充因子有关. 量子霍尔平台可以准确地定义霍尔电阻，从而确定精细结构常数，关系式为

$$\frac{h}{e^2} = \frac{1}{2}\alpha^{-1}\mu_0 c$$

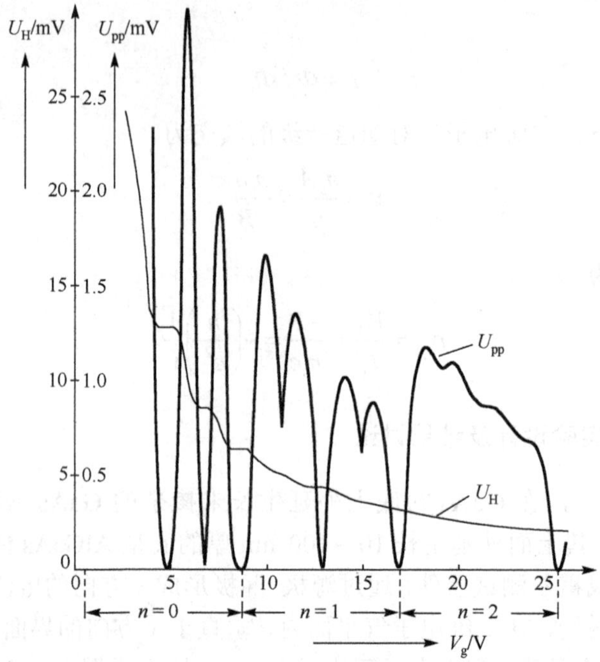

图 8.15　在 MOS 场效应管中二维电子的整数霍尔效应(Klitzing et al., 1980)

对于整数量子霍尔效应，现在的认识是杂质缺陷等无序因素的存在至关重要. 由于无序的作用，朗道能级的简并被解除，扩展为一定宽度的窄带，相互交叠甚少，但无序会导致在带隙中形成定域的带尾态. 当 $V_H(V_g)$ 处在量子平台之间，费米能级处在扩展态中时，体系表现为金属行为. 电子浓度 n_s 变化，参与输运的载流子浓度也发生变化，导致 V_H 变化. 在霍尔平台区，电子浓度改变，V_H 不变，意味着载流子浓度没有变化，费米能级保持在定域态范围，如图 8.16 所示，体系表现为绝缘行为.

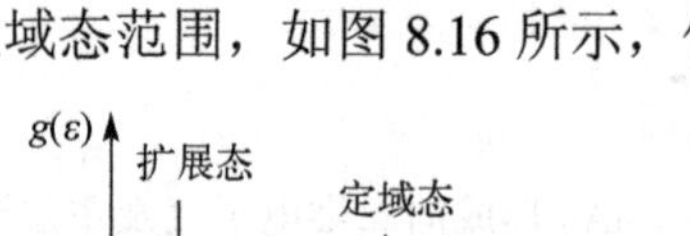

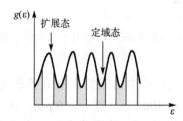

图 8.16　朗道劈裂引起的扩展态和定域态分布的态密度示意图

既然存在定域态，假设定域态上电子所占比例为 f，每个朗道能级上处在扩展态上的电子数不再是 p，而是 $(1-f)p$. 这意味着平台的存在，但平台值不再是

$$\rho_{xy}=-\left(\frac{h}{e^2}\right)\frac{1}{\nu}$$

8.2.4　边缘态模型

理论上有三种看法：①尽管与杂质相关联的定域态不参与导电，对量子霍尔效应没有贡献，但从杂质旁边通过的电子会受到加速，可恰好精确补偿定域态造成的损失. ②量子霍尔效应由规范不变这一普适原理决定，与样品的细节无关. ③引入边缘态模型解释量子霍尔效应. 下面我们主要讨论边缘态模型.

在垂直磁场的作用下，电子做回旋运动，回旋轨道的半径为

$$l_{\mathrm{cyc}}=\frac{\upsilon_{\mathrm{F}}}{\omega_{\mathrm{c}}}=\frac{\hbar k_{\mathrm{F}}}{eB}$$

当磁场强度超过临界值时，

$$B_{\mathrm{crit}}=\frac{2\hbar k_{\mathrm{F}}}{eW}$$

回旋半径小于受限宽度 W，考虑到尺寸的限制，电子会感受到一个静电势 $V(x,y)$，二维电子的能量可以表示为

$$E_n=\left(n+\frac{1}{2}\right)\hbar\omega_{\mathrm{c}}+eV(x,y)+\frac{h^2k_{n,y}^2}{2m^*}$$

$V(x,y)$ 被假定在通道中心是平直的，在边界处升高，是与 x 无关的横向限制势. 第三项为磁场引导能. 注意，塞曼(Zeeman)能部分没有计入. 与输运有关的是费米能级附近的态，如图 8.17 所示，费米能量在两个朗道能级之间，这些态贴近样品的边界，称为边界态. 在边界态中，电子回旋运动的轨道中心在相互垂直的电磁场中沿 $E\times B$ 方向漂移，电场来源于静电势的空间变化，$E=-\nabla V$，在通道的两边，漂移速度沿 x 方向，但方向在两边相反.

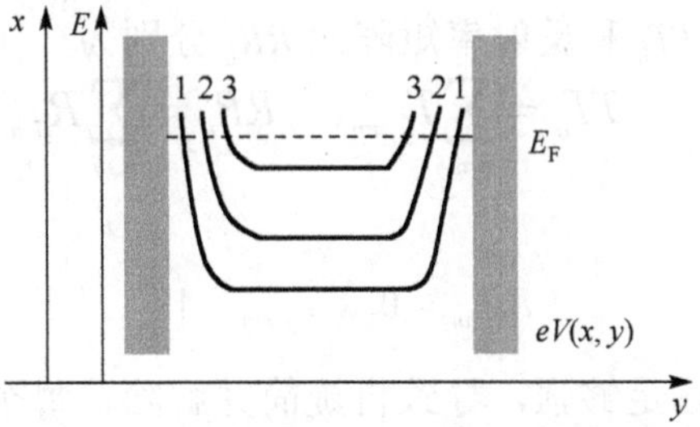

图 8.17　$V(x,y)$ 势作用下的边缘态通道模型

在足够强的磁场下，n 不同的边缘通道在空间上是分离的，通道间的散射被大大限制，称为绝热输运. 取化学势 $\mu_0=\varepsilon_{\mathrm{F}}$ 作为参考化学势，其小于或等于所有电极端上化学势 μ_i 中的最小值. 在 μ_0 以下的能量范围内，低温极限下，边缘态中 $+k$ 和 $-k$

态对电流的净贡献为零，仅需考虑 $\Delta\mu_i=\mu_i-\mu_0$ 能量范围内状态的贡献.

如图 8.18 所示，仅一个边缘态通道时，第 i 电极的总电流为

$$I_i=\frac{2e}{h}\left[(1-R_{ii})\mu_i-\sum_{j\neq i}T_{ij}\mu_j\right]$$

其中，R_{ii} 为第 i 个电极的反射率，T_{ij} 是从第 j 个电极入射到第 i 个电极的电子的透射率. 因此，第一项表示第 i 电极发射的电流，第二项为从其他电极入射到 i 电极的电流.

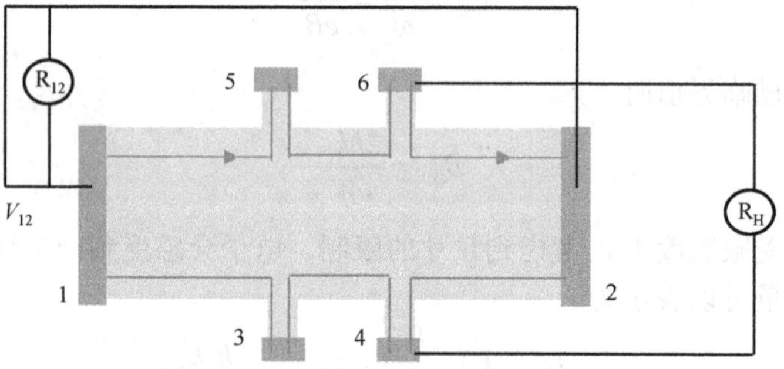

图 8.18　霍尔测量边缘态通道的示意图

对于多通道，对所有通道的贡献求和，表示为

$$I_i=\sum_n I_i(n)$$

此时，I_i 可写为

$$I_i=\frac{2e}{h}\left[(N_i-RR_{ii})\mu_i-\sum_{j\neq i}TT_{ij}\mu_i\right]$$

其中，总透射率矩阵元 TT_{ij} 和反射率矩阵元 RR_{ij} 分别为

$$TT_{ij}=\sum_{n,m}T_{ij,mn},\quad RR_{ii}=\sum_{n,m}R_{ii,mn}$$

现在考虑理想情况

$$R_{ii,mn}=0,\quad T_{ij,mn}=1$$

在霍尔效应测量中，磁场足够强，导致自旋简并解除，每个通道对电流的贡献变为 e/h.

在电极 1 和 2 间加电压 V，产生纵向电流 I. 由图 8.18 可知

$$\mu_1=\mu_5,\quad \mu_5=\mu_6,\quad \mu_2=\mu_4,\quad \mu_4=\mu_3,\quad I_1=-I_2=I$$

样品上的纵向电压降，$V_L=0$

$$I = \frac{e}{h} N(\mu_1 - \mu_2) = N \frac{e^2}{h} V$$

霍尔电压为

$$V_{\mathrm{H}} = (\mu_6 - \mu_4) / e = (\mu_1 - \mu_2) / e = V$$

霍尔电阻为

$$\rho_{xy} = \frac{h}{Ne^2}$$

其中，N 为打开的通道数，随栅电压而改变，因此在扩展区存在霍尔平台，且与 h/e^2 成比例.

8.3　分数量子霍尔效应

8.3.1　分数霍尔实验及理论解释

1982 年崔琦(Tsui)等在如图 8.14 所示的 n-AlGaAs / i-GaAs 异质结形成的二维电子系统中，因样品纯度极大的提高而观测到分数霍尔效应(Tsui et al., 1982). 图 8.19 所示为高质量的样品测试中典型的霍尔平台的观测. 分数量子霍尔效应不能在简单的单电子图像下理解. 当填充因子为分数时，费米能级位于高度简并的最低朗道能级内. 因此，从单电子近似出发，朗道能级内并无能隙存在，无法导致分数量子霍尔平台的出现.

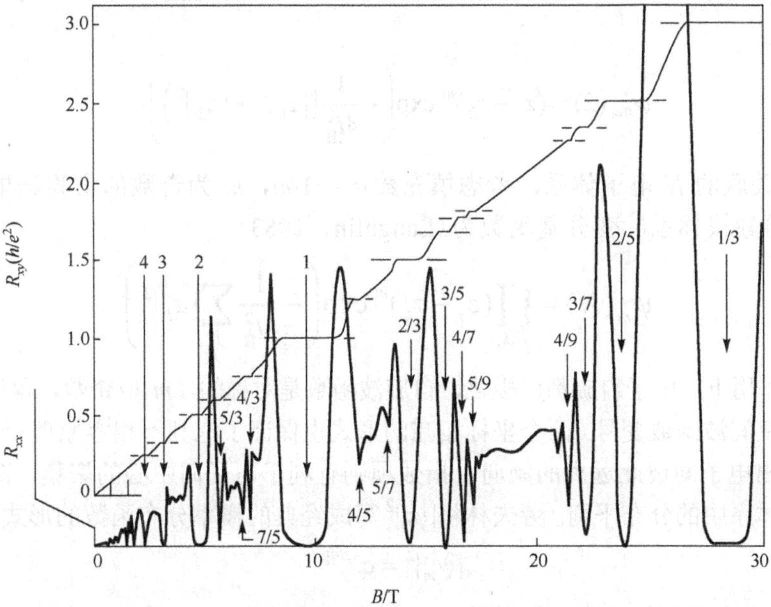

图 8.19　分数量子霍尔效应(Stormer et al., 1999)

分数量子霍尔效应是在强磁场作用下，二维电子气体系中电子强关联的结果，能隙的出现来源于多体效应. 如果我们取矢势为对称规范

$$A=\frac{B}{2}(y,-x)$$

在强磁场及二维单电子近似下，哈密顿量可以写为

$$H=\frac{\hbar^2}{m}\left[-2\left(\partial-\frac{\overline{z}}{4l_{\rm B}^2}\right)\left(\partial-\frac{z}{4l_{\rm B}^2}\right)+\frac{1}{2l_{\rm B}^2}\right]$$

在最低朗道能级态上的波函数为

$$\psi_{0m}=z^m\exp\left(-\frac{1}{4l_{\rm B}^2}|z|^2\right)$$

其中，$l_{\rm B}=\left(\dfrac{\hbar}{eB}\right)^{1/2}$是电子回旋运动的轨道半径.

由回旋运动的轨道半径，发现面积与磁通量子的关系为

$$BA_0=B\pi\left(\sqrt{2}l_{\rm B}\right)^2=h/e=\Phi_0$$

由此可见，每个朗道能级被填满时，每个轨道所占据的面积中可分到一个磁通量子. 由上面的单电子波函数可证其是角动量 L_z 的本征函数，$L_z\psi_{0m}=m\hbar\psi_{0m}$.

对于双电子体系，考虑质心系下的相对运动. 角动量量子数为 m 的双电子波函数为

$$\psi_{0m}(2)=(z_1-z_2)^m\exp\left(-\frac{1}{4l_{\rm B}^2}\left(|z_1|^2+|z_2|^2\right)\right)$$

推广到强关联的 N 电子体系，考虑填充数 $\nu=1/m$，m 为奇数的实验结果，劳夫林(Laughlin)建议体系的变分基函数为(Laughlin，1983)

$$\psi_m(N)=\prod_{j<k}(z_j-z_k)^m\exp\left(-\frac{1}{4l_{\rm B}^2}\sum_l|z_l|^2\right)$$

在强磁场作用下，电子自旋都已极化，自旋波函数是对称的，m 取奇数，保证电子交换所引起的空间波函数变号. 两个坐标相减的形式也保证了泡利不相容原理. 波函数的幂次项反映出电子间彼此远离的倾向，指数项则有利于电子向中心的聚集，两者的平衡使电子在体系中的分布平衡. 劳夫林将$|\psi_m|^2$写成经典的概率分布函数的形式

$$|\psi_m|^2={\rm e}^{-\beta\Phi_{\rm eff}}$$

其中，$1/\beta$作为虚设的温度，取值为 m，则有效势能为

$$\Phi_{\text{eff}} = -2m^2 \sum_{j<k} \ln|z_j - z_k| + \frac{m}{2l_B^2} \sum_l |z_l|^2$$

我们发现Φ_{eff}正是二维等离子系统的库仑相互作用势能. 考虑两个线电荷密度为 m、相距为 r 的导线，垂直导线的平面内电场强度为

$$E = 2m / r$$

由此可得线电荷引起的垂直平面上的电势为

$$V(r) = -2m\ln(r / r_0)$$

因此，两个线电荷之间应有对数形式的库仑相互作用，这对应二维电子间的库仑作用. 因此，Φ_{eff}中第一项可看作二维平面内两个线电荷密度为 m 的离子间的相互排斥势能，这是典型的对势形式. Φ_{eff}中第二项可看作二维平面内所有线电荷密度为 m 的电子与正电荷背景的库仑吸引势，正电荷密度为

$$\rho_0 = 1 / (2\pi l_B^2)$$

现在我们计算这种吸引库仑势能

$$\begin{aligned} U_a &= 2m\rho_0 \sum_l \int \ln|z - z_l| \, d^2 z \\ &= 2m\rho_0 \sum_l \int \tfrac{1}{2} \ln(r^2 - r_l^2 - 2rr_l \cos\phi) r dr d\phi \\ &= 2m\rho_0 \sum_l \left[\frac{\pi}{2} r_l^2 + \pi R^2 \ln R - \frac{\pi}{2} R^2 \right] \\ &= \pi m\rho_0 \sum_l \left[r_l^2 + \text{cost} \right] \end{aligned}$$

当体系为电中性时，负电荷密度恰好与正电荷密度平衡，经典等离子体的库仑相互作用能量最低. 因此，$\psi_m(N)$为基函数的条件为

$$\frac{Nm}{A} = \rho_0 = \frac{1}{2\pi l_B^2}$$

因此，线电荷密度 m 为

$$m = \frac{eBA}{hN} = \frac{eB}{hn_s}$$

由前面关于填充因子的定义知，$m = 1/\nu$. 因此，对于由实验获得的$\nu = 1/3$ 的分数量子霍尔效应，在朗道能级的填充的情况下，电子态波函数应用 $\Psi_m(N)$在 $m = 3$ 时来描述. 从等离子体类比的电荷中性的角度看，这个状态特别稳定. 稳定意味着 1/3 填充态和下一个稳定态之间存在带隙，同时，体系是不可压缩的. 由于能隙的存在，压缩导致填充因子偏离稳定态，多余的电子激发到下一个稳态需要有限的能量. 当

填充因子很小时，体系的基态应该是维格纳格子. 当填充因子ν～1/7 时，劳夫林态能量最低. 此时，体系因电子密度固定且处于液态，称为不可压缩液.

8.3.2 分数电荷和复合费米子

通过控制磁场，使$\nu = 1/m$ 发生偏离，会导致称为准粒子的元激发的产生. 准粒子被发现具有分数电荷.

考虑在某基态，在 z_0 处增加一个无穷细的磁通量为 Φ_0 的磁通线，系统的波函数变为

$$\psi_m^+(N) = \prod_i (z_i - z_0) \prod_{j<k} (z_j - z_k)^m \exp\left(-\frac{1}{4l_B^2}\sum_l |z_l|^2\right)$$

该波函数和$\psi_m(N)$ 比较，多了乘积项

$$\prod_i (z_i - z_0)$$

该项反映了 z_0 处附加磁通量 Φ_0 的存在. 每个电子以它为中心，环绕一圈相位增加 2π；电子在 $z=z_0$ 处有一个零点，相对基态而言，z_0 处有局域的电荷缺失. 把$\left|\psi_m^+(N)\right|$写成有效势的形式

$$\left|\psi_m^+\right| = \mathrm{e}^{-\beta\Phi_{\mathrm{eff}}^+}$$

因此，有效势Φ_{eff}^+可以写为

$$\Phi_{\mathrm{eff}}^+ = -2m\sum_i \ln|z_i - z_0| - 2m^2\sum_{j<k}\ln|z_j - z_k| + \frac{m}{2l_B^2}\sum_l |z_l|^2$$

等号右侧第一项给出等离子体中电荷为 m 的所有粒子和位于 z_0 处有效电荷为 1 的准粒子间的库仑排斥作用. 准粒子的电荷要比其他粒子的少，是其他粒子的 $1/m$，表现为电荷的缺失. 如将 m 理解为电子电荷$-e$，则在 z_0 附近，$m=3$ 时电荷的缺失为$-e/3$，可看作准空穴. 因此，填充因子$\nu = 1/m$ 处附加磁通线，相当于产生准空穴，有分数电荷$+e/m$. 同理，减少一个磁通量子Φ_0，会产生一个电荷为$-e/m$ 的准电子. 对于填充因子$\nu = 1/m$ 的态，每个电子平均被分配到 m 根磁通线上，这些磁通线导致的电荷损失为$(-e/m)m = -e$，损失一个负电荷相当于产生一个$+e$ 的空穴，因此与$-e$ 的电子电荷平衡. 因此，对于 m 态来说，增加或减少一个磁通量子，相当于增加一个$+e/m$的空穴或$-e/m$ 的电子，这样的准粒子具有分数电荷.

考察 $m=3$ 的多电子波函数为

$$\begin{aligned}\psi_3(N) &= \prod_{j<k}(z_j - z_k)^3 \exp\left(-\frac{1}{4l_{\mathrm{B}}^2}\sum_l |z_l|^2\right) \\ &= \prod_{j<k}(z_j - z_k)^2 \prod_{j<k}(z_j - z_k)\exp\left(-\frac{1}{4l_{\mathrm{B}}^2}\sum_l |z_l|^2\right) \\ &= \prod_{j<k}(z_j - z_k)^2 \psi_1(N)\end{aligned}$$

因此，$m = 3$ 和 $m = 1$ 的波函数建立了联系. 由上面这个关系可知，$\nu = 1/3$ 的态可看作电子加两根量子化磁通线构成的新的复合粒子的 $\nu = 1$ 态. 对于 $\nu = 1/3$，每个电子可分到 3 个磁通量子，2 个被吸收到复合粒子中，剩余 1 个，恰好是 $\nu = 1$ 态每个粒子该得到的.

复合费米子由电子俘获偶数根磁通量子而构成. 设想一个复合费米子在中心，另外一个围绕它转一圈回到原来的位置，这等效于连续两次的位置交换. 由于中心有磁通量 $\Phi = 2p\Phi_0$，走一圈波函数的相位变化为 $2\pi\Phi/\Phi_0$，相当于交换一次相位变化 $2\pi p$. 因此，偶数根磁通量子的存在不改变电子的交换对称性，复合的粒子仍然为费米子(阎守胜，2003).

强磁场作用下的强相互作用的电子体系变为弱相互作用的复合费米子体系. 其感受到的有效磁场为

$$B^* = B - 2pn_{\mathrm{s}}\Phi_0$$

类似于电子的填充因子 ν 的定义，复合费米子的填充因子 ν^* 可定义为

$$\nu^* = \frac{n_{\mathrm{s}}\Phi_0}{|B^*|}$$

因此，ν 和 ν^* 的关系为

$$\nu = \frac{\nu^*}{2p\nu^* \pm 1}$$

其中，负号对应于 B^* 与 B 反平行的情况. 由上面复合费米子的定义，我们可以很容易理解实验上观测到的所有其他不等于 1 的填充因子，例如 $\nu = 1/5$ 和 $2/5$. 对于 $\nu = 1/3$，相当于 $p = 1$ 的复合费米子，该复合费米子处在填充因子 $\nu^* = 1$ 的量子态上，该复合费米子含有 2 个磁通量子. 对于 $\nu = 2/5$，相当于 $p = 1$ 的复合费米子处在填充因子 $\nu^* = 2$ 的量子态上，该复合费米子含两个磁通量子. 对于 $\nu = 1/5$，相当于 $p = 2$ 的复合费米子，该复合费米子处在填充因子 $\nu^* = 1$ 的量子态上，该复合费米子含有 4 个磁通量子.

第 9 章　相变与凝聚

9.1　朗道相变理论

9.1.1　对称破缺和序参量

相变是个与多方面因素相关的合作现象. 当系统的平衡态在某个参量，如温度、压力、磁场、浓度等发生连续变化时，系统的结构和物理性质也会发生变化，称为相变. 平均场理论在解释多种相变现象时很成功，例如范德瓦耳斯的气液相变理论(1873)、外斯的顺磁-铁磁相变理论(1907)、布拉格与威廉斯(Williams)的合金无序-有序相变理论(平均场理论，1934)、巴丁-库珀-施里弗(Bardeen-Cooper-Schrieffer)的超导理论(1957)、朗道的二级相变理论等. 其中，朗道的二级相变理论作为一个采用平均场近似来处理相变的形式理论，可应用到很多相变问题上，包括铁电相变、结构相变、磁相变、超导、超流相变等问题. 朗道的二级相变理论中主要引入两个重要的概念：对称破缺和序参量.

1. *对称破缺*

对称性是指在一些操作下，系统的物理性质不发生变化. 这些操作可能构成一个封闭的集合，称为对称群. 如表 9.1 所示，有限变换 e^{ikr} 具有平移对称性，其中所有的平移操作构成平移群. 此外，对于空间操作，还有旋转群；对于自旋，有自旋进动群；对于波函数，有规范群. 当宏观条件变化时，如温度降低、压力增大、引入外场等，系统的某些对称要素可能消失，导致系统的对称性可能降低，这种现象称为对称破缺.

表 9.1　典型对称群及对应的有限变换

对称群	有限变换	变换意义
平移	$e^{ik\cdot r}$	以波矢 k 为参量平移 r
旋转	$e^{i\phi n\cdot L}$	以角动量 L 为参量绕 n 旋转角度 ϕ
自旋进动	$e^{i\chi n\cdot S}$	以自旋角动量 S 为参量绕 n 轴旋转角度 χ
规范	$e^{i\theta N}$	以数算符 N 的作用为参量改变相位角 θ

通常系统的状态通过其哈密顿量来描述，系统的对称性与其哈密顿量在某些变化下的不变性密切关联. 相变是具有大量粒子的系统的集体行为，多体作用或多体间的关联在相变中具有重要的作用. 当温度降低或压力升高时，不同种类的相互作用通过对称破缺导致不同的有序相. 考虑结构相变，随温度的降低，其可能从液态转变为晶态，转变中系统连续的平移和转动对称性被破坏了，新的晶态相具有 230 种空间群中的一种. 许多情况下系统对称破坏后的状态具有的对称群为原相的对称群的子群.

2. 序参量

当系统从高对称相转变到低对称相时，系统的某个物理量将从零值转变为非零值. 如晶体相变时，原子从高对称相的平衡位置发生位移，序参量可取为对平衡位置的偏离量. 对于铁磁相变，序参量可取为单位体积中的宏观磁矩. 表 9.2 中列举了一些典型的相变及其对应的对称破缺和序参量.

表 9.2　几种基本相变及其序参量

晶体的相	对称破缺	序参量
晶体	平移和旋转	$\eta=\sum_{G}\rho_G \exp(\mathrm{i}G\cdot r)$
向列相液晶	旋转	$\eta=\langle P_2 \cos\theta\rangle$
铁电相	空间反演	P
铁磁相	时间反演	M
超流相(^{4}He)	规范	$\psi=\vert\psi\vert\exp(\mathrm{i}\theta)$
超导相	规范	$\psi=\vert\psi\vert\exp(\mathrm{i}\theta)$

序参量随温度变化一般有两种变化方式，据此可使我们定义相变的级数. 如图 9.1 所示，对于一级相变，在低于临界温度附近区间，序参量出现不连续的跃迁；对于二级相变，在低于临界温度区间，序参量的变化是连续的.

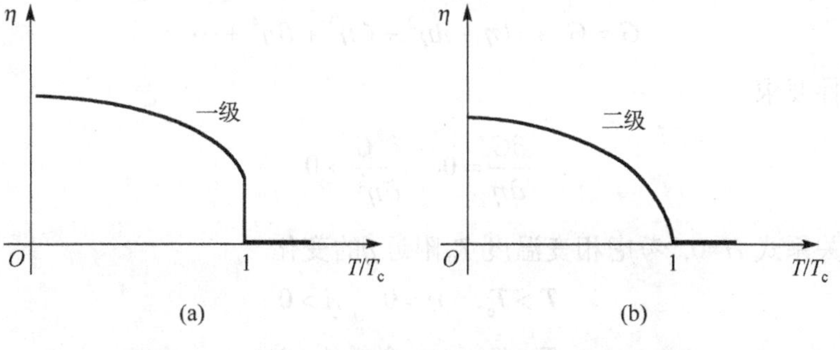

图 9.1　一级和二级相变序参量随温度变化示意图

3. 相变时序参量变化的例子

对于铁电体，序参量是电极化矢量. $BaTiO_3$ 在 $T_c = 120℃$发生一级相变，结构由立方转为四方相，电极化矢量$(c/a-1)$从零变为有限值，如图 9.2 所示. $SrTiO_3$ 在 $T_c = 110℃$发生二级相变，结构由立方转为四方相，通过氧原子的扭转机制，扭转角作为序参量，从零逐渐变大. 由气体变为液体，在转变温度处气相和液相的对称性没有改变，但其密度发生改变，因此可用密度差作为序参量.

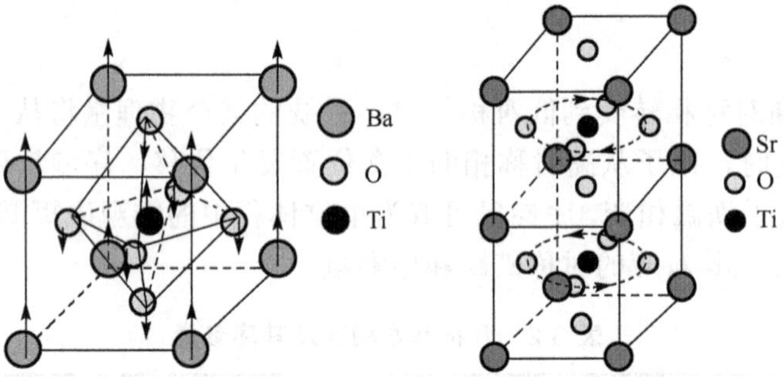

图 9.2　$BaTiO_3$、$SrTiO_3$ 结构及相变机制示意图

序参量可以为标量，也可以为矢量. 对于铁磁体，在温度低于居里温度时，材料出现宏观的磁化强度，可作为序参量. 对于二维各向同性铁磁体，磁化强度局限在一个平面上，其有 2 个分量. 在超导体和超流体中，选择它们的宏观波函数作为序参量. 宏观波函数 $\psi = \psi_0 \exp(\mathrm{i}\theta)$ 是模为 ψ_0、相位为 θ 的复数.

9.1.2　二级相变

二级相变可通过系统的自由能建立. 这里，自由能可看做温度和序参量的函数. 其中序参量可通过热力学平衡条件，要求自由能极小来获得. 在相变点附近，自由能可展开为序参量的幂级数

$$G = G_0 + H\eta + A\eta^2 + C\eta^3 + B\eta^4 + \cdots$$

稳定性条件要求

$$\frac{\partial G}{\partial \eta} = 0, \quad \frac{\partial^2 G}{\partial \eta^2} > 0$$

因此可得关系式 $H=0$. 考虑相变温度 T_c 附近 η 的变化

$$T > T_c, \quad \eta = 0, \quad A > 0$$

$$T < T_c, \quad \eta \neq 0, \quad A < 0$$

选择简单的线性关系

$$A(P,T)=a(P)(T-T_c),\quad a(P)>0$$

满足在相变点 $T=T_c$，本身是稳定的条件要求. 对于η和$-\eta$，系统发生对称破缺的可能性相同，因此 C=0. 通常，认为 B 对温度的依赖较弱，可看做常数. 考虑二阶、三阶以及四阶导数，有

$$\left(\frac{\partial^2 G}{\partial \eta^2}\right)_{\eta=0}=0,\quad \left(\frac{\partial^3 G}{\partial \eta^3}\right)_{\eta=0}=0,\quad \left(\frac{\partial^4 G}{\partial \eta^4}\right)_{\eta=0}>0$$

可得在 T_c 时，参数 A、B 和 C 满足的以下条件：

$$A(P,T_c)=0,\quad B(P,T_c)>0,\quad C(P,T_c)=0$$

因此，自由能可展开为

$$G=G_0+A\eta^2+B\eta^4$$

如图 9.3 所示，在温度高于相变温度时，极小值仅有η=0 处，系统处在无序态. 由平衡条件方程

$$\eta(A+2B\eta^2)=0$$

可得η的取值

$$\eta=0,\quad \eta=\pm\left(-\frac{A}{2B}\right)^{1/2}=\pm\left[\frac{a(T_c-T)}{2B}\right]^{1/2}$$

因此，极小值点有三个，一个序参量为 0，另外两个互为相反数. 后面两个解有效的条件为 $T<T_c$. 因此，当温度降低到 $T<T_c$ 时，出现$\eta\neq 0$ 的有序相，且随温度减小，序参量的绝对值在增大，同时极小值点对应的自由能值在减小，表明有序相变得越来越稳定.

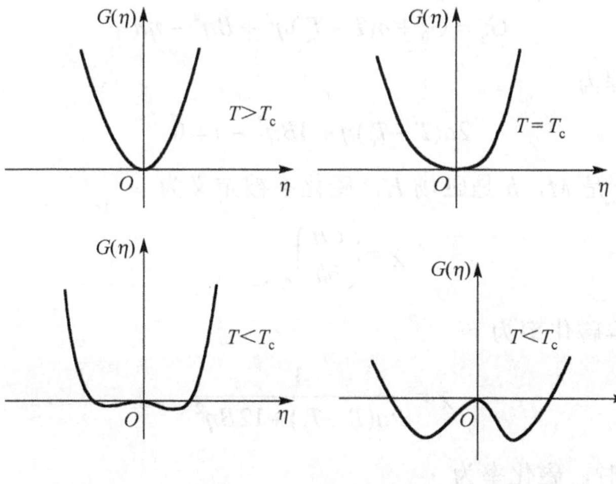

图 9.3　不同温度下自由能随序参量的变化示意图

依据埃伦菲斯特(P. Ehrenfest)框架对相变现象进行划分：自由能对温度的 n 阶偏导出现不连续，则称相变为第 n 级相变. 自由能极小在相变温度附近展开

$$G_{\min} = A\eta^2 + B\eta^4 = -\frac{a^2}{4B}(T_c - T)^2$$

自由能最小值随温度变化是连续的，其关于温度的一阶微分在相变点有一个拐点，展示了其是二级相变，如图 9.4 所示.

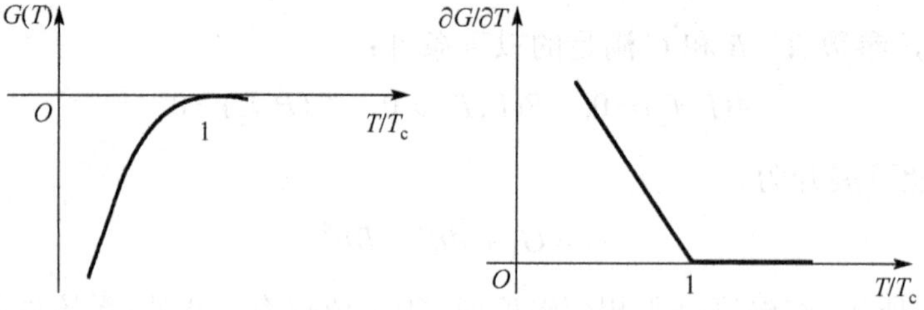

图 9.4　自由能和自由能的一阶微分随温度的变化示意图

9.1.3　弱一级相变

1．外场的影响

外场通常通过共轭变量的形式出现在自由能表达式中，如气液相变中的压强与体积，顺磁-铁磁相变中的磁场 H 与磁化强度 M，顺电-铁电相变中的电场强度 E 和电极化强度 P，顺弹-铁弹相变中的应力 σ 与应变 ε. 在自由能式子中引入序参量的共轭场对相变的贡献(冯端，2013)：

$$G_h = G_0 + a(T - T_c)\eta^2 + B\eta^4 - \eta h$$

求极小值可得方程为

$$2a(T - T_c)\eta + 4B\eta^3 - h = 0$$

对于磁性材料，η 是 M，h 是磁场 H，磁化率被定义为

$$\chi = \left(\frac{\partial \eta}{\partial h}\right)_{T,\ h\to 0}$$

由上面的方程可得磁化率为

$$\chi = \frac{1}{2a(T - T_c) + 12B\eta^2}$$

(1) 当 $T > T_c$ 时，磁化率为

$$\chi = \frac{1}{2a(T - T_c)}$$

因此，低温降低到临界温度 T_c，磁化率趋近于无穷大. 此为居里-外斯(Curie-Weiss)定律.

(2)当 $T < T_c$ 时，磁化率为

$$\chi = \frac{1}{4a(T_c - T)}$$

可见，相变前后，磁化率的变化规律明显不同.

2. 朗道-德文希尔(Landau-Devonshire)模型

许多铁电体，在无外场下，也可发生弱的一级相变，但序参量的变换性质决定其不包含三阶项，为描述这种相变，应该将自由能展开到更高阶. 考虑序参量的高阶，自由能表示为

$$G = G_0 + a(T - T_c)\eta^2 + B\eta^4 + D\eta^6, \quad B < 0, \quad D > 0$$

其极小值，要求一阶微分为 0，得到关于η的方程为

$$2a(T - T_c)\eta + 4B\eta^3 + 6D\eta^5 = 0$$

该方程有 5 个解，一个解为 0(平庸解)，其他 4 个分为两组，即

$$\begin{cases} \eta = 0 \\ \eta^2 = \dfrac{-B + \left[B^2 - 3aD(T - T_c)\right]^{1/2}}{3D} \\ \eta^2 = \dfrac{-B - \left[B^2 - 3aD(T - T_c)\right]^{1/2}}{3D} \end{cases}$$

要使后面两组解为实数，则要求

$$B^2 - 3aD(T - T_c) \geqslant 0$$

该条件给出一个特殊的温度 T^*，有

$$T^* = T_c + \frac{B^2}{3aD}$$

该温度大于不含六阶项定义的临界温度 T_c，称为温度上限. 当温度低于温度上限，即 $T < T^*$时，将上述两组解中的第一组

$$\eta^2 = \frac{-B + \left[B^2 - 3aD(T - T_c)\right]^{1/2}}{3D}$$

代入自由能方程，发现是使自由能取极小值的解. 而第二组解为不稳定解. 注意：T^*虽然给出新的极值，但并不是相变温度. 相变点由 $G-G_0=0$ 决定，因此得方程

$$a(T-T_c)\eta^2+B\eta^4+D\eta^6=0$$

由此可得相变临界温度 T_t 为

$$T_t=T_c+\frac{B^2}{4aD}<T^*$$

因此，我们得到下面随温度变化的相变规律：$T>T^*$，系统处在无序态，自由能仅在$\eta=0$ 处有最小值. 当温度降低到 $T_t<T<T^*$时，$\eta=0$ 和$\eta\neq 0$ 处同时存在极小值，但无序相比$\eta\neq 0$ 的有序相更稳定. 当 $T=T_t$时，系统处于一级相变点，自由能在$\eta=0$ 和$\eta=\pm[-B/(2D)]^{1/2}$ 处三个点有极小值，且三个极小值相等. 当温度降低到 $T_c<T<T_t$ 时，无序相变得不稳定，而有序相的自由能更低一些. 当温度降低到 $T=T_c$时，$\eta=0$ 对应的无序相处于绝对失稳的极限点. 当温度降低到 $T<T_c$时，体系完全变为有序相稳定，如图 9.5 所示.

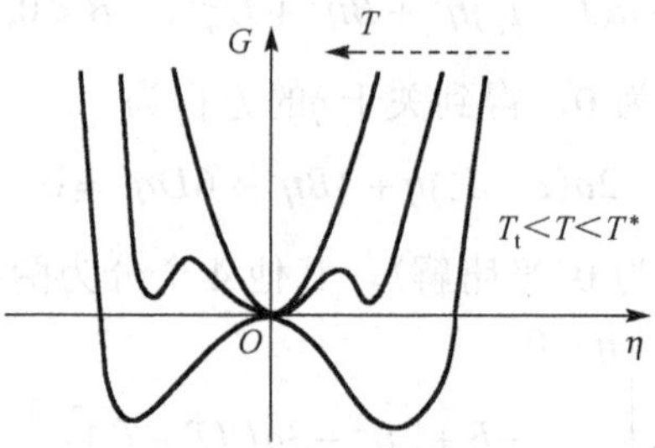

图 9.5　朗道-德文希尔模型展示铁电相变以及无序与有序相间的竞争

3. 朗道-德让纳(Landau-de Gennes)模型

考虑液晶的各向异性态向列相转变. 对于向列相液晶，序参量可选为

$$\eta=1/2\left\langle 3\cos^2\theta-1\right\rangle$$

各向异性态向向列相态转变的过程中，在各向异性态中可能会先形成向列相液滴，各液滴的取向又无关联，长程序不存在，序参量应该为零，然后才转变为有长程序的向列相. 这类存在反常的一级相变需要序参量的三次方项. 其自由能序参量展开为

$$G=G_0+a(T-T_c)\eta^2+C\eta^3+B\eta^4,\quad C<0,\ B>0$$

求其极小值，要求一阶微分为 0，得到关于η 的方程

$$2a(T-T_c)\eta+3C\eta^2+4B\eta^3=0$$

该方程有 3 个解，分别为

$$\begin{cases} \eta = 0 \\ \eta = \dfrac{-3C + \left[9C^2 - 32aB(T - T_c)\right]^{1/2}}{8B} \\ \eta = \dfrac{-3C - \left[9C^2 - 32aB(T - T_c)\right]^{1/2}}{8B} \end{cases}$$

考虑实根条件，定义稳定极限温度 T^*

$$T^* = T_c + \frac{9C^2}{32aB}$$

因此，在温度 $T > T^*$时，只有$\eta = 0$处有稳定的最小值，因此，无序相稳定. 当温度降低到 $T < T^*$时，在$\eta \neq 0$处有一个亚稳态的有序相，如图 9.6 所示. 由条件 $G-G_0 = 0$ 可获得相变温度 T_t 为

$$T_t = T_c + \frac{C^2}{4aB} < T^*$$

当 $T = T_t$时，系统有两个稳定的极小值，分别对应无序相和有序相. 当温度降低到 $T< T_t$时,有序相比无序相更稳定，我们可以认为序参量从$\eta = 0$发生一个跃变，变为 $\Delta\eta = -C/(2B)$.

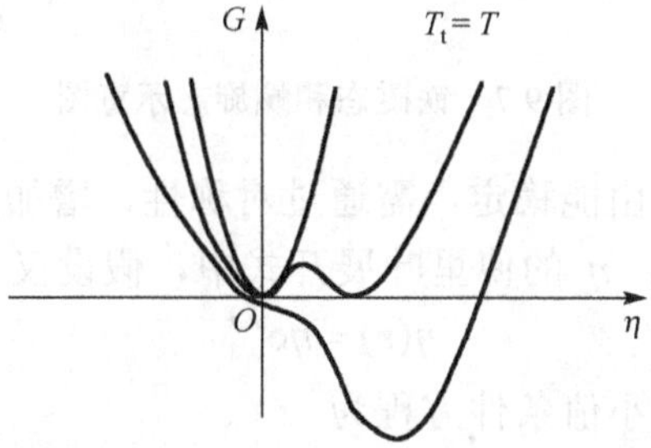

图 9.6　朗道-德让纳模型展示液晶的各向异性态向列相相变

9.1.4　非均匀态相变

上面我们假设序参量在空间是一致的，不随位置而变化. 有时，序参量会是位置 r 的函数. 例如，在考察体系的表面，序参量会变得与内部的不一样. 当序参量作为位置的函数时，总的自由能可表示为

$$G = \int d^3r\{\text{自由能密度 } G(r)\}$$

序参量随位置的变化为

$$\frac{\partial \eta}{\partial r} = \nabla \eta$$

这会导致能量的损耗. 唯一简单的不变量(独立于空间的方向)且包含 $\nabla\eta$ 的是$|\nabla\eta|^2$. 系统的自由能可表示为

$$G = \int \mathrm{d}^3 r \left[A(P,T)\eta^2(r) + B\eta^4(r) + D|\nabla\eta|^2 \right]$$

此表达式称为金兹堡–朗道(Ginzburg-Landau)泛函. 如果考虑序参量可能为复函数，方程中的平方项可用绝对值项取代. 考虑最小值条件，得方程

$$A\eta + 2B\eta|\eta|^2 - D\nabla^2\eta = 0$$

该方程为微分方程. 由于 η^3 项的存在，并不同于薛定谔方程. 只有在接近 T_c 时，η 趋近于零，方程才线性化，对应于薛定谔方程. 如果 $D(P,T)$ 为负值，系统将有一个倾向，形成不一致的有序相. 例如，铁磁现象中的螺旋态(spiral state)，就是这种情况，如图 9.7 所示.

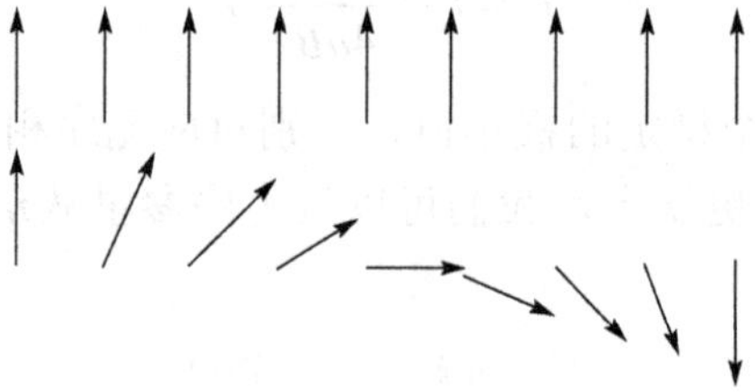

图 9.7　铁磁态和螺旋态示意图

然而，要使系统的自由能稳定，需通过对称性，增加另外一项 $E(\nabla^2\eta)^2$. 其中，$E>0$. 现在考虑一个例子，η 的傅里叶展开式中，假设仅一项是重要的，

$$\eta(\boldsymbol{r}) = \eta \mathrm{e}^{\mathrm{i}\boldsymbol{k}\cdot\boldsymbol{r}}$$

自由能关于波矢量 k 的极小值条件方程为

$$\frac{\partial}{\partial k}(Dk^2\eta^2 + Ek^4\eta^2) = 0$$

因此，可得一个特殊的解为

$$k_0 = -D/(2E)$$

这暗示一个新的结构，周期为 $l=2\pi/k_0$, 将通过相变形成，而周期与其他波矢相关的结构能量较高. 在固体中，这个附加的结构称为超结构，其与晶格结构是周期不一致的(incommensurate).

9.1.5　序参量的涨落

这里，我们强调朗道理论本质上是一个平均场理论，序参量的涨落(fluctuation)

被忽略. 然而，在接近相变温度，序参量的涨落明显很重要. 涨落修正 T_c 附近物理量的行为(例如热容量和磁化率在相变点发生剧烈变化)，导致由平均场理论推导出的标度指数(scaling exponent)偏离实际值. 这里，二级相变的序参量的标度指数可表示为

$$(T_c - T / T_c)^{1/2}$$

注意：在各种量子物理模型中，如何获得标度指数是当前统计物理学研究的一个重要课题.

为了理解涨落区域，我们讨论在 T_c 附近有序态序参量 η 的涨落. 假定温度接近 T_c，考虑序参量平均值，相对于有序态，涨落引起的自由能的变化，通过泰勒展开为

$$\begin{aligned}\delta G &= \frac{1}{2}(\eta - \overline{\eta})^2 \frac{\partial^2 G}{\partial \eta^2}\Big|_{\eta=\overline{\eta}} \\ &= a(T - T_c)(\eta - \overline{\eta})^2 \\ &= a(T - T_c)(\delta\eta)^2\end{aligned}$$

其中，$\delta\eta$ 为涨落幅度，其发生的概率密度为

$$p(\delta\eta) \propto \mathrm{e}^{-V\delta G/T} = \mathrm{e}^{-a(T-T_c)V(\delta\eta)^2/T}$$

概率密度的峰宽度决定涨落的典型幅度，因此，序参量平方的热平均值可表示为

$$\left\langle |\delta\eta|^2 \right\rangle = \frac{T}{aV(T - T_c)}$$

因此，温度接近 T_c, 涨落幅度出现发散. 与涨落幅度有关的能量也反比于序参量波动所在空间的体积 V. 当体积很小时，涨落的幅度会变大. 为了确定涨落的典型尺度，我们可以比较序参量的涨落幅度与序参量本身的幅度. 如果在某些条件下，关系式$|\delta\eta|^2 \ll \eta^2$ 成立，我们则知道在这些条件下平均场结果是可靠的. 为了获得涨落的空间信息，我们考虑非均匀金兹堡-朗道泛函. 在非均匀情况，在典型的波矢 k 态，涨落的宽度可表示为

$$\left\langle |\delta\eta_k|^2 \right\rangle = \frac{T / V}{a(T - T_c) + Dk^2}$$

这就是关于涨落的著名的奥恩斯坦-泽尼克(Ornstein-Zernike)结果

$$\left\langle |\delta\eta_k|^2 \right\rangle = \langle \delta\eta_k \delta\eta_{-k} \rangle$$

通过傅里叶转换，可获得真空间的关联函数(correlation function),

$$G(r) = \langle \delta\eta(0)\delta\eta(r) \rangle$$

明显地，关联函数是关于序参量在实空间的衰变的函数. 关联函数仅依赖于涨落间的相对距离. 我们分析关联函数的表达式

$$\begin{aligned}\sum_k \left\langle |\delta\eta_k|^2 \right\rangle e^{i\boldsymbol{k}\cdot\boldsymbol{r}} &= \sum_{kk'} \delta_{kk'} \left\langle \delta\eta_k \delta\eta_{-k'} \right\rangle e^{i\boldsymbol{k}\cdot\boldsymbol{r}} \\ &= \sum_{kk'} e^{i(\boldsymbol{k}-\boldsymbol{k}')\cdot\boldsymbol{R}} \delta_{kk'} \left\langle \delta\eta_k \delta\eta_{-k'} \right\rangle e^{i\boldsymbol{k}\cdot\boldsymbol{r}} \\ &= \frac{1}{V}\sum_{R,k,k'} e^{i(\boldsymbol{k}-\boldsymbol{k}')\cdot\boldsymbol{R}} \left\langle \delta\eta_k \delta\eta_{-k'} \right\rangle e^{i\boldsymbol{k}\cdot\boldsymbol{r}} \\ &= \frac{1}{V}\sum_{R,k,k'} \left\langle e^{i\boldsymbol{k}\cdot(\boldsymbol{R}+\boldsymbol{r})} \delta\eta_k e^{-i\boldsymbol{k}'\cdot\boldsymbol{R}} \delta\eta_{-k'} \right\rangle\end{aligned}$$

因此关联函数可表示为

$$\begin{aligned}\sum_k \left\langle |\delta\eta_k|^2 \right\rangle e^{i\boldsymbol{k}\cdot\boldsymbol{r}} &= \frac{1}{V}\sum_R \left\langle \delta\eta(\boldsymbol{R}+\boldsymbol{r})\delta\eta(\boldsymbol{R}) \right\rangle \\ &= \left\langle \delta\eta(0)\delta\eta(\boldsymbol{r}) \right\rangle \\ &= G(\boldsymbol{r})\end{aligned}$$

这样，真空间的关联函数就利用在倒空间中序参量平方的热平均获得

$$\begin{aligned}G(\boldsymbol{r}) &= \sum_k \left\langle |\delta\eta_k|^2 \right\rangle e^{i\boldsymbol{k}\cdot\boldsymbol{r}} \\ &= \frac{T}{V}\sum_k \frac{e^{i\boldsymbol{k}\cdot\boldsymbol{r}}}{a(T-T_c)+Dk^2} \\ &= \int \frac{T e^{i\boldsymbol{k}\cdot\boldsymbol{r}}}{a(T-T_c)+Dk^2} \frac{d^3\boldsymbol{k}}{(2\pi)^3} \\ &= \frac{T}{D}\int \frac{e^{i\boldsymbol{k}\cdot\boldsymbol{r}}}{l^2+k^2} \frac{d^3\boldsymbol{k}}{(2\pi)^3} \\ &= \frac{T}{D}\frac{e^{-lr}}{4\pi r} = \frac{T}{D}\frac{e^{-r/\xi}}{4\pi r}, \quad \xi = \sqrt{\frac{D}{a(T-T_c)}}\end{aligned}$$

这里我们定义长度ξ为关联长度. 关联体积正比于ξ^3. 当温度接近临界温度 T_c 时，关联长度发散. 利用典型的关联体积 $V \sim \xi^3$，评估典型的涨落幅度

$$\left\langle |\delta\eta|^2 \right\rangle = \frac{T}{\xi^3 a(T-T_c)} \approx \frac{T_c}{\xi^3 a(T-T_c)}$$

序参量可表示为

$$\eta^2 = \frac{a}{2B}(T-T_c)$$

因此，在$\left\langle|\delta\eta|^2\right\rangle \ll \eta^2$时，序参量的涨落并不重要，我们得到关系式

$$\left[\frac{\left\langle|\delta\eta|^2\right\rangle}{\eta^2}\right]^2 \ll 1 \;\Rightarrow\; \frac{T-T_c}{T_c} \gg \frac{T_c B^2}{aD^3}$$

这被称为 Levanyuk-Ginzburg 判据. 温度接近临界温度 T_c 时，涨落总是占据支配地位，但对于相对温度 $T-T_c/T_c$，大于金兹堡数 $T_cB^2/(aD^3)$ 时，朗道平均场的结果是有效的. 如果零温下的关联长度$\xi_0=\xi(T=0)$足够大，这种情况总是成立的.

在常规的超导材料中，典型的关联长度达 10^3 nm, 远大于晶格常数. 然而，对于超流体 ^{4}He，典型的关联长度仅为原子间距的尺寸，因此，波动区域很大. 实际上，在超流转变态，比热容曲线出现 Lambda 特征，这是由涨落引起的，是典型的 Lambda 异常(anomaly)，如图 9.8 所示.

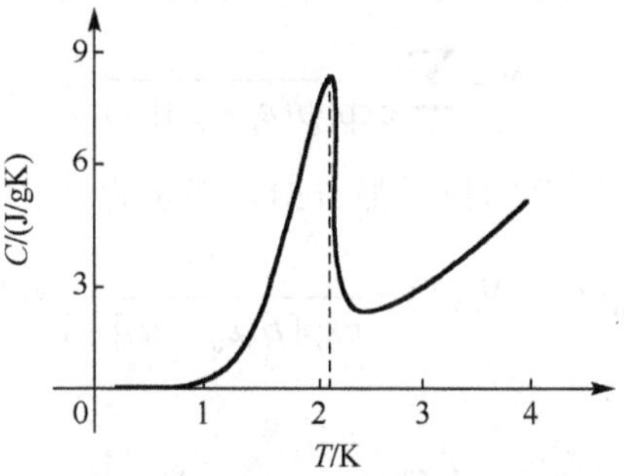

图 9.8　相变点比热容的典型 Lambda 异常示意图

9.2　玻色-爱因斯坦凝聚

一个典型的宏观量子现象是爱因斯坦在 1924 年提出的预言，全同玻色子理想气体在低温下可形成玻色-爱因斯坦(B-E)凝聚. 1995 年，实验上通过对相互作用很弱的稀薄气体降低温度，验证了 B-E 凝聚. B-E 凝聚的研究极大地推动了对宏观量子液现象的研究，包括对超导电性及液氦的超流动性的研究.

B-E 相变: 在全同玻色子理想气体中，当德布罗意热波长超过粒子间的平均距离时，其他玻色子会受到最低能级态上的玻色子的刺激，也占据该态，出现单量子态的宏观占据，如图 9.9 所示，导致相变发生. 德布罗意热波长为

$$\lambda_T = \left(\frac{2\pi\hbar^2}{k_B m T}\right)^2$$

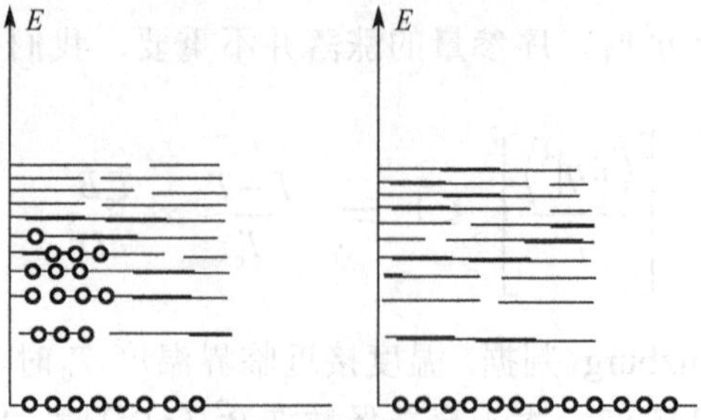

图 9.9　玻色子随温度降低从激发态跃迁到基态的示意图

能量为 ε_i 的单粒子量子态 i 上的玻色子分布

$$n_i(T)=\frac{1}{\exp[\beta(\varepsilon_i-\mu)]-1}$$

其中，μ 是化学势. 因此，总的粒子数可以表示为

$$N=\sum_i\frac{1}{\exp[\beta(\varepsilon_i-\mu)]-1}$$

在足够低的温度下，几乎所有的粒子都占据在能量为 ε_0 的最低能量态上

$$n_0(T)\equiv N_0(T)=\frac{1}{\exp[\beta(\varepsilon_0-\mu)]-1}\approx N$$

因此

$$k_{\mathrm{B}}T/(\varepsilon_0-\mu)\approx N$$

可得μ比 ε_0 小一点，但与之接近. 对于第二低能级，其上的粒子数 $n_1(T)\ll N$，所以 $(\varepsilon_1-\mu)\gg(\varepsilon_0-\mu)$. 因此，$\varepsilon_1$ 与 ε_0 之间的能隙比 ε_0 与μ之间的能隙大得多. 在有限温度下，μ比 ε_0 更低. 引入周期性边界条件，盒子中独立原子的量子态可由 q 表征，其能级为

$$\varepsilon_q=\hbar^2q^2/(2m)$$

在独立系统中，ε 可被当作连续变量处理，引入态密度

$$g(\varepsilon)=\frac{V}{4\pi^2}\left(\frac{2m}{\hbar^2}\right)^{3/2}\varepsilon^{1/2}$$

温度较低时，总的粒子数的分布分为两部分，一部分在基态，另一部分在激发态，表达式为

$$N=N_0(T)+N'(T)$$

$$N'(T) = \frac{V}{4\pi^2}\left(\frac{2m}{\hbar^2}\right)^{3/2}\int_0^{\infty}\frac{\varepsilon^{1/2}\mathrm{d}\varepsilon}{\exp[\beta(\varepsilon-\mu)]-1}$$

这里 $\mu \leqslant 0$. 当 $\mu = 0$ 时

$$N'(T) \leqslant N'_{\max}(T) = \frac{V}{4\pi^2}\left(\frac{2mk_{\mathrm{B}}T}{\hbar^2}\right)^{3/2}\int_0^{\infty}\frac{x^{1/2}\mathrm{d}x}{\mathrm{e}^x-1}$$

上面的积分可得 N' 的最大值

$$\int_0^{\infty}\frac{x^{1/2}\mathrm{d}x}{\mathrm{e}^x-1} = \frac{2.612\sqrt{\pi}}{2}, \quad N'_{\max}(T) = 2.612V\left(\frac{mk_{\mathrm{B}}T}{2\pi\hbar^2}\right)^{3/2}$$

临界温度被定义为

$$N'_{\max}(T_{\mathrm{c}}) = N$$

因此，可得临界温度

$$T_{\mathrm{c}} = \frac{2\pi\hbar^2}{mk_{\mathrm{B}}}\left(\frac{N}{2.612V}\right)^{2/3}$$

把临界温度代入 N'的式子，可得

$$N'(T) = N\left(\frac{T}{T_{\mathrm{c}}}\right)^{3/2}$$

因此，基态上的粒子数为

$$N_0 = N\left[1-\left(\frac{T}{T_{\mathrm{c}}}\right)^{3/2}\right]$$

在绝对零度和 T_{c} 之间，粒子分为两组，一些在最低能级上，一些在激发态上. B-E 凝聚不同于通常的气液相变. 气液相变是在实空间中出现两个相，且具有明确的相边界. B-E 凝聚可以被认为在动量空间的相分离，凝聚体和激发体之间在实空间没有物理边界. 然而，其动量被有序化，从这点讲，B-E 凝聚是一个无序–有序转变. B-E 凝聚为超导和超流这些宏观量子现象提供了一个基本的概念.

实际的玻色粒子之间是存在相互作用的，但 B-E 凝聚仍然可存在于实际的量子气体和液体中. 熵是由热激发的粒子输运的，被热激发的粒子是正常的流体，而有宏观粒子数占据的零动量态的凝聚体，则被认为组成超流体.

对于有弱相互作用的玻色子系统，1947 年博戈留波夫(Bogoliubov)的研究涉及此问题. 随后，彭罗斯(O. Penrose)和昂萨格(L. Onsager)在 1956 年给出更一般化的理论，认为当相互作用的玻色子系统在动量空间存在长程序时，可出现 B-E 凝聚；1962 年，杨振宁提出利用非对角长程序的概念，处理相互作用的玻色子的凝聚. 其

密度矩阵可表示为

$$\rho(r-r') = \left\langle \hat{\Psi}(r)\hat{\Psi}^{+}(r') \right\rangle = N_{0c}\psi_0(r)\Psi_0^{*}(r') + G(r-r')$$

上式中密度矩阵利用产生、湮灭场算符描述，$G(r-r')$表示在温度 T 下德布罗意波长内的短程关联. 在低温，相距无限远的对密度不为零.

理想玻色子气体并不存在，但 B-E 凝聚可利用弱相互作用的稀薄气体来验证. 1995 年，康奈尔(E. Cornell)和维曼(C. Wieman)用激光冷却加汽化冷却的办法，在超低温度下实现了受控 Rb 原子稀薄气体的 B-E 凝聚. 随后，Na、Li、^{1}H 等原子及 ^{4}He 第一激发态原子的稀薄气体的 B-E 凝聚也被实现了.

原子在动量空间的凝聚，其技术挑战是气体温度要降到 μK 以下，而又要阻止其凝聚为固体或液体. 激光冷却加蒸发冷却的方法可将温度降到低于 100 nK，激光冷却可产生稀薄的气体，密度大约为 10^{12} cm^{-3}, 陷阱中的粒子数一般为 10^3～10^7.

实际中气体密度的高度不均匀，会导致在特定的临界温度，速度分布的零速度处可观测到一个尖锐的峰，展现 B-E 凝聚的特征，同时，在实空间中也呈现凝聚，如图 9.10 所示，随温度降低，基态粒子数在低于临界温度后急剧增加，实空间也出现聚集效应.

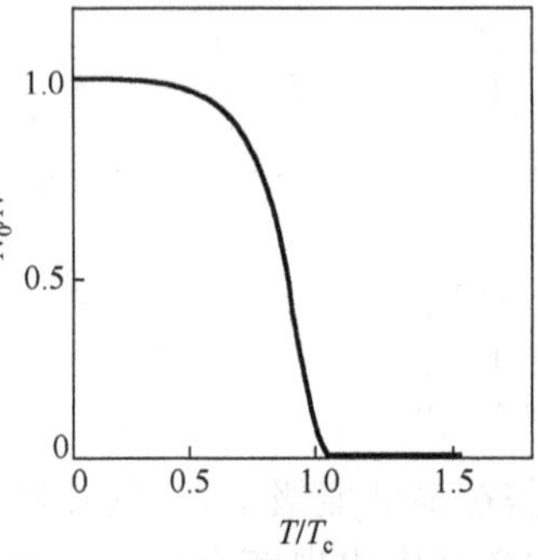

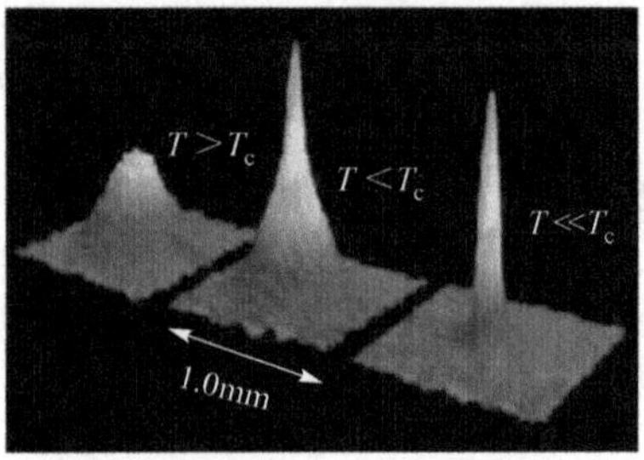

图 9.10　随温度降低而在基态出现的粒子数变化曲线和实空间 B-E 凝聚示意图(Guéry-Odelin et al., 1998)

碱金属原子在磁陷阱中的势

$$V(r) = \frac{m}{2}(\omega_x^2 x^2 + \omega_y^2 y^2 + \omega_z^2 z^2)$$

忽略原子间的相互作用，能量量子化后为

$$\varepsilon_{n_x n_y n_z} = (n_x + 1/2)\hbar\omega_x + (n_y + 1/2)\hbar\omega_y + (n_z + 1/2)\hbar\omega_z$$

基态波函数为

$$\psi(r_1, r_2, \cdots, r_N) = \prod_i \phi_0(r_i)$$

$$\phi_0(r_i) = \left(\frac{m\omega_0}{\pi\hbar}\right)^{1/3} \exp\left[-\frac{m}{2\hbar}(\omega_x^2 x^2 + \omega_y^2 y^2 + \omega_z^2 z^2)\right]$$

其中

$$\omega_0 = (\omega_x \omega_y \omega_z)^{1/3}$$

粒子密度可表示为

$$\rho(r) = N|\phi_0(r)|^2$$

密度随 N 增大而增大，气团的尺寸却与 N 无关，由谐振子的特征长度 a_0 决定，其可表示为

$$a_0 = [\hbar / (m\omega_0)]^{1/2}$$

实际实验中，在有限温度下，仅有部分原子占据最低能态，其余的原子在激发态上呈现热分布，热气团的尺寸要比 a_0 大，粗糙地估算为

$$a_{\mathrm{T}} = a_0[k_{\mathrm{B}}T / (\hbar\omega_0)]^{1/2}, \quad k_{\mathrm{B}}T \gg \hbar\omega_0$$

根据谐振子势阱中理想气体的量子统计，推出 $T<T_{\mathrm{c}}$ 时凝聚体对温度的依赖关系为

$$N_0 / N = 1 - (T / T_{\mathrm{c}})^3$$

除基态占据形成 B-E 凝聚外，B-E 凝聚体还可能存在超流性. 有些可靠但非直接的证据表明 B-E 凝聚体存在超流性. 其一就是涡旋的形成，这种现象和超流液氦相似.

B-E 凝聚体类比于光子态，基态中的凝聚原子动量和能量都相同，可形成有相干特性的原子束流. W. Ketterlee 等已在 1997 年利用 Na 原子实现了原子激光.

9.3　低温超导体

1908 年昂内斯(K. Onnes)通过液化氦气，获得 4.2 K 以下的低温. 1911 年，他发现在温度降低到液氦温度时，测量纯 Hg 的电阻，在 4.2 K 电阻突然减小为零，展示了超导体的存在. 1912 年他发现在磁场中，或者在高电流密度下，超导体又出现电阻态的现象(Marder, 2015).

电阻的测量受到测量仪器的灵敏度限制，因此电阻为零被认为只是相对的. 有人可能会猜测，在理想金属中电阻随温度降低，是否也会出现零电阻效应. 这是否意味着在电阻方面，理想金属与超导体没有明显的区别. 有人在超导态的 Pb 环中激发起电流，在持续两年的时间里没有观测到电流的变化. 电流衰减如此之慢，推断电阻的上限为 10^{-23} Ωm，可确定电阻在超导态的确为零.

超导体保持超导状态存在三个临界参数，分别为临界温度、临界磁场和临界电流. ①临界温度：由常态转变为超导态，在一定温度间隔(ΔT_c)完成，对于纯的单晶样品，$\Delta T_c \leqslant 10^{-3}$ K，在合金、化合物和高温氧化物超导体中，ΔT_c 较宽，可达几个 K，甚至十几个 K. ②磁场可以破坏超导电性. 在温度低于临界温度 T_c 时，当磁场超过临界磁场强度时，超导态转变为常态，电阻不为零. ③在足够大的电流下，超导态也会被破坏. 临界电流是温度与磁场的函数. 临界电流可用磁场的概念来解释，当电流在样品表面产生的磁场超过临界磁场时，超导态被破坏.

9.3.1　超导态的磁场

超导态除具有零电阻外，还有另一个典型的特征——抗磁性. 该现象是迈斯纳(W. Meissner)和奥克森菲尔德(R. Ochsenfeld)在 1933 年发现的. 他们发现，无论是否在外加磁场下使材料温度降低转变为超导态，超导体内部都没有磁通量存在. 这就意味着当超导体在超导态时，外加磁场无法穿过超导体，造成的结果是对超导体施加一个托举力，可以使超导体悬浮在空中，如图 9.11 所示.

图 9.11　低温超导体抗磁性展示示意图

磁力线无法穿过超导体，超导体内总磁场为零. 因此

$$B = \mu_0(H + M) = 0$$

对于超导态，磁化强度 M 与外加磁场 H，总是方向相反，且 $M = -H$，展现出迈斯纳效应. 如果把超导体看作电阻为零的理想导体，电流密度为有限值时电场 E 必为零，由麦克斯韦方程得

$$\nabla \times E = -\frac{\partial B}{\partial t} = 0$$

B 不随时间改变，其值由初始条件决定，得不出 $B=0$ 的结论. 从这方面也可看出，超导体不同于理想导体.

9.3.2　超导态的凝聚能

对于一个导体，超导态的吉布斯自由能为 $g_s(H,T)$，正常态的自由能为 $g_N(H,T)$. 当 $T<T_c$ 时，在不加外磁场下，超导态更稳定，即

$$g_s(H,T)<g_N(H,T)$$

有磁场时，且 $H<H_c(T)$，体系仍然为超导态，其自由能 $g_s(H,T)$ 可表示为

$$g_s(H,T)=g_s(0,T)-\mu_0\int_0^H M\cdot \mathrm{d}H$$

利用迈斯纳效应 $M=-H$，可得关系式

$$g_s(H,T)=g_s(0,T)-\frac{1}{2}\mu_0 H^2$$

当磁场增大到 $H=H_c(T)$ 时，恰好处在相变曲线上，则得方程

$$g_N(H_c,T)=g_s(H_c,T)=g_s(0,T)-\frac{1}{2}\mu_0 {H_c}^2$$

在正常态下超导体为弱磁性，有关系式

$$g_N(H,T)\approx g_N(0,T)$$

因此，可得关系式

$$g_N(0,T)=g_s(0,T)-\frac{1}{2}\mu_0 {H_c}^2$$

在绝对零度，正常态自由能密度与超导态自由能密度之差被称为超导态的凝聚能：

$$\Delta g=g_N-g_s=\frac{1}{2}\mu_0 H_c^2(0)$$

因此，我们得到结论，超导态是相对于正常态来说更有序的一种状态.

9.3.3　超导态的热容量

当 $H<H_c$ 时，正常态的自由能和超导态自由能之差可以表示为

$$g_N(H,T)-g_s(H,T)=\frac{1}{2}\mu_0[{H_c}^2(T)-H^2]$$

考虑在压强和磁场不变下的热力学关系，熵可以表示为

$$S=-\left(\frac{\partial g}{\partial T}\right)_{p,H}$$

因此

$$S_{\mathrm{N}} - S_{\mathrm{s}} = -\mu_0 \frac{H_{\mathrm{c}}(T)\mathrm{d}H_{\mathrm{c}}(T)}{\mathrm{d}T}$$

利用热容量的定义

$$C = T\left(\frac{\partial S}{\partial T}\right)$$

可得热容量差的关系式为

$$\Delta C = C_{\mathrm{s}} - C_{\mathrm{N}} = \mu_0 T\left[\left(\frac{\mathrm{d}H_{\mathrm{c}}(T)}{\mathrm{d}T}\right)^2 + H_{\mathrm{c}}(T)\frac{\mathrm{d}^2 H_{\mathrm{c}}(T)}{\mathrm{d}T^2}\right]$$

当温度 T 为相变温度 T_{c} 时，有

$$H_{\mathrm{c}}(T_{\mathrm{c}}) = 0, \quad \mathrm{d}H_{\mathrm{c}}(T)/\mathrm{d}T \neq 0$$

因此，在相变温度，超导态的热容量大于正常态的热容量

$$\Delta C = \mu_0 T_{\mathrm{c}}\left[\left(\frac{\mathrm{d}H_{\mathrm{c}}(T)}{\mathrm{d}T}\right)^2\right]_{T_{\mathrm{c}}} > 0, \quad C_{\mathrm{s}}(T_{\mathrm{c}}) > C_{\mathrm{N}}(T_{\mathrm{c}})$$

我们知道正常态热容量由两部分组成：第一部分为传导电子的贡献；第二部分为晶格振动的贡献. 其可表示为 $C_{\mathrm{N}} = \gamma T + \alpha T^3$. 因此，低温下电子热容量为热容量的主要贡献，与温度呈线性关系. 实验发现，从常态转变为超导态，晶格振动对热容量贡献仍为 αT^3，可见相变温度处热容量的跃迁由两相中电子热容量不同引起，如图 9.12 所示. 更精确的测量发现，超导态中电子热容量与温度的关系为

$$C_{\mathrm{se}} = a\mathrm{e}^{-\Delta/(k_{\mathrm{B}}T)}$$

指数关系意味着超导电子能谱中基态与激发态之间存在能隙.

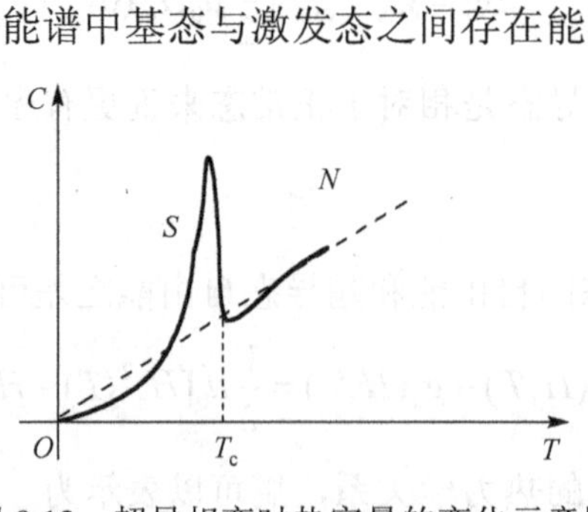

图 9.12　超导相变时热容量的变化示意图

9.3.4　二流体模型与伦敦方程

超导态是比常态能量更低、更有序的电子凝聚态. 超导相变时晶格结构不变，

仅电子热容量发生突变，因此，超导相变是一种电子系统的量子相变. 1934 年，戈特(C. J. Gorter)和卡西米尔(H. B. G. Casimir)提出二流体模型解释超导现象.

他们提出如下假设和结论：①当体系处于超导态时，电子可分为正常态电子和超导电子，$n = n_N + n_s$. 正常态电子受到声子、杂质和缺陷等的散射，由其组成的电流存在电阻. 超导电子不受散射，其形成的电流是无阻的. 因此，超导电子的存在，导致零阻现象. ②n_N 和 n_s 都随温度变化. 当 $T>T_c$ 时，材料处于正常态，没有超导电子，$n_s = 0, n = n_N$. 当 $T < T_c$ 时，部分正常态电子转变为超导电子，随温度降低，超导态电子数增加. 当 T=0 K 时，全部电子转变为超导态电子. ③超导相变是二级相变. 超导电子处在更低能量的有序态中，该有序态应该是一种凝聚态，因而超导电子对熵没有贡献，它的存在导致超导态比常态更有序. 当温度低于 T_c 时，超导电子开始出现，熵是连续变化的，不产生相变潜热，但对电子热容量的贡献则不同，凝聚为超导电子的那部分电子会释放出能量，使热容量发生跃变.

1935 年，伦敦兄弟(F. London 和 H. London)提出两个方程，同时可描述超导态的两个基本性质：R=0 和 B=0. 考虑二流体模型，电流密度可写为

$$\boldsymbol{j} = \boldsymbol{j}_N + \boldsymbol{j}_s$$

常态电流密度满足欧姆定律，同时超导电流用定义给出

$$\boldsymbol{j}_N = \sigma \boldsymbol{E}, \quad \boldsymbol{j}_s = -n_s q \boldsymbol{\upsilon}_s$$

对于超导电子，不会受到散射，在静电场作用下，有下面的方程：

$$m_s \frac{d\boldsymbol{\upsilon}_s}{dt} = -q\boldsymbol{E}$$

$$\frac{d\boldsymbol{j}_s}{dt} = \frac{n_s q^2 \boldsymbol{E}}{m_s}$$

该方程称为伦敦第一方程. 该方程反映了零阻特性，因为在直流情况下，j_s 不随时间变化，电场应为零. 由欧姆定律可知，j_N = 0. 因此，超导体中只存在 E = 0 时的超导电流 j_s.

但伦敦第一方程不能包含迈斯纳效应. 将其代入麦克斯韦方程

$$\nabla \times \boldsymbol{E} = -\partial \boldsymbol{B}/\partial \mathrm{t}$$

可得下面的方程：

$$\frac{\partial}{\partial t} \nabla \times \boldsymbol{j}_s = -\frac{n_s q^2}{m_s} \frac{\partial \boldsymbol{B}}{\partial t}$$

$$\frac{\partial}{\partial t}\left[\nabla \times \boldsymbol{j}_s + \frac{n_s q^2}{m_s} \boldsymbol{B}\right] = 0$$

B 的解依赖于初始条件，所以不能得出超导体内总有 B=0 的结论. 为解释迈斯纳效

应，伦敦假设超导体还应该满足伦敦第二方程

$$\nabla\times\boldsymbol{j}_s=-\frac{nsq^2}{m_s}\boldsymbol{B}$$

代入麦克斯韦方程

$$\nabla\times\boldsymbol{B}=\mu_0\boldsymbol{j}_s$$

利用关系式

$$\nabla\cdot\boldsymbol{B}=0,\quad \nabla\times\nabla\times\boldsymbol{B}=\nabla(\nabla\cdot\boldsymbol{B})-\nabla^2\boldsymbol{B}=-\nabla^2\boldsymbol{B}$$

可获得关于磁场的微分方程

$$\nabla^2\boldsymbol{B}=\frac{1}{\lambda^2}\boldsymbol{B},\quad \lambda^2=\frac{m_s}{\mu_0 n_s q^2}$$

其解与超导体的形状有关. 为简单起见，考虑超导体占据 $z\geqslant 0$ 的半无限空间,磁场 B 方向为 x 方向，且均匀分布，则上面的矢量方程变为

$$\frac{\partial^2}{\partial z^2}B_x=\frac{1}{\lambda^2}B_x$$

该方程的解为

$$B_x(z)=B_x(0)\mathrm{e}^{-z/\lambda}$$

在超导体内磁场强度 $B_x(z)$ 随 z 的增大而衰减. 当 $z\gg\lambda$ 时,$B_x(z)$ 趋近于零,如图 9.13 所示. 所以，超导体内没有磁通，只有在表面区，有磁通线通过. λ 被称为伦敦穿透深度，其大小约为 10^{-8} m，因此解释了迈斯纳效应.

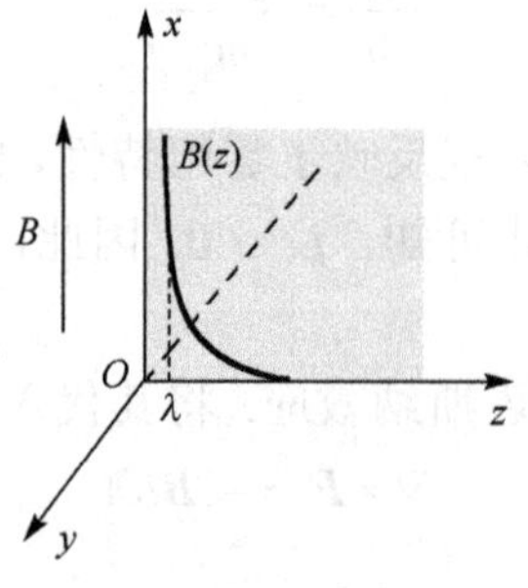

图 9.13 磁场在超导体边界处衰减的示意图

利用磁场与电流的关系，可得超导电流的微分方程

$$\nabla^2 j_s=\frac{1}{\lambda^2}j_s$$

可见，电流也被限制在穿透深度的范围内. 实际上，正是沿表面流动的超导电流产

生的磁场抵消了外磁场，使超导体内保持 B=0.

9.3.5　超导是一类宏观量子现象

1946 年，伦敦兄弟指出，超导电性是一种宏观尺度下的量子现象，认为所有的超导电子都处在相同的状态上. 超导态可看作一种宏观的量子态，超导电子密度 n_s 是一个宏观量，可通过波函数的膜的平方表示出来

$$|\psi(\boldsymbol{r})|^2 = n_s, \quad \psi(\boldsymbol{r}) = n_s^{1/2}\mathrm{e}^{\mathrm{i}\theta}$$

$\psi(r)$ 与通常的多电子体系的波函数 $\psi(r_1, r_2, \cdots, r_N)$ 不同，只与 r 有关，所描述的是由大量的超导电子共同占据的单量子态. 将 $\psi(r)$ 直接代入量子力学的电流密度公式，就可得出超导电子所贡献的电流密度为

$$\begin{aligned}\boldsymbol{j}_s &= -\frac{q}{2m_s}\left[\psi^*(-\mathrm{i}\hbar + q\boldsymbol{A})\psi + \psi(-\mathrm{i}\hbar + q\boldsymbol{A})^*\psi^*\right] \\ &= \frac{\mathrm{i}\hbar q}{2m_s}\left(\psi^*\nabla\psi - \psi\nabla\psi^*\right) - \frac{q^2\boldsymbol{A}}{m_s}|\psi|^2 \\ &= \frac{\hbar q}{m_s}n_s(\boldsymbol{r})\nabla\theta(\boldsymbol{r}) - \frac{q^2 n_s(r)}{m_s}\boldsymbol{A}\end{aligned}$$

利用下面的关系：

$$\nabla\times\nabla\theta(r) = 0, \quad \nabla\times\boldsymbol{A} = \boldsymbol{B}$$

可获得伦敦第二方程

$$\nabla\times\boldsymbol{j}_s = -\frac{n_s q^2}{m_s}\boldsymbol{B}$$

在超导环的内部，应该有 B 和 j_s 都为零，因此上面的电流密度公式变为

$$\oint_c \boldsymbol{A}\cdot\mathrm{d}\boldsymbol{l} = -\frac{\hbar}{q}\oint_c \nabla\theta\cdot\mathrm{d}\boldsymbol{l}$$

因为波函数 ψ 应为单值函数，所以沿闭合路线一周，ψ 的相位差只能为 2π 的整数倍. 方程的左边实际上是磁通量 Φ，即

$$\oint_c \boldsymbol{A}\cdot\mathrm{d}\boldsymbol{l} = \int_s \nabla\times\boldsymbol{A}\cdot\mathrm{d}\boldsymbol{S} = \Phi$$

$$|\Phi| = n\frac{2\pi\hbar}{q} = n\Phi_0, \quad \Phi_0 = \frac{2\pi\hbar}{q}$$

其中，Φ_0 为伦敦磁通量子. 磁通量子化的预言在 1961 年被实验证实，如图 9.14 所示，对于处于超导状态的导电环，其内部通过的磁通量应是量子化的，穿过的磁通

量和环中的超导电流建立一一对应的关系. 但理论值要与实验值符合，要求 $q=2e$. 因此，$\Phi_0 = h/(2e) = 2.07\times10^{-15}$ Wb. 超导电荷是由电子对组成的，电子对属于玻色子，可大量占据同一量子态，从而得出超导现象是一种宏观量子现象.

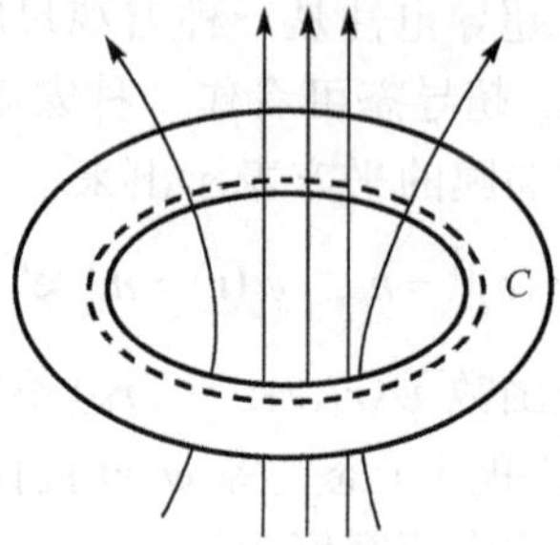

图 9.14 通过超导环的量子化磁通的示意图

9.4 唯象超导理论

9.4.1 金兹堡-朗道超导理论

1950 年，金兹堡和朗道在朗道思想的基础上，将朗道于 1937 年提出的二级相变的普遍理论应用于超导，提出一个超导唯象理论. 该理论认为从正常态转变为超导态是一种有序化的过程，可引入序参量 $\Psi(r)$ 来描述.

在 $T>T_c$ 时, $\Psi(r)=0$，表示无序的正常态，$T<T_c$ 时，$\Psi(r)\neq 0$，为超导电子的有效波函数，但 $\Psi(r)$ 不是由薛定谔方程来求解，而是作为序参量通过自由能极小来决定. 在无磁场作用时，$\Psi(r)$ 是均匀的，在临界温度，超导电子密度 $|\Psi(r)|^2=n_s(r)$ 很小. 自由能可按小量泰勒展开

$$g_s(0,T)=g_N(0,T)+\alpha|\Psi|^2+\frac{1}{2}\beta|\Psi|^4$$

自由能对 n_s 偏微分，应为 0，即

$$\frac{\partial g_s(0,T)}{\partial|\Psi|^2}=\alpha+\beta|\Psi|^2=0$$

因此

$$|\Psi_0|^2=-\frac{\alpha}{\beta}$$

所以，在超导态相变点附近，自由能可表示为

$$g_s(0,T)=g_N(0,T)-\frac{\alpha^2}{2\beta}$$

依据临界磁场 H_c 引起的凝聚能导致超导态破坏，可建立方程

$$g_N(0,T)=g_s(0,T)+\frac{1}{2}\mu_0 H_c^2(T)$$

因此，可获得参量 α 和 β 的表达式

$$\alpha=-\mu_0\frac{H_c^2(T)}{|\Psi_0|^2},\quad \beta=\mu_0\frac{H_c^2(T)}{|\Psi_0|^4}$$

现在考虑非均匀体系，考虑到 $\Psi(r)$ 随 r 变化，$\nabla\Psi(r)\neq 0$，自由能密度为

$$g_s(0,T)=g_N(0,T)+\alpha|\Psi|^2+\frac{1}{2}\beta|\Psi|^4+\frac{1}{m_s}\left|\frac{\hbar}{i}\nabla\Psi\right|^2$$

由矢势与磁场的关系

$$\boldsymbol{A}\neq 0,\quad \boldsymbol{B}=\nabla\times\boldsymbol{A}$$

磁场下的自由能密度可表示为

$$g_s(H,T)=g_N(0,T)+\alpha|\Psi|^2+\frac{1}{2}\beta|\Psi|^4+\frac{1}{m_s}\left|\left(\frac{\hbar}{i}\nabla+q\boldsymbol{A}\right)\Psi\right|^2+\frac{\boldsymbol{B}^2}{2\mu_0}$$

因此，超导体的自由能

$$G_s=\int_V \mathrm{d}r\, g_s(H,T)$$

对 ψ^* 取变分，有

$$\delta G_s=\int_V \mathrm{d}r\left\{(\alpha\psi+\beta|\psi|^2\psi)\delta\psi^*+\frac{1}{2m_s}\left[(\mathrm{i}\hbar\nabla+q\boldsymbol{A})\delta\psi^*(-\mathrm{i}\hbar\nabla+q\boldsymbol{A})\psi\right]\right\}$$

由于下面的关系式及高斯定理：

$$\nabla\cdot(a\boldsymbol{P})=(\nabla a)\cdot\boldsymbol{P}+a\nabla\cdot\boldsymbol{P},\quad \int_V\nabla\cdot\boldsymbol{R}\,\mathrm{d}\tau=\int_S\boldsymbol{R}\cdot\mathrm{d}\boldsymbol{S}$$

自由能的虚微分可表示为

$$\delta G_s=\int_V \mathrm{d}r\left[\alpha\psi+\beta|\psi|^2\psi+\frac{1}{2m_s}(-\mathrm{i}\hbar\nabla+q\boldsymbol{A})^2\psi\right]\delta\psi^*+\frac{i\hbar}{2m_s}\int_S\delta\psi^*(-\mathrm{i}\hbar\nabla+q\boldsymbol{A})\psi\cdot\mathrm{d}\boldsymbol{S}$$

引入边界条件

$$\boldsymbol{n}\cdot(-\mathrm{i}\hbar\nabla+qA)\psi=0$$

由 $\delta G_\mathrm{s}=0$，可得金兹堡-朗道第一方程

$$\frac{1}{2m_\mathrm{s}}(-\mathrm{i}\hbar\nabla+q\boldsymbol{A})^2\psi+\beta|\psi|^2\psi+\alpha\psi=0$$

对 A 取变分，并代入方程

$$\nabla\times\boldsymbol{B}=\mu_0\boldsymbol{j}$$

可得金兹堡-朗道第二方程

$$\boldsymbol{j}_\mathrm{s}=\frac{\mathrm{i}\hbar q}{2m_\mathrm{s}}(\psi^*\nabla\psi-\psi\nabla\psi^*)-\frac{q^2}{m_\mathrm{s}}|\psi|^2\boldsymbol{A}$$

由金兹堡-朗道第二方程，可推导出伦敦第二方程.

将 $\psi(r)=n_\mathrm{s}^{1/2}(r)\mathrm{e}^{\mathrm{i}\theta(r)}$ 代入金兹堡-朗道第二方程中得

$$\boldsymbol{j}_\mathrm{s}=\frac{\mathrm{i}\hbar q}{2m_\mathrm{s}}n_\mathrm{s}(r)\nabla\theta(r)-\frac{q^2}{m_\mathrm{s}}n_\mathrm{s}\boldsymbol{A}$$

如果 $n_\mathrm{s}(r)$ 与 r 无关，对上式取旋度，得伦敦第二方程

$$\nabla\times\boldsymbol{j}_\mathrm{s}=-\frac{q^2}{m_\mathrm{s}}n_\mathrm{s}\boldsymbol{B}$$

9.4.2　一个简单的例子

超导体占满 $x\geqslant0$ 的半无限空间，无外磁场，A=0，金兹堡-朗道第一方程可表示为

$$-\frac{\hbar^2}{2m_\mathrm{s}}\frac{\mathrm{d}^2\psi}{\mathrm{d}x^2}+\alpha\psi+\beta|\psi|^2\psi=0$$

假定 ψ 是实函数，令 $f=\psi/\psi_0,\psi_0^2=-\alpha/\beta$，我们得到新的微分方程

$$\xi^2\frac{\mathrm{d}^2f}{\mathrm{d}x^2}+f-f^3=0,\quad \xi=\left(\frac{\hbar^2}{2m_\mathrm{s}|\alpha|}\right)^{1/2}$$

求解上面的微分方程

$$\int\mathrm{d}x\left[\frac{\mathrm{d}f}{\mathrm{d}x}\left(\xi^2\frac{\mathrm{d}^2f}{\mathrm{d}x^2}+f-f^3\right)\right]=C$$

因此可得下面一阶微分方程：

$$\xi^2\left(\frac{\mathrm{d}f}{\mathrm{d}x}\right)^2+f^2-\frac{1}{2}f^4=C$$

由边界条件 $x=0, f=0; x=\infty, f=1$, 得 C=1/2.

因此，方程变为

$$\xi^2\left(\frac{\mathrm{d}f}{\mathrm{d}x}\right)^2=\frac{1}{2}(1-f^2)^2$$

求解可得

$$\frac{\mathrm{d}f}{\mathrm{d}x}=\frac{1}{\sqrt{2}\xi}(1-f^2),\quad f=\tanh\frac{x}{\sqrt{2}\xi}$$

因此 $x>\xi$ 时，$\psi\approx\psi_0$，在超导体内部，ψ 是均匀的，但在接近表面时，在 $0<x<\xi$ 区间，序参量渐渐变为 0. 因此，ξ 称为相干长度，与材料的性质和温度有关，为超导体的重要参数.

9.4.3　二类超导体

在 1957 年，阿布里科索夫(Abrikosov)利用金兹堡-朗道方程研究超导体的磁性质，发现存在两类超导体. 第一类超导体只存在一个临界磁场，除 V、Nb、Tc 外，其他元素超导体都属于该类，低的临界磁场使得该类超导体缺乏实际应用. 对于这一类超导体，超过临界磁场，超导态转变为正常态导体，磁矩消失. Abrikosov 理论预言，存在第二类的超导体，在超导态，其磁矩随磁场强度增大而增大，当磁场强度达到第一个临界磁场强度时，磁矩达到最大值，随外加磁场强度进一步增大，磁矩开始缓慢减小，超导态仍然保持，直到第二临界磁场，如图 9.15 所示. 第二临界磁场可以达到很高的数值，使得第二类超导体具有广泛的应用前景.

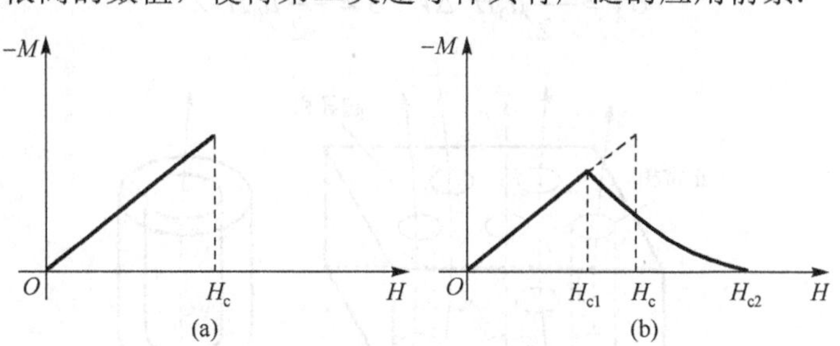

图 9.15　一类超导体(a)和二类超导体(b)的磁矩随外加磁场强度的变化

我们知道，对于第一类超导体，当温度降低到超导相变温度后，其临界磁场会随温度升高而降低，如图 9.16 所示. 在第二类超导体中，两个临界磁场都会随温度升高而降低. 在某个低于 T_c 的温度下，随磁场增大，超导相会在第一个临界磁场转变为混合相，磁力线会在部分区间穿过超导体，导致总磁矩降低，磁力线穿过部分为正常导体，当磁场增大到第二个临界磁场时，整个超导体转变为正常金属相.

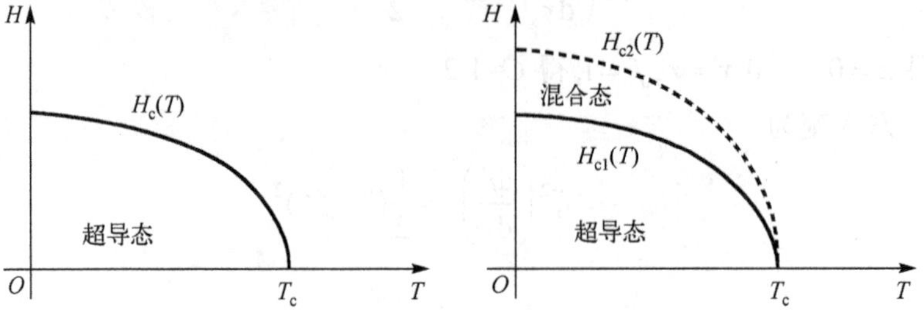

(a)　　(b)

图 9.16　一类超导体(a)和二类超导体(b)的临界磁场随温度的变化规律

磁场是否可以穿透超导体的内部，使超导体内部同时存在超导区和正常区，要考虑它们之间的界面能. 一方面，磁场可以穿透正常区，但从正常区到超导区，磁通密度是经过穿透深度后才逐渐降为零. 磁场下超导体的自由能可以表示为

$$G_s(H,T)=G_s(0,T)+\frac{1}{2}\mu_0 H^2 V$$

其中，V 为超导体的体积. 第二项为抗磁性贡献. 如图 9.17 所示，存在界面区，其厚度为 λ. 由于有磁通通过而抗磁能减小，若穿透的部分的体积为 ΔV，则磁场下超导体的自由能可以表示为

$$G_s(H,T)=G_s(0,T)+\frac{1}{2}\mu_0 H^2(V-\Delta V)$$

所以界面能密度(单位面积)为

$$\sigma_\lambda=-\frac{1}{2}\mu_0 H^2\Delta V/S\approx-\frac{1}{2}\mu_0 H^2\lambda$$

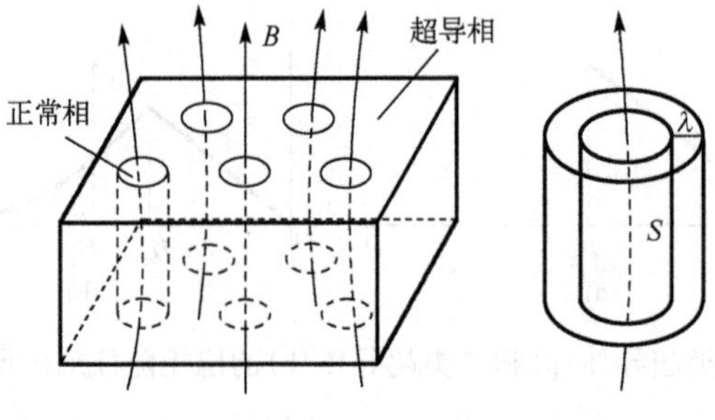

图 9.17　磁力线穿过超导体的示意图以及正常相和超导相之间的界面区示意图

另一方面，超导区内超导电子的凝聚能使自由能降低. 无磁场时超导体的自由能可以表示为

$$G_s(0,T) = G_N(0,T) - \frac{1}{2}\mu_0 H_c^2 V$$

在界面附近厚度为相关厚度内，超导电子密度的减少使自由能增加

$$G_s(0,T) = G_N(0,T) - \frac{1}{2}\mu_0 H_c^2 (V - \Delta V)$$

所以在界面处对界面能密度的贡献为

$$\sigma_\xi = \frac{1}{2}\mu_0 H_c^2 \Delta V / S = \frac{1}{2}\mu_0 H_c^2 \xi$$

因此，因界面的存在导致一个界面能密度增量

$$\sigma = \sigma_\xi + \sigma_\lambda = \frac{1}{2}\mu_0 (H_c^2 \xi - H^2 \lambda)$$

存在磁场的情况下，如果 $\sigma>0$，界面的存在导致体系的自由能增加，不易于出现正常区，此类超导体为一类超导体；如果 $\sigma<0$，界面的出现使体系的自由能降低，超导体内可能存在许多磁通可通过的微小的正常区，此类超导体为二类超导体.

超过第一临界磁场，在超导体中形成的微小正常区内，有磁通通过，超导电子密度形成梯度变化，如图 9.18 所示，超导电子分布、磁场变化和涡旋电流形成. Abrikosov 的计算发现，这些磁通微区在垂直于磁场的平面内形成三角点阵排列的涡旋线结构.

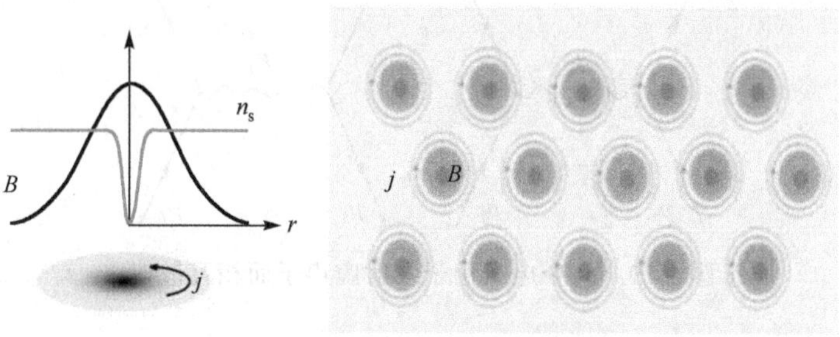

图 9.18　二类超导体中超导微区及正常微区分布的示意图

9.5 BCS 理论

9.5.1 电子-声子耦合

1950 年，弗勒利希(Fröhlich)注意到超导临界温度 T_c 较高的超导体在常温下导电性很差，电阻较大，表明电子-声子相互作用较强. 常温下导电性很好的材料，如

贵金属，电阻率很小，表明电子-声子作用较弱. 他提出电子-声子耦合(electron-phonon coupling)是在高温下导致电阻的主要原因，也是低温下导致超导的主要原因. 预言临界温度与原子的同位素质量 M 有简单的关系：$M^{\alpha}T_c = \text{const}$，其中 $\alpha \approx 1/2$. 这种临界温度与同位素质量相关的效应，称为超导体的同位素效应.

电子之间可能出现净吸引作用. 在费米面附近，考虑两个电子的能量差小于声子的能量，即

$$\left|E(\boldsymbol{k}) - E(\boldsymbol{k}-\boldsymbol{q})\right| < \hbar\omega(\boldsymbol{q})$$

考虑两个电子间相互散射，如果是两个电子之间直接的相互散射，通过电子-电子相互作用产生，这种作用可以预见是排斥作用. 如果两个电子通过交换声子而散射，通过电子-声子作用产生，这种两个电子间的间接作用可能会是吸引作用，使两个电子相互关联. 动量为 p_1 和 p_2 的两个电子由于发射虚声子产生的相互作用可表示为

$$-\frac{\hbar^3}{p_0 m\upsilon}\frac{[\hbar\omega(\boldsymbol{q})]^2}{[\hbar\omega(\boldsymbol{q})]^2 - [\varepsilon(\boldsymbol{p}_1) - \varepsilon(\boldsymbol{p}_1 - \hbar\boldsymbol{q})]^2}$$

如图 9.19 所示，动量为 p_1 的电子和 p_2 的电子相互传递虚声子，出现两个过程. 一个是 p_1 电子把虚声子传递给 p_2 电子，散射后动量变为 $p_1 - \hbar q$；另一个是 p_2 电子把虚声子传递给 p_1 电子，散射后动量变为 $p_2 - \hbar q$.

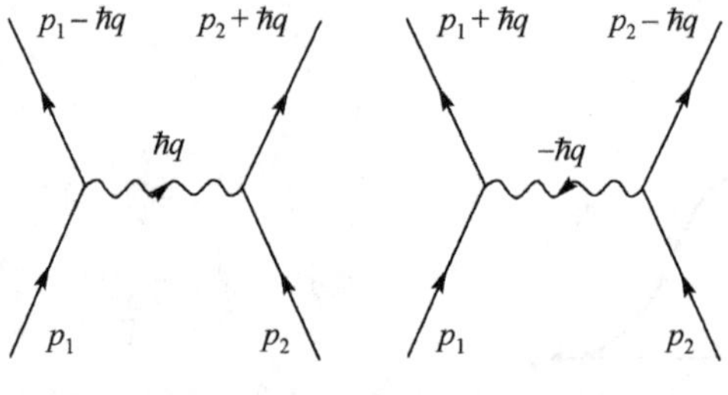

图 9.19　两个电子由于发射虚声子而相互散射

9.5.2　库珀电子对

1956 年，库珀考虑低温超导的微观理论，认为费米面外的电子间只要存在净的吸引作用，不管这种作用多么微弱，都将引起费米面的不稳定，因此库珀提出电子对的概念. 在费米面附近的电子，由于费米海的存在，极大地减弱了两者间的库仑排斥，电子变成带有空穴的准电子，电子-电子作用变得很弱. 如上面讨论，库珀电子对中两个电子通过发射虚声子而相互散射，这种散射机制可能引起两个电子间的净吸引作用.

在费米面上添加两个额外的电子，由于泡利不相容原理的限制，这两个电子只

能占据 $k>k_F$ 的态，费米面上电子间的相互作用可看作以费米海为背景的双电子问题. 库珀证明，只要两个电子间存在净的吸引作用，就会形成能量低的束缚态. 双电子体系的哈密顿量可以表示为

$$\left[-\frac{\hbar^2}{2m}(\nabla_1^2+\nabla_2^2)+V(\boldsymbol{r}_1,\boldsymbol{r}_2)\right]\phi(\boldsymbol{r}_1,\boldsymbol{r}_2)=E\phi(\boldsymbol{r}_1,\boldsymbol{r}_2)$$

假定两个电子的动量相反，则波函数只与相对坐标有关

$$\phi(\boldsymbol{r}_1,\boldsymbol{r}_2)=\phi(\boldsymbol{r}_1-\boldsymbol{r}_2)=\sum_k a(k)\mathrm{e}^{\mathrm{i}\boldsymbol{k}\cdot(\boldsymbol{r}_1-\boldsymbol{r}_2)}$$

$a(k)$ 为一个电子处于 k 态，另一个电子处于 $-k$ 态的概率幅. 将波函数代入上面的方程可得

$$[E-2\varepsilon(\boldsymbol{k})]a(\boldsymbol{k})=\sum_{k'}V_{kk'}a(\boldsymbol{k}')$$

$$\varepsilon(\boldsymbol{k})=\hbar^2k^2/(2m),\quad V_{kk'}=\int V(\boldsymbol{r})\mathrm{e}^{\mathrm{i}(\boldsymbol{k}-\boldsymbol{k}')\cdot\boldsymbol{r}}\mathrm{d}\boldsymbol{r}$$

若两个电子是吸引的，则可假定

$$V_{kk'}=\begin{cases}-V, & E_{\mathrm{F}}<\varepsilon(\boldsymbol{k}),\varepsilon(\boldsymbol{k}')<E_{\mathrm{F}}+\hbar\omega_{\mathrm{D}}\\ 0, & \text{其他}\end{cases}$$

因此，方程可以简单地表示为

$$[E-2\varepsilon(\boldsymbol{k})]a(\boldsymbol{k})=C,\quad C=-V\sum_{k'}a(\boldsymbol{k}')$$

解上面的方程

$$a(\boldsymbol{k})=\frac{C}{E-2\varepsilon(\boldsymbol{k})}=\frac{V\sum_{k'}a(\boldsymbol{k}')}{2\varepsilon(\boldsymbol{k})-E},\quad 1\approx\sum_k\frac{V}{2\varepsilon(\boldsymbol{k})-E}$$

求和化积分可知

$$\begin{aligned}1&\approx\frac{1}{(2\pi)^3}\int\mathrm{d}\boldsymbol{k}\frac{V}{2\varepsilon(k)-E}\\&=\frac{1}{(2\pi)^3}\int\mathrm{d}k\int_{E_{\mathrm{F}}}^{E_{\mathrm{F}}+\hbar\omega_{\mathrm{D}}}\frac{V}{2\varepsilon(\boldsymbol{k})-E}\delta(\varepsilon-\varepsilon(\boldsymbol{k}))\mathrm{d}\varepsilon\\&=\int_{E_{\mathrm{F}}}^{E_{\mathrm{F}}+\hbar\omega_{\mathrm{D}}}\frac{V}{2\varepsilon-E}g(\varepsilon)\mathrm{d}\varepsilon\end{aligned}$$

在费米面附近态密度函数变化很小，假设其为常数 $g(E)=g(E_{\mathrm{F}})$

$$1\approx Vg(\varepsilon_{\mathrm{F}})\int_{E_{\mathrm{F}}}^{E_{\mathrm{F}}+\hbar\omega_{\mathrm{D}}}\frac{1}{2\varepsilon-E}\mathrm{d}\varepsilon=\frac{1}{2}Vg(\varepsilon_{\mathrm{F}})\ln\left(\frac{2E_{\mathrm{F}}+2\hbar\omega_{\mathrm{D}}-E}{2E_{\mathrm{F}}-E}\right)$$

因此，可求得双电子体系的总能为

$$E=2E-2\hbar\omega_{\mathrm{D}}\frac{1}{1-\mathrm{e}^{2/(Vg(E_{\mathrm{F}}))}}$$

$$\approx 2E_{\mathrm{F}}-2\hbar\omega_{\mathrm{D}}\mathrm{e}^{-2/(Vg(E_{\mathrm{F}}))},\quad Vg(\varepsilon_{\mathrm{F}})\ll 1$$

可见，$E<2E_{\mathrm{F}}$，存在电子对的束缚，在费米面上两个电子若没作用，E 应该大于 $2E_{\mathrm{F}}$. 可见，净的吸引力导致束缚的电子对，称为库珀对. 进一步的分析表明两个电子动量相等，方向相反，且自旋相反，最容易形成库珀对. 在实空间中，库珀对中两个电子的距离可以相距 10^{-6} m，是一种长程的电子关联.

9.5.3 BCS 理论要点

1957 年，巴丁(J. Bardeen)、库珀(L. Cooper)和施里弗(R. Schrieffer)在库珀对的基础上建立了超导的微观理论——BCS 理论. 预言超导临界温度可以表示为

$$T_{\mathrm{c}}=(2\hbar\omega_{\mathrm{D}}\gamma/\pi)\exp[-2/(gV)]$$

下面，我们简单介绍 BCS 理论.

(1) 超导基态问题. 超导电性是费米面处电子间交换虚声子而凝聚的库珀对引起的. 库珀对中电子的总动量和自旋为零，超导基态实际是由许多库珀对所组成的一种动量空间的凝聚态.

(2) 超导能隙问题. 由于库珀对的形成，原来连续的能谱发生变化，出现以 E_{F} 为中心、宽度为 2Δ 的能隙，在此范围内没有电子态. BCS 理论证明，拆散一个库珀对产生两个单电子所需的能量为 2Δ，在弱耦合下，$Vg(E_{\mathrm{F}})\ll 1$，库珀对凝聚引起的零温下的能隙可表示为

$$\Delta(0)=2\hbar\omega_{\mathrm{D}}\mathrm{e}^{-2/(Vg(E_{\mathrm{F}}))}$$

能隙随温度变化，能隙与临界温度的关系可表示为

$$\Delta(T)=1.74\Delta(0)\left(1-\frac{T}{T_{\mathrm{c}}}\right)^{1/2}$$

因此，温度达到临界温度 T_{c} 时，能隙为零. 临界温度可以表示为

$$k_{\mathrm{B}}T_{\mathrm{c}}=1.13\hbar\omega_{\mathrm{D}}\mathrm{e}^{-2/(Vg(E_{\mathrm{F}}))}$$

零温下的能隙与临界温度的关系为

$$2\Delta(0)=3.53k_{\mathrm{B}}T_{\mathrm{c}}$$

由上面能隙与声子德拜频率的关系以及德拜频率与元素质量的关系

$$\omega_{\mathrm{D}} \sim M^{-1/2}$$

我们可以获得同位素效应

$$T_{\mathrm{c}} M^{1/2} \sim \mathrm{const}$$

(3) 超导态下的零电阻问题. 超导电流是由库珀对运载的，前面提到的唯象理论中的超导电子实际就是库珀对. 在超导基态，库珀对的动量为零，没有电流. 在载流的情况下，电子在 k 空间的分布发生平移，库珀对变为

$$(k+\delta k\uparrow, -k+\delta k\downarrow)$$

一个微小的电场可使库珀对定向运动. 在定向运动中，库珀对会不断被散射，但在电场不大的情况下，散射通常不能破坏库珀对，仅使其从一个对态转变为另一个对态，库珀对动量不变，电流不变. 当电流密度增大，电子对的能量 δE 大于破坏一个库珀对的凝聚量 2Δ 时，破坏库珀对的散射过程就会不断发生，超导态转化为正常态.

9.5.4　高温超导的发现

1959 年，Gorkov 从 BCS 理论推导出金兹堡-朗道方程，并指出当矢势 A 和序参量 ψ 随空间坐标 r 的变化较缓慢时，金兹堡-朗道理论才成立，使金兹堡-朗道理论具有了微观理论基础. 第二类超导的预言促使人们探索合金中是否存在二类超导，随着研究时间的推移，越来越多的超导体被发现，超导的临界温度也从 1911 年的液 He 沸点提高到 1980 年的 20 K 以上的温度. 二类超导的发现极大地推进了超导的研究，1986 年，Bednroz 和 Muller 在铜氧化物 (cuprate) 中发现了一类新的超导体.

Bednroz 和 Muller 发现 $La_{1.85}Ba_{0.15}CuO_4$ (LBCO) 的超导相变临界温度达到 30 K. 随后，在 1987 年，通过调节组分，Wu 等在 $YBa_2Cu_3O_{7-x}$(钇钡铜氧超导体，YBCO) 体系中发现临界温度达到 93 K，这个温度已经超过了液氮的温度，我们把这种在铜氧化物中发现的超导体称为高温超导体. 高温超导体的基本结构是莫特绝缘体，其导电相通过掺杂实现，因此其在临界温度以上，导电性并不好.

在高温超导体 YBCO 中，超导电子层被认为是 Cu-O 面，通过调解 Cu-O 面近邻层中的氧组分以及 2 价元素和 3 价元素 (如 Y 和 Ba) 的比例，控制 Cu-O 面中的电子密度，实现其电子不足而空位导电和电子过剩而电子导电，从而在临界温度下实现超导电相变. 这种在莫特反铁磁电子结构的基础上形成的电子关联，目前大多认为，其微观基础不同于低温超导的 BCS 理论，电子配对目前倾向于 d-波配对机制，完整的微观理论目前尚待完成.

21 世纪初，人们在铁基类层结构材料中发现超导，超导温度很快突破麦克米兰极限，为高温超导研究注入新的活力，如图 9.20 所示. 铁基超导材料的典型母体有

LaFeAsO、$BaFe_2As_2$、LiFeAs、FeSe 等，均可通过掺杂调制载流子浓度，实现超导. 同时，理论预言 H_3S 高压下电子-声子耦合引起超导且超导温度接近室温，为高压下富氢超导体探索注入活力.

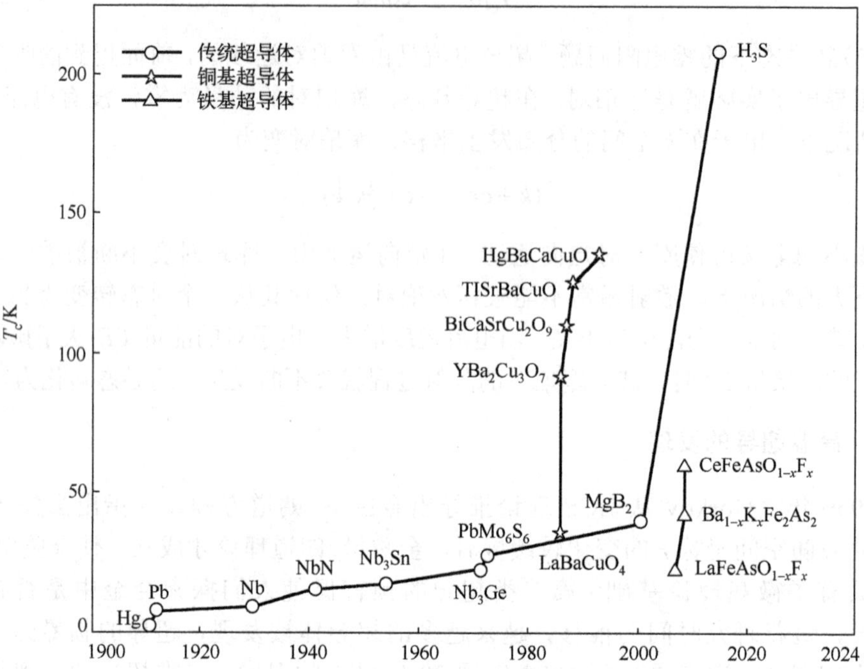

图 9.20　超导相变临界温度提高随时间的变化

第 10 章　量子输运理论

10.1　固体的基本电导特性

10.1.1　玻尔兹曼方程

外场作用下，电子体系处于非平衡态，需非平衡态的统计理论来处理(Ziman, 1972). 我们可通过非平衡态分布函数的变化来描述电子的输运行为. 在 t 时刻，相空间以 $(\boldsymbol{r}, \boldsymbol{k})$ 点为中心的体积元 $\mathrm{d}\boldsymbol{r}\mathrm{d}\boldsymbol{k}$ 内的电子数目为(假设 V=1)

$$\mathrm{d}n = \frac{2}{(2\pi)^3} f(\boldsymbol{r},\boldsymbol{k},t)\mathrm{d}\boldsymbol{r}\mathrm{d}\boldsymbol{k}$$

其中，分布函数 $f(\boldsymbol{k}, \boldsymbol{r}, t)$ 随时间变化. 有两种情况会引起分布函数随时间变化. 一种是由电子在外场作用下的漂移运动引起，另一种是由电子所受到的散射或碰撞引起. 如果仅考虑漂移运动，则

$$\begin{aligned} f(\boldsymbol{r},\boldsymbol{k},t) &= f\left(\boldsymbol{r}-\boldsymbol{\upsilon}\mathrm{d}t,\ \boldsymbol{k}-\frac{\mathrm{d}\boldsymbol{k}}{\mathrm{d}t}\mathrm{d}t, t-\mathrm{d}t\right) \\ &= f(\boldsymbol{r},\boldsymbol{k},t) - \left[\boldsymbol{\upsilon}\frac{\partial f}{\partial \boldsymbol{r}} + \frac{\mathrm{d}\boldsymbol{k}}{\mathrm{d}t}\frac{\partial f}{\partial \boldsymbol{k}} + \left(\frac{\partial f}{\partial t}\right)_{\mathrm{d}}\right]\mathrm{d}t \end{aligned}$$

漂移运动所引起的分布函数的变化为

$$\left(\frac{\partial f}{\partial t}\right)_{\mathrm{d}} = -\boldsymbol{\upsilon}\cdot\frac{\partial f}{\partial \boldsymbol{r}} - \frac{\mathrm{d}\boldsymbol{k}}{\mathrm{d}t}\cdot\frac{\partial f}{\partial \boldsymbol{k}} = -\boldsymbol{\upsilon}\cdot\frac{\partial f}{\partial \boldsymbol{r}} - \frac{1}{\hbar}\boldsymbol{F}\cdot\frac{\partial f}{\partial \boldsymbol{k}}$$

加上碰撞项引起的分布函数的变化 $(\partial f/\partial t)_{\mathrm{c}}$，分布函数总的变化为

$$\frac{\partial f}{\partial t} = \left(\frac{\partial f}{\partial t}\right)_{\mathrm{c}} + \left(\frac{\partial f}{\partial t}\right)_{\mathrm{d}}$$

因此，可得玻尔兹曼方程(1872 年研究气体分子动力学)

$$\frac{\partial f}{\partial t} + \upsilon\frac{\partial f}{\partial r} + \frac{1}{\hbar}F\frac{\partial f}{\partial k} = \left(\frac{\partial f}{\partial t}\right)_{\mathrm{c}}$$

现在考虑稳定态问题，分布函数不随时间变化，$\partial f/\partial t=0$ 可得方程

$$\upsilon\frac{\partial f}{\partial r}+\frac{1}{\hbar}F\frac{\partial f}{\partial k}=\left(\frac{\partial f}{\partial t}\right)_{\mathrm{c}}$$

可见，稳定态是由外场引起的漂移项与碰撞项相等而获得的.

10.1.2 电导率方程

现在我们利用分布函数变化的方法获得在外场下电子的电导率. 假设外电场较弱，非平衡态分布函数与平衡态分布函数的偏差不大，去掉外场后，f 可通过碰撞恢复到平衡态 f_0. 这种从非平衡态到平衡态的过程称为弛豫过程，通过弛豫时间 τ 来描述. 这种变化可以表示为

$$\left(\frac{\partial f}{\partial t}\right)_{\mathrm{c}}=-\frac{f-f_0}{\tau}$$

上述方程的解为

$$\Delta f(t)=f-f_0$$
$$\Delta f(t)=\Delta f(0)\mathrm{e}^{-t/\tau}$$

所以，分布函数方程可表示为

$$\upsilon\frac{\partial f}{\partial r}+\frac{1}{\hbar}F\frac{\partial f}{\partial k}=-\frac{f-f_0}{\tau}$$

考虑恒定电场 E，电子受到的电场力为 $F=-eE$. 考虑传导体内分布函数均匀，与坐标 r 无关，上面的式子可变为

$$f=f_0+\frac{e\tau}{\hbar}E\frac{\partial f}{\partial k}$$

利用迭代法求解上面的方程. 非平衡态的分布函数可以表示为

$$f=f_0+\frac{e\tau}{\hbar}E\frac{\partial f_0}{\partial k}$$

电流密度通过分布函数可表示为

$$\begin{aligned}j&=-\frac{e}{4\pi^3}\int\upsilon(k)f(k)\mathrm{d}k\\&=-\frac{e}{4\pi^3}\int\upsilon(k)\left(f_0+\frac{e\tau}{\hbar}E\frac{\partial f_0}{\partial k}\right)\mathrm{d}k\end{aligned}$$

f_0 是波矢 k 的偶函数，速度 $\upsilon(k)$ 是 k 的奇函数，第一项贡献为 0. 因此，电流密度为

$$j=-\frac{e}{4\pi^3}\int\upsilon(k)\frac{e\tau}{\hbar}E\frac{\partial f_0}{\partial k}\mathrm{d}k$$

$$=-\frac{e}{4\pi^3}\int \upsilon(k)\frac{e\tau}{\hbar}E\cdot\nabla_k\varepsilon\frac{\partial f_0}{\partial\varepsilon}\mathrm{d}k$$

$$=-\frac{e^2}{4\pi^3}\int \tau\upsilon(E\cdot\upsilon)\frac{\partial f_0}{\partial\varepsilon}\mathrm{d}k$$

引入电导率张量，电流矢量的分量可表示为

$$j_\alpha=\sum_\beta \sigma_{\alpha\beta}E_\beta$$

其中电导率张量表示为

$$\sigma_{\alpha\beta}=-\frac{e^2}{4\pi^3}\int \tau\upsilon_\alpha\upsilon_\beta\frac{\partial f_0}{\partial\varepsilon}\mathrm{d}k$$

采用近似表达式

$$-\partial f_0/\partial E\approx\delta(E-E_{\mathrm{F}})$$

可得电导率张量

$$\sigma_{\alpha\beta}=\frac{e^2}{4\pi^3}\int \tau\upsilon_\alpha\upsilon_\beta\delta(E-E_{\mathrm{F}})\mathrm{d}k$$

现在考虑一个具体的例子. 对于具有立方对称的晶体，由于各向同性，电导率张量可写为

$$\sigma_{ij}=\sigma\delta_{ij}$$

$$\sigma=1/3(\sigma_{xx}+\sigma_{yy}+\sigma_{zz})=\frac{\mathrm{e}^2}{12\pi^3}\int \tau\upsilon^2\delta(E-E_{\mathrm{F}})\mathrm{d}k$$

代入准自由电子模型

$$E=\hbar^2k^2/(2m^*),\quad \upsilon^2=2E/m^*,\quad k_{\mathrm{F}}=(3\pi^2n)^{1/3}$$

可得立方对称晶体的电导率为

$$\sigma=\frac{ne^2\tau}{m^*}$$

10.1.3　弹性散射引起的弛豫时间

上面的电导率公式是建立在弛豫时间假设基础之上的. 弛豫时间是一个很复杂的物理量，如何决定弛豫时间成为理论研究电导率的关键. 考虑一个特殊的例子来分析弛豫时间. 我们假设晶格各向同性且电子散射(碰撞跃迁)是弹性的. 因此，要求能带是各向同性的，即 $E(k)$ 与 k 的方向无关，在 k 空间的等能面是绕原点的同心球面；电子散射是弹性的，即仅发生在等能量的 k 态之间. 碰撞引起的分布函数的变化可表示为

$$\left(\frac{\partial f}{\partial t}\right)_{\mathrm{c}}=b-a$$

其中，b 表示单位时间内由于碰撞进入相空间(r, k)处的电子数，a 表示单位时间内由于碰撞离开相空间(r, k)处的电子数. 因此，b–a 可表示为

$$\begin{aligned}b-a&=\int\left\{f(\boldsymbol{k}')\left[1-f(\boldsymbol{k})\right]\Theta(\boldsymbol{k}',\boldsymbol{k})-f(\boldsymbol{k})\left[1-f(\boldsymbol{k}')\Theta(\boldsymbol{k},\boldsymbol{k}')\right]\right\}\mathrm{d}\boldsymbol{k}'/(2\pi)^3\\&=\int\left\{\left[f(\boldsymbol{k}')-f(\boldsymbol{k})\right]\Theta(\boldsymbol{k}',\boldsymbol{k})\right\}\mathrm{d}\boldsymbol{k}'/(2\pi)^3\\&=\int\left\{\left[\Delta f(\boldsymbol{k}')-\Delta f(\boldsymbol{k})\right]\Theta(\boldsymbol{k}',\boldsymbol{k})\right\}\mathrm{d}\boldsymbol{k}'/(2\pi)^3\end{aligned}$$

假设由于弹性碰撞引起的分布函数的变化可以表示为

$$\Delta f(k)=k_x\phi(E)$$

$$\begin{aligned}b-a&=\phi(E)\int\left\{\left[k_x-k_x'\right]\Theta(\boldsymbol{k}',\boldsymbol{k})\right\}\mathrm{d}\boldsymbol{k}'/(2\pi)^3\\&=\phi(E)\int\left[(\boldsymbol{k}-\boldsymbol{k}')\Theta(\boldsymbol{k}',\boldsymbol{k})\mathrm{d}\boldsymbol{k}'\right]_x/(2\pi)^3\end{aligned}$$

由于是弹性碰撞，有

$$(\boldsymbol{k}'-\boldsymbol{k})_{/\!/}=-\boldsymbol{k}(1-\cos\alpha)$$

其中，α为 k 和 k'之间的夹角. 上面的积分可表示为

$$\begin{aligned}\int\left[(\boldsymbol{k}-\boldsymbol{k}')\Theta(\boldsymbol{k}',\boldsymbol{k})\mathrm{d}\boldsymbol{k}'\right]_x/(2\pi)^3&=-\int\left[\boldsymbol{k}(1-\cos\eta)\Theta(\boldsymbol{k}'\boldsymbol{k})\mathrm{d}\boldsymbol{k}'\right]_x/(2\pi)^3\\&=k_x\int(1-\cos\eta)\Theta(\boldsymbol{k}',\boldsymbol{k})\mathrm{d}\boldsymbol{k}'/(2\pi)^3\end{aligned}$$

因为关于碰撞引起的分布函数的变化方程为

$$\left(\frac{\partial f}{\partial t}\right)_{\mathrm{c}}=-\frac{\Delta f}{\tau}=-\frac{k_x\phi(E)}{\tau}$$

弛豫时间的倒数可以表示为

$$\frac{1}{\tau}=\int(1-\cos\alpha)\Theta(\boldsymbol{k}',\boldsymbol{k})\mathrm{d}\boldsymbol{k}'/(2\pi)^3$$

在上式中如果忽略 1–cosα 因子，积分明显表示在 k 状态的电子被散射的总概率，因此弛豫时间也即是电子碰撞时间. 如果是小角度散射，α 很小，因子 1–cosα 很小，对积分贡献也很小. 如果是大角度散射，例如$\alpha=\pi/2$，则 1–cos$\alpha\approx 1$，对上面的积分贡献较大.

10.1.4　电子–声子散射机制

下面考察 k 态与 k'态之间散射的散射函数Θ，我们分析电子–声子散射机制. 对

于格点 n，离子偏离平衡位置引起的电子势能的变化

$$\delta V_n = V\left[\boldsymbol{r}-(\boldsymbol{R}_n+\boldsymbol{u}_n)\right]-V(\boldsymbol{r}-\boldsymbol{R}_n)\approx \boldsymbol{u}_n\cdot\nabla V(\boldsymbol{r}-\boldsymbol{R}_n)$$

考虑简单晶格，仅有声学波

$$\boldsymbol{u}_n = A\hat{\boldsymbol{e}}\cos(\boldsymbol{q}\cdot\boldsymbol{R}_n-\omega t)$$

电子-声子耦合引起的哈密顿量为

$$\begin{aligned}\Delta H &= \sum_n \delta V_n \\ &\approx \sum_n \boldsymbol{u}_n\cdot\nabla V(\boldsymbol{r}-\boldsymbol{R}_n) \\ &= A\sum_n \cos(\boldsymbol{q}\cdot\boldsymbol{R}_n-\omega t)\hat{\boldsymbol{e}}\cdot\nabla V(\boldsymbol{r}-\boldsymbol{R}_n) \\ &= -\frac{1}{2}A\mathrm{e}^{-\mathrm{i}\omega t}\sum_n \mathrm{e}^{\mathrm{i}\boldsymbol{q}\cdot\boldsymbol{R}_n}\hat{\boldsymbol{e}}\cdot\nabla V(\boldsymbol{r}-\boldsymbol{R}_n)\end{aligned}$$

因此，由电子-声子耦合引起的散射函数Θ可以表示为

$$\Theta(\boldsymbol{k},\boldsymbol{k}')=\frac{2\pi^2}{\hbar}\left\{\begin{aligned}&\left|\langle\boldsymbol{k}'|-\frac{1}{2}A\sum_n \mathrm{e}^{\mathrm{i}\boldsymbol{q}\cdot\boldsymbol{R}_n}\hat{\boldsymbol{e}}\cdot\nabla V(\boldsymbol{r}-\boldsymbol{R}_n)|\boldsymbol{k}\rangle\right|^2\delta\left[E(\boldsymbol{k}')-E(\boldsymbol{k})-\hbar\omega\right] \\ &+\left|\langle\boldsymbol{k}'|-\frac{1}{2}A\sum_n \mathrm{e}^{-\mathrm{i}\boldsymbol{q}\cdot\boldsymbol{R}_n}\hat{\boldsymbol{e}}\cdot\nabla V(\boldsymbol{r}-\boldsymbol{R}_n)|\boldsymbol{k}\rangle\right|^2\delta\left[E(\boldsymbol{k}')-E(\boldsymbol{k})+\hbar\omega\right]\end{aligned}\right\}$$

式中，对于声子的吸收过程，有

$$E(\boldsymbol{k}')=E(\boldsymbol{k})+\hbar\omega$$

对于声子的发射过程，有

$$E(\boldsymbol{k}')=E(\boldsymbol{k})-\hbar\omega$$

可见，电子-声子耦合引起的散射不完全是弹性的. 散射函数Θ中跃迁矩阵可表示为

$$\begin{aligned}&\langle\boldsymbol{k}'|\sum_n \mathrm{e}^{\pm\mathrm{i}\boldsymbol{q}\cdot\boldsymbol{R}_n}\hat{\boldsymbol{e}}\cdot\nabla V(\boldsymbol{r}-\boldsymbol{R}_n)|\boldsymbol{k}\rangle \\ &=\frac{1}{N}\sum_n \mathrm{e}^{\pm\mathrm{i}\boldsymbol{q}\cdot\boldsymbol{R}_n}\int \mathrm{d}\boldsymbol{r}\mathrm{e}^{-\mathrm{i}(\boldsymbol{k}'-\boldsymbol{k})\cdot\boldsymbol{r}}u_k^*(\boldsymbol{r})u_k(\boldsymbol{r})\hat{\boldsymbol{e}}\cdot\nabla V(\boldsymbol{r}-\boldsymbol{R}_n)\end{aligned}$$

引入新的变量$\xi=\boldsymbol{r}-\boldsymbol{R}$，有

$$\begin{aligned}&\int \mathrm{d}\boldsymbol{r}\mathrm{e}^{-\mathrm{i}(\boldsymbol{k}'-\boldsymbol{k})\cdot\boldsymbol{r}}u_k^*(\boldsymbol{r})u_k(\boldsymbol{r})\hat{\boldsymbol{e}}\cdot\nabla V(\boldsymbol{r}-\boldsymbol{R}_n) \\ &=\mathrm{e}^{-\mathrm{i}(\boldsymbol{k}'-\boldsymbol{k})\cdot\boldsymbol{R}_n}\hat{\boldsymbol{e}}\cdot\int \mathrm{d}\xi u_k^*(\xi)u_k(\xi)\mathrm{e}^{\mathrm{i}(\boldsymbol{k}'-\boldsymbol{k})\cdot\xi}\nabla V(\xi) \\ &=\mathrm{e}^{-\mathrm{i}(\boldsymbol{k}'-\boldsymbol{k})\cdot\boldsymbol{R}_n}\hat{\boldsymbol{e}}\cdot\boldsymbol{I}_{kk'}\end{aligned}$$

其中电子波函数中的调幅函数 $u_k(\boldsymbol{r})$ 可近似为

$$\left|u_k(\boldsymbol{r})\right|^2 \approx \frac{1}{v}$$

$$\begin{aligned}\boldsymbol{I}_{kk'} &= \int \mathrm{d}\xi u_k^*(\xi) u_k(\xi) \mathrm{e}^{\mathrm{i}(\boldsymbol{k}'-\boldsymbol{k})\cdot\xi} \nabla V(\xi) \\ &= \int \mathrm{d}\xi \frac{1}{v} \mathrm{e}^{\mathrm{i}(\boldsymbol{k}'-\boldsymbol{k})\cdot\xi} \nabla V(\xi) \\ &\approx \nabla V\end{aligned}$$

$$\begin{aligned}\left\langle \boldsymbol{k}' \middle| \sum_n \mathrm{e}^{\pm \mathrm{i}\boldsymbol{q}\cdot\boldsymbol{R}_n} \hat{\boldsymbol{e}} \cdot \nabla V(\boldsymbol{r}-\boldsymbol{R}_n) \middle| \boldsymbol{k} \right\rangle &= \frac{1}{N} \hat{\boldsymbol{e}} \cdot \overline{\boldsymbol{I}}_{kk'} \sum_n \mathrm{e}^{-\mathrm{i}(\boldsymbol{k}'-\boldsymbol{k}\pm\boldsymbol{q})\cdot\boldsymbol{R}_n} \\ &= \begin{cases} \hat{\boldsymbol{e}} \cdot \overline{\boldsymbol{I}}_{kk'}, & \boldsymbol{k}'-\boldsymbol{k}\pm\boldsymbol{q} = \boldsymbol{G}_n \\ 0, & \boldsymbol{k}'-\boldsymbol{k}\pm\boldsymbol{q} \neq \boldsymbol{G}_n \end{cases}\end{aligned}$$

对于 $G_n = 0$ 的情况，有

$$\boldsymbol{k}'-\boldsymbol{k} = \mp\boldsymbol{q}$$

我们称之为正规过程(N 过程). 其中，对于声子吸收过程，有

$$\hbar\boldsymbol{k}' = \hbar\boldsymbol{k} + \hbar\boldsymbol{q}$$

对于声子发射过程，有

$$\hbar\boldsymbol{k}' = \hbar\boldsymbol{k} - \hbar\boldsymbol{q}$$

如果 k'、k 数值很大，散射也很大，落到布里渊区之外

$$\boldsymbol{k}'-\boldsymbol{k} = \boldsymbol{G}_n \mp \boldsymbol{q}$$

我们称之为反转过程(U 过程).

考虑声学波振动模式包括纵声学模和横声学模，散射函数Θ可以表示为

$$\Theta_{\pm,j}(\boldsymbol{k},\boldsymbol{k}') = \frac{\pi^2\left|A_j\right|^2}{\hbar}\left|\hat{\boldsymbol{e}}_j \cdot \boldsymbol{I}_{kk'}\right|^2 \delta(E'-E)$$

其中，A_j 为振动模式 j 的振幅. 其大小可通过下面分析求得. 设引起格波的晶格振动可表示为

$$u_n = A_i e_i \cos(\boldsymbol{q}\cdot\boldsymbol{R}_n - \omega_i t)$$

因此色散关系为

$$\omega_i = c_i q = c_i\,|\boldsymbol{k}'-\boldsymbol{k}|$$

该振动模式的动能为

$$T_n = \frac{1}{2}M\left|\dot{u}_n\right|^2 = \frac{MA_i^2}{2}\omega_i^2 \sin^2(\boldsymbol{q}\cdot\boldsymbol{R}_n - \omega_i t)$$

动能的平均值可表示为

$$\overline{T}=\frac{NMA_i^2}{4}\omega_i^2$$

由能量均分定理

$$\frac{1}{2}k_{\mathrm{B}}T=\frac{NMA_i^2}{4}\omega_i^2$$

因此

$$A_i^2=\frac{2k_{\mathrm{B}}T}{NM\omega_i^2}=\frac{2k_{\mathrm{B}}T}{NM\omega_i^2}=\frac{2k_{\mathrm{B}}T}{NMc_i^2\,|\boldsymbol{k}'-\boldsymbol{k}|^2}$$

散射函数Θ为

$$\Theta(\boldsymbol{k},\boldsymbol{k}')=\frac{2\pi^2k_{\mathrm{B}}T}{NM\hbar\overline{c}^2}\sum_i\left|\frac{\overline{c}}{c_i}\frac{1}{|\boldsymbol{k}'-\boldsymbol{k}|}\hat{\boldsymbol{e}}\cdot\boldsymbol{I}_{k'k}\right|^2\delta(E-E')$$

引入变量

$$J^2(E,\alpha)=\sum_i\left|\frac{\overline{c}}{c_i}\frac{1}{|\boldsymbol{k}'-\boldsymbol{k}|}\hat{\boldsymbol{e}}\cdot\boldsymbol{I}_{k'k}\right|^2$$

因此，弛豫时间的倒数为

$$\begin{aligned}\frac{1}{\tau}&=\int\Theta(\boldsymbol{k},\boldsymbol{k}')(1-\cos\alpha)\mathrm{d}\boldsymbol{k}'/(2\pi)^3\\&=\frac{2\pi^2k_{\mathrm{B}}T}{NM\hbar\overline{c}^2}\int\delta(E-E')J^2(E,\alpha)(1-\cos\alpha)\frac{2\pi\sin\alpha\,\mathrm{d}\alpha\,k'^2\mathrm{d}k}{(2\pi)^3}\end{aligned}$$

转化为能量积分，上面的式子可表示为

$$\begin{aligned}\frac{1}{\tau}&=\frac{k_{\mathrm{B}}T}{4\pi NM\hbar\overline{c}^2}\int\delta(E-E')J^2(E,\alpha)(1-\cos\alpha)2\pi\sin\alpha\,\mathrm{d}\alpha\,k'^2\left(\frac{\mathrm{d}E'}{\mathrm{d}k'}\right)^{-1}\mathrm{d}E\\&=\frac{k_{\mathrm{B}}T}{2NM\hbar\overline{c}^2}k^2\left(\frac{\mathrm{d}E}{\mathrm{d}k'}\right)^{-1}\int\delta(E-E')J^2(E,\alpha)(1-\cos\alpha)\sin\alpha\,\mathrm{d}\alpha\end{aligned}$$

由上式可获得以下结论. ①对于电子-声子耦合，$1/\tau$ 和温度成正比，解决了金属电阻与温度成正比的事实. 金属的电阻是由原子的热振动对电子的散射引起的，散射概率与原子位移的平方成正比，后者在足够高的温度与 T 成正比(能量均分定理). ②对于各向同性的情况，能态密度可写为

$$Z(E)=2\frac{4\pi k^2\Delta k}{\Delta E}\frac{1}{(2\pi)^3}=\frac{k^2}{\pi^2}\left(\frac{\mathrm{d}E}{\mathrm{d}k}\right)^{-1}$$

因此，$1/\tau$ 与能态密度成正比. 对于过渡金属，d 电子能带具有很高的能态密度，从而解释了过渡金属具有高电阻率的事实. ③J 一般为几个电子伏的数量级，可得 τ 的值在室温约为 $10^{-13}\sim10^{-14}$ s. ④在低温下，处于长波限，晶格振动模式数与 T^3 成正比. q 越小，小角散射对电阻的贡献也越小. 因此，它们对 $1/\tau$ 的贡献随 T^2 减小. 因此，在低温下，电阻率与 T^5 成比例变化.

除晶格振动对电子散射外，材料中的杂质和缺陷也会对电子产生散射作用，缺陷和杂质的影响一般不依赖于温度 T，而与杂质和缺陷的密度成正比. 在杂质浓度较低时，晶格振动散射机制和杂质缺陷散射机制是相互独立的，总散射概率等于两者之和，即

$$\frac{1}{\tau}=\frac{1}{\tau_{\mathrm{L}}}+\frac{1}{\tau_{\mathrm{D}}}$$

因此，电阻率可以写为晶格的贡献和杂质的贡献，即

$$\rho=\rho_{\mathrm{L}}+\rho_{\mathrm{D}}$$

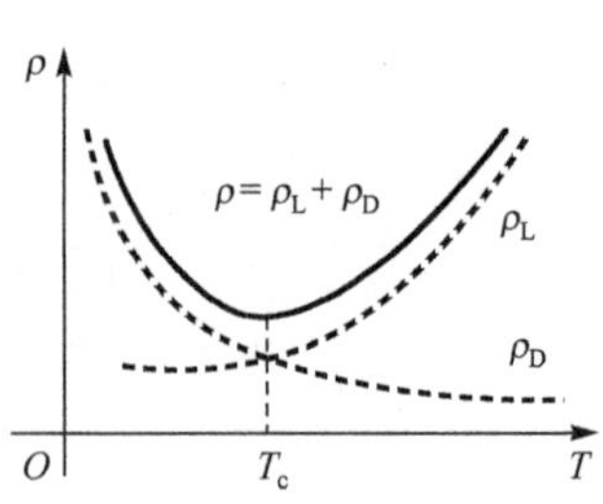

图 10.1 近藤效应示意图

在非磁性金属(Cu、Ag、Au、Mg、Zn 等)中加入过渡磁性杂质(Fe、Mn 等). 这些磁性杂质对电子的散射随温度升高而降低，可表示为

$$\rho_{\mathrm{D}}=a-b\ln T$$

考虑到晶格散射的贡献，观测到电阻温度曲线上有一极小值，如图 10.1 所示. 1964 年近藤指出，磁性杂质对电子的散射，需考虑电子的自旋状态，可解释出现极小值的反常现象. 这种电阻在极低温度下出现反常极小值的现象，称为近藤效应.

10.1.5 交变电场下的电子电导

玻尔兹曼方程讨论电导，是基于将电子作为经典粒子——波包来处理. 但波包的尺度在实空间远大于原胞的尺度，因此，玻尔兹曼方法适用的条件要求电子的自由程要远大于原胞. 对于一般的情况，需考虑量子多体理论来处理，例如久保(Kubo)的量子输运理论. 该输运理论的出发点是将外场作为一个微扰，从而导致处于平衡态的多粒子体系产生相应的响应. 例如，电导率可以通过电流算符的时间关联函数表示出来

$$\sigma_{\mu\nu}=\frac{1}{k_{\mathrm{B}}T}\int_{0}^{\infty}\left\langle j_{\mu}(t)j_{\nu}(0)\right\rangle\mathrm{d}t$$

基于线性响应理论，我们考察在交变电场下电子的响应，推导电子电导的久保-格林伍德(Kubo-Greenwood)公式.

在交变电场 $F\cos(\omega t)$ 下，电子会受到一个微扰势 $qFx\cos(\omega t)$. 因此，电子会吸

收能量跃迁到新的能态，跃迁概率为

$$P(E+\hbar\omega,E)=\frac{1}{4}q^2F^2\frac{2\pi}{\hbar}\left|W_{E+\hbar\omega,E}\right|_{\text{av}}^2 N(E+\hbar\omega)\times 2$$

考虑自由电子，有以下关系式：

$$H=\frac{p^2}{2m},\quad [x,H]=\frac{\mathrm{i}\hbar p_x}{m}$$

$$\begin{aligned}\langle\varphi_{E+\hbar\omega}|[x,H]|\varphi_E\rangle&=E\langle\varphi_{E+\hbar\omega}|x|\varphi_E\rangle-(E+\hbar\omega)\langle\varphi_{E+\hbar\omega}|x|\varphi_E\rangle\\&=-\hbar\omega\langle\varphi_{E+\hbar\omega}|x|\varphi_E\rangle\end{aligned}$$

$$\langle\varphi_{E+\hbar\omega}|\frac{\mathrm{i}\hbar p_x}{m}|\varphi_E\rangle=\frac{\mathrm{i}\hbar}{m}\langle\varphi_{E+\hbar\omega}|p_x|\varphi_E\rangle=\frac{\hbar^2}{m}\langle\varphi_{E+\hbar\omega}|\frac{\partial}{\partial x}|\varphi_E\rangle$$

因此，跃迁矩阵元可表示为

$$W_{E+\hbar\omega,E}=\langle\varphi_{E+\hbar\omega}|x|\varphi_E\rangle$$

$$D_{E+\hbar\omega,E}=\langle\varphi_{E+\hbar\omega}|\frac{\partial}{\partial x}|\varphi_E\rangle$$

$$\left|W_{E+\hbar\omega,E}\right|^2=\frac{\hbar^2}{(m\omega)^2}\left|D_{E+\hbar\omega,E}\right|^2$$

对于光子吸收过程，有

$$P(E+\hbar\omega,E)=\frac{\pi q^2\hbar F^2}{m^2\omega^2}\left|D_{E+\hbar\omega,E}\right|_{\text{av}}^2 N(E+\hbar\omega)$$

对于光子发射过程，有

$$P'(E-\hbar\omega,E)=\frac{\pi q^2\hbar F^2}{m^2\omega^2}\left|D_{E-\hbar\omega,E}\right|_{\text{av}}^2 N(E-\hbar\omega)$$

电子体系对交变电场的响应为，通过吸收和发射光子过程，导致电流产生焦耳热. 吸收光子数可表示为

$$n_{\text{ab}}=p(E+\hbar\omega,E)f(E)[1-f(E+\hbar\omega)]N(E)$$

发射光子数可表示为

$$n_{\text{em}}=p(E,E+\hbar\omega)f(E+\hbar\omega)[1-f(E)]N(E+\hbar\omega)$$

吸收和发射光子过程形成的交换能量ΔE 等于光子能量与吸收光子数和发射光子数之差的乘积. 其可表示为

$$\begin{aligned}\Delta E&=\hbar\omega(n_{\text{ab}}-n_{\text{em}})\\&=\frac{\pi q^2\hbar F^2}{m^2\omega^2}\hbar\omega\int\{f(E)[1-f(E+\hbar\omega)]-f(E+\hbar\omega)[1-f(E)]\}|D|_{\text{av}}^2\\&\quad\times N(E)N(E+\hbar\omega)\mathrm{d}E\end{aligned}$$

$$=\frac{\pi q^2\hbar F^2}{m^2\omega^2}\int\left[f(E)-f(E+\hbar\omega)\right]|D|_{\text{av}}^2 N(E)N(E+\hbar\omega)\mathrm{d}E$$

$$\approx\frac{\pi q^2\hbar F^2}{m^2\omega^2}(\hbar\omega)^2\int\left(-\frac{\partial f}{\partial E}\right)|D|_{\text{av}}^2 N(E)N(E+\hbar\omega)\mathrm{d}E$$

电流产生焦耳热可以表示为

$$\Delta Q=\frac{1}{2}\sigma(\omega)F^2$$

交换能量等于电流产生的焦耳热，因此

$$\sigma(\omega)=\frac{2\pi q^2\hbar^3}{m^2}\int\left(-\frac{\partial f}{\partial E}\right)|D|_{\text{av}}^2 N(E)N(E+\hbar\omega)\mathrm{d}E$$

定义σ_E为

$$\sigma_E(\omega)=\frac{2\pi q^2\hbar^3}{m^2}|D|_{\text{av}}^2 N(E)N(E+\hbar\omega)$$

因此，交变电场下的电导率为

$$\sigma(\omega)=\int\left(-\frac{\partial f}{\partial E}\right)\sigma_E(\omega)\mathrm{d}E$$

考虑频率趋近于零时的情况

$$\sigma_E(0)=\frac{2\pi q^2\hbar^3}{m^2}|D|_{\text{av}}^2\left[N(E)\right]^2,\quad \sigma(0)=\int\left(-\frac{\partial f}{\partial E}\right)\sigma_E(0)\mathrm{d}E$$

对于金属电子气

$$-\frac{\partial f}{\partial E}=\delta(E_{\text{F}}),\quad \sigma(0)=\sigma_E(0)\Big|_{E=E_{\text{F}}}$$

因此，和玻尔兹曼方程获得的电导结论一致，电导主要来自于费米面附近电子的贡献.

10.1.6 半导体迁移率

对于传导材料，通常通过迁移率 μ 来评定材料中载流子对外电场的响应快慢. 在金属中，电子为载流子时，电导率可表示为

$$\sigma=-en\mu$$

利用前面求得的各向同性材料中的电导率公式，可得电子迁移率的表达式为

$$\mu=-e\tau/m^*$$

对于半导体，载流子通常有电子和空穴，其电导率为

$$\sigma = e(n_h\mu_h + n_e\mu_e)$$

可见，在单一载流子类型下，电导率由载流子浓度和迁移率决定. 高的迁移率对微电子器件至关重要. 半导体的迁移率 μ 与温度 T 的–3/2 次方（$T^{-3/2}$）成正比，主要来自于声学声子(acoustic phonon)散射的贡献. 对于压电半导体，声学声子散射对迁移率 μ 的贡献为 $T^{-1/2}$. 离子散射对迁移率 μ 的影响与温度的关系为 $T^{3/2}$.

以 n 型 Si 的迁移率随温度的变化为例子. 在低掺杂浓度的 n 型 Si 中，离化的杂质含量较少(如杂质浓度为 10^{14} cm^{-3})，影响迁移率的主要是声子散射，迁移率随温度升高而降低，与 $T^{-3/2}$ 成正比. 在杂质浓度较高(如浓度为 10^{19} cm^{-3})时，迁移率主要受声学声子和离子散射影响，随温度变化，迁移率先升高，到 300 K 左右达到极大值，再随温度升高而降低. 因此，两者影响的比重随温度变化，高温下声子散射占主导.

为了减小掺杂剂杂质对载流子的散射，可以考虑掺杂剂和载流子在实空间分离. 调制掺杂的异质结(modulation-doped heterojunction)是一种典型的半导体器件的核心，其可实现掺杂剂和载流子在实空间分离. 如图 10.2 所示，由 GaAs 和 AlGaAs 构成的异质结，且对 AlGaAs 进行 n 型掺杂. 由于 GaAs 和 AlGaAs 的导带底能量不匹配，导致异质结附近出现能带弯曲(band bending). AlGaAs 导带中的电子迁移到结附近的 GaAs 层的导带中，实现掺杂剂和载流子在实空间分离. 由于能带弯曲，在异质结附近 GaAs 层中的自由电子可以看作限制在一个近似为三角势(triangular potential)的势阱里.

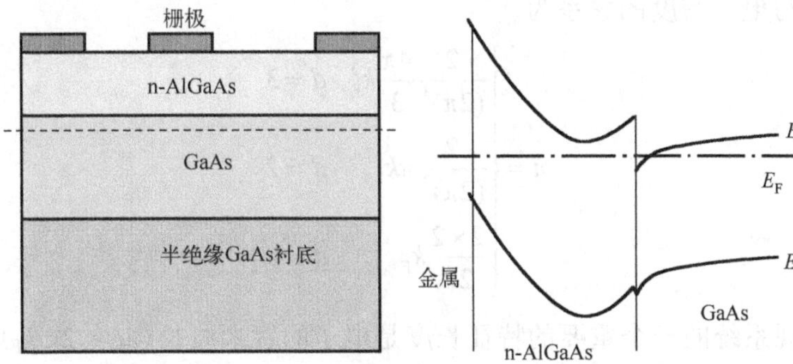

图 10.2　GaAs-AlGaAs 异质结器件及异质结能带结构示意图

10.2　量子输运和安德森局域化

10.2.1　量子输运的特征量

如果一个导体的电导满足欧姆定律，它的尺度必须远大于下面三个表征粒子量子行为的特征长度中的任何一个. ①在费米面附近的电子的德布罗意波长. ②平均自由程(mean free path)：它表示占据初始动量本征态的电子被散射到其他动量本征态之前电子所传播的平均距离. ③相位相干长度(phase coherence length)：它表示占据某一个本征态的电子在完全失去相位相干前所传播的平均距离，它一般由电子与其他电子、声子和杂质等的非弹性散射所决定.

态密度表示单位能量内的电子的状态数. 对于自由电子近似，在不同维度下，状态数随能量的变化可以表示为

$$N(\varepsilon)=2\left(\frac{L}{2\pi}\right)^d\int_\Omega\frac{\mathrm{d}^dk}{\mathrm{d}\varepsilon}=2\Omega\left(\frac{L}{2\pi}\right)^d\frac{k^{d-1}\mathrm{d}k}{\mathrm{d}\varepsilon}$$

$$=\begin{cases}\dfrac{mL^3}{\hbar^2\pi^2}\sqrt{\dfrac{2m\varepsilon}{\hbar^2}}, & d=3\\[2ex] \dfrac{mL^2}{\pi\hbar^2}, & d=2\\[2ex] \dfrac{mL}{\pi\hbar^2}\sqrt{\dfrac{\hbar^2}{2m\varepsilon}}, & d=1\end{cases}$$

单位体积单位能量内的状态数(通常也被称为态密度)，定义为

$$n(\varepsilon)=N(\varepsilon)/L^d$$

费米波矢量与电子密度的关系为

$$n=\begin{cases}\dfrac{2}{(2\pi)^3}\dfrac{4\pi}{3}k_{\mathrm{F}}^3, & d=3\\[2ex] \dfrac{2}{(2\pi)^2}\pi k_{\mathrm{F}}^2, & d=2\\[2ex] \dfrac{2\times2}{2\pi}k_{\mathrm{F}}, & d=1\end{cases}$$

表征介观系统的一个重要的特征长度是电子的费米波长($\lambda_{\mathrm{F}}=2\pi/k_{\mathrm{F}}$). 对于一般单元素金属，如铜、铝、镁等，导带电子密度一般在 $10^{22}\ \mathrm{cm}^{-3}$ 量级，因此费米波长在几个埃的量级. 在半导体 GaAs/AlGaAs 异质结中的二维电子气，电子具有很高的迁移率，其费米波长可以达到 400 Å. 根据费米波长可定义系统的有效维度. 通常这个定义可使用于弹道区. 对于量子扩散区，费米波长要用电子的相位相干长度代替.

用准经典方法处理体材料中电子的运动，通过玻尔兹曼方程，引入电子平均自由程和弛豫时间来描述. 弛豫时间的物理意义为：处在某动量本征态的电子的平均寿命. 其包含了所有相互作用的贡献，主要有杂质散射、电子间库仑散射和电子-声子作用，相应的弛豫时间为 τ_{im}、$\tau_{\mathrm{e\text{-}e}}$ 和 $\tau_{\mathrm{e\text{-}h}}$. 根据 Mathiessen 定理，$\tau$ 可表示为

$$\frac{1}{\tau}=\frac{1}{\tau_{\text{im}}}+\frac{1}{\tau_{\text{e-e}}}+\frac{1}{\tau_{\text{e-h}}}+\cdots$$

由于晶格杂质、缺陷、离子振动等的存在，导致电子的非弹性散射将破坏电子相位的相干性. 将电子保持其相位的相干性所传播的距离称为相位相干长度. 若电子的相位弛豫时间为 τ_φ，则在扩散区，相位相干长度可表示为

$$L_\varphi=\sqrt{D\tau_\varphi}$$

D 为导带电子的扩散系数. 在弹道区，电子几乎不受杂质的散射，相位相干长度可为

$$L_\varphi=\upsilon_{\text{F}}\tau_\varphi$$

电子间的库仑相互作用所导致的散射和由声子所引起的散射随温度的降低而减弱.

一般情况下，相位弛豫时间是温度的函数，可表示成

$$\tau_\varphi\propto T^{-p}$$

如果系统(比较纯净的金属导体)具有费米液体行为，则电子间的非弹性散射给出 p=2. 而对于声子导致的电子的非弹性散射，则给出较大的 p，因为声子受温度的影响较大. 如果出现很强的无序，杂质对电子的非弹性散射所产生的 p 较小，因为杂质受温度的影响很小. 因此相位相干长度，

$$L_\varphi\sim T^{-p/2}$$

在温度很低的情况下，可以变得很大，这会导致系统的有效维数发生变化，从三维过渡到二维或直接过渡到一维. 因此在理论计算与实验相比较的时候，一定要注意这种系统的有效维数的变化.

弹性散射平均自由程可表示为

$$l=\upsilon_{\text{F}}\tau_0$$

这里，τ_0 是电子保持在某一个动量本征态的平均时间.

原则上，弹性散射不破坏电子的相干性，但是对于实际系统，存在大量的散射路径，而总的相位的累积会远远大于 2π，导致电子的相干性消失. 相位累积达到 2π 可能要经历很多次电子与杂质的弹性散射，通常情况下，τ_φ 要比 τ_0 大几个数量级.

弹性散射弛豫时间基本不随温度变化，因为它是由静态杂质散射决定的，而非弹性散射弛豫时间与温度有很强的依赖关系.

对于宏观系统，它包含大量的尺度大于或接近相位相干长度的子系统，每一个子系统可以用一个独立的薛定谔方程来描述，而可观测量是在子系统中相应量的系综平均. 对于介观系统，它的尺度接近或小于相位相干长度，整个系统由单个薛定谔方程决定，因此对于不同的系统可观测量表现会不一样，并且电子的量子行为可

直接被观测到.

根据电子平均自由程 l 与系统的尺度 L 的相对大小，介观系统分成扩散区(diffusion regime)和弹道区(ballistic regime).

(1)在扩散区，$L_\varphi > L \gg l$，电子的输运可看成是量子扩散过程，并且不依赖于系统的形状. 通常平均自由程在 100 Å 的量级，处在扩散区的金属线或点，其费米波长(~2 Å)与系统的尺度相比非常小，因此电子能级的量子化一般不重要. 只有在最近邻的两能级之差与温度相比拟的时候，才变得非常重要. 对于一般的金属点(metallic dots)，最重要的能量标度是库仑相互作用产生的充电能，即

$$E_c = \frac{Q^2}{2C}$$

(2)在弹道区，$L \ll l$，电子在系统内做弹道运动，而系统的边界作为散射体对电子散射，因此系统的边界扮演重要的角色.

对于半导体 GaAs/AlGaAs 异质结中的二维电子气，电子的平均自由程可以达到 50 μm，因此在这类材料中可以观测到电子的弹道输运. 电子的费米波长可以达到 300~500 Å，这可以和系统的尺度相比拟，因此电子能级的量子化将起重要的作用，在实验上可以观测到阶梯形变化的电导.

1973 年，Mooij 等通过对大量的杂质浓度很高的介观金属系统的研究发现，当电阻率大于一定值(大约在 80~180 μΩ 之间)时，$\mathrm{d}\rho/\mathrm{d}T$ 变成负值. 这一结果表明电阻率随温度的降低而增加. 这一现象几乎是“普适的”，不依赖于具体的材料性质. 这一现象不能用弱散射理论解释，因为它总是预言 $\mathrm{d}\rho/\mathrm{d}T>0$. 这预示经典的 Mathiessen 规则不再有效.

基于弱散射理论，我们获得德鲁德(Drude)电导率公式. 因此，只有当电子的费米波长远远小于它的平均自由程时，量子涨落很小，德鲁德公式才成立. 由电子的费米波长远远小于它的平均自由程

$$l \gg \lambda_F$$

可得条件

$$\lambda_F = 2\pi / k_F, \quad l = \upsilon_F \tau$$

所以

$$k_F l \gg 1, \quad E_F \tau \gg 1$$

考虑三维金属导体

$$n = k_F^3 / (3\pi^2), \quad \sigma = \frac{e^2}{3\pi^2 \hbar} k_F^2 l$$

约飞-雷格尔(Loffe-Regel)判据为

$$\sigma\lambda_{\mathrm{F}} \cong 5\times10^{-5}(k_{\mathrm{F}}\ell)/\Omega \gg \frac{5\times10^{-5}}{\Omega}$$

对于大多数金属，导带电子的费米波长变化不大，一般在 2～5 Å 之间，这样电阻率要满足

$$\rho \ll 10^{-3}\Omega\cdot\mathrm{cm}$$

当电阻率接近100 μΩ·cm 时，德鲁德电导率公式将会出现问题，从而给出不正确的电导率或电阻率.

10.2.2　安德森局域化

大量的实验证明，对于二维和一维金属，即使在杂质浓度很低时，在足够低的温度下，也总会出现 $\mathrm{d}\rho/\mathrm{d}T<0$ 这一普适的现象. 对于三维金属，在杂质浓度很高时，也会出现 $\mathrm{d}\rho/\mathrm{d}T<0$，变成绝缘体 . 因此，无序(disorder)作为反映杂质浓度大小的一个参量，是研究导体输运性质的一个重要参量. 由于无序而导致的系统从金属态到绝缘态的转变称为安德森转变. 下面，我们考虑安德森模型. 哈密顿量表示为

$$H=\sum_i \varepsilon_i c_{i\sigma}^{+} c_{i\sigma}+\sum_{\langle ij\rangle}(t_{ij} c_{i\sigma}^{+} c_{j\sigma}+\mathrm{h.c.})$$

该模型是一个紧束缚近似模型. 对于对角无序，电子在格点的能量ε_i取作无规变量；对于非对角无序，跃迁能量 t_{ij} 取作无规变量；或两者都可以取作无规变量. 在安德森模型中，取跃迁能量为一常数，$t_{ij}=V$. 取ε_i为无规变化的量. 在紧束缚近似下，自由电子的能带宽度为$2zV$. 这里z是最近邻格点数. 取格点能量ε_i为一独立无规变量，其分布概率如图 10.3 所示，可表示为

$$P(\varepsilon)=\begin{cases}\dfrac{1}{W}, & |\varepsilon|\leqslant W/2\\ 0, & |\varepsilon|>W/2\end{cases}$$

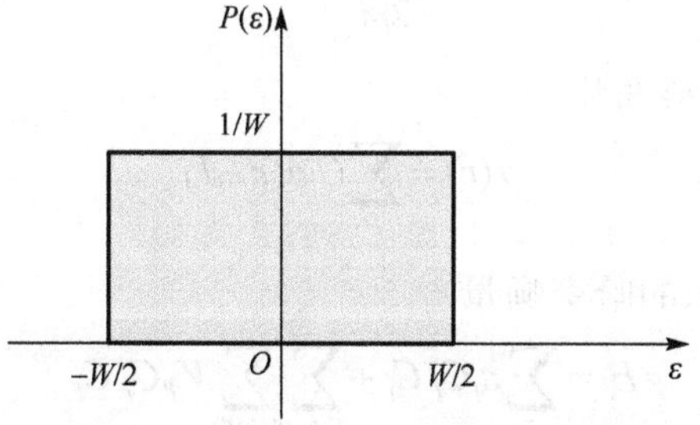

图 10.3　格点的能量分布概率示意图

比值 W/V 可以方便地用作测量系统的无序强弱. 当 W/V 很大时，表示无序很强，

在这种情况下，电子被限制在一个小的区域内而不能扩展到整个系统，这表示电子处在局域态；当 W/V 很小时，表示无序很弱，电子可以运动到整个区域，表示电子处在扩展态.

安德森对局域态和扩展态作了严格的定义，在无限大的系统中，在 $t=0$ 时刻，在格点 i 上(或其附近)有一个电子，经过很长时间 t(远远大于任何微观时间长度)以后，在 i 格点上如果找到这个电子的概率为零，就说明这个电子离开了这个格点在系统中传播，电子处于扩展态；如果在这点找到这个电子的概率不为零，而为一有限值，就表明电子处在 i 格点附近的态是稳定的局域态，这就是安德森局域化概念.

安德森用微扰理论研究了上面的哈密顿量，他发现对于足够强的无序，类似于束缚态的形成，出现一个局域态，对应的波函数的包络(envelope)在远离局域化中心时，将指数衰减.

对于足够强的无序，使 W/V 满足安德森判据，系统的所有态都是局域化的. 对于中等程度或较弱的无序，莫特认为，在能带边缘(带尾)的态由于无序可能成为局域态，而在能带中心附近的态是扩展态. 扩展态与局域态通过迁移率边分开，如图 10.4 所示.

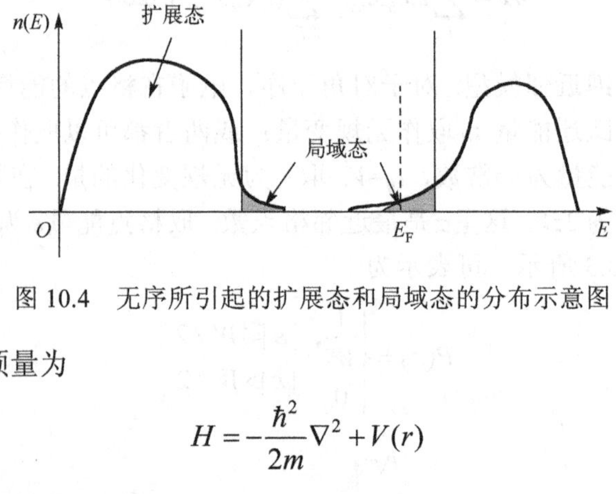

图 10.4　无序所引起的扩展态和局域态的分布示意图

系统的哈密顿量为

$$H = -\frac{\hbar^2}{2m}\nabla^2 + V(r)$$

波函数以万尼尔函数为基展开

$$\psi(r) = \sum_l C_l a(r-l)$$

获得产生-湮灭算符表示的哈密顿量

$$H = \sum_l \varepsilon_l C_l^+ C_l + \sum_l \sum_{l'(l\neq l')} V_{ll'} C_l^+ C_{l'}$$

$$\varepsilon_l = \int \mathrm{d}\tau a^*(r-l) H a(r-l), \quad V_{ll'} = \int \mathrm{d}\tau a^*(r-l) H a(r-l')$$

考虑双时推迟格林函数

$$G_{ll'}(t) = -\mathrm{i}\theta(t)\left\langle \left[C_l(t), C_{l'}^{+}(0) \right]_{+} \right\rangle$$

当 T=0 K 时对基态的平均

$$G_{ll'}(t) = -\mathrm{i}\theta(t)\langle 0|C_l(t)C_{l'}^{+}(0)|0\rangle$$

其中，$G_{ll}(t)$ 反映 t=0 时刻 l 格点产生一个电子. 经 t 时间后在同一格点上找到这个电子的概率为

$$A_l(t) = \mathrm{i}G_{ll'}(t) \quad (t > 0)$$

现在我们考察算符 $C_l(t)$ 的运动方程

$$\mathrm{i}\dot{C}_l = \left[C_l, H \right]$$

考虑最近邻近似，利用关系式

$$\left[C_l, C_{l'}^{+} \right] = \delta_{ll'}$$

格林函数的运动方程可表示为

$$\mathrm{i}\dot{G}_{ll'}(t) = \delta(t)\delta_{ll'} + \varepsilon_l G_{ll'}(t) + \sum_{l''(l''\neq l)} V_{ll''} G_{l''l'}(t)$$

利用时域和频域之间的转换

$$G_{ll'}(t) = \frac{1}{2\pi}\int_{-\infty}^{\infty} \mathrm{d}E \mathrm{e}^{-\mathrm{i}Et} G_{ll'}(E), \quad \delta(t) = \frac{1}{2\pi}\int_{-\infty}^{\infty} \mathrm{d}E \mathrm{e}^{-\mathrm{i}Et}$$

在频域里，关于格林函数的方程为

$$G_{ll'}(E) = g_l\delta_{ll'} + \sum_{l''(l''\neq l)} g_l V_{ll''} G_{l''l'}(E)$$

其中，自由格林函数 g_l 表示为

$$g_l = \frac{1}{E - \varepsilon_l}$$

因此，$G_{ll}(E)$ 可以表示为

$$G_{ll}(E) = g_l + \sum_{l'(l'\neq l)} g_l V_{ll'} G_{l'l}(E)$$

$$\left\{ E - \varepsilon_l - \sum_{l'(l'\neq l)} V_{ll'} g_{l'} V_{l'l} \right\} G_{ll}(E) = 1 + \sum_{l'(l'\neq l)} \sum_{ll'(ll'\neq l, l')} V_{ll'} g_{l'} V_{l'll'} G_{l''l'}(E)$$

引入自能函数 $\Sigma(l,E)$

$$\Sigma(l,E)=\varepsilon_l+\sum_{l'(l'\neq l)}V_{ll'}g_{l'}V_{l'l}+\sum_{l'(l'\neq l)}\sum_{l''(l''\neq l,l')}V_{ll'}g_{l'}V_{l'l''}g_{l''}V_{l''l}+\cdots$$

得到新的关于 $G_{ll}(E)$ 的方程

$$G_{ll}(E)=\frac{1}{E-\Sigma(l,E)}$$

引入随机级数 $T_j^{(L)}$

$$T_j^{(L)}=\frac{V^L}{(E-\varepsilon_{l1})\cdots(E-\varepsilon_{l_L})}=\prod Vg_{li},\quad \Sigma(l,E)=\varepsilon_l+V\sum_{L=1}^{\infty}\sum_j T_j^{(L)}$$

其收敛条件可通过概率的统计决定. 这里考虑 Ziman 评估，定义辅助变量 Q

$$Q\equiv\ln\left|T_j^{(L)}\right|=\ln\prod_{i=1}^{L}\left|Vg_{l_i}\right|=\sum_{i=1}^{L}\ln\left|Vg_{l_i}\right|$$

对于一个格点 l，有 Z 个最近邻，因此与 $T_j^{(L)}$ 相似的有 Z^L 项

$$Q\approx L\langle\ln|Vg|\rangle,\quad \left|T_j^{(L)}\right|\approx \mathrm{e}^{\{L\langle\ln|Vg|\rangle\}},\quad \sum_j\left|T_j^{(L)}\right|=\left\{Z\exp\left(\langle\ln|Vg|\rangle\right)\right\}^L$$

因为下面关系式：

$$\sum_j T_j^{(L)}<\sum_j\left|T_j^{(L)}\right|$$

自能函数 $\Sigma(l,E)$ 不会比下列级数的收敛性差

$$\varepsilon_l+V\sum_{L=1}^{\infty}\sum_j|T_j^{(L)}|\approx\varepsilon_l+V\sum_{L=1}^{\infty}\left\{Z\exp\left(\langle\ln|Vg|\rangle\right)\right\}^L$$

上面的级数表示要收敛，必须满足条件

$$Z\exp\left(\langle\ln|Vg|\rangle\right)<1$$

在安德森无规变量分布概率条件下

$$P(\varepsilon_l)=\begin{cases}\dfrac{1}{W}, & |\varepsilon_l|\leqslant\dfrac{W}{2}\\[2mm] 0, & |\varepsilon_l|>\dfrac{W}{2}\end{cases}$$

无规变量函数的平均可表示为

$$\begin{aligned}\Psi(E)\equiv\left\langle\ln\left|Vg_{l_i}\right|\right\rangle&=\int\mathrm{d}\varepsilon_{l_i}P(\varepsilon_{l_i})\ln\left|Vg_{l_i}\right|\\&=\frac{1}{W}\int_{-W/2}^{W/2}\ln\left|\frac{V}{E-\varepsilon}\right|\mathrm{d}\varepsilon\\&=1-\frac{1}{2}\left\{\left(1+\frac{2E}{W}\right)\ln\left|\frac{W}{2V}+\frac{E}{V}\right|+\left(1-\frac{2E}{W}\right)\ln\left|\frac{W}{2V}-\frac{E}{V}\right|\right\}\end{aligned}$$

对于 $E=0$ 态

$$\Psi(E)=1-\ln\left|\frac{W}{2V}\right|$$

由上面的级数表示要收敛的条件可知

$$Ze^{\Psi(E)}=Ze^{1-\ln\left|\frac{W}{2V}\right|}<1,\quad \delta\equiv\frac{W}{2Z|V|}>e$$

对于 $E=0$ 态，$\Psi(E)$取最大值. 因此，E=0 态为局域态，其他态也应为局域态.

因此，安德森局域化条件为$\delta>e$.

10.3　弹道输运和库仑阻塞

10.3.1　朗道尔-比特克电导公式

1957 年，朗道尔(Landauer)首先建立了一维导线的电导与电子在费米能级处的透射和反射概率的关系

$$G=2\frac{e^2}{h}\frac{T}{R}=2\frac{e^2}{h}\frac{T}{1-T}$$

对于电子的弹道输运 $T=1$，系统的电导是无穷大，即电阻为零. 很显然，朗道尔公式给出的是金属导线的电导. 另外一种电导与透射概率的关系式为

$$G_{\rm c}=\frac{2e^2}{h}T$$

通常称为比特克(Büttiker)公式. 这两个表达式合称为朗道尔-比特克(Landauer-Büttiker)公式.

可以看出，比特克公式包含了导线与电极(或电子库)的接触电导. 接触电导起源于具有大量通道的电子库向单通道或较少通道边界的几何过渡，如电子库的大量通道向理想导线的单通道的过渡，它完全由连接的几何形状来决定，而与所测量的导线的电导无关. 接触电阻是普适的，对于每一个通道，其接触电阻都相同，可表示为

$$G_{\rm con}^{-1}=h/(2e^2)\approx 12.9\ {\rm k}\Omega$$

对于弹道输运，比特克公式给出的电导不为零，而是接触电导，因此比特克公式所给出的电导是电子库两端的电导，实验上所测量的电导一般是比特克公式所给出的电导.

1. 朗道尔电导推导

研究电子在一维无序导体中的电导，电子受到的散射可等效为一个势垒，如

图 10.5 所示，电流密度为

$$j = ne\upsilon T = ne\upsilon(1-R)$$

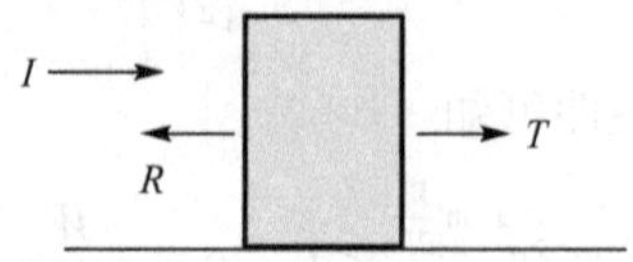

图 10.5　一维无序导体中电流电导示意图

同时，考虑扩散图像，电流密度为

$$j = -eD\nabla n$$

考虑势垒的左边和右边的相对电子密度分别为 1+R 和 1−R，两边的密度分别为 $n(L)=(1+R)n$ 和 $n(R)=Tn=(1-R)n$. 通过势垒引起的电子密度梯度可表示为

$$\nabla n = -2Rn / L$$

因此，扩散常数可表示为

$$D = \frac{\upsilon L}{2}\frac{1-R}{R}$$

由爱因斯坦关系

$$\sigma = e^2 D\frac{\mathrm{d}n}{\mathrm{d}E}$$

对于一维自由电子系统

$$\frac{\mathrm{d}n}{\mathrm{d}E} = \frac{2}{\pi\hbar\upsilon}$$

因此，我们可求得电子电导率表达式为

$$\sigma = \frac{2e^2}{h}L\frac{1-R}{R}$$

对于电子输运，局域性的描述为 $j=\sigma E$. 另外一种描述方式为全局性描述，$I=GV$.

所以 $G=\sigma L^{d-2}$. 对于一维导线，电导可以表示为

$$G = \frac{2e^2}{h}\frac{1-R}{R} = \frac{2e^2}{h}\frac{T}{R}$$

因此，我们用势垒模型得到一维导线电导的朗道尔公式.

2. 朗道尔电导与比特克的关系

现在考虑两端连接电极的情况. 对于两端单通道的第 i 个端点与电极相连接的情况，入射电流为

$$I_i = \frac{2}{2\pi} e \int \mathrm{d}k f(k, \mu_i) \upsilon = \frac{2e}{h} \int_0^{\mu_i} \mathrm{d}E f(E, \mu_i), \quad \upsilon = \hbar^{-1} \mathrm{d}E / \mathrm{d}k$$

在零温 $T = 0$ 下，入射电流为

$$I_i = \frac{2e}{h} \mu_i$$

考虑两个化学势 μ_1 和 μ_2 不同，透射概率为 T, 总电流为

$$I = (I_1 - I_2) T = \frac{2e}{h} T (\mu_1 - \mu_2)$$

如图 10.6 所示，对于势垒右边，透射电子密度等于导线与右电极间电子转移

$$T \left(\frac{\partial n}{\partial E} \right) (\mu_1 - \mu_2) = 2 \left(\frac{\partial n}{\partial E} \right) (\mu_{\mathrm{B}} - \mu_2)$$

对于势垒左边，透射电子密度等于导线与左电极间电子转移

$$T \left(\frac{\partial n}{\partial E} \right) (\mu_1 - \mu_2) = 2 \left(\frac{\partial n}{\partial E} \right) (\mu_1 - \mu_{\mathrm{A}})$$

上面两式相加可得

$$T(\mu_1 - \mu_2) = \mu_1 - \mu_2 + \mu_{\mathrm{B}} - \mu_{\mathrm{A}}$$

$$\mu_{\mathrm{A}} - \mu_{\mathrm{B}} = \mu_1 - \mu_2 - T(\mu_1 - \mu_2) = R(\mu_1 - \mu_2)$$

由比特克电导公式，两电极间的电流为

$$I = G_{\mathrm{c}} \left(\frac{\mu_1 - \mu_2}{-e} \right) = \frac{2e^2}{h} T \left(\frac{\mu_1 - \mu_2}{-e} \right) = \frac{2e^2}{h} \frac{T}{R} \left(\frac{\mu_{\mathrm{A}} - \mu_{\mathrm{B}}}{-e} \right) = G \left(\frac{\mu_{\mathrm{A}} - \mu_{\mathrm{B}}}{-e} \right)$$

可见，朗道尔电导以导线两端的电压差为参考电压，比特克电导以电极两端的电压为参考电压. 实验测量的电压通常为电极电压，因此测量结果为比特克电导. 此外，由比特克电阻和朗道尔电阻的关系

$$G_{\mathrm{c}}^{-1} = G^{-1} + \pi\hbar / e^2$$

可知，电子库间电阻为导线(势垒)电阻和接触电阻之和. 其中，$\pi\hbar/e^2$ 可看作两个接触电阻.

3. 低温度下的比特克电导推导

在温度不为零时，假定两端电极电压很小，电流可表达为

$$\begin{aligned} I &= \frac{2e}{h} \int \mathrm{d}E T(E) \left[f(E - \mu_{\mathrm{L}}) - f(E - \mu_{\mathrm{R}}) \right] \\ &= \frac{2e}{h} \int \mathrm{d}E T(E) \left[f(E - \mu + eV_{\mathrm{L}}) - f(E - \mu + eV_{\mathrm{R}}) \right] \\ &= \frac{2e^2}{h} \int \mathrm{d}E T(E) \left(-\frac{\partial f}{\partial E} \right) (V_{\mathrm{L}} - V_{\mathrm{R}}) \end{aligned}$$

低温下，有关系式

$$\left(-\frac{\partial f}{\partial E}\right) \approx \delta(E-\mu)$$

因此，电流和电导分别为

$$I = G_c(V_L - V_R), \quad G_c = \frac{2e^2}{h}T$$

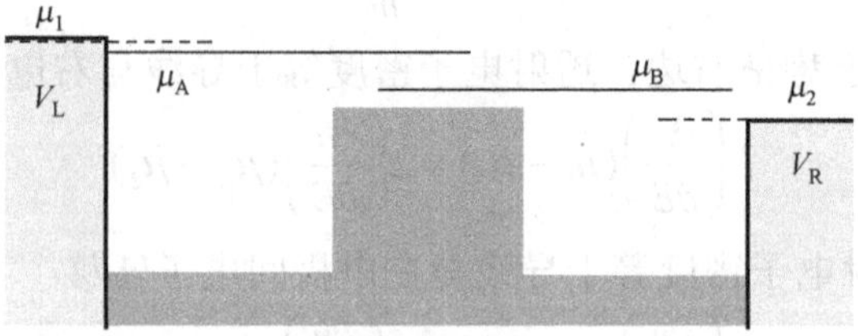

图 10.6　连接电极的导线电导示意图

10.3.2　电子的弹道输运

对于一个金属细导线，如果其横截面的直径远小于电子弹性散射的平均自由程 l，则电子的传播在细导线的横向受到限制而能量分立，形成一系列的子能带，每一个子能带表示电子纵向传播的一个通道. 当金属细导线的长度 L 满足条件 $l<L<L_\varphi$ 时，系统处在量子扩散区，电子通过相干扩散而传播. 当 $L<l$ 时，电子的传播不受杂质的散射，而是弹道式的传播.

在实验上，通常不是通过细金属导线，而是通过栅电极控制半导体异质结中的二维电子气，从而产生一个纳米尺度的受限区域，如图 10.7 所示. 如果这个受限区域的尺度远小于电子的弹性散射的平均自由程，则电子在这个区域内的传播是弹道式的，这类系统称为量子点接触(quantum point contact).

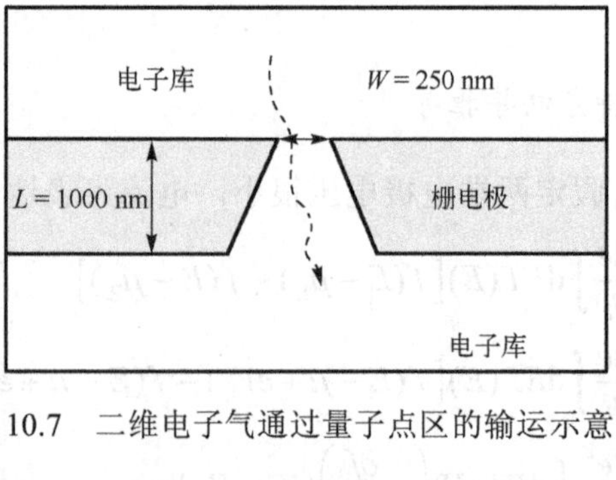

图 10.7　二维电子气通过量子点区的输运示意图

加在受限区域两边的电压称为门电压(gate voltage)，而两边的区域可看成是两个大的电子库. 在低温度下，在受限区域两边加一小的门电压，通过测量电流可以得到受限区域的电导.

实验测量的电导呈阶梯状变化，而且每次的变化大小是固定的，等于 $2e^2/h$. 根据朗道尔-比特克公式得

$$G = \frac{2e^2}{h} \sum_{\alpha\beta} T_{\alpha\beta}$$

这里，α 和 β 分别表示系统左右端的电子通道. 对于量子点接触，电子的传播是弹道式的，不受杂质散射，因此各通道是彼此独立的，电子在每个通道的透射概率为

$$T_{\alpha\beta} = \delta_{\alpha\beta}$$

在横向方向，电子的传播受到限制，因此它的能级是离散的，

$$E_n(k) = E_n + \frac{(\hbar k)^2}{2m}$$

当在系统两端加一门电压 V 时，系统右边(在这个实验中对应于图 10.7 的下面)的化学势不变，而左边(对应于图 10.7 的上面)的化学势为

$$\mu_{\mathrm{L}}' = eV + \mu_{\mathrm{L}}$$

门电压与电子的通道间的能量关系

$$eV = E_N(k_N) - E_{N_0}(k_{N_0})$$

当门电压增加时，电子导通的通道数也随着增加，而每一个导通的通道对电导的贡献是 $2e^2/h$.

10.3.3 库仑阻塞

对于一个小的，由两个金属电极中间夹一个很薄的绝缘层形成的隧道结，从经典的物理角度看，就是一个电容器. 如果隧道结足够小(尺度在纳米、微米量级)，它的电容也非常小，而加入单个电子到隧道结的静电能是 $e^2/(2C)$. 这个能量在隧道结的电容 C 变得足够小时，变得非常重要而不能忽略. 只有当外电压大于这个静电能时，电子才能隧穿. 这种电子的静电能对电子传播的阻塞称为库仑阻塞.

库仑阻塞现象发生要满足两个条件. ①单电子的静电能要远大于它的热涨落的能量

$$E_{\mathrm{c}} = \frac{e^2}{2C} \gg k_{\mathrm{B}}T$$

②电子的静电能要大于电子隧穿的能量涨落(能量不确定性原理). 如单电子隧穿过程的特征平均时间为 τ_{T}，隧穿电阻为 R_{T}，则有 $\tau_{\mathrm{T}} = CR_{\mathrm{T}}$，而能量的量子涨落为 $\hbar/\tau_{\mathrm{T}}$. 如

果电子在隧穿过程中能感受到静电能的影响，静电能应满足条件

$$E_c \gg \frac{\hbar}{\tau_T}$$

这表明隧穿电阻要满足条件

$$R_T \gg h/(2e^2) \sim 13\,\mathrm{k\Omega}$$

对于一个连接到恒定电流源的介观尺度的隧道结，如图 10.8 所示，结的特征由结的电容 C 和隧穿电阻 R_T 两个参数描述. 结的状态由结电极上的电荷 Q 和通过势垒隧穿的电子数 n 决定.

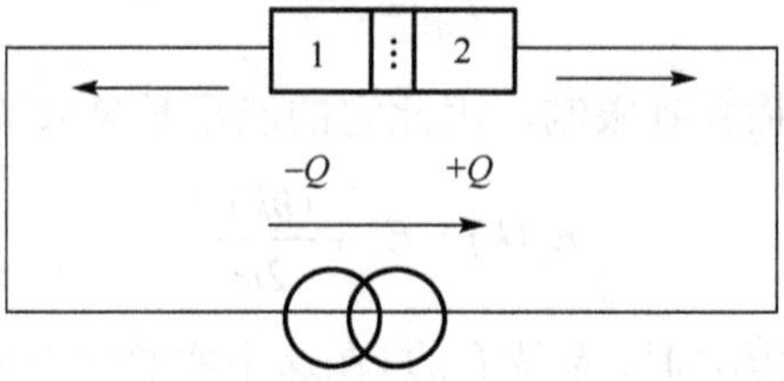

图 10.8 隧道结电路示意图

电荷 Q 由两部分组成，一部分是隧穿的电子的电荷，这一部分是分立的；另一部分是连续分布的位移电荷，这一部分是连续的. 因此总电荷 Q 是连续变化的. 一个电子隧穿所导致的静电能的变化为

$$\Delta E = \frac{Q^2}{2C} - \frac{(Q-e)^2}{2C} = \frac{e}{C}\left(Q - \frac{e}{2}\right)$$

当 $Q = e/2$ 时，电子的隧穿不引起静电能的变化，但电子隧穿后，结电极上的总电荷为 $Q' = -e/2$，这时由于受到静电能的阻塞后面的电子不能马上隧穿，只有当结电极上的总电荷达到 $e/2$ 时，电子才能隧穿. 在小的恒定电流源的情况下，电流源持续地给结电极提供电荷 $Q=It$. 这里 I 是恒定电流，t 是时间. 这样电子可以持续不断地隧穿，电子的这种隧穿本身是随机的，但相邻的隧穿事件却是相关联的，这种关联是由隧道结的静电能所产生的.

单电子隧穿 (single electron tunneling) 的频率为

$$f_{\mathrm{SET}} = \frac{I}{e}$$

从而导致隧道结两端的电压呈锯齿形周期振荡.

10.3.4 量子点中的库仑阻塞

所谓的量子点，实际上是尺度小于电子弹性散射平均自由程的受限区域，是一

个有效维数为零维的介观系统. 大部分量子点是通过对半导体异质结中的二维电子气体施加栅电压得到的.

如图 10.9 所示，量子点 D 通过由电极 1 和 2 控制的受限区与电极(电子库) S_L 和 S_R 连接. 电极 1 和 2 控制量子点与两端的电子库间的电子隧穿，而电极 c 调节量子点内电子的化学势，从而控制量子点内的电子数. 量子点内典型的电子数 $N\sim100$ 个电子，平均能级间隔 $\Delta E\sim0.2$ meV. 单电子的静电能 $E_c=e^2/(2C)\sim1$ meV. 因此，当温度远低于 E_c 时，可以观测到单个电子的隧穿现象.

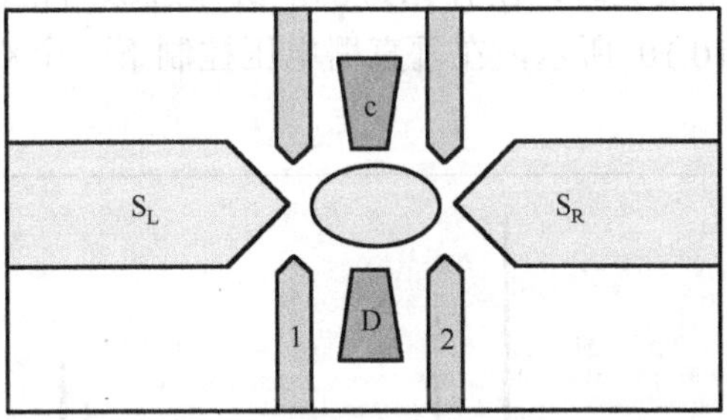

图 10.9　电子通过量子点在两电极间的隧穿示意图

量子点的基态能量可以表示为

$$E_g(N)=\sum_{n=1}^{N}E_n+\frac{(eN-Q_0)^2}{2C}$$

第一项是电子的能级，第二项表示总静电能. 其中 Q_0 指的是

$$Q_0=C_cV_c$$

是通过电极 c 加到量子点 D 中的电荷，V_c 称为门电压，它可以调节量子点中的电荷，C_c 是量子点 D 与电极 c 间的电容而 C 是总电容.

将第 $N+1$ 个电子加到量子点上所需的能量为

$$\begin{aligned}\mu_{N+1}&=E_g(N+1)-E_g(N)\\&=\Delta E_{N+1}+\frac{(eN+e-Q_0)^2}{2C}-\frac{(eN-Q_0)^2}{2C}\end{aligned}$$

假定量子点内的能级在 N 很大时是近似连续的，则能级差可取为零，这对于尺度较大的量子点是一个好的近似. 在这种情况下，静电能决定电子的隧穿. 调节 Q_0 使其数值为 $Q_0=eN$. 加一个电子到量子点所需的能量是 $e^2/(2C)$.

电子到量子点的隧穿受到库仑阻塞. 当 $Q_0=e(N+1/2)$ 时，量子点内总电子数为 N 和 $N+1$ 的态是简并的，电子可以隧穿到量子点上. 在两电子库 S_L 和 S_R 间加一个微小的偏压，当 $Q_0=eN$ 时，量子点是非导通的，处于库仑阻塞状态. 当 $Q_0=e(N+1/2)$ 时，量子点是导通的，但每次只允许一个电子通过. 在这种情况下，量子点犹如一个电子开关. 如果考虑到电子在量子点内的能级差，只要在两个电子库间所加的偏压大于能级差，上面的现象同样能观测到. 电导随门电压的振荡周期由式子

$$\mu_N(V_c) = \mu_{N+1}(V_c + \Delta V_c)$$

给出，

$$\Delta V_c = \frac{C}{C_c}\Delta E_{N+1} + \frac{e}{C_c}$$

当量子点中的电子数 N 很大时，在 N 附近的能级差近似为常数. 因此，库仑阻塞振荡周期为常数. 如图 10.10 所示，在垂直栅电压控制下一个双异质结量子点的电流形成的库仑振荡效应.

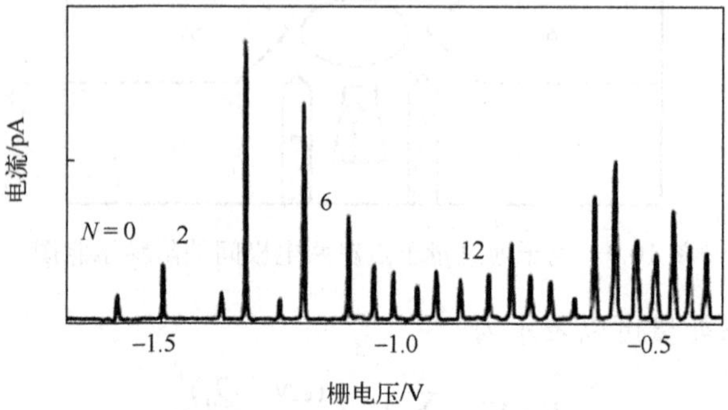

图 10.10　双异质结量子点中的库仑振荡效应(Tarucha et al., 1996)

参 考 文 献

方容川, 2001. 固体光谱学. 合肥: 中国科学技术大学出版社: 383.
冯端, 金国钧, 2013. 凝聚态物理学. 北京: 高等教育出版社: 603.
胡德宝, 1991. 群论与固体能带结构. 长春: 吉林大学出版社: 347.
黄和鸾, 郭丽伟, 1992. 半导体超晶格：材料与应用. 沈阳: 辽宁大学出版社: 555.
黄昆, 韩汝琦, 1998. 固体物理学. 北京: 高等教育出版社: 597.
栗弗席兹 E M, 皮塔耶夫斯基 л п, 2008. 统计物理学Ⅱ: 凝聚态理论. 4 版. 王锡绂, 译. 北京: 高等教育出版社: 365.
吴代鸣, 2015. 固体物理基础. 北京: 高等教育出版社: 293.
许振嘉, 2002. 近代半导体材料的表面科学基础. 北京: 北京大学出版社: 770.
阎守胜, 2003. 固体物理基础. 北京: 北京大学出版社: 343.
Ashcroft N W, Mermin N D, 1976. Solid State Physics. Boston: Cengage Learning: 848.
Baibich M N, Broto J M, Fert A, et al, 1988. Giant magnetoresistance of (001)Fe/(001)Cr magnetic superlattices. Physical Review Letters, 61 (21): 2472-2475.
Besenbacher F, Lægsgaard E, Stensgaard I, 2005. Fast-scanning STM studies. Materials Today, 8 (5): 26-30.
Binnig G, Rohrer H, 1999. In touch with atoms. Reviews of Modern Physics, 71 (2): S324-S330.
Clement J R, Quinnell E H, 1953. Atomic heat of indium below 20 °K. Physical Review, 92 (2): 258-267.
Coey J M D, Venkatesan M, Fitzgerald C B, 2005. Donor impurity band exchange in dilute ferromagnetic oxides. Nature Materials, 4 (2): 173-179.
Dev P, Xue Y, Zhang P, 2008. Defect-induced intrinsic magnetism in wide-gap Ⅲ nitrides. Physical Review Letters, 100 (11): 117204.
Dexter R N, Zeiger H J, Lax B, 1956. Cyclotron resonance experiments in silicon and germanium. Physical Review, 104 (3): 637-644.
Dietl T, Ohno H, Matsukura F, et al, 2000. Zener model description of ferromagnetism in zinc-blende magnetic semiconductors. Science, 287 (5455): 1019-1022.
Duke C B, Plummer C, 2002. Frontiers in Surface Science and Interface Science North-Holland. Amsterdam: North Holland, 1072.
Geballe T H, Hull G W, 1958. Isotopic and other types of thermal resistance in germanium. Physical Review, 110 (3): 773-775.

Grimes C C, Adams G, 1979. Evidence for a liquid-to-crystal phase transition in a classical, two-dimensional sheet of electrons. Physical Review Letters, 42（12）: 795-798.

Guéry-Odelin D, Söding J, Desbiolles P, et al, 1998. Strong evaporative cooling of a trapped cesium gas. Opt. Express, 2（8）: 323-329.

Hohenberg P, Kohn W, 1964. Inhomogeneous electron gas. Physical Review, 136（3B）: B864-B871.

Jennings L D, Miller R E, Spedding F H, 1960. Lattice heat capacity of the rare earths. heat capacities of yttrium and lutetium from 15～350°K. The Journal of Chemical Physics, 33（6）: 1849-1852.

Jin S, Tiefel T H, McCormack M, et al, 1994. Thousandfold change in resistivity in magnetoresistive La-Ca-Mn-O films. Science, 264（5157）: 413-415.

Khurana A, 1990. Evidence accumulates at last for the Wigner crystal. Physics Today, 43（12）: 17-20.

Kittel C, 2004. Introduction to Solid State Physics. 8th ed. Hoboken: John Wiley & Sons: 704.

Klingshirn C, 2007. Semiconductor Optical. Heidelberg: Springer Berlin: 809.

Klitzing K, Dorda G, Pepper M, 1980. New method for high-accuracy determination of the fine-structure constant based on quantized hall resistance. Physical Review Letters, 45（6）: 494-497.

Kohn W, Sham L J, 1965. Self-consistent equations including exchange and correlation effects. Physical Review, 140（4A）: A1133-A1138.

Lang N D, Kohn W, 1970. Theory of metal surfaces: charge density and surface energy. Physical Review B, 1（12）: 4555-4568.

Laughlin R B, 1983. Anomalous quantum Hall effect: an incompressible quantum fluid with fractionally charged excitations. Physical Review Letters, 50（18）: 1395-1398.

Marder M P, 2015. Condensed Matter Physics. Hoboken: Wiley.

Mitsuishi A, Yamada Y, Yoshinaga H, 1962. Reflection measurements on reststrahlen crystals in the far-Infrared region. J. Opt. Soc. Am., 52（1）: 14-16.

Oosterkamp T H, Fujisawa T, van der Wiel W G, et al, 1998. Microwave spectroscopy of a quantum-dot molecule. Nature, 395（6705）: 873-876.

Powell C J, Swan J B, 1959. Origin of the characteristic electron energy losses in aluminum. Physical Review, 115（4）: 869-875.

Randall J N, Owen J H G, Fuchs E, et al, 2018. Digital atomic scale fabrication an inverse Moore's law — a path to atomically precise manufacturing. Micro and Nano Engineering, 1: 1-14.

Ritz G, Schmid M, Varga P, et al, 1997. Pt（100）quasihexagonal reconstruction: a comparison between scanning tunneling microscopy data and effective medium theory simulation calculations. Physical Review B, 56（16）: 10518-10525.

Shechtman D, Blech I, Gratias D, et al, 1984. Metallic phase with long-range orientational order and no translational symmetry. Physical Review Letters, 53（20）: 1951-1953.

Stormer H L, Tsui D C, Gossard A C, 1999. The fractional quantum Hall effect. Reviews of Modern

Physics, 71 (2): S298-S305.

Takayanagi K, Tanishiro Y, Takahashi S, et al, 1985. Structure analysis of Si(111)-7 × 7 reconstructed surface by transmission electron diffraction. Surface Science, 164 (2): 367-392.

Tarucha S, Austing D G, Honda T, et al, 1996. Shell filling and spin effects in a few electron quantum dot. Physical Review Letters, 77 (17): 361.

Tsui D C, Stormer H L, Gossard A C, 1982. Two-dimensional magnetotransport in the extreme quantum limit. Physical Review Letters, 48 (22): 1559-1562.

Webb R A, Washburn S, Umbach C P, et al, 1985. Observation of h/e Aharonov-Bohm oscillations in normal-metal rings. Physical Review Letters, 54 (25): 2696-2699.

Yu P Y, Cardona M, 2010. Fundamentals of Semiconductors. Heidelberg: Springer Berlin: 778.

Ziman J M, 1972. Principles of the Theory of Solids. Cambridge: Cambridge University Press: 435.